区块链工程专业核心教材体系建设——建议使用时间

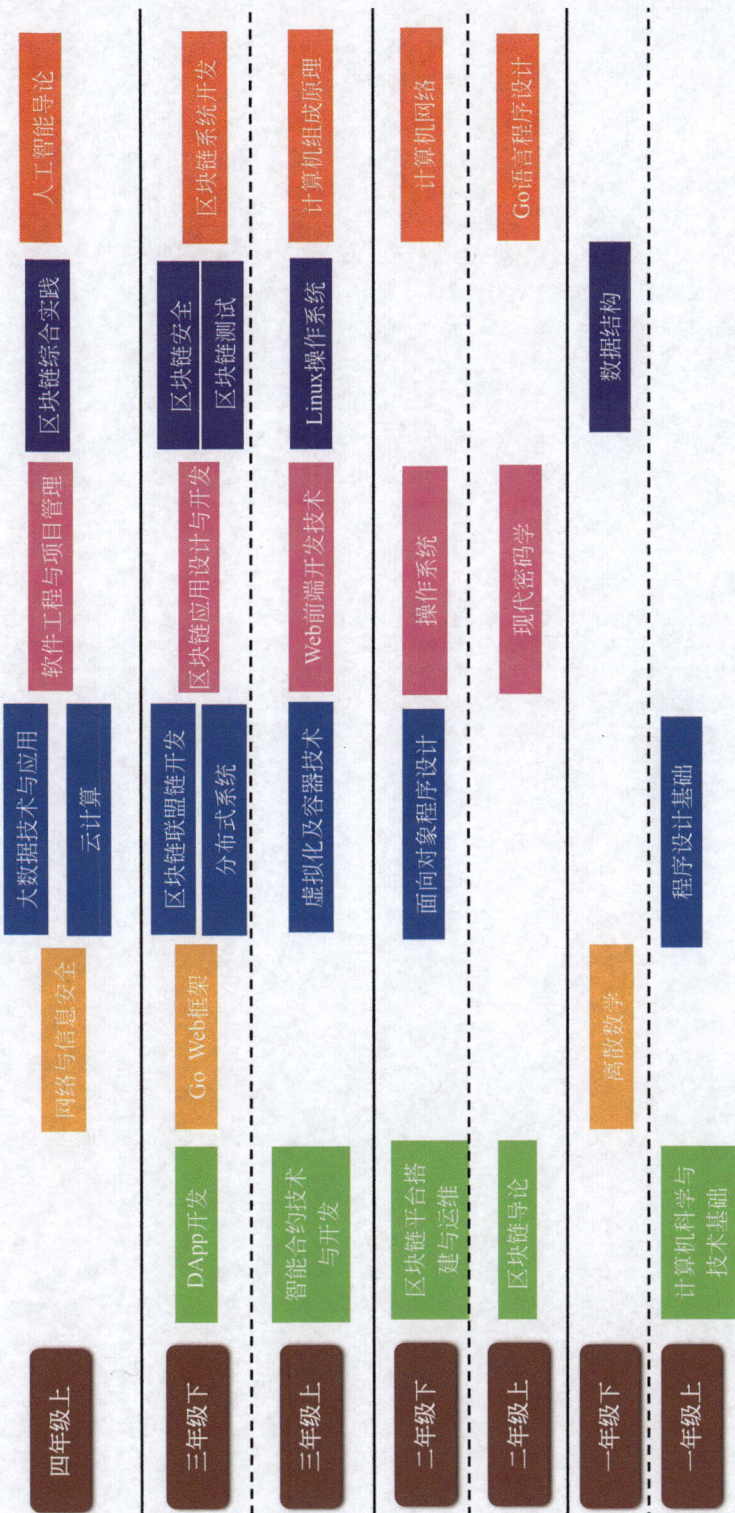

四年级上：人工智能导论 ｜ 区块链综合实践 ｜ 软件工程与项目管理 ｜ 大数据技术与应用 / 云计算 ｜ 网络与信息安全

三年级下：区块链系统开发 ｜ 区块链安全 / 区块链测试 ｜ 区块链应用设计与开发 ｜ 区块链联盟链开发 / 分布式系统 ｜ Go Web框架 ｜ DApp开发

三年级上：计算机组成原理 ｜ Linux操作系统 ｜ Web前端开发技术 ｜ 虚拟化及容器技术 ｜ 智能合约技术与开发

二年级下：计算机网络 ｜ 操作系统 ｜ 面向对象程序设计 ｜ 区块链平台搭建与运维

二年级上：Go语言程序设计 ｜ 现代密码学 ｜ 区块链导论

一年级下：数据结构 ｜ 离散数学

一年级上：程序设计基础 ｜ 计算机科学与技术基础

面向新工科专业建设计算机系列教材

区块链导论
基础、技术与应用

主 编
尹 浩 孙贻滋

参 编
徐秋亮 何 平
张小松 朱 岩

清华大学出版社
北京

内 容 简 介

本书全方位探讨了区块链技术，包括基础、技术和应用三大层面。基础篇（第1、2章）介绍区块链的发展历程、基本概念和现实意义，阐述了区块链的5层体系结构（数据层、网络层、共识层、合约层、应用层）及相关激励机制，分析了结构之间的关系，并对区块链的应用领域和挑战做了介绍。技术篇（第3～7章）以体系结构为基础，系统剖析了支撑区块链底层技术的密码学知识、分布式对等高效的P2P网络、保证分布式账本数据一致性的共识算法，以及代表区块链2.0的技术核心——智能合约技术，同时结合比特币、以太坊和超级账本等平台，帮助读者理解区块链的运行机制与应用场景，并介绍了针对扩容问题的解决方案。应用篇（第8～10章）聚焦区块链在司法和金融领域的创新实践和应用，审视了其中的挑战与机遇，最后展望了区块链如何引领数字时代变革，推动互联网走向价值互联网，助力经济社会的增量发展。

本书适合作为高等院校信息技术类低年级本科生和非信息技术类高年级本科生或研究生的教材，还可供领导干部、管理人员、科研人员和技术人员参考使用。

图书在版编目（CIP）数据

区块链导论：基础、技术与应用 / 尹浩，孙贻滋主编. -- 北京：清华大学出版社，2025.7.
（面向新工科专业建设计算机系列教材）. -- ISBN 978-7-302-69840-1

Ⅰ. TP311.135.9

中国国家版本馆 CIP 数据核字第 2025BN4987 号

策划编辑：白立军
责任编辑：杨　帆
封面设计：刘　键
责任校对：郝美丽
责任印制：丛怀宇

出版发行：清华大学出版社
　　　网　　　址：https://www.tup.com.cn，https://www.wqxuetang.com
　　　地　　　址：北京清华大学学研大厦 A 座　　　　　　邮　　编：100084
　　　社 总 机：010-83470000　　　　　　　　　　　　邮　　购：010-62786544
　　　投稿与读者服务：010-62776969，c-service@tup.tsinghua.edu.cn
　　　质量反馈：010-62772015，zhiliang@tup.tsinghua.edu.cn
　　　课件下载：https://www.tup.com.cn，010-83470236
印　装　者：三河市龙大印装有限公司
经　　销：全国新华书店
开　　本：185mm×260mm　　　印　张：18　　插　页：1　　字　数：443 千字
版　　次：2025 年 8 月第 1 版　　　　　　　　　　　印　次：2025 年 8 月第 1 次印刷
定　　价：69.00 元

产品编号：110684-02

出版说明

一、系列教材背景

人类已经进入智能时代,云计算、大数据、物联网、人工智能、机器人、量子计算等是这个时代最重要的技术热点。为了适应和满足时代发展对人才培养的需要,2017 年 2 月以来,教育部积极推进新工科建设,先后形成了"复旦共识"、"天大行动"和"北京指南",并发布了《教育部高等教育司关于开展新工科研究与实践的通知》《教育部办公厅关于推荐新工科研究与实践项目的通知》,全力探索形成领跑全球工程教育的中国模式、中国经验,助力高等教育强国建设。新工科有两个内涵:一是新的工科专业;二是传统工科专业的新需求。新工科建设将促进一批新专业的发展,这批新专业有的是依托于现有计算机类专业派生、扩展而成的,有的是多个专业有机整合而成的。由计算机类专业派生、扩展形成的新工科专业有计算机科学与技术、软件工程、网络工程、物联网工程、信息管理与信息系统、数据科学与大数据技术等。由计算机类学科交叉融合形成的新工科专业有网络空间安全、人工智能、机器人工程、数字媒体技术、智能科学与技术等。

在新工科建设的"九个一批"中,明确提出"建设一批体现产业和技术最新发展的新课程""建设一批产业急需的新兴工科专业"。新课程和新专业的持续建设,都需要以适应新工科教育的教材作为支撑。由于各个专业之间的课程相互交叉,但是又不能相互包含,所以在选题方向上,既考虑由计算机类专业派生、扩展形成的新工科专业的选题,又考虑由计算机类专业交叉融合形成的新工科专业的选题,特别是网络空间安全专业、智能科学与技术专业的选题。基于此,清华大学出版社计划出版"面向新工科专业建设计算机系列教材"。

二、教材定位

教材使用对象为"211 工程"高校或同等水平及以上高校计算机类专业及相关专业学生。

三、教材编写原则

(1) 借鉴 *Computer Science Curricula* 2013(以下简称 CS2013)。CS2013

的核心知识领域包括算法与复杂度、体系结构与组织、计算科学、离散结构、图形学与可视化、人机交互、信息保障与安全、信息管理、智能系统、网络与通信、操作系统、基于平台的开发、并行与分布式计算、程序设计语言、软件开发基础、软件工程、系统基础、社会问题与专业实践等内容。

（2）处理好理论与技能培养的关系，注重理论与实践相结合，加强对学生思维方式的训练和计算思维的培养。计算机专业学生能力的培养特别强调理论学习、计算思维培养和实践训练。本系列教材以"重视理论，加强计算思维培养，突出案例和实践应用"为主要目标。

（3）为便于教学，在纸质教材的基础上，融合多种形式的教学辅助材料。每本教材可以有主教材、教师用书、习题解答、实验指导等。特别是在数字资源建设方面，可以结合当前出版融合的趋势，做好立体化教材建设，可考虑加上微课、微视频、二维码、MOOC等扩展资源。

四、教材特点

1. 满足新工科专业建设的需要

系列教材涵盖计算机科学与技术、软件工程、物联网工程、数据科学与大数据技术、网络空间安全、人工智能等专业的课程。

2. 案例体现传统工科专业的新需求

编写时，以案例驱动，任务引导，特别是有一些新应用场景的案例。

3. 循序渐进，内容全面

讲解基础知识和实用案例时，由简单到复杂，循序渐进，系统讲解。

4. 资源丰富，立体化建设

除了教学课件外，还可以提供教学大纲、教学计划、微视频等扩展资源，以方便教学。

五、优先出版

1. 精品课程配套教材

主要包括国家级或省级的精品课程和精品资源共享课的配套教材。

2. 传统优秀改版教材

对于已经出版、得到市场认可的优秀教材，由于新技术的发展，计划给图书配上新的教学形式、教学资源的改版教材。

3. 前沿技术与热点教材

反映计算机前沿和当前热点的相关教材，例如云计算、大数据、人工智能、物联网、网络空间安全等方面的教材。

六、联系方式

联系人：白立军

联系电话：010-62771808

联系和投稿邮箱：bailj@tup.tsinghua.edu.cn

面向新工科专业建设计算机系列教材编委会

2019 年 6 月

选题征集表

由计算机领域派生扩展形成的新工科专业（计算机科学、软件工程、网络工程等）	高级语言程序设计	软件项目管理
	集合论与图论	离散结构
	数理逻辑	计算机系统基础
	形式语言与自动机	软件过程与管理
	电子技术基础	可靠性技术
	数字逻辑设计	软件测试
	数据结构与算法	互联网协议分析与设计
	计算机组成原理	网络应用开发与系统集成
	软件工程	路由与交换技术
	数据库系统	EDA 技术及应用
	操作系统	网络管理
	计算机网络	移动通信与无线网络
	编译原理	网络测试与评价
	计算机体系结构	物联网工程设计与实践
	计算概论	物联网通信技术
	算法设计与分析	RFID 原理及应用
	汇编语言程序设计	传感器原理及应用
	计算机图形学	物联网中间件设计
	C 程序设计	物联网控制原理与技术
	C++ 程序设计	传感器原理及应用
	Python 程序设计	物联网安全
	Java 程序设计	云计算
	计算机导论	大数据概论
	多媒体技术	大数据分析与应用实践
	VLSI 设计导论	数据可视化技术
	信息检索	数据挖掘
	多媒体技术	大数据处理技术
	人机交互的软件工程方法	虚拟化技术
	软件工程综合实践	数据仓库与商业智能
	软件设计与体系结构	面向大数据分析的计算机编程
	软件质量保证与测试	大数据统计建模和挖掘
	软件需求分析	大数据开发基础

选题征集表

网络空间安全专业 （信息安全）	网络空间安全导论	密码学
	安全法律法规与伦理	面向安全的信号处理
	软件安全	博弈论
	网络安全原理与实践	硬件安全基础
	逆向工程	区块链安全与数字货币原理
	人工智能安全	无线与物联网安全
	多媒体安全	系统安全
	安全多方计算	信任与认证
	数据安全与隐私保护	入侵检测与网络防护技术
	舆情分析与社交网络安全	电子取证
	量子密码	电子商务安全
	工业控制安全	云与边缘计算安全
	信息关联与情报分析	存储安全及数据备份与恢复
	网络空间安全数学基础	机器学习与信息内容安全
	计算机犯罪与取证	信息论与编码理论
	Web 安全	网络空间安全案例分析
	信息安全导论	安全协议分析与设计
	无线网络安全	区块链与数字货币
	信息隐藏与数字水印	操作系统安全技术
	网络攻防对抗	软件漏洞分析与防范
	嵌入式系统与安全	计算机病毒防治
	可信计算	数据存储与存储安全
	二进制代码分析	网络空间安全的法律基础
	大数据系统与安全	密码分析
	数字逻辑电路与硬件安全	数据库系统原理及安全
	网络安全理论与技术	网络空间安全实训

前言

　　我国正大力发展区块链技术及其应用，中共中央政治局在 2019 年 10 月 24 日集体学习时强调：要加快推动区块链技术和产业创新发展，积极推进区块链和经济社会融合发展。区块链已被纳入"十四五"规划和 2035 远景目标纲要，成为"新基建"的重要组成部分，发展区块链已上升为国家战略。

　　作为本轮技术革命中的一项前沿技术，区块链通过有序记录数据，赋予节点透明且充分的权力，基于协同机制生成、存储和传递信任，有效降低交易成本，减少摩擦，提升群体协作能力。区块链有望实现人、机、物之间的安全高效、分布式和自动化的协作模式，其核心竞争力在于可信协同后的自组织效应，推动人类协作走向数字化。

　　区块链是一种典型的跨领域、多学科交叉的新兴技术。系统由数据层、网络层、共识层、合约层、应用层和激励机制等组成，涉及复杂网络、分布式数据管理、高性能计算、密码学算法、共识机制、智能合约等信息科学技术领域，以及经济学、管理学、社会学、法学等社会科学领域的集成创新。区块链的核心要素包括密码学算法、P2P 组网结构、共识算法和智能合约，通过集成创新，实现数据不可篡改、数据集体维护和多中心决策等功能，构建公开、透明、可追溯、不可伪造、难以篡改的价值信任传递链，为金融服务、产业升级、社会治理等方面的数字化创新提供了可能。

　　区块链不仅是技术上的重大集成创新，更代表了一种思维模式的创新，有望成为数字社会的重要基础设施。比特币创新了货币形式，以太坊改变了合约形态，超级账本提供了新的商业合作模式。区块链使数据成为市场动态配置、各方协同合作、价值合理体现的新资源，引发了产业生态的优化重构。数据和资产权利不再失控，价值自由流通成为可能，在分布式管理的情况下达成一致共识和行动；无须中介机构背书，基于协同机制的机器传递信任。

　　经过集成，区块链技术呈现出整体性突破。基于共识记账的区块链技术实现了协同计算，同时从信息流、价值流和管理流进行融合创新，促进互联网体系结构的创新，形成高层次的协同涌现效应，对各行各业产生深远影响。展望未来，区块链将在自主身份、隐私保护、分布式金融、权益证明、激励机制、组织协调、价值流转和新消费模式等方面赋能数字时代，有望成为新一代互联网体系中的"细腰"，将信息互联网进阶为新的体系结构——价值互联网（Web3），并在新体系结构和多种信息技术共同作用下，赋能数字时代新生态——元宇宙。

　　本书汇集了多位专家学者的智慧,由尹浩和孙贻滋担任主编。具体章节编写安排如下:第1~3、5、6、10章由尹浩和孙贻滋编写,第4章由徐秋亮编写,第7章由张小松、尹浩和孙贻滋编写,第8章由朱岩和孙贻滋编写,第9章由何平编写。全书的统稿由尹浩和孙贻滋负责。在编写过程中,张瑞麟、李心怡、唐天映等同学,以及李冀宁等老师提供了大力支持和协助,在此表示深深的敬意和感谢。

　　需要注意的是,区块链技术目前仍处于早期发展阶段,技术、监管和产业应用尚未成熟,为不引起歧义,书中将 Decentralized 表达为分布式,将 Token 表达为通证。同时,区块链技术与密码学、可靠性理论、分布式计算与存储、点对点网络、软件工程等多个学科密切相关。鉴于编者编写过程中的时间有限、精力不足和知识结构限制,书中难免存在错误和不妥之处,真诚地邀请广大读者批评指正,以便编写组对本书进行修改和完善。

《区块链导论：基础、技术与应用》编写组全体成员

2025 年 4 月

CONTENTS

目录

基 础 篇

技 术 篇

应 用 篇

基　础　篇

第1章

绪　　论

比特币(Bitcoin,BTC)的应用先于对区块链技术的关注。本章首先从比特币的诞生背景和技术演进入手,借助比特币的案例,简单介绍哈希(Hash)函数、梅克尔树(Merkle Trees)、区块链数据结构、账户地址、挖矿以及加密数字货币(Cryptocurrency)等基本概念和相关术语;同时,总结了区块链的主要特点,包括自信任、共享开放、高度自治和高可靠性。其次,回顾区块链技术的发展历程,从1.0时代的"去中心化可编程账本"(加密货币),到2.0时代的"去中心化可编程计算机"(智能合约),再到3.0时代的"价值互联网"。最后,归纳了区块链的三种技术类型——公有链、联盟链和私有链,并从信任机制、权益保护和治理模式等方面探讨了区块链对社会、经济和法律的深远影响。

◆ 1.1　区块链诞生的背景

20世纪60年代,互联网的诞生颠覆性地降低了人类互联、信息流通和信息搜索的成本,催生了全新的网络经济与数字社会,促进了科技的不断进步。随着互联网的迅速普及,各种创新应用层出不穷。

在过去几十年中,互联网作为信息基础设施,通过高效的互联与信息交换,为我们的生活、工作和商业活动带来了极大便利。然而,身份与信用缺失、数据垄断与霸权、数据隐私泄露、信息过载、网络诈骗频发以及虚假信息泛滥等问题也随之出现,给用户带来了诸多困扰。

特别是2008年9月,美国次贷危机引发的全球金融危机,导致大量金融机构倒闭,造成世界经济的重大损失,加重了人们对现有金融机构的失望情绪,并加速了数字货币的发明与使用进程。2008年10月31日,化名为中本聪(Satoshi Nakamoto)的技术极客,在一个由密码学领域的专业人士、研究者和爱好者组成的邮件讨论组中发表了题为《比特币:一种点对点的电子现金系统》(*Bitcoin:A Peer-to-Peer Electronic Cash System*)的白皮书,提出了基于密码学和共识机制的"比特币",解决了长期困扰加密数字货币的三大难题:重复支付、中心化信任和货币发行量控制。该白皮书中提到:"我们非常需要这样一种电子支付系统,它基于密码学原理建立信用,使任何达成一致的双方能够直接进行交易,而不需要第三方中介(What is needed is an electronic payment system based on cryptographic proof instead of trust,allowing any two willing parties to transact directly with each other without the need for a trusted third party)"。其核心价值在于通过密码学等技术手段，使单个组织和个人能够在统一共识的规则下以自治的方式直接交易，消除对金融中介的需求，同时解决了数字货币系统中货币单位被多次花费和货币超发的问题，实现了低成本、高效的结算。

随着互联网上商业活动的日益增多和数字社会的兴起，迫切需要建立与未来数字社会发展相适应的新技术和新一代信息基础设施。在这一背景下，区块链技术应运而生，并成为推动新一代信息技术发展的重要方向。基于区块链技术构建的"价值互联网"具有巨大潜力，为各种交易和数据流通提供分布式、安全、透明和可验证的服务平台，区块链技术的出现为实现可信、高效和可持续发展的数字社会奠定了基础，并为未来的数字经济提供了广阔的发展空间。

◈ 1.2　比特币的诞生

1.2.1　技术起源

比特币的产生是多年来密码学与信息技术发展的结果。1976 年，Whitfield Diffie 与 Martin Hellman 提出了公钥密码学（非对称密码）的概念。两年后，Ronald Rivest、Adi Shamir 和 Leonard Adleman 发明了非对称公钥加密技术（RSA），奠定了现代密码学的基础。1980 年，Ralph Merkle 在论文中提出了梅克尔树数据结构，后来在区块链中得到了广泛应用。1982 年，David Chaum 提出了首个尝试实现不可追踪（Untraceable）的匿名加密货币 e-Cash，但并非点对点交易系统，而是由银行和用户组成的双层网络，依赖中心化机构的协助。同年，Leslie Lamport 等提出了拜占庭将军问题（Byzantine Generals Problem），探讨在分布式网络中解决可靠性和一致性的问题。1985 年，Neal Koblitz 和 Victor S. Miller 分别独立提出了椭圆曲线加密（Elliptic Curve Cryptography，ECC）算法在公钥密码学中的应用。1997 年，Stuart Haber 和 W.Scott Stornetta 提出了一种使用时间戳保证数字文件安全的协议。同年，英国密码学家 Adam Back 发明了 HashCash，提出了工作量证明（Proof of Work，PoW）机制，以解决垃圾邮件攻击问题，要求用户在发送邮件前完成一定量的计算工作。工作量证明机制最终被比特币采用，并成为其核心组成部分之一。1998 年，Wei Dai 提出了 B-money，这是首个不依赖中心化机构的匿名数字货币方案；B-money 引入了工作量证明的思想，允许任何参与者通过解决复杂计算难题发行货币，且货币的发行量与问题的难度成正比。系统中的任何人都可以参与账本维护，通过广播签名的交易消息实现转账确认。尽管 B-money 具备比特币的一些特征，但未能解决"双花"（即同一笔资金被多次使用）问题，也未能指出如何有效、安全地维护账本。同年，Nick Szabo 提出了名为 Bit Gold 的非中心化加密货币设计，引入了解决密码学难题作为发行货币的条件。1999 年，Shawn Fanning 与 Sean Parker 建立了第一个基于点对点（Peer-to-Peer，P2P）网络技术的文件共享系统 Napster，推动了 P2P 技术的快速发展，并为大规模分布式系统提供了网络核心技术。2005 年，Hal Finney 设计了工作量证明机制的改进版——可复用的工作量证明（Reusable Proof of Work，RPoW），他也是比特币系统中第一笔交易的收款人，甚至有人怀疑他就是中本聪。

比特币之前的加密货币方案，或者依赖中心化的管理机构，或者偏重理论层面的设计，或者因当时技术水平的限制而未能实现,但为比特币的诞生打下了坚实的基础。

1.2.2　破茧成蝶

中本聪于 2008 年 10 月提出比特币的概念,利用分布式理论和点对点网络技术,采用区块和链式数据结构维护账本,并充分利用现代密码学的成果,首次从实践意义上实现了去中心化的开源加密货币系统。随后他于 2008 年 11 月提出了初版比特币系统。2009 年 1 月 3 日,比特币系统正式运行,中本聪成功挖出创世块中的第一批 50 个比特币。2009 年 1 月 12 日,中本聪向 Hal Finney 转账 10 个比特币,标志着分布式加密货币体系的建立,成为区块链技术发展历史上的里程碑事件。2010 年 5 月,佛罗里达州程序员 Laszlo Hanyecz 使用 1 万个比特币(时值 41 美元,0.0041 美元/个)购买了两个比萨,实现了比特币的第一次实物交易,促使比特币在小众群体中开始流通。2010 年 9 月,多个节点(Peer)联合"挖矿"的"矿场"出现,成为比特币挖矿行业的开端。

比特币作为全球性的分布式网络系统,在没有老板和员工的情况下,经过多年自动无故障运行后,其底层支撑技术——区块链开始进入公众视野,其应用价值被迅速挖掘和释放。由于其突破性的创新和巨大的应用潜力,区块链技术已成为发展数字经济和建设数字中国的"核心技术自主创新的重要突破口"。如果说互联网让人类进入信息自由传递的时代,区块链则有望将人类带入价值自由交换的时代。

◆ 1.3　基本概念与术语解析

区块链是计算机科学、密码学理论和共识机制等多领域技术的融合创新产物,为深入理解后续技术内容,下面以比特币为例,对关键概念和术语进行简要阐述。

1.3.1　区块链定义

根据 ISO 22739《区块链和分布式记账技术 术语》的定义,区块链是一种通过密码技术将共识确认的区块按顺序追加形成的分布式账本(distributed ledger with confirmed blocks organized in an append-only, sequential chain using cryptographic links)。其主要表达了以下几层含义:

区块链是一种分布式账本技术(Distributed Ledger Technology,DLT),允许每个参与方保存一套完整的账本,带有一定的金融属性。该账本基于密码技术,保证数据的安全性和难以篡改。记账方法是通过共识算法选出一名记账者,经过大多数参与者的审核确认后,将记录添加到账本中,以确保一致性。常用的共识算法包括工作量证明机制、权益证明(Proof of Stake,PoS)机制和实用拜占庭容错(Practical Byzantine Fault Tolerance,PBFT)共识算法等。账本的每一页可认为是一个区块,由区块头(Block Head)和区块体(Block Body)两部分组成。新账本按顺序链接到前一页,通过前一页的哈希值建立连接,形成链式结构。以比特币为参考,区块链的整体结构如图 1-1 所示。

从技术角度而言,区块链利用链式数据结构进行数据验证与存储,采用分布式节点共识算法确认数据的添加并确保账本的一致性,通过密码学技术保证数据传输、存储和访问的完整性与不可否认性。同时,智能合约通过自动化程序提供编程和数据操作能力,形成一种创

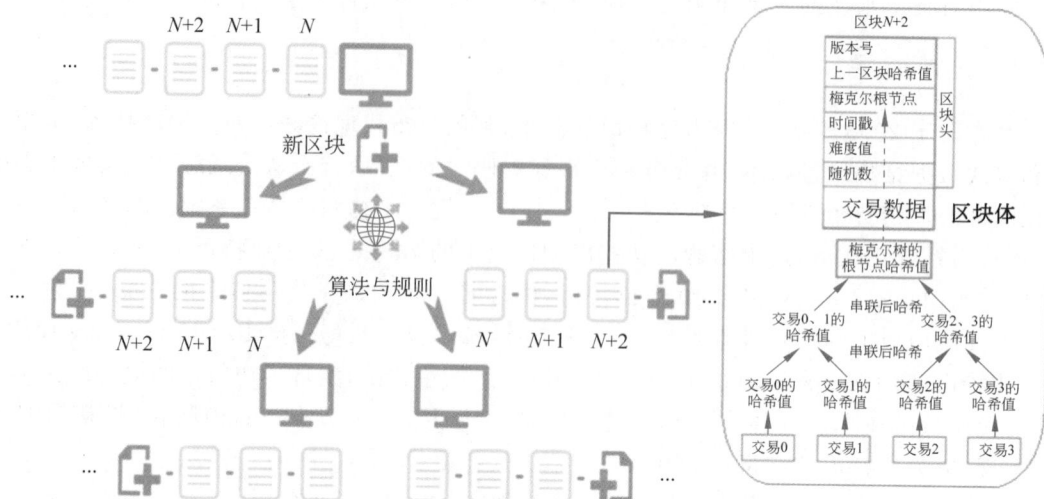

图 1-1   区块链结构示例

新的分布式架构与计算模式。

通俗而言，区块链最初是一种分布式共享账本，每页账本按时间顺序链接在一起，每个节点保留账本的副本。如果恶意节点试图篡改账本，必须控制超过全网一半的算力，才可伪造出更长的链并发布，从而实现攻击。在比特币网络中，算力已超过 600EH/s（EH/s 表示每秒百亿亿次哈希计算），因此进行有效攻击的经济成本远高于潜在收益，从而实现比特币系统的安全性和可信性。账本记录了从历史到现在的交易，内容难以篡改，且每笔交易都可追溯。

区块链的账本特性使其能够建立基于数字通证（Token，指可流通的加密数字权益证明）的激励机制。数字通证支持点对点交易，并且具有可编程性，可以根据预先设定的条件进行转移。物理世界中的有价值资产，如房产、健康数据和创意等，都可以转化为数字通证，在区块链上实现确权，并在数字空间中实现自由价值流通。

1.3.2   进制

进制是计数方法中的一种，其核心特点在于进位规则。不同的进制系统有不同的进位规则：十进制是逢十进一，二进制是逢二进一，十六进制则是逢十六进一。一般而言，x 进制为逢 x 进 1。在日常生活中，可以看到不同进制的应用实例：一年有 12 个月（十二进制），一周有 7 天（七进制），以及一小时包含 60 分钟（六十进制）。人类偏好使用十进制，可能因为我们有十个手指，为计数提供了自然的基础。进制之间可以相互转换，例如，二进制数 111 等于十进制数的 7。这种转换对于计算机科学和数字系统非常重要。

现代计算机（非量子计算机）普遍采用二进制系统处理和存储信息，因为二进制可以简单有效地使用物理状态表示，如高低电位、频率、磁极方向或光的闪烁等，这些状态自然对应二进制的 0 和 1。二进制在科学计算、逻辑判断等领域有广泛应用。为便于阅读和记忆，常常将二进制数转换为十六进制数。具体而言，每四位二进制数可以转换为一位十六进制数，其中十六进制使用字符 A～F 表示 10～15。例如，二进制的 1010 转换为十六进制为 A。在区块链中，公钥、私钥和地址通常以十六进制表示，不仅可简化数据的可读性，还可减少出错的可能性。此外,每两个十六进制数字可以构成一字节,便于数据处理和传输,在计算机和网络技术中非常常见。

1.3.3　哈希函数

哈希函数,又称散列函数,是区块链技术的核心工具之一。它接收任意长度和内容的输入数据,输出固定长度和格式的短消息,即哈希值(也称消息摘要(Message Digest)或数字指纹)。每个输入都映射到唯一的哈希值,且输入的任何微小变化都将导致哈希值的显著变化。哈希函数具有单向性和抗碰撞性,因而在区块链中有广泛应用。比特币中的区块和共识算法中的工作量证明均采用 SHA-256 算法,该算法是由美国国家标准与技术研究所(National Institute of Standards and Technology,NIST)发布的 SHA-2 系列算法之一,还包括 SHA-224、SHA-384、SHA-512 等。SHA-256 可将任意长度的消息转换为 256 比特的哈希值。

哈希函数在区块链中的主要作用:一是防篡改。当数据被传递(或保存在区块链上)时,将同时传递(或在链上保存)其哈希值。在接收(或验证)数据时,系统将重新计算数据的哈希值,并将其与传递的(或链上保存的)哈希值进行比对。如果两者相等,则说明数据在传递(或保存)过程中未被篡改;若不相等,则表明数据已被篡改。二是快速验证。当需要比较两组数据(如两笔交易)是否相同时,无须逐字节对比,只需比较它们的哈希值即可。由于哈希摘要具有固定长度和高度敏感性,可极大提高验证效率。三是参与 PoW 共识算法。在 PoW 共识算法中,哈希函数被用作"数学难题"的生成工具。竞争区块链记账权的节点需要不断尝试不同的随机数(Nonce),直到找到一个使哈希函数的输出满足特定要求的随机数。最先找到满足条件的随机数的节点将获得生成新区块的权利。该过程需要消耗大量的计算资源,可保证区块链的安全性和去中心化特性。

1.3.4　梅克尔树

梅克尔树是一种基于哈希函数的树状数据结构,广泛用于需要高效验证数据完整性的系统,如区块链。其基本原理是将数据分割为多个叶节点,每个节点存储数据的哈希值,然后将两个叶节点的哈希值组合并再次哈希,生成父节点的哈希值。该过程逐层向上进行,直至形成唯一的根节点,即梅克尔根(Merkle Root),如图 1-2 所示。

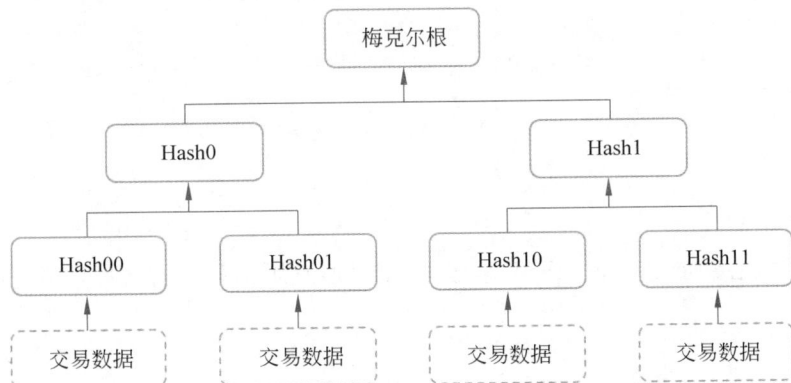

图 1-2　梅克尔树示例

在区块链中，梅克尔树的叶节点通常存储每笔交易的哈希值，通过逐级计算哈希值，最终得到的梅克尔根，代表该区块内所有交易的"指纹"，并存储在区块头中，使验证区块内交易的完整性变得快速且高效。梅克尔树还可验证某个交易是否包含在区块中，而无须下载整个区块数据。轻节点[①]无须运行完整的区块链网络节点，便可快速确认交易的存在性和正确性。

1.3.5 比特币的块链式数据结构

根据国际标准化组织的定义（ISO 22739），区块链数据结构是指"一段时间内发生的事务处理以区块为单位进行存储，并通过密码学算法将区块按时间顺序连接成链条的一种数据结构"。每个"区块"代表一个数据块（Block），类似传统账本中的一页，由区块体和区块头两部分构成。区块体记录本区块内的所有交易信息，以及这些交易通过哈希运算生成的梅克尔树；区块头包含本区块的关键特征信息，如版本号、父区块（Parent Block）头的哈希值（作为指向前一个区块的指针）、本区块交易的梅克尔根、难度目标值、时间戳以及随机数等。这种设计使每个区块都可通过所包含的父区块哈希值与前一个区块相连，从而在网络中分散的"账本页"之间建立起顺序性的链接，类似给每页账本加上了"页码"。该结构不仅保证了数据的完整性和不可篡改性，还形成了完整的"账本"——区块链。账本由所有参与网络的节点共同维护和管理，以保证数据的分布式存储和安全性，如图 1-3 所示。

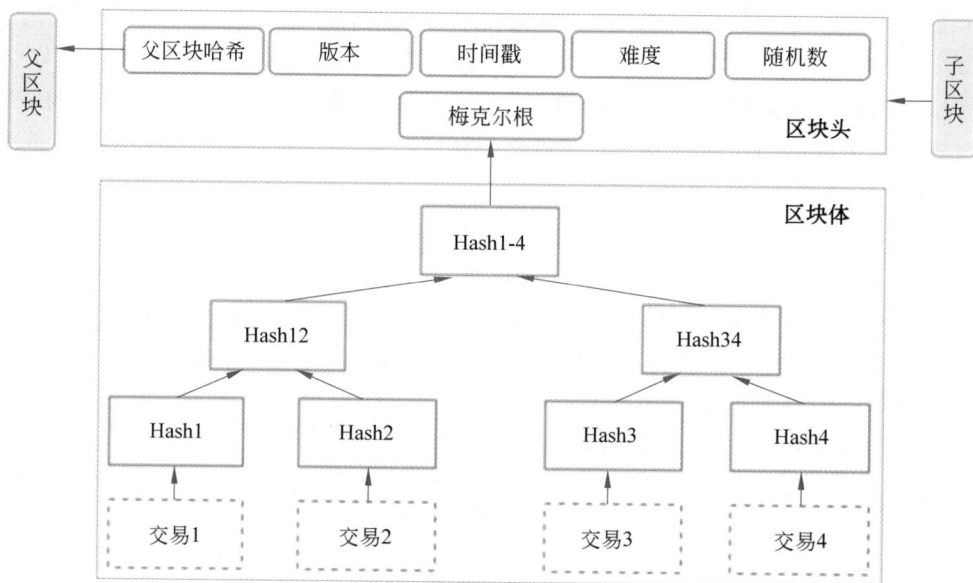

图 1-3　比特币的通用结构

1.3.6 比特币挖矿

比特币的核心功能是维护一个共享账本，记录所有历史和当前交易，任何参与者都可以

---

① 轻节点只保存了区块头数据，而不保存区块体（交易的副本信息），轻节点可以发起简单支付验证（Simplified Payment Verification，SPV），即向全节点（保存区块头和区块体）请求数据验证交易。

持有该账本。当发生新交易时,需要有人进行检查和确认,以防止资金丢失或重复消费。比特币系统中的"记账人"是指运行比特币软件的计算机节点,这些节点通过运算能力竞争生成区块。系统平均每 10 分钟选出一个记账人,记录的单位称为区块。挖矿是指通过计算能力解决数学难题以争夺记账权的过程。比特币矿工是负责区块挖掘和交易验证,保证系统正常运行的计算机节点。

由于挖矿需要成本,矿工在履行记账责任时将获得系统奖励的比特币。挖矿所消耗的电能是维护账本和达成交易共识的代价,其消耗具有透明和可计量性。

矿工通过不断升级硬件提升计算能力,经历了从使用 CPU(中央处理器)、GPU(图形处理器)、FPGA(现场可编程门阵列)到 ASIC(专用集成电路)矿机的过程。为了提高挖矿效率和竞争力,矿工们还组建了矿池,通过集体协作增加获得区块奖励的机会。短短数年,比特币矿机技术走完了集成电路技术几十年的演变历程,并出现了诸多创新。矿工的算力以每秒计算的哈希次数为单位(H/s)。2024 年 5 月,比特币全网算力超过 600EH/s,庞大的算力网络进一步增强了比特币系统的安全性和可信性。

1.3.7　比特币的公私钥和地址

1. 比特币私钥

私钥是一个由系统随机生成的 256 位(bit)二进制数(通常表示为 64 位十六进制数),需要用户自行妥善保存以确保安全。其十六进制表示形式为 de97fdbdb823a197603e1f2cb-8b1bded3824147e88ebd47367ba82d4b5600d73。

2. 比特币公钥

公钥由私钥通过椭圆曲线加密算法生成。公钥可进行压缩,压缩后的公钥由一个前缀字节(02 表示对应的 y 坐标是偶数,03 表示 y 坐标是奇数)和一个 32 字节的 x 坐标(通过私钥生成的 256 位二进制数,通常表示为 64 位十六进制数)共 33 字节组成。公钥可以公开,用于验证签名和接收比特币。其十六进制表示形式为 037c91259636a5a16538e0603636-f06c532dd6f2bb42f8dd33fa0cdb39546cf449。

3. 比特币地址

公钥通过一系列哈希运算(首先是 SHA-256,然后是 RIPEMD-160)转换为 160 位(20 字节)的账户地址,通常表示为 40 位十六进制数。在交易中使用账户地址而不是直接使用公钥,可以在一定程度上保护公钥的隐私,提高账户的安全性。账户地址的十六进制表示形式为 52dab5e951ef4848a31b7ead8437df8184acbc54。

在比特币系统中,地址是账户的唯一标识符,用于接收和发送加密货币。地址是公开的,但不包含任何与私钥拥有者相关的个人信息,具有匿名性。地址由公钥生成,公钥由私钥生成,该过程具有单向且不可逆性,既无法从地址推导出公钥,也无法从公钥推导出私钥。

可以简单将公钥视为银行卡号,地址由公钥派生而来,用于标识账户;私钥类似银行卡的密码,掌握对账户资金的控制权;钱包类似电子银行的客户端,可以管理多个账户。私钥代表一切权益,一旦丢失或泄露,可能导致账户中加密货币被盗或无法访问。

1.3.8　比特币转账交易与验证

比特币转账的过程类似网银转账。用户选择自己的账户地址，输入接收方的账户地址、转账金额和交易手续费（矿工通常优先处理手续费较高的交易），然后对交易进行签名并提交到比特币网络。矿工将验证交易的合法性和是否已被处理（以防止重复交易），一旦验证通过，交易将被打包到一个区块中。为保证交易的最终性，通常需要等待 3 个区块的确认，经过 6 个区块确认后交易才被视为永久确认。

1.3.9　加密数字货币

国际货币基金组织将数字货币定义为价值的数字化表示，不限于国家和地区的法定货币。加密数字货币是基于密码学创建的数字货币，又称为密码货币。与基于中心化电子账户的网银、银行卡、支付宝、微信零钱等电子货币相比，加密数字货币的主要特征如下。

（1）分布式去中心：加密数字货币的发行和运行不依赖中央银行、政府等组织的支持或担保。

（2）匿名性：通过由公私钥哈希生成的地址作为账户，无须实名认证，且账户数量不限。

（3）可追溯性：每笔交易均可从账本中查到来源和去向。

（4）点对点交易：两个账户（地址）可直接交易，理论上无须商业银行和环球同业银行金融电信协会（Society for Worldwide Interbank Financial Telecommunication，SWIFT）等中介组织参与，交易可以快速到账。

（5）智能化：加密数字货币是一种智能化的可编程货币，可与智能合约结合，实现自动价值转移和可编程商业等扩展应用。

常见的加密数字货币包括原生数字加密货币和稳定币。原生数字加密货币又可分为 Coin 和 Token 两类。Coin 是比特币和以太坊（Ethereum）等基础公有链上的数字加密货币；Token 是在基础链上发展出来的加密数字权益证明，分为价值型、权益型和收益型等类型，侧重特定场景的应用，Token 又可进一步分为同质化（Fungible Token，FT）和非同质化（Non-Fungible Token，NFT）两种。稳定币是与某个标的保持稳定兑换比例的加密货币，以防价格大幅波动，目前大部分稳定币都以美元作为储备发行，如 USDT 和 USDC 等。

法定数字货币也称为央行数字货币（Central Bank Digital Currency，CBDC），是一种具有法定支付能力的特定数字货币，如数字人民币（e-CNY）。

◈ 1.4　区块链的主要特点

区块链技术可实现安全、可靠的分布式协同计算，自信任、共享开放、高度自治是区块链技术的主要特点，其核心的价值在于通过技术手段实现单个组织和个人能够在统一共识的规则下，按照自治的方式高效协作，重构社会协作和信任关系。

1.4.1　分布式自信任

公有区块链网络采用分布式计算和存储，不依赖中心化机构，没有中心节点。各节点高度自治,权利义务对等,形成"无级别网络"平行结构。系统基于一致的规范和协议,提前确定交易逻辑、执行逻辑和共识算法等规则,不依赖仲裁或监管机构。节点无须事先相互信任,便可参与事务协调和自治管理。一旦发起交易或事件,中间的确认步骤由不可篡改的代码和算法根据事前共识的协议自动完成,不受任何人为干预影响,保证经过集体共识后数据的准确性、完整性和一致性,用"信任计算"取代传统的"信任机构",构建出分布式的"信任机器"。这种基于"分布式、多方参与验证、集体共识"的新型信任关系,摆脱了对"中心化的第三方信任机构"的依赖,符合数字时代信任经济发展的需求。

1.4.2　安全与完整性

区块链的分布式存储使其具有高度的容错和抗攻击能力。系统使用可验证、不可篡改、只能追加的密码学机制,如数字签名、哈希算法、梅克尔树等,保证了系统数据的安全性。若想篡改区块链中的某个区块,攻击者必须重新计算及替换该区块的哈希值,并修改所有后续区块的哈希值,这需要控制超过全网 50% 的算力,成本和复杂性都很高。此外,区块链的经济激励机制也为数据安全提供了保障。攻击者如果试图重构区块链,需要消耗大量算力,代价非常高昂,因此,重构区块链从经济学角度而言不具备合理性。

另外,区块链系统的开放性和透明性也为其提供了安全保障。作为分布式系统,每一个全节点都存储完整的区块数据,任何人均可查询和检验数据的一致性。如果出现试图篡改数据的作恶行为,将很容易被发现和识别。一旦交易或其他数据经过网络共识后被添加到区块链上,便被永久多副本存储,即使个别节点发生故障或被攻击,整个系统的数据完整性也不会受到影响。

1.4.3　共享开放与隐私保护

通常,公有链上的代码和规则是开源的,任何个人或机构都可以自由加入或退出;可无限制地利用开源技术构建各种应用;可通过公开的接口查询区块链数据;可基于自身资源和能力发行通证,可实现数字化服务、权益流转和自适应组织协作,激发更多新兴业态和创新应用;保证全网节点都可审查数据记录和运行规则,从根本上防止数据被篡改和作假。"共享开放"成为区块链技术发展过程中参与者必须遵守的重要原则。

另外,区块链使用匿名账户地址进行交易,私钥控制数据访问权限,在一定程度上保护了用户隐私。同时,部分公有链(如以太坊)引入隐私保护机制,增强了交易隐私性。未来,密码学技术(如匿名签名、环签名等)、零知识证明、混合交易等新型隐私计算技术的引入和发展,将进一步提升区块链隐私保护能力,为涉及商业机密和个人隐私的应用场景提供隐私安全保障。此外,联盟链和私有链可通过访问控制机制实现信息读写授权,在内部开放共享的环境中增强数据的可控性,从而平衡开放性与隐私性。

1.4.4　引入新的商业模式

区块链为数字经济、共享经济、信用经济等提供了分布式的信任基础设施,可将各类有形或无形资产、权益、服务等转变为可支配的链上通证。这些通证不仅能够确权和授权链上链下的资产,还可以实现资产或服务在链上的高效流转,并通过自主的身份和权限管理对相关数字资产和用户数据进行自主控制。

通证依赖区块链独有的可信和不可篡改的"计算信任"，克服了数字资产"自证稀缺性"的难题。资产通证的唯一性和不可复制性使其交易、对账、认证和存证可以同步高效地完成，为建立全新的数字资产消费和价值互换模式提供了基础。利用链上的智能合约，可在去中心化的环境下自动执行复杂的交易逻辑，避免人为干预带来的风险，实现可信任的投票、承诺、租赁、借贷，甚至是可信任的生产和供应链协作等复杂活动。

基于通证的经济激励机制，使区块链分布式自治组织（Decentralized Autonomous Organization，DAO）成为新兴的组织和商业模式。DAO通过代码设计利益分配和决策流程，重构传统组织架构和管理模式，使全球愿景一致的个人和机构自发组建分布式的自治组织，形成富有活力的区块链社区，提升组织协作的效率和目标，显著降低协作成本和信用违约成本。同时，DAO的决策过程更加民主和透明，鼓励不同背景和技能的人参与其中，可激发大规模群体的创造性，有利于形成多元化、注重个体自主权的新型社会经济协作体系。

◆ 1.5　区块链的演进

经过多年的技术创新和积累，区块链技术已经从比特币时代的"分布式账本"发展到以太坊智能合约时代的"分布式可编程计算平台"，未来将进一步演进为"价值互联网"。

1.5.1　区块链1.0——分布式账本

区块链1.0时代以比特币为核心应用，开启了加密数字货币的新时代。自2009年1月比特币正式上线以来，区块链进入了1.0阶段，提供了一种"可编程货币"的分布式解决方案。这一技术验证了区块链作为大规模、分布式账本的能力，为加密数字货币的产生、流通和交易提供了技术保障。比特币的颠覆性技术使这一崭新的货币形式逐渐获得越来越广泛的认可与接受，并形成了以比特币为核心的加密数字货币支付、交易、借贷、保险等金融服务生态。相关服务如钱包、浏览器、交易所、挖矿和矿机业务也随之发展，为一系列加密数字货币、稳定币、分布式金融（Decentralized Finance，DeFi）以及法定数字货币的发展奠定了基础，同时探索出区块链技术在各领域的应用潜力。

传统金融服务通常需要用户开户、实名认证，并依赖第三方金融机构提供支付、清算和结算等复杂支撑服务，特别是在跨境支付中，常常面临时间长、成本高等问题。而区块链技术支撑的加密数字货币可在没有中心化机构的情况下，实现不可信参与者（陌生人）之间的直接可信价值传递。系统的参与者共享同一账本，省去了第三方的繁杂处理过程，降低了交易成本，实现了支付即结算的功能。在合规的情况下，通过比特币网络，用户可以快速、可靠且低成本地将比特币转给网络中的任意对象。

欧美等国家对比特币持积极态度。2011年4月16日，美国《时代》周刊发表了一篇关于比特币的文章，称其为"网上现金"。2013年8月，德国率先承认比特币的合法地位，而在2021年9月7日，比特币正式成为中美洲国家萨尔瓦多的法定货币。在近几年，多个国家和地区在比特币及其他加密货币的监管和金融产品方面取得了新的进展。例如，美国证券交易委员会（Securities and Exchange Commission，SEC）在2024年批准了多家公司提交的比特币现货ETF（交易所交易基金）的申请。这些ETF的推出使投资者能够更方便地投资比特币，而无须直接购买和存储比特币本身。我国香港特别行政区也在2024年推出了首个以比特币为基础资产的 ETF,吸引了大量投资者的关注。总体而言,随着越来越多的国家和地区开始接受和规范比特币及其他加密货币,全球市场的成熟度和参与度也在不断提高。

然而,比特币的成功对传统金融机构和主权货币产生了巨大冲击,随之而来的质疑与反对声也不可避免。分布式技术与制度在法律、伦理等方面还需要与现实世界的游戏规则进行磨合。此外,其价格波动和能源消耗等问题也备受诟病。然而,比特币仍然是区块链技术最早成功的应用,被广泛称为"数字黄金"。

比特币技术使用非图灵完备①的脚本(Script)语言,难以进行除数字货币之外的大规模开发应用,因此,2014 年,以智能合约为核心的以太坊平台出现,这标志着区块链 2.0 时代的到来。

1.5.2 区块链 2.0——分布式可编程计算平台

区块链 2.0 相比 1.0 的优势在于为复杂应用场景提供高性能、安全、可审计、多语言的智能合约服务。智能合约基于图灵完备语言,可创建更广泛的协议和应用,发行新型加密数字资产,将权益证明与各行业相结合,为"可编程商业"提供分布式解决方案。区块链 2.0 验证了区块链不仅可作为分布式账本,还可构建可编程的分布式计算平台,极大拓展了应用场景。

1994 年,密码学家尼克·萨博首次提出了"智能合约"概念,将其描述为"一套以数字形式定义的承诺"。区块链技术的出现使智能合约得以实现,其核心在于使用编程语言编写合约条款。智能合约将法律文书、现实世界和虚拟世界中人与人之间的复杂关系数字化、程序化,利用区块链在去信任的环境下建立执行规则和约束机制,处理多方参与者之间权利和义务的分配,无须依赖可信的中介机构进行干预。智能合约的条款以代码形式公开透明,并通过区块链的分布式存储确保可追溯性。由于智能合约需要满足区块链的共识机制,一旦部署便无法被篡改,并在符合约定条件时自动执行,具备防篡改性和自动执行能力。

在智能合约的制定过程中,各参与方就合约的具体内容、触发条件和违约责任等达成一致,并按照事先约定的规则进行操作。当预设条件满足时,合约将自动触发并执行相应内容。这种机制显著降低了交易成本和人为操作风险,提高了交易的效率和安全性。

2015 年 7 月 30 日,以太坊区块链正式上线,开创了区块链 2.0 时代。区块链的技术架构和功能在不断迭代优化,除基础的智能合约开发外,还支持构建更复杂的分布式应用(Decentralized Application,DApp)。区块链系统逐步演变成为一个通用的分布式计算平台和应用引擎,不仅可为各类资产的发行、交易和管理提供分布式可信账本服务,还可在数字资产的确权、流通、信用传递等领域发挥重要作用,为各类分布式自治组织和分布式自治公司(Distributed Autonomous Corporation,DAC)等提供基础设施支持,推动行业深度变革创新。

在以太坊网络中,智能合约本质上是一个特殊的账户,称为"合约账户"。用户在创建和部署合约到区块链时,需要支付以太币(Ether,ETH)作为燃料(Gas)费用。Gas 费用的一部分用于激励执行智能合约的矿工,另一部分则用于支付系统运行所需的资源和维护成本。

---

① 图灵完备:如果一系列操作数据的规则(如指令集、编程语言)可以用来模拟任何图灵机,即实现任何有限逻辑数学过程,那么它是图灵完备的。比特币使用的语言中没有循环语句及条件控制语句,是非图灵完备的。指计算机指令或编程语言可以被转换为单带图灵机模型(英国数学家艾伦·图灵于 1936 年提出的抽象计算模型),大部分通用语言具有图灵完备性。

这一机制不仅可激励矿工参与合约执行，还可防止恶意合约或低效合约（如死循环）占用过多资源而导致的拒绝服务。每次执行合约时的具体费用则根据合约的复杂度和所需资源动态计算，有助于提高以太坊网络的可扩展性以及网络资源的合理分配和使用效率。

智能合约相比传统合约，具有可编程性强、跨语言、跨地域、跨文化、无国界、不可篡改、高度可信、自动执行等优势。代码一经部署，条款内容和执行方式就写入所生成的不可逆的交易代码中，防止"人在回路中"所带来的不确定性，不存在人为违约的风险。同时，还可通过形式化验证技术对合约编码形式正确性和安全性进行检验，以减少安全隐患。智能合约为构建全新的可信价值网络和经济社会体系奠定了基础。

1.5.3　区块链 3.0——价值互联网

区块链 3.0 作为价值互联网的核心基础，用于支撑 Web3、元宇宙（Metaverse）等新型数字化应用。区块链能够对互联网中代表价值的信息和数据进行权益确认、计量和传递，从而实现对应资产在区块链上的可追踪性、可操作性和可交易性。价值互联网可以服务任何有价值的、能够以代码形式表达的事物，不仅可应用于购物、医疗、房地产、金融、物流、能源、文化艺术、数字产品、制造等经济领域，还可应用于身份认证、司法、审计、存证、域名、公益、签证、政务、投票等社会治理领域。区块链技术有望成为支撑价值互联网的核心基础协议。

随着数字经济的快速发展，数据要素化和资产化的进程正在加速推进。传统的实物资产，如房产、汽车和版权等，正逐步实现数字化，形成数字世界中的数字权益。同时，数字世界也孕育出新的形态，如数字身份、数字货币、数字商品和数字服务，进而催生出新兴的数字权益市场，包括加密货币（如 Coin）、同质化通证、非同质化通证和稳定币（如 USDT）等。此外，还发展出数字资本市场，包括借贷、保险和衍生品交易，以及数字商品和服务市场。

区块链技术作为核心价值网络，为用户提供了身份认证、数字化权益的确权与授权、隐私保护和去中心化应用等功能，不断催生出全新的数字市场、金融体系、经济模式、社交娱乐方式和治理规则。

区块链 3.0 时代是一个大共识时代，算法共识是机器和分布式节点间的协议共识，市场共识是对产品和产品价值的共识，规则共识是对理念和治理机制的共识，文化共识则是社区价值和社会认同的共识。大共识使各参与方团结协作，在分布式的环境下最大限度地满足各方利益诉求，是实现全球范围内信息、资本和价值等资源高效自动化配置，促进跨地区跨行业大规模协作的关键。区块链 3.0 是支撑可信数字社会协作体系的关键基础技术，为"数字社会"提供新的解决方案，推动社会各领域的数字化转型。

◆ 1.6　主要技术类型

区块链系统通常分为三类：公有链、联盟链和私有链。公有链，又称开放区块链或无许可区块链，允许任何人参与网络活动。联盟链和私有链统称为有许可区块链，需要授权才能访问。随着从公有链到联盟链再到私有链的转变，系统的中心化程度逐渐增加。

1.6.1　公有链

公有链是去中心化的区块链系统，最初，区块链以公有链的形式问世，其网络不属于任何个人或组织,具有最高的开放度,无须授权或实名认证,任何人都可以自由访问,并可以随时加入或退出。链上的数据公开透明,所有参与者均具备读、写和记账权限,每位用户都能够查看全网的交易内容、发起自己的交易,并参与系统中每一笔交易的监督、共识和记账。比特币和以太坊是公有链的典型代表。

在公有链上,交易需要全体节点共同参与达成共识,因此系统的性能相对较低。例如,目前比特币网络每秒仅能处理约 7 笔交易,难以满足高吞吐量业务场景的需求。在未解决高扩展性问题之前,公有链的应用受到较大限制。

1.6.2　联盟链

联盟链是由若干组织共识建立和管理的许可链,各节点通常与特定的实体机构相对应,只有经过许可才能加入或退出网络,在去中心化和中心化之间取得了一定的平衡。联盟成员共同维护区块链的运行,不需要依赖内生加密数字货币作为激励。联盟链的成员可以参与交易,并根据权限查询交易内容,但记账权(写权限)通常由参与群体选定的部分高性能节点按照共识和记账规则轮流完成。

联盟链引入了成员管理机制,包括用户、数据源、处理平台、网络运维者、应用开发者和监管者等身份,具备完备的权限和审查管理,提高了链上信息的安全性,并提供了对链上数据的细粒度隐私保护。此外,联盟链通常具有可插拔、可扩展的实现框架,能够快速适应多种应用场景。联盟链上的数据可以选择性地对外开放,从而便于数据与外部应用的对接与协同。

在联盟链上,交易只需要少量高性能节点达成共识即可,且节点间的信任度高于公有链,因此系统的性能相较于公有链有显著提升。

1.6.3　私有链

私有链是在组织内部建立和使用的中心化许可链,由单一组织控制,节点访问网络需要经过严格授权,其读、写权限根据组织内部的运行规则设定。虽然私有链是中心化的系统,但它仍具备区块链多节点运行的基本结构。与传统的中心化数据库相比,私有链具有完备性、可追溯性、不可篡改性、防止内部作恶和错误可迅速排查等优势。私有链特别适用于大型机构的内部数据管理与审计,政府预算和行业统计数据也可采用私有链,以增强数据的安全性和可靠性。

三种类型的区块链在系统特性、组织构架、参与主体、交易机制等方面都有很大差异,表 1-1 对三种类型区块链的主要特性进行了对比。

表 1-1　三种类型区块链的主要特性对比

链　类　型	公　有　链	联　盟　链	私　有　链
共识达成条件	所有记账节点	部分节点	单一组织控制
记账节点管理	任意节点可参与挖矿(记账)	需要权限,节点间需互信	需权限,节点间需互信
共识机制举例	工作量证明、权益证明、委托权益证明(DPoS)	拜占庭容错类共识算法、Tendermint、故障容错类共识算法	退化为分布式数据库,主要解决节点间容错。Paxos、Raft、故障容错类共识算法

续表

链　类　型	公　有　链	联　盟　链	私　有　链
中心化程度	去中心化	部分中心化	中心化
共识达成效率	低	较高	高
应用场景举例	比特币、以太坊	Hyperledger Fabric	组织内部应用

◆ 1.7　现　实　意　义

当前,区块链应用已经延伸至金融、民生、司法、知识产权、公益慈善、物联网、制造业、供应链、社会治理和数字娱乐等众多领域。随着数字社会和数字经济的到来,物理空间与数字空间的加速融合打破了虚实界限,人、机、物都可以作为数字空间中的"节点"存在。新的环境必然要求有与之相适应的价值流通、经济运行、社会治理等规则。区块链通过多方共识构建数字社会和数字经济的规则,有望重塑人类的生产与生活方式,成为未来信息基础设施的核心技术。

1.7.1　为价值互联网提供技术支撑

数字社会的标志之一是数据和信息成为商品。区块链技术有效支撑了信息流与价值流的融合,实现从"信息交换"到"价值传递"的互联网转变。在价值互联网时代,价值可以在网上传递,且传递成本更低,为创新现有商业模式提供了保障。

区块链的"价值连接"是 Web3 的核心技术,元宇宙则是在区块链支撑下形成的 Web3 技术体系的新场景、新应用、新产业和新市场,催生大量创新商业模式,形成数字空间的新范式。区块链上的新赛道正在蓬勃发展,分布式金融是建立在区块链上的去中介自动运行的金融应用生态,成为元宇宙商品交换的金融基础设施;非同质化通证提供了一种利用区块链标记数字资产所有权的方式,是商品数字化的重要技术工具,NFT 与知识产权(Intellectual Property,IP)数据结合可以创造多样化的数字产品或数字商品,同时也是实现"我的数据我做主"理念的技术载体。分布式自治组织则是 Web3 和元宇宙的重要组织形式,推动新的治理架构的形成。

1.7.2　支持数据确权,保障数据主权与数字权益

物权与文明的发展密不可分。没有明确的物权,资产容易被强权者掠夺,社会将失去创造新财富的条件和动力,导致经济与文明的倒退。在数字社会中,数据作为重要的生产要素,首先需要解决其权属问题。区块链技术可为数据要素提供多元化的权属控制能力,高效实现数据的定价、授权、交易、交换和应用等功能,有助于避免无序、失序、垄断和信任缺失等问题,从而构建"谁的数据谁做主"的规则体系。

1.7.3　提升协作效率,实现大规模协作自治

在现实世界的组织协作中,权属利益的分配、协作模式的制定以及信任体系的建立,体

现在生产、分配、交换和消费的各个环节中,存在多重累积运行成本。区块链依赖智能合约搭建灵活可信的价值交换平台,通过算法维系秩序,实现面向大规模参与者的数字化协作自治与有效激励。这一机制显著降低了协作的不确定性与交易成本,通过链上共享账本保证各环节关键信息公开透明,消除协作中的信息不对称,保障重要操作的可追溯性;自动化服务降低了人力成本与交易成本,借助市场化手段优化业务流程和资源配置,提升了协作效率;数字货币的应用将真正实现信息流与价值流的融合,促进区块链的大规模商业应用。

1.7.4 创新治理模式,建立算法治理新模式

首先,智能合约可为数字社会提供法律规则。计算法律学正试图将现实社会的法律规则与虚拟网络空间内的程序代码相结合,以法律规则约束代码运行,并以代码的方式表达法律规则,使"代码即法律"(Code is Law)的理念愈加接近现实。再者,区块链技术可构建诚信社会环境,降低社会运营成本。利用区块链开放透明、难以篡改、时间有序、信息永久保存和可追溯等特征,有助于解决人类社会的信任问题,使造假、抵赖等行为无处遁形,成为构建信任机制的有力工具,且其内在的正向激励机制引导人们规范自己的行为,使诚信成为人们的自觉行为。同时,区块链技术还可提升公共治理水平。其分布式和规则透明性能够有效提高公众的参与度,在统计调查、科学监管、政策制定和反腐败等领域,区块链提供了创新的技术手段,能够减少治理成本并提高效率。此外,分布式协同合作的自治组织(如 DAO)正在逐步进入应用阶段,使社会治理逐步迈入可编程阶段。

1.7.5 优化社会关系,改变资源与利益的分配规则

美国著名社会学家 Jonathan H. Turner 指出,各种社会现象本质上是人口规模、生产水平、生产资料的分配方式与权力的中心化程度互相作用的结果。未来,机器人和无人系统将减轻人类的体力劳动,人工智能(Artifical Intelligence,AI)和先进计算将减轻人类的脑力劳动,科技为我们提供持续的生产力;物联网(Internet of Things,IoT)、传感器和脑机接口等技术将产生越来越丰富的数据,为数字经济和数字社会提供要素;而区块链则可以改变人与人、人与物之间的合作方式,建立公平透明的创作、生产、收益和消费市场,改善生产资料和生产成果的分配方式,协调优化社会协作关系,最终推动社会组织形式的进步。

总之,随着数字社会的发展,数字经济与实体经济将深度融合,物理空间与数字空间的加速融合将使区块链技术对社会、经济、文化、社交和法律等各领域产生深远的影响。特别是在"数字通证""智能合约""自治组织"和"隐私保护"等技术的推动下,通过 Web3 和元宇宙等应用,将进一步重塑社会经济形态,构建出新的商业和社会生态。

◈ 1.8 本章小结

本章对区块链技术的发展背景、基本概念及主要特点等进行了梳理与分析。首先,回顾了区块链的诞生背景,揭示了其与比特币之间的紧密关系。比特币作为第一个成功应用区块链技术的数字货币,推动了区块链技术的广泛探索与应用。其次,概念与术语部分阐述了区块链的定义、进制数、哈希函数、梅克尔树和公私钥等技术,是理解区块链技术的基础。块链式数据结构和挖矿机制揭示了区块链背后的工作原理及安全性。再次,探讨了区块链的

主要特点、演进和类型，其特点主要包括分布式自信任、安全与完整性以及共享开放与隐私保护等。区块链的演进历程从1.0的分布式账本到2.0的分布式可编程计算平台，再到3.0的价值互联网，体现了技术的不断创新、扩展和应用潜力。区块链技术类型可分为公有链、联盟链和私有链，各自有不同的特性及适用场景。最后，讨论了区块链的现实意义，指出其在数据确权、提升协作效率、创新治理模式等方面的重要作用。区块链作为一种前沿性的技术，正逐步渗透到各个领域，未来的发展将深刻影响我们的生活和工作方式。

◇ 习　　题

1. 解释区块链的基本概念，并分享你对其技术特性及潜在应用的看法。
2. 比特币是否等同于区块链？阐述它们之间的区别与联系。
3. 列举并简要说明区块链的主要特点。
4. 概述区块链技术的演变过程，包括重要的里程碑和不同发展阶段的特点。
5. 介绍区块链的不同技术类型，并举例说明各自的应用场景。
6. 分析区块链技术的出现及其发展对社会、经济和技术领域的影响和重要性。

区块链的体系结构

第 2 章

本章概述性地介绍区块链体系结构框架下各个层次的基本功能、相互关系、关键技术和安全性。

◇ 2.1 体系结构概述

传统的金融系统记账模式为中心化模式,即计算机系统中的客户端/服务器(Client/Server,C/S)模式(见图 2-1(a)),以银行为例,用户将存取款、转账等记账请求发送到中心节点,中心节点进行记账操作,并保证交易的正确性和账本的安全性。C/S 模式简单有效,是目前被广泛使用的网络服务模式之一,其不足之处是服务的安全性依赖中心节点,存在单点故障,用户需要相信中心节点无作恶行为。为降低单点故障的风险,分布式记账模式(见图 2-1(b))被提出,从单个中心节点记账转化成多个节点同时记账,并通过分布式应用提供服务,系统中单个记账节点的故障或安全漏洞不会影响整个记账系统的运行。在分布式记账网络中,任何节点既可以为自己服务,也可以为整个网络服务,体现了"人人为我,我为人人"的工作机制,增强了整个系统的韧性和安全性。

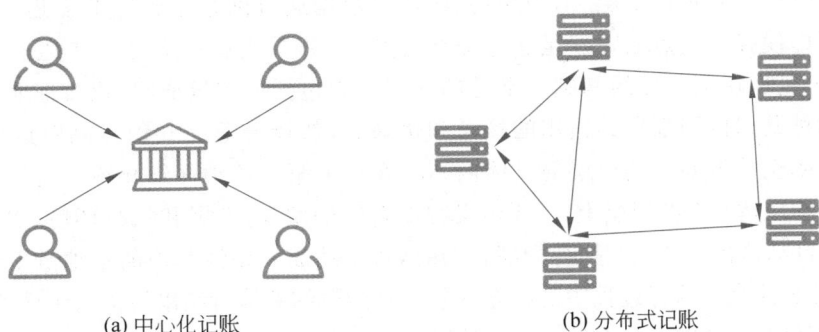

(a) 中心化记账　　　　　　　　　　(b) 分布式记账

图 2-1　记账模式

按照区块链的功能可将区块链技术架构分为数据层、网络层、共识层、合约层、应用层等 5 个层次,并包含激励机制,如图 2-2 所示。每一层承载着不同的功能和责任,彼此之间通过明确的接口进行交互,共同构成完整的区块链生态系统。

数据层定义区块链的数据结构。区块链使用块链式结构、梅克尔树等组织数据,并借助哈希函数和数字签名等密码学技术保证其数据的可用性和安全性。数

应用层	技术支撑			具体应用实例			激励机制
	后台技术	前端技术	交互技术	金融与钱包	预言机	行业应用	
合约层	合约语言			执行环境			
	Script	Solidity	JavaScript	Go	本地	EVM	Docker	
共识层	共识机制						
	工作量证明		权益证明		拜占庭容错类	其他共识	
网络层	组网机制		数据传播机制		数据验证机制		
	拓扑结构	节点发现	交易传播	区块传播	传输验证	签名验证	语义验证	
数据层	数据结构			密码技术			
	块链式结构	梅克尔树		哈希函数	非对称加密	数字签名	

图 2-2 区块链技术架构

据层是区块链数据可审计的基础，解决了隐私保护、身份认证和数据不被篡改的问题，同时也具有存储信任的功能。数据层所涉及的密码技术将在本书第 3 章中详细介绍。

网络层定义区块链节点的组网方式、信息传播方式和信息验证过程，具有网络路由、传播和验证区块数据以及发现新节点等功能。网络层保证区块链节点便捷地加入和退出网络，使交易和区块信息快速有效地传播到全网所有节点，节点之间互为冗余备份，可有效解决单点故障问题。网络层的设计还需考虑到网络延迟、带宽限制和节点的地理分布等因素，以保证系统的高可用性和高效率。网络层的具体内容将在本书第 4 章中详细介绍。

共识层建立在网络层上，当交易、区块等数据通过网络层到达节点后，系统通过共识算法保证即使存在节点故障甚至恶意破坏等情况，分布式账本最终也能达成一致。共识层生成信任，是区块链信任的基础。常见的共识机制包括工作量证明、权益证明和委托权益证明等。每种共识机制都有其适用的场景和优缺点，选择合适的共识机制对区块链网络的安全性和效率至关重要。共识层的具体内容将在本书第 5 章中详细介绍。

合约层建立在共识层上，主要定义智能合约的编写，部署和执行环境，实现合约在区块链网络上自动执行。节点在执行智能合约时，对已达成一致性共识的本地链上数据进行读写操作，保证智能合约执行过程中的状态一致。智能合约的执行结果被记录到区块链中，同样具有可信、不可篡改的特点。合约层是区块链系统与分布式应用之间联系的纽带，能够提高交易的自动化程度和效率，减少人为干预。合约层的具体内容将在本书第 6 章中详细介绍。

应用层在智能合约层的基础上定义分布式应用，通过后台、前端、交互等技术对智能合约进行封装调用，为用户提供友好且多样化的服务，如金融、钱包、云游戏和行业应用等。应用层的设计需要关注用户体验和界面的友好性，保证用户能够方便地与区块链进行交互。

激励机制是公有链项目的重要组成部分，是区块链社区良性运转的重要因素之一。激励机制与共识层结合，以 Coin 或 Token 的方式激励矿工维护区块链网络；激励机制与智能合约结合,激励用户共建智能合约;激励机制与应用层结合,激励用户参与应用开发,保持良好行为习惯。联盟链和私有链通常由相关组织机构负责运行与维护,可以不需要激励机制。

区块链体系结构各层次间相互结合与影响,通过技术手段实现组织和个人能够在统一共识的规则下,按照自治的方式提高协作效率。

◇ 2.2 数 据 层

数据层主要通过块链式数据结构实现数据的存储和查询,并与密码技术相结合保障数据安全。

2.2.1 数据结构

区块链主要使用梅克尔树组织区块内交易数据,并使用链式结构将区块组织起来。

1. 链式结构

不同区块链系统采用的数据结构并不完全相同,如以太坊的区块保存父区块和叔区块(Uncle Block)的哈希值,更像树状结构,目前也出现了基于有向无环图(Directed Acyclic Graph,DAG)和树图结构的区块链。但除创世区块外,区块中都保留前一区块哈希值(父哈希),数据存储区块以链式结构关联是各个区块链的共同特征,如图 2-3 所示。这一特征使区块链具有可连接、防篡改、可审计和可追溯等特性,从而保证区块链的完整性。

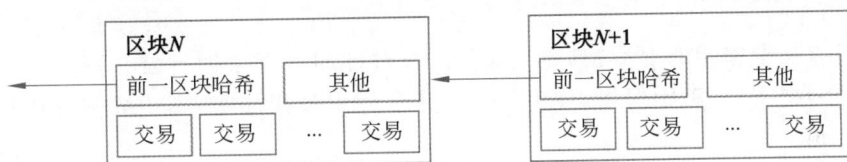

图 2-3　链式结构

2. 区块结构与信息

为优化数据结构,并对上层应用形成支撑,区块又分为区块头和区块体两个部分,如图 2-4 所示。区块头包含版本号、父区块的哈希值、本区块的哈希值、交易的梅克尔根、时间戳、难度值和随机数等区块的关键特征信息。区块体包含区块内发生的交易数量、所有交易和智能合约等内容,并使用梅克尔树对数据的哈希进行组织。区块高度通常记录在用于奖励矿工的创币交易(Coinbase)中。

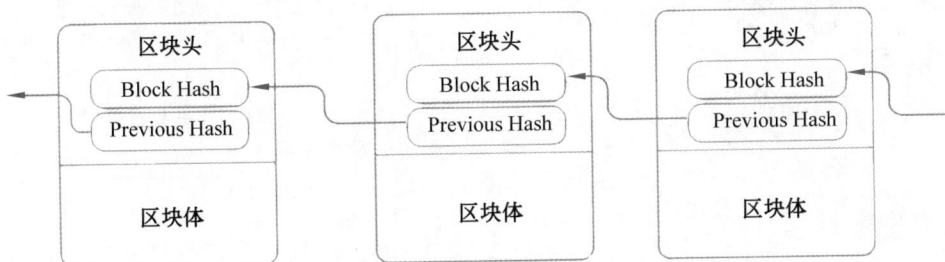

图 2-4　区块结构示意

3. 区块数据分类与解释

区块链信息根据数据属性可分类如下。

（1）链式结构相关信息：本区块存储前一区块的哈希值，构成链式结构。

（2）区块自身相关信息：区块的版本号、高度和区块大小等信息。

（3）时间相关信息：时间戳，记录区块产生的时间，用于验证系统的时序性。

（4）共识算法相关信息：算法的难度目标值（Target）和随机数等信息。

（5）交易相关信息：交易数量、交易数据、交易哈希的梅克尔树、智能合约等信息。

总体而言，区块链与经典的"链表"存储结构比较相似，相同点均为从头部开始一个接一个地延伸；不同点为链表单元保存了下一单元的地址，而区块中则保存了前一区块的哈希值。

2.2.2 数据安全

数据安全主要由非对称加密算法、哈希算法、数字签名和数据冗余予以保证。哈希函数保证消息在传输、存储等环节不会被破坏或篡改，实现数据的完整性；数字签名保证消息来源的真实性以及事后不能对所提供的消息进行否认，实现数据的可认证和不可抵赖；私钥保证对消息的访问、使用和处理等权限进行控制，实现数据的可控性。公钥地址保证用户在不提供实名认证（Know Your Customer，KYC）的情况下进行可靠交易，实现对用户隐私的保护。

1. 非对称加密算法

相对只有一把密钥的对称密码算法而言，非对称加密算法拥有公开密钥（公钥）和私有密钥（私钥）两把密钥，私钥保密，公钥公开。通常使用公钥加密，私钥解密；使用私钥签名，公钥验证。

加密和解密过程如图 2-5 所示。假设 Alice 使用 A 作为公钥，使用 A′ 作为私钥；Bob 使用 B 作为公钥，使用 B′ 作为私钥。Alice 用 Bob 的公钥 B 对信息 M 进行加密，生成密文 C，再将密文发送给 Bob。Bob 收到密文 C 后，用自己的私钥 B′ 解密，便可得到原始信息 M。而任何第三方获得密文 C 后，因为没有私钥 B′，所以都无法获得原始信息 M，由此可在无须传递密钥的情况下实现信息加解密。

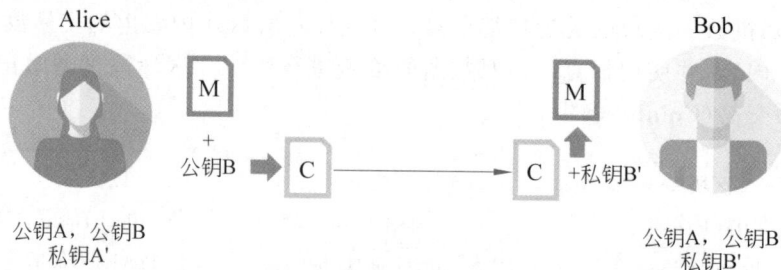

图 2-5　信息加密和解密示意

2. 数字签名

数字签名是非对称密码学在区块链中最常见的应用，用于对签名者、签名时间和被签名消息进行验证。在区块链中,每一笔交易都需要进行数字签名,以保证资金来源是真实的,且签名者在交易后不可抵赖,用户可以放心地在区块链上进行数据和价值流通。

常用的算法包括 RSA 和椭圆曲线数字签名算法(Elliptic Curve Digital Signature Algorithm,ECDSA),RSA 签名验证与加解密过程恰好一致,容易把签名误解为使用私钥加密,把验证误解为使用公钥解密。ECDSA 使用私钥、全局域参数(定义椭圆曲线以及曲线上的基点)和明文的哈希值计算得到签名(Signature)。RSA 密钥长度较长,因而计算量较大。相比之下,ECDSA 使用较短的密钥,同时提供更强的安全性。因此,比特币选择了 ECDSA 签名算法,以提高效率和安全性。

以 RSA 算法为例,数字签名和验证的过程如图 2-6 所示,Alice 使用自己的私钥 A′ 对信息 M 进行签名,生成签名 S。Bob 收到后,用 Alice 的公钥 A 验证签名 S 和信息 M,以确认签名的真实性。因为只有 Alice 拥有私钥 A′,所以签名 S 只能由 Alice 生成。虽然 RSA 曾广泛用于数字签名,但现在 ECDSA 已成为主流,因为它在提供相同安全性的同时使用更短的密钥。

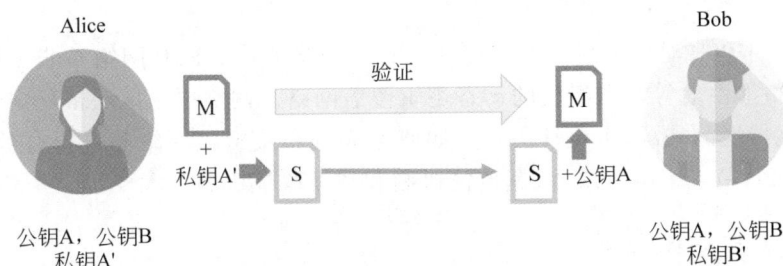

图 2-6　数字签名和验证示意

2.2.3　数据层面临的挑战

1. 主要挑战内容

1)账户隐私保护问题

区块链使用地址作为账户,不需要进行实名认证,从而隐藏交易人的真实身份,达到隐私保护的目的。但用户在公有链上的所有操作记录都是公开的,交易者在交易过程中留下的交易行为、多次使用的账户地址以及相对稳定的关联交易都将留下痕迹。通过收集、观察、识别和追踪这些交易信息,账户地址很可能被找到在现实中对应的实体,从而使隐私保护失去作用。

2)私钥泄露风险

区块链使用的加密算法面临穷举攻击、碰撞攻击和量子攻击等问题。特别是随着人工智能和量子计算的兴起,存在利用公钥计算出私钥、造成私钥泄露的风险,对区块链的安全性构成挑战。

2. 主要解决思路

1)隐私信息保护

(1)地址保护:使用隐地址和混币技术。隐地址(一次性地址)在交易时随机生成,并在使用后丢弃，防止地址关联性。混币技术通过混合交易输入和输出，打乱输入输出间的关联性，增强隐私。

（2）签名保护：采用群签名和环签名技术。群签名允许群内任意成员匿名代表群体签名，验证者用群公钥验证。环签名没有管理者，通过随机选择的临时签名集合进行签名，验证者只需确认签名者是否为集合成员即可。

（3）验证保护：使用同态加密和零知识证明。同态加密允许在密文上进行计算，结果与明文计算一致。零知识证明则在不泄露敏感信息的情况下验证权益的合法性。

2）抗量子加密研究

由于量子计算可能破解基于大整数分解（如 RSA）和离散对数（如椭圆曲线）的加密算法，需要加强对抗量子密码算法的研究。特别是基于格的密码学研究，以确保未来的安全性和抵御量子计算的威胁。

◆ 2.3　网　络　层

区块链采用 P2P 对等网络技术实现其分布式网络架构。P2P 网络并非一种新的结构，而是在 IP 网络上由对等节点组成的动态逻辑覆盖网络。网络层是区块链稳定运行的基础，也是其分布式特性的来源，主要解决节点如何形成分布式覆盖网络和进行有效通信。其关键技术包括 P2P 节点组网方式、数据传播机制和数据验证机制三大要素。

2.3.1　P2P 节点组网方式

区块链网络层的核心为 P2P 技术，通过去中心化的方法，节点在网络中连接并形成动态的逻辑覆盖结构，允许各节点通过逻辑链路直接进行通信，而不需要考虑节点的物理位置。这种方式具有快速实现消息传播、资源定位和资源存取等优点。与传统的 C/S 结构不同，P2P 网络中的每个节点都具有对等地位，既可以作为网络服务的请求者，也可以对其他计算机的请求做出响应。不同区块链网络的应用场景各异，性能要求也有所差别，因此节点组网的方式也各具特点。

1. 常用的 4 种组网方式

1）集中式模型

该模型依赖一个中心服务器节点存储网络中所有资源的索引（目录）信息，如节点 IP、端口和资源关键字等。用户在请求资源时，首先查询中心服务器以获取资源所在普通节点的位置，然后直接从该节点下载资源。该模型的优点是结构简单、易于实现；缺点是容易出现单点性能瓶颈和单点故障风险。

2）纯分布式模型

该模型的网络中没有中心化服务器节点，所有节点地位相等，并随机建立网络连接，信息需要在全网进行广播。其优点是不存在单点性能瓶颈和单点故障；缺点是易产生网络风暴，特别在节点数量较大时，可能导致网络拥堵和资源浪费。

3）混合式模型

该模型结合了集中式模型和纯分布式模型的优点，网络中包含超级节点，每个超级节点与多个普通节点组成局部集中网络。新加入的普通节点通过选择超级节点进行通信,并可选择一个超级节点作为父节点。该模型的优点是组网灵活、易于实现,并能有效减少网络风暴现象;缺点是超级节点可能成为性能瓶颈和故障点,同时增加了管理复杂性。

4)结构化网络

结构化 P2P 网络通过某种结构有序组织所有节点,常用技术是分布式哈希表(Distributed Hash Table,DHT),如 Chord 和 Kademlia 算法。其优点是高效、能快速定位资源;缺点是协议复杂性高,增加了实现难度。

2. 节点发现机制

1)初始节点发现

在 P2P 网络中,新加入的节点在启动时将通过一些长期稳定运行的节点快速发现网络中的其他节点,这些节点被称为"种子节点"。种子节点可分为由社区维护的 DNS 种子节点(DNS-Seed)和将 IP 地址硬编码到系统代码中的节点(IP-Seed)。这种机制保证了新节点能够迅速融入网络。

2)启动后节点发现

新节点向种子节点发送请求以获取可用节点列表。接收到请求的节点将其地址管理器中的地址返回给请求方,后者利用这些地址更新自己的节点列表,不断扩展和优化网络连接。

3. 典型网络的组网方式

1)比特币

比特币是全球第一个且目前影响力最大的区块链系统,采用纯分布式结构,节点间在建立邻居关系的过程中具有随机性和公平性。随着矿池矿机的发展,矿工节点需通过矿池服务器间接与区块链网络相连,形成一种新的网络连接方式,如图 2-7 所示。

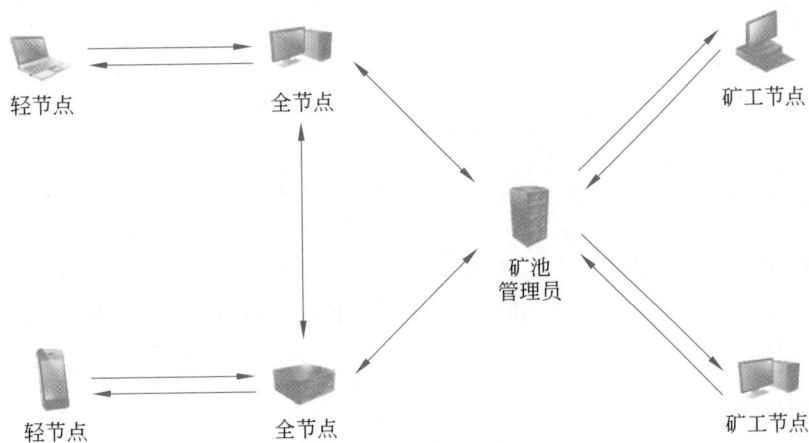

图 2-7　比特币组网示意

2)以太坊

以太坊是目前影响力最大的区块链计算平台,采用类似 Kademlia 协议的方式构建其结构化 P2P 网络。每个节点具有唯一的 ID,两节点之间的距离通过其 ID 的异或(XOR)值定义。节点维护一个包含 256 行的路由表(Finger Table,称为 K-桶,K-Bucket),每行根据节点与自身的距离记录最多 16 个节点的地址信息。这种设计确保在不超过 $\log_2 N$ 次查询中可以找到任意节点的地址。在以太坊中，$N=256$，该结构使网络查询非常高效。

3) Hyperledger Fabric

Hyperledger Fabric 属于联盟链，其节点分为 Orderer（排序）节点和 Peer（对等）节点。Orderer 节点通过分布式实现交易排序和区块生成，确保一致性。Peer 节点则根据角色分为记账节点（Committer）、背书节点（Endorser）、主节点（Leader）和锚节点（Anchor）。这种结构在保持高性能的同时，提供了灵活的网络管理，如图 2-8 所示。

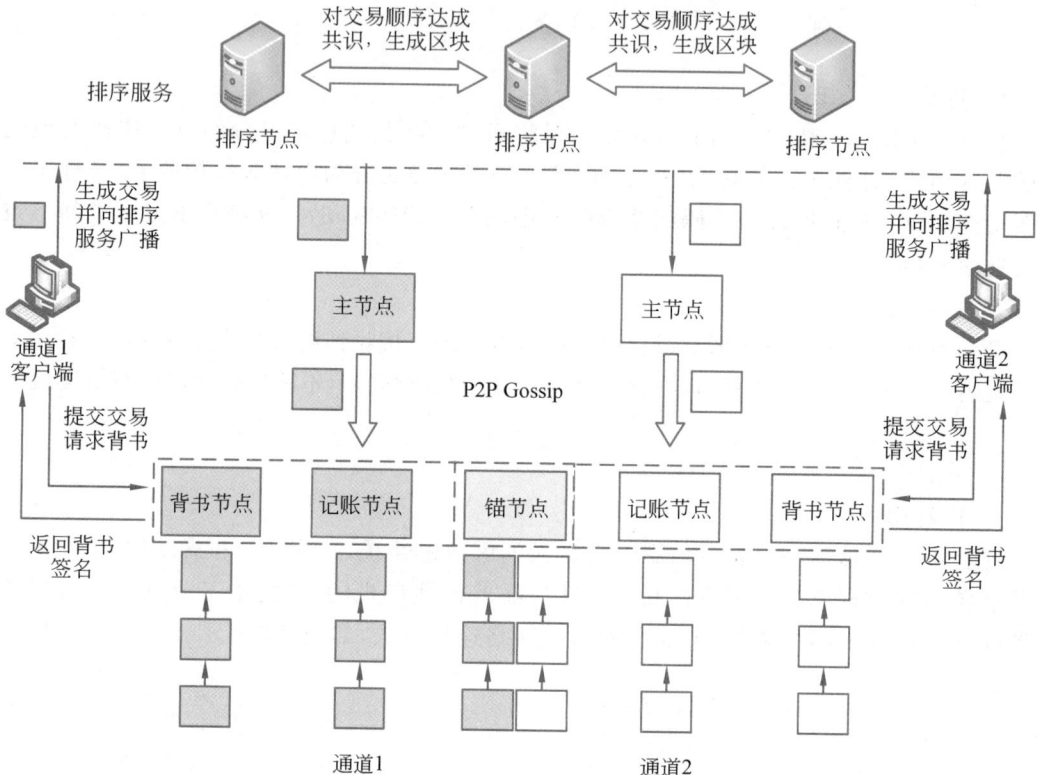

图 2-8　Hyperledger Fabric 网络架构示意

2.3.2　数据传播机制

在区块链中，交易处理包括交易传播、矿工收集交易并打包进区块以及区块的传播。新加入的全节点必须从创世区块同步到最新区块，才能参与网络共识，以保证所有节点对区块链状态的一致性。

1. 数据传播方式

大多数区块链网络仍然使用传统的传输控制协议/网际协议（TCP/IP）进行底层网络传输。在节点通信方面，非结构化 P2P 网络使用随机拓扑，资源位置与网络拓扑无关。经典纯分布式 P2P 网络通过"泛洪算法"或"流言算法"定位资源，消息从一个节点开始，逐步广播到邻居节点，邻居节点继续广播，直到扩散到整个网络。这种方法简单，但在大规模网络中效率可能较低。相比之下，结构化 P2P 网络通过构建有规律的网络拓扑，使资源位置与网络拓扑相关联,通常使用分布式哈希表算法高效定位资源,从而显著提高资源查找效率。

2. 比特币交易传播

产生交易的节点首先向邻居节点发送交易存在(交易哈希值)的消息。接收到消息的邻居节点判断自己的数据库中是否存在该交易,如果没有,则向发送消息的节点请求交易的完整信息。邻居节点收到完整的交易信息并验证其有效性后,再向各自的邻居节点进行交易传播。该过程保证了交易信息能够迅速而准确地在网络中传播。

3. 比特币区块同步

与交易传播类似,获得打包出区块的记账节点首先向邻居节点发送区块存在(区块哈希值)的消息。收到消息的节点确定该区块是否已经存在,若不存在,则向发送消息的节点请求区块的完整信息,区块头和区块体数据将分别进行同步。如果节点收到的新区块与当前链的末尾区块高度差大于1,将依次请求缺失的区块,以保证区块链的完整性和一致性。

2.3.3　数据验证机制

区块链节点从网络中接收到数据后,需要根据要求对数据进行验证,以决定是否接收该数据,防止无效和恶意数据传播。数据验证通过后,方可提供给上层使用。数据验证机制是为了抵抗数据在产生和传播过程中的风险,保障区块链的可靠运行,主要包括数据传输验证、数据签名验证和根节点及账户验证三方面内容。

1. 数据传输验证

公有区块链网络是开放的,传输的数据可能存在缺陷、错误或被攻击者恶意篡改。除了TCP/IP 的基础数据验证,区块链网络还需要进行额外的验证。例如,自 2012 年 2 月 20 日起,比特币网络在所有消息交互中增加了校验字段,以提高数据传输的安全性。

2. 数据签名验证

节点接收到的每笔交易都附带多个签名,区块链利用 RSA 和 ECC 等密码学算法对签名进行验证。验证的主要方法是使用交易发起者的公钥对签名进行核实,以确保交易的真实性和不可否认性。

3. 根节点及账户验证

区块链中的全节点将区块中所有交易数据的哈希值组织成梅克尔树,以验证区块头中梅克尔根的正确性。为防止数字货币被"双花",节点还需要验证每笔交易的资金来源是否真实以及账户是否有足够的余额。该机制是区块链防止双重支付的重要保障。

◇ 2.4　共　识　层

共识机制是区块链技术的核心组成部分,以确保在存在错误节点的情况下,系统整体上仍然能够对某个"知识"或数据状态达成共识,从而维护区块链账本的一致性。该机制不仅保障了区块链网络的安全可靠运行，还使新交易能够在全网范围内得到有效传播和验证。通过全体节点的"共识"，交易被永久且不可篡改地记录在区块中，而共识算法正是实现这一目标的基础，保证了账本数据的不可变性和智能合约的准确执行，为区块链技术的广泛应用提供了保障。

2.4.1 拜占庭将军问题的意义与影响

拜占庭将军问题探讨了在分布式计算环境中如何解决一致性问题，特别是在面对失效节点时，如何维护 P2P 网络的节点协调性，并有效区分非恶意与恶意失效节点。

1. 解决分布式计算环境中的一致性问题

在分布式系统中，确保所有节点对数据状态达成一致至关重要。拜占庭将军问题提供了一种解决此类情况的机制，特别是在部分节点发生故障或存在恶意行为时，仍能保证系统整体的一致性。

2. 应对失效节点的挑战

当网络中的节点发生故障时，可能会向其他正常节点发送错误消息，或者完全不发送任何消息。拜占庭将军问题的解决方案可有效应对这种情况，保证系统的稳定性和可靠性。

3. 维护 P2P 网络中的节点协调性

在 P2P 网络，确保正常运行的节点能够采取协调一致的行动非常重要。拜占庭将军问题的解决方案要求节点能够对网络状态达成共识并执行相同的操作，从而维护网络的稳定性和安全性。

4. 区分非恶意与恶意失效节点

非恶意失效节点可能由多种原因引起，如软件缺陷、硬件故障或网络问题。而恶意节点被称为拜占庭节点，是指故意破坏网络正常运行的节点。

5. 同步通信系统中的节点数量要求

在同步通信系统中，为了容忍一定数量的恶意或故障节点，系统的总节点数必须满足一定的条件。当系统的总节点数少于某个阈值时，系统无法达成共识；而当节点数达到或超过该阈值时，系统则有能力达成共识。通常，在同步通信系统中，若存在 m 个恶意和故障节点，则当系统节点总数 $n < 3m + 1$ 时问题无解；当 $n \geqslant 3m + 1$ 时问题有解。

2.4.2 一致性问题的详细描述

区块链网络作为一种典型的分布式系统，在实际运行中面临着多种挑战。其中，一致性问题是核心问题之一。一方面，由于网络延迟、节点故障或断网等，节点间的通信可能受到影响；另一方面，恶意节点可能故意发送错误信息干扰网络的正常运行。系统中同时存在恶意节点和故障节点的一致性问题称为拜占庭将军问题。该问题可进一步细分为以下三个核心子问题。

（1）账本同步问题：在分布式环境中，由于存在网络延迟、节点故障和关机等问题，各节点的账本状态可能出现不一致的情况。为了确保所有节点的账本状态保持一致，需要设计有效的共识算法同步各节点的数据。

（2）数据防篡改问题：在区块链网络中，为防止恶意节点通过发送错误数据破坏账本的一致性，共识算法必须能够抵御少数恶意节点的干扰。

（3）防止"双花"问题：在数字货币交易中，为避免同一笔资金被重复使用，需要通过共识算法确保交易的唯一性和不可篡改性。

2.4.3　共识算法的分类与应用场景

1. 根据网络环境中是否存在拜占庭节点以及节点的信任程度分类

根据网络环境中是否存在拜占庭节点以及节点的信任程度，共识算法可分为以下两大类。

1）故障容错类共识算法

故障容错（Crash Fault Tolerance，CFT）类共识算法主要适用于节点间信任度较高的环境，如联盟链和私有链。其所考虑的主要因素是节点故障或崩溃，而内部恶意行为的风险相对较低。CFT 类共识算法通过一系列机制确保在部分节点故障时，系统仍能保持一致性和可用性。Paxos 和 Raft 是应用最广泛的 CFT 类共识算法，在分布式系统中发挥着重要作用。

2）拜占庭容错类共识算法

与 CFT 类共识算法不同，拜占庭容错（Byzantine Fault Tolerance，BFT）类共识算法不仅考虑了节点的故障问题，还特别针对恶意节点的存在进行了设计。该类共识算法能够容忍恶意节点发送伪造消息行为，适合存在潜在恶意攻击节点的公有链应用场景。典型的 BFT 类共识算法包括 PoW 和 PoS，而 PBFT 在联盟链场景中得到了广泛应用。

2. 根据通信模式分类

共识算法根据通信模式的不同，可分为确定性共识机制、概率性共识机制和混合协议三类。

1）确定性共识机制

在同步通信条件下，该机制能够保障区块生成的强一致性，避免分叉（Fork）现象。即使存在 m 个恶意节点，只要系统中节点总数 n 满足 $n \geqslant 3m+1$ 的条件，便可达成共识。该机制适用于联盟链，RBFT、PBFT 和 SBFT 等算法为其典型代表。

2）概率性共识机制

该机制为弱一致性共识，适用于分布式系统无法保证同步通信的情况。在此情况下，节点可能无法即时达成一致，但系统允许临时分叉，最终仍能达成共识。该共识机制适用于公有链场景，例如 PoW、PoS 和 DPoS 等算法。

3）混合协议

这种协议结合了确定性共识和概率性共识的特点。其主要思路是首先通过概率性共识选举出节点代表委员会，然后在委员会内部采用确定性共识进行决策。混合协议多用于公有链，如 Algorand、PeerCensus、ByzCoin 和 Solida 等系统。以 Algorand 为例，其首先通过 PoS 共识算法选举出节点委员会，随后在委员会内部使用改进的 PBFT 共识算法进行账本共识。

2.4.4　常用共识算法简介

1. 工作量证明（PoW）共识算法

PoW 共识算法的核心思想是节点间通过资源竞争争夺记账权，例如解决某个数学难题或完成一定量的计算工作。系统每隔一段时间就进行一轮资源竞赛，胜利者成为记账节点，向网络添加新增交易信息。为了鼓励节点参与记账和系统运维，系统通常为记账节点发放原生数字货币奖励。PoW 共识算法的主要特性是非对称性，即求解问题困难，但验证结果容易。节点的算力越大，被选为区块产生者的概率就越大。PoW 是公有区块链系统中最常用的共识算法之一，如比特币和以太坊 1.0 等系统。但是，PoW 共识算法也存在许多争议，如资源竞争引起的资源和能源浪费。同时，资源竞争和概率性共识也限制了区块链网络的交易效率。

2. 权益证明（PoS）算法

PoS 共识算法的核心思想是记账节点首先证明自己拥有某种形式的权益，如特定数字货币的所有权。为了防止权益数量多的节点垄断记账权，获得记账权的节点将消耗掉相应的权益。完成记账的节点将获得一定的奖励。节点持有数字货币的数量越多，持币时间越长，币龄（持币量×时间）就越大，被选为区块生产者的概率就越高。PoS 共识算法可以减少能源消耗和对硬件设备的依赖，缩短区块的产生时间和确认时间。PoS 共识算法也是公有区块链系统常用的共识算法，2022 年 9 月以太坊 2.0 已由 PoW 共识算法切换到 PoS 共识算法。

3. 实用拜占庭容错（PBFT）共识算法

PBFT 共识算法需要每个节点对其他节点的消息进行验证，来自客户端的请求按照确定的顺序执行。系统中的节点被分成主节点和备份节点两种。主节点负责生成新区块，且每次只有一个节点被选举为主节点；其他节点均为备份节点，负责对交易进行验证。PBFT 共识算法可以容忍非正常节点的数量不超过全网节点的 1/3。尽管其通过优化将复杂度从指数级降到了平方级，但在节点数量增加时，平方级的复杂度仍然可能导致扩展性有限，比较适合联盟链应用场景。

◆ 2.5　合　约　层

基于区块链的智能合约实际上是一种自动化的数字合同，其本质是"以程序代码形式编写的合约"。智能合约通过编程的方式，在区块链平台上规定了各参与方的权利和义务，实现了人、法律和虚拟世界之间复杂关系的程序化。这种合约不需要中心化的机构执行，而是依靠代码自动执行。

　　智能合约中的代码是公开的,具有分布式记录、强制执行性、防篡改和可验证等特点。签署合约的各参与方就合约内容、违约条件、违约责任和外部条件(数据源)达成一致,严格按照提前约定的规则操作,当约定的条件得到满足时,便可自动触发执行合约内容。智能合约部署的成本远小于现实社会中法律或商业合同的签署成本,且可创建更广泛的协议,生成内在新的通证,以通证作为权益证明与行业应用相结合,构建"可编程商业"的解决方案。合约层的主要内容规范了智能合约的编程语言和运行环境。

2.5.1　智能合约的编程语言

　　区块链平台为开发者提供代码编程环境,支持生成智能合约的编程语言、开发和编译工具,帮助开发者撰写智能合约程序并编译成可执行代码。不同的区块链通常采用不同的智能合约编程语言。

1. 比特币的脚本语言

　　比特币的脚本语言是一种简化的编程语言,采用基于堆栈的设计,缺乏复杂的流控制结构(如循环)。该设计增强了比特币网络的安全性,可有效防止潜在的逻辑攻击。尽管其脚本语言并非图灵完备的,不属于真正意义上的智能合约,但为智能合约的产生和发展奠定了重要基础。

2. 以太坊编程语言

　　以太坊被广泛认为是首个真正的智能合约平台。其依赖以太坊虚拟机(Ethereum Virtual Machine,EVM),支持多种编程语言,其中 Solidity 是最受欢迎的语言。使用 Solidity 编写的合约可以编译成字节码,并在 EVM 上运行。EVM 是图灵完备的,可被部署到以太坊区块链网络中,执行任何计算任务,实现自动化和去中心化的应用。

3. Hyperledger Fabric 编程语言

　　在 Hyperledger Fabric 中,智能合约被称为链码(Chaincode),可以使用多种编程语言编写,包括 Go、Java 和 Node.js。链码被分为系统链码和用户链码两种类型,系统链码用于实现平台的核心功能,而用户链码则用于定义和实现用户自定义的业务逻辑。链码需要安装在网络中的 Peer 节点上,并运行在隔离的 Docker 容器中。链码通过 gRPC 协议与 Peer 节点进行数据交互,保证链码可与区块链网络的其他部分有效通信和协作。

2.5.2　智能合约的开发、部署与运行

　　作为一种新型的软件架构,智能合约在区块链网络中有自己的地址和存储区域。智能合约一旦部署便不可更改,因此在部署到区块链网络之前,必须进行严格的测试,并通过外部审计或使用自动化工具检查和修复可能存在的问题。智能合约通过共识机制存储在网络的各节点上,并在特定的运行环境中执行,如 EVM。EVM 为智能合约提供了安全的执行环境,其中运行的代码无法直接访问外部资源,而需要通过预言机获取可信的外部信息。当外部事件或内部交易状态触发时,智能合约中的逻辑代码将自动执行,并将结果写回区块链以供后续处理。

2.5.3 预言机

预言机（Oracle）可将外部信息引入区块链内部，实现区块链与现实世界的互联互通，其工作原理如图 2-9 所示。预言机作为链上的独立合约，通过调用外部接口将数据记录在合约内，其他智能合约通过调用预言机合约内的数据，保证获取数据的真实性、安全性和一致性。

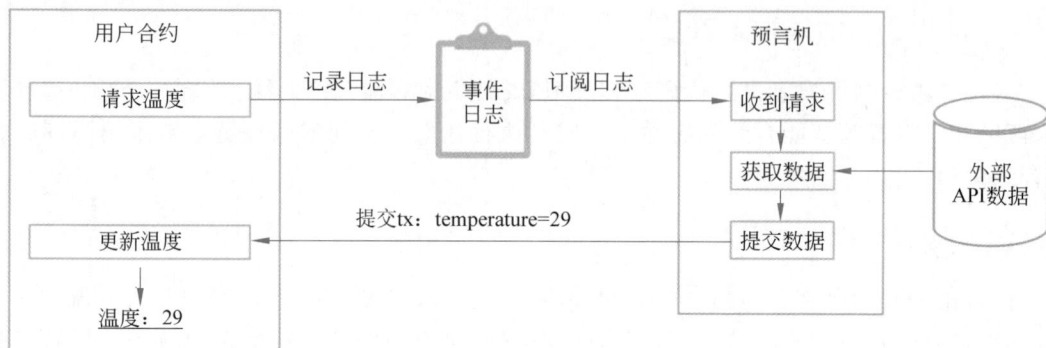

图 2-9　预言机工作原理

预言机可以分为中心化和去中心化两种类型。中心化预言机通过单一途径获取数据，而去中心化预言机则通过分布式、多合约的方式获取数据，并通过奖惩机制和聚合模型整合多来源数据后反馈给其他合约。去中心化预言机解决了中心化预言机可能面临的单点攻击和数据造假风险，但相应地也增加了运行成本。在实际应用中，需要根据具体场景和需求选择合适的预言机类型。

目前，市场上已经有一些成功的预言机项目服务，如 Oraclize 和 Chainlink。Oraclize 是早期的中心化预言机之一，依赖如亚马逊等可信的第三方保证数据的真实性。而 Chainlink 作为去中心化预言机的代表，其架构包括链上和链下两部分，提供了更高的可扩展性和完善的激励机制，受到区块链社区的广泛关注。

◈ 2.6　应　用　层

区块链应用层的目标是为终端用户提供一种简便的方式搭建去中心化应用服务，其通过封装合约层的相关接口、设计用户友好的人机交互界面（User Interface，UI），并实现与智能合约的高效交互，以降低用户使用区块链技术的门槛。

2.6.1　相关概念

在传统的网络服务模式中，服务端以中心化的方式服务众多客户端，导致整个网络服务的稳定性和可用性高度依赖中心服务端的性能。然而，公有链作为一种分布式的网络结构，不存在中心节点，没有任何个人或机构能够单独控制或篡改链上的数据。该结构中所有节点都可参与网络的运行和服务支撑，其应用被称为 DApp。由于 DApp 的公开透明性，开发者难以从程序的产权保护中直接获取收益，通常采用发行通证机制获得相应的价值回报。

1. 分布式去中心化应用

DApp 是基于区块链智能合约及激励机制构建的可交互式应用,可为多种应用客户端提供接口支持。DApp 不属于任何单一实体,其运行无须人工干预,且通过分发通证代表权益。DApp 具有以下三个核心特征。

(1) DApp 的程序展现出分布式、开源透明及自治的特性。其更新和维护是基于网络中大部分节点的共识完成的。

(2) DApp 的后台运行完全依赖分布式网络,网络由众多节点共同维护。所有关键应用数据都需要在节点间达成共识后,才可被永久性地存储在区块链上,使数据难以被篡改。此外,任何人都有能力对交易的相关数据进行验证,保证了数据的透明性和可信度。

(3) DApp 系统内通常拥有加密数字货币或通证,用于奖励对系统做出积极贡献的节点。同时,DApp 通过建立社区和设定明确的治理规则推广、更新和维护应用。

2. DApp 的主要框架

典型的 DApp 开发架构主要包含三个部分:面向用户的前端、核心的智能合约以及运行区块链节点的后端(或称为平台)。其中,DApp 的前端负责将内容呈现给用户,并实现与用户的交互。该部分不仅涉及技术开发,还包括平面交互设计、用户心理学等多方面的内容。智能合约是 DApp 的核心组成部分,前端通过应用程序接口(Application Programming Interface,API)与智能合约进行通信。而 DApp 的后端则是整个区块链网络(平台),智能合约在此与区块链网络进行交互,所有达成共识的数据都被永久性地存储在区块链网络上,确保数据的安全性和难以篡改性。

3. 平台选择

选择优秀的区块链平台对 DApp 开发至关重要。好的平台能够提供完善的应用开发工具和接口,使开发者能够专注业务逻辑的实现,更加便捷地开发出满足需求的 DApp,可显著降低开发成本和缩短开发周期,并提高应用的质量和性能。在选择平台时,还需要综合考虑网络费用、交易吞吐量以及开发者生态等因素。目前市场上较成熟的平台包括比特币、以太坊和 Hyperledger Fabric 等。表 2-1 和表 2-2 详细对比了三种开发框架的异同,并提供了常用技术开发语言,为开发者在选择合适的开发平台和语言时提供了有价值的参考信息。

表 2-1　三种流行区块链应用开发框架

名　称	比特币框架	以太坊框架	Hyperledger Fabric 框架
区块链属性	公有链	公有链/联盟链	联盟链
服务器端语言	C++	Go	Go、Java、Node.js

表 2-2　应用层常用的开发语言参考

名　称	后端系统	智能合约	前　端	交互技术
开发语言	C/C++ 、Go、Java、Python、PHP、JavaScript 等	Solidity、Go 等	JavaScript、HTML、CSS 等	Web3.js、Ethers. js、gRPC 等

4. 公有链以太坊网络

以太坊作为全球领先的公有链网络，为分布式应用提供了强大的支持。其智能合约在以太坊虚拟机上运行，构建了一个全球共享的计算平台。该平台不仅推动了分布式应用、自治组织和智能合约的创建，还通过丰富的模块简化了应用的开发，使几乎所有复杂的金融活动或交易都可以通过智能合约实现。此外，在信任、安全和持久性要求严格的领域，如资产登记、投票管理和物联网，以太坊展现出了广泛的应用潜力。围绕分布式存储、计算和预测市场，以太坊催生了诸如 OpenSea、Uniswap 和 MetaMask 等重要协议和应用。值得一提的是，OpenSea 是基于以太坊 ERC-721 标准的 NFT 在线交易平台，如图 2-10 所示，用户可以在 OpenSea 上免费生成 NFT，并提供买卖和拍卖服务。

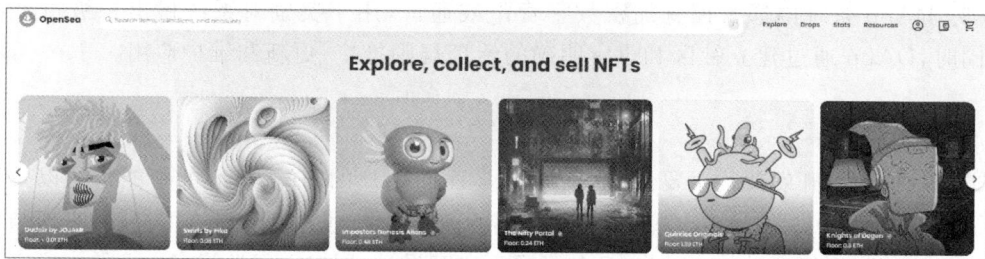

图 2-10　OpenSea 平台

2.6.2　区块链工具

区块链工具是支撑各种软件开发与维护的软件，主要包括区块链浏览器、区块链钱包和区块链中间件（Middleware）等应用。

1. 区块链浏览器

区块链浏览器是一种搜索区块信息的工具，根据不同的应用场景可以查询特定区块的内容，如区块链的总体描述、区块信息、交易信息和智能合约的相关信息等内容。区块链浏览器通常还提供一站式链上数据展示与分析工具，根据区块链网络的实际情形，向用户展示原生数据和衍生数据，帮助用户理清复杂链上信息，降低用户浏览、获取链上数据信息的难度。浏览器大致可以分为单链浏览器和多链浏览器。早期区块链浏览器通常为单链浏览器，包括 Etherscan.io（以太坊浏览器）和 bitbo.io（比特币网络统计）等。随着市面上出现的区块链网络越来越多，跨链之间的交易、金融和服务逐渐增多，所以出现了多链浏览器，包括 oklink.com 和 blockchain.com 等。区块链浏览器能够方便开发者、持币者、投资者、研究人员等参与者使用，借助区块链浏览器，用户可以及时查询需要的链上数据，洞察链上世界发生的一切。

2. 区块链钱包

区块链钱包是用于管理加密数字货币的应用程序，也是进入 Web3 的重要入口，存储用户的数字货币信息，包括公钥、账户地址和私钥。钱包形式多样，通常包含一个软件客户端，允许用户查看、存储和交易其持有的数字货币。根据私钥生成规则，钱包可以分为非确定性钱包和确定性钱包;根据是否联网,钱包可分为冷钱包和热钱包。

1)非确定性钱包

钱包里的每对公钥(地址)和私钥独立成对,互不关联,也称为随机钱包。其优点是任何一个公私钥对泄露,均不会对其他公私钥对产生影响;缺点是用户需管理所有的公私钥对,每个私钥都需要单独备份,不便记忆。

2)确定性钱包

所有密钥都从种子(Seed)密钥派生而来,只要原始种子没有丢失,便可以再次生成全部密钥。确定性钱包最常用的推导方法是使用树状结构,称为分级确定性钱包或 HD 钱包,所有孩子节点的私钥和孙节点的私钥都可以通过根节点的种子推导产生。其优点是用户无须记忆大量的私钥,便于管理和层级应用;缺点是如果种子密钥一旦泄露,所有的账号都可能被泄露,造成全部钱包资产的损失。

3)冷钱包

冷钱包是指脱离网络连接的离线钱包形式,包括纸钱包、硬件钱包和不联网的计算机或手机等。用户可以在离线状态下生成数字货币地址和私钥,并将其安全保存。由于冷钱包无须连接网络,黑客难以访问并盗取私钥,具有较高的安全性。然而,冷钱包仍面临一些风险,如随机数生成的不安全性可能导致安全隐患。此外,硬件损坏或钱包丢失也可能导致数字货币的损失,因此用户需做好密钥备份以增加安全保障。

4)热钱包

热钱包是指需要网络连接的在线钱包,它在使用上更加方便。但由于热钱包需要在线使用,个人的电子设备有可能被黑客盗取钱包文件、捕获钱包密码或破解加密私钥,而部分中心化管理钱包也并非绝对安全,在使用中心化交易所时,建议开启二次认证,以保证资产安全。

5)钱包的备份

数字货币丢失的主要原因包括私钥未备份、备份丢失、忘记密码、备份错误以及设备丢失或损坏等。为保护数字钱包的安全,防盗和防丢是关键。常见的私钥备份方法有以下两种。

助记词(Mnemonic):由于私钥是一串复杂的字符串,难以记忆,助记词可以将私钥转换为一组常见的英文单词(通常为 12、15、18 或 24 个),这些单词可以用来恢复私钥。助记词和私钥可以相互转换。安全起见,助记词通常抄写在物理介质(如纸)上保管。

Keystore:这是以太坊钱包存储私钥的一种文件(格式为 JSON),通过钱包密码对私钥进行加密。与助记词不同,Keystore 文件需要结合钱包密码进行解密才能获得私钥。因此,使用 Keystore 时,必须同时妥善保管好 Keystore 文件和对应的密码。

3. 区块链中间件

区块链中间件是一类提供系统软件和应用软件之间连接,以及软件各部件之间沟通的软件。区块链中间件可帮助开发者便捷有效地利用区块链底层协议,对数字资产、存证溯源和信息共享等上层应用提供统一的 API,以便更好更快地开发应用。根据不同的应用场景,区块链中间件大致可分为如下三类。

1)开发类中间件

开发类中间件通过提供统一的 API、标准化的开发工具和多语言支持,简化了上层应用的开发流程。通过集成关键资源，如 IDE、调试工具、Web3.js 和 Ethers.js 库以及远程过程调用（Remote Procedure Call，RPC）功能，使开发者能更快、更高效地构建和部署应用。

2）节点类中间件

节点类中间件主要提供节点服务，帮助开发者快速搭建区块链节点，或者便捷地访问现有区块链节点，开发者无须下载、保存完整的区块链账本，减少单独运营节点的时间和成本。例如 Infura 和 Apron 等，帮助开发者高效地与区块链网络进行交互。

3）跨链中间件

跨链中间件用于实现不同区块链间的交互，封装比特币、以太坊、Hyperledger Fabric、Corda 等多种异构区块链，使用户能够轻松切换区块链技术平台，专注业务层面的研究和应用。主流跨链技术方案包括公证人机制（如瑞波的 Interledger 协议）、侧链/中继（如 BTC Relay 和 COSMOS）以及哈希锁定（如闪电网络）。例如，BTC Relay 通过以太坊智能合约连接以太坊和比特币网络，使用户可在以太坊上验证比特币交易。

2.6.3　区块链应用案例

当前，区块链技术正与大数据、云计算、物联网、人工智能等先进技术深度融合。除了在金融市场的应用（详见第 9 章），区块链的集成应用已广泛渗透到民生、司法、知识产权、公益慈善、物联网、制造业、供应链、社会治理和数字娱乐等领域，对技术革新和产业变革起到了显著的推动作用。在实体经济中，区块链大幅提高了产业链的透明度，简化了中间环节，降低了资金和信用成本，实现了产业链上下游的高效对接，显著提升了实体经济的运行效率。

1. 在民生方面的应用

区块链技术为民生领域提供了强大的解决方案，特别在需要高度信任和协作的场景中，显著提升了人民群众的福祉。在教育、精准脱贫、住房、公益、商品防伪、医疗健康、食品安全以及学位证书管理等多个方面，其应用潜力得到了充分体现。

以医疗健康领域为例，区块链技术凭借共享账本和数据难篡改的特性，有效解决了医院间数据共享与防伪的难题。患者不仅可以随时查阅自己的详细病历，还可在保护隐私的基础上，通过智能合约将数据授权给研究、制药和公共卫生等机构使用，实现数据价值的合理回报。此外，区块链还能提供实时、可追踪的临床试验记录和研究报告，其不可更改性为解决结果交换、数据探测和选择性报告等问题提供了新的可能，从而大幅减少临床试验中的造假和误差，推动研究人员与临床试验团队之间更为高效的合作。在药品供应链方面，区块链系统的应用可有效遏制药品造假，切实保障人民群众的健康和安全。同时，在医疗保险领域，区块链可保证在保障数据隐私性、安全性和可靠性的基础上，实现各保险公司和医院之间的数据共享，为透明、快捷的支付流程提供有力支撑，有效防止骗保行为，助力医疗保险行业的健康发展。

2. 在司法领域的应用

最高人民法院于 2018 年 9 月 7 日颁布的《最高人民法院关于互联网法院审理案件若干问题的规定》明确规定，经区块链存证的电子数据可作为互联网案件举证的有效依据，标志着我国区块链存证技术已获得司法解释的正式认可。区块链存证的工作原理是在电子数据生成时即刻进行哈希运算,并将得到的哈希值存储于链上。当纠纷发生时,当事人只需提交证据源文件(即电子数据),法官便可通过对该证据进行哈希运算,并与链上存储的哈希值进行比对,从而迅速验证证据的真实性。如今,区块链技术已在电子证据、案件处理及执法管理等多个环节实现全面、系统和常规化应用。以北京互联网法院的天平链为例,其应用已深入调解、仲裁、立案、送达、存证、取证、庭审记录、法院执行、跨域协作以及特定案件处理等各个环节。

3. 在知识产权方面的应用

在知识产权领域的应用中,区块链技术为数字内容提供了不可篡改的时间戳和所有权证明,为创作者的身份认证、知识产权注册与保护以及数字版权管理带来了新的可能性。特别是 NFT,作为数字资产和知识产权的重要表现形式,其独特性和不可拆分的属性有效保障了数字资产的所有权。例如,在艺术作品和收藏品的鉴权和流转中,NFT 发挥着关键作用。目前,我国多家知名互联网公司积极探索和实践 NFT 相关应用。由中国版权保护中心牵头,联合华为云计算技术有限公司和蚂蚁区块链科技(上海)有限公司等参与的"基于数字版权链(DCI 体系 3.0)的互联网版权服务基础设施建设与试点应用"项目,荣获 2023 年全国区块链创新应用十大优秀案例之一,推动了版权资源在流动与共享中实现价值。

4. 在公益慈善方面的应用

在公益慈善领域,区块链技术有效解决了管理中效率低下、资金流向不明确以及使用透明度不足等问题。利用区块链,捐助者可以实时追踪捐款的流向,社会和公众也能清晰了解善款和物资的具体使用情况,不仅显著提升了慈善流程的透明度、效率和完整性,还有效打击了公益慈善领域的腐败行为,增强了公众的信任。

5. 在物联网方面的应用

在物联网领域,区块链技术可作为核心枢纽,为设备间建立坚实的信任基础,推动物联网的稳健发展。在该框架下,每个智能终端都可配备独特的公私钥对,实现自我行为的规范与管理。构建起分布式、自主运行的智能物联网生态,显著减少了对传统信任关系的依赖。通过严谨的身份认证和共识机制,系统严格控制设备接入与数据上传的权限,有效防止恶意终端的侵入和数据篡改。同时,借助智能合约,设备可实现自主运行、自我反馈、自我优化以及与其他设备的协同作业。此外,终端数据在传输过程中采用加密技术,确保数据安全。结合人工智能和大数据分析技术,可以深度挖掘数据的潜在价值,为数字经济提供更精准、高效的综合服务方案。

6. 在制造业领域的应用

在传统制造业中,生产线间的协同、厂家间的合作以及跨国界的生产往往受到诸多限制,如信息不对称、信任缺失等。而区块链技术的出现,为这些问题提供了有效的解决方案。在该模式下,制造业将实现跨生产线、跨厂家甚至跨国界的生产协同。不同地域、不同规模的企业可在统一的平台上进行高效合作,共同应对市场变化,提高生产效率。同时,全流程确权和价值交换的虚拟工厂也将成为可能。通过智能合约等技术手段自动执行交易规则,确保各参与方的权益得到充分保障,从而推动整个生态系统的良性发展。此外,区块链与工业互联网的融合发展将为制造业带来更多创新机遇。在标识解析领域,区块链能够为每个产品提供唯一的数字身份,实现全生命周期的追踪与管理;在协同制造领域,区块链能够优化生产流程,提高资源利用效率;在数据确权方面,区块链能够明确数据所有权和使用权,促进数据资源的合理流动和有效利用;在个性化定制和服务延伸方面,区块链能够记录消费者的偏好和需求,为企业提供精准的市场洞察和定制化服务。

7. 在供应链管理方面的应用

供应链是由众多参与者组成的复杂网络,包括从原材料采购到产品分销的多个环节。然而,由于信息分散在不同企业,形成割裂状态,限制了数据信息的整体价值。区块链技术的引入,能够有效整合供应链中的各环节,包括供应商、制造商、分销商、零售商和物流企业等,确保物流、信息流、资金流等重要数据都被安全记录在链上,使所有参与者都可共享产品生命周期的完整账本信息,提高供应链的透明度和可追溯性,不仅显著提高了造假成本,也大幅增强了产品的可信度。例如,京东智臻链防伪溯源平台已经成功应用于生鲜、母婴、美妆等多个零售场景,而三一集团与树根格致科技合作打造的防伪溯源系统,更是将假冒伪劣配件率降低至1%以内,同时推动了配件销售增长5%。这些实际案例充分证明了区块链在优化供应链管理、提升产品可信度方面的巨大潜力。

8. 在社会治理方面的应用

区块链技术可对经济社会治理方式产生深远影响,能够有效激发公众参与社会治理的积极性,进而提升整体治理水平。首先,区块链技术在基层社会多元化治理中发挥着关键作用。通过将网络问政、民众建议、政府反馈等各项事务上链,保证了数据的公开性、可追溯性和防篡改性。不仅可以推动基层社会治理向开放、交互、多元协同共治的模式转变,还可提高基层决策过程的透明度,更好地满足人民群众的利益需求。其次,区块链技术有助于维护社会治理的公正性。通过实现分布式信任机制,打破传统中心化机构可能存在的利益最大化倾向。将执法过程、扶贫资金分配等关键活动上链,可以有效防止权力滥用和腐败现象的发生,从而提升民众满意度,维护社会治理的公正性,并降低社会合作成本,提高整体运行效率。最后,区块链技术还有助于构建诚信环境。通过将人与人之间的信任转变为人与机器之间的信任,使各种违法行为难以遁形。一旦出现违法违规行为,相关信息将被永久记录在系统中,无法撤销。该机制通过增加违法成本强化人们的自律行为,有助于消除不诚信行为,如假冒伪劣、欺诈等,从而推动全社会诚信体系的建立。

9. 在数字娱乐方面的应用

在数字娱乐领域,区块链和元宇宙技术的结合正在引领一场创新浪潮。随着技术的进步,基于这些技术的新型数字娱乐和游戏平台不断涌现,提供了沉浸式的娱乐体验,并融合了创新的经济模型。

以 The Sandbox 为例,该平台起源于 2012 年的同名手游,以用户生成内容(User-Generated Content,UGC)为核心,是一个像素风格的元宇宙平台。其创始团队在 2018 年将其迁移至以太坊网络,为游戏注入了新的活力。The Sandbox 的核心吸引力在于其"边玩边赚"(Play-to-Earn,P2E)模式,该模式让玩家在游戏中获得真实的经济回报。玩家可以通过非同质化通证自由交易游戏内的物品、土地等数字资产,不仅增加了游戏的趣味性,还为玩家创造了一个全新的数字经济生态系统。在该系统中,每个玩家都可以成为内容的创造者和价值的分享者。这种模式创新为数字娱乐行业带来了新的发展机遇。

2.6.4 应用层面临的挑战

1. 面临的挑战

在应用层,区块链技术的实际部署面临多重风险,包括信息泄露、病毒攻击、私钥失窃、隐私侵犯以及数据处理难题。

1) 安全威胁增加

随着应用数量的增多和虚拟化技术的广泛应用,系统面临更多的漏洞攻击和病毒入侵风险。区块链应用开发工具及微服务组件的漏洞可能影响去中心化应用的稳定性。此外,开发过程中的业务逻辑和鉴权等安全问题不容忽视。公有链的开放性和数据透明性虽然提供了便利,但也增加了数据泄露和失控的风险。

2) 数据存储与扩展挑战

区块链不仅需要存储数据的最新状态,还需保存所有交易的历史记录,且这些数据应永久保存。随着时间的推移,交易数据只增不减,节点的存储和计算负担加重,网络开销增加,提高了全节点的运行门槛,可能导致全节点数量减少,增加网络中心化的风险。由于区块的存储容量和共识效率有限,在区块链上存储大量数据可能花费高昂,是区块链扩展的不利因素。

2. 主要解决思路

针对上述挑战,提出以下解决思路。

1) 强化安全防护措施

重视开发过程中的编码规范,严格审核第三方软件代码,并引入第三方代码审计等安全策略以保证代码安全。通过实时入侵检测、恶意代码防护、杀毒软件等手段全面提升应用、数据和网站的安全性。同时,加强对日志、异常数据和行为监测的分析能力,以提高对异常情况的快速响应和处理能力。对于联盟链,实施用户授权和分级管理策略,以实现对重要资源的有效访问控制。

2) 采用混合存储模式

为节约区块链的存储空间并保护隐私,可以采用链上链下混合存储模式。将隐私级别较低的公开数据保留在链上,而将重要的隐私数据存储在链下,仅将数据的哈希值保存在链上,以保证数据的真实性和可追溯性。该存储模式不仅有助于保护隐私,还可充分利用链下的算力资源。

3) 加强数据保护与共享机制建设

利用安全多方计算(Secure Multi-Party Computation,SMPC)技术,实现无可信第三方情况下的安全数据计算和分析,保证数据在不被泄露的前提下得到有效利用和共享。此外,可以通过建立私有链专门存储隐私信息,并结合公有链与私有链之间的跨链机制,进一步保护数据的隐私权和安全共享。

◈ 2.7 激励机制

对于开放的公有区块链项目而言，激励机制的重要性不言而喻。公有链的分布式账本技术为建立基于数字通证的激励机制提供了坚实基础，该机制能够有效地促进大规模节点间的数字化协作与自治，有助于保持区块链系统的长期稳定运行。但在私有链和联盟链的情境中，其内部节点多为特定组织所授权，组织间往往存在真实的合作需求和共同追求的目标。因此，通常不需要基于通证的激励机制。

从技术层面而言，激励机制贯穿区块链体系结构的多个层面，包括共识层、合约层以及应用层。

2.7.1 共识层的激励机制

节点在参与维护区块链结构、验证交易以及生成新区块等工作时，必须投入大量的资金、高性能设备和电力等资源。为鼓励节点积极参与区块链生态的建设与维护，需要在经济模型中引入激励机制。这种机制能够保证矿工在认真履行记账职责的同时，获得铸币权作为奖励，从而保障区块链共识层的稳定性和安全性。

以比特币网络为例，其安全性在很大程度上依赖记账节点间的算力竞争。节点需要投入大量算力和电力资源进行复杂的哈希计算，硬件设备也因此产生损耗。为此，比特币系统设计了奖励机制，成功完成记账任务的节点将获得新区块的铸币奖励和该区块内交易的手续费。这种双重奖励为矿工提供了持续动力，激励节点不断为系统贡献算力，从而保障系统安全性。

此外，比特币作为一种通缩型货币，其产量逐渐递减。随着比特币被广泛认可为价值储存手段，其市场价格呈上涨趋势，预期回报也在增加，使矿工更有动力投入更多成本参与挖矿。这种正向激励机制不仅提升了网络安全性，还形成了良性循环，推动了比特币生态的蓬勃发展。

2.7.2 合约层的激励机制

随着智能合约技术的成熟，激励机制与智能合约层的结合日益紧密，成为推动链上合约项目生态发展的重要力量。

1. Gas 费用和通证激励

在调用智能合约时，用户需根据操作复杂程度支付相应的 Gas 费用。这些费用不仅作为手续费激励记账节点，还鼓励节点支持智能合约的顺畅运行，并有效防范合约遭受无限循环等恶意攻击。此外，链上项目通过设计通证发行和分配策略，激励用户积极参与项目生态的建设与发展。

2. 漏洞赏金计划

漏洞赏金计划通过奖励机制吸引黑客参与软件漏洞检测。传统赏金发放流程因透明度不足常受诟病，而区块链技术结合智能合约显著提升了漏洞赏金计划的公开性与吸引力。

例如,SmartCrowd 平台利用智能合约与激励机制结合,构建了分布式物联网系统漏洞检测模式,吸引大量检测者参与。Hydra 平台则借助智能合约的透明性,将激励规则编码入合约,以吸引黑客协助发现智能合约潜在漏洞,有效预防资金损失。

3. 众包平台

众包平台为用户提供发布任务并寻求帮助的平台,其他用户可通过完成任务获得奖励。然而,传统众包平台的奖励发放过程缺乏透明度,难以保证公平性。智能合约的激励机制以其公开、透明和可审计的特性,通过公开代码描述和自动执行功能,增强了用户对项目的信任感。这种不可篡改的特性为众包平台带来了新的信任基础。随着智能合约机制的完善,激励机制与智能合约层的结合逐步成为支撑链上合约项目生态的重要因素。

2.7.3　应用层的激励机制

区块链的应用已经渗入数据要素流通、艺术品拍卖和游戏等众多领域,激励机制与应用层相结合,可达到维持生态持久稳定运行、规范用户行为以及鼓励用户创作内容等目的。同时,激励规则的设定和完善也非常重要,如制定参与者贡献度评估、数据价值评估以及公平分配数据服务收益等规则。

1. 创造者经济

借助区块链数字身份和 NFT 等技术可促使平台将价值和权力公平分配给创作者,任何参与贡献的行为都将得到相应的回报,每个人都能基于公开透明的规则参与到应用场景中,从而激励创作经济发展。例如,罗布乐思(Roblox)游戏中,玩家可以通过自主创作 NFT 艺术品进行拍卖,获得相应的经济收益。

2. 数据共享协作平台

在基于区块链的数据共享协作平台中,用户的良好行为和不良行为都将永久不可修改地记录在区块链上。通过建立和实施信用评分机制,根据用户行为的历史数据和其他用户的评价数据,可计算出每个用户的全局信用得分。信用积分低的用户将受到遏制,被其他用户和应用过滤掉;信用积分高的用户将被其他用户和应用筛选出来作为潜在的合作者。

◆ 2.8　本章小结

本章详细阐述了区块链的体系结构。尽管随着区块链技术的持续发展,其体系结构也在不断演变,但总体而言,区块链可划分为 6 个核心部分:数据层、网络层、共识层、合约层、应用层以及激励机制。

数据层运用块链式结构、哈希函数和梅克尔树等先进技术对数据进行组织,从而保证数据的安全性。密码学与数据结构的有效结合,为区块链系统的可用性和安全性提供了坚实保障。

网络层负责实现区块链节点间的组网、通信以及数据验证,包括节点组网方式、节点发现机制、资源定位以及消息路由等关键内容传播技术。网络层不仅是区块链稳定运行的基础,更是其分布式特性的重要支撑。

共识层通过高效的共识算法,确保多个节点在分布式环境中达成一致。不同的区块链系统根据其安全性、准入性和节点规模的不同需求,将采用最适合的共识算法。

合约层定义了智能合约的概念。智能合约是一种能够基于区块链数据自动执行的数字化合同,可以主动或被动地处理数据,接收、储存和发送价值,同时还可对链上的各类智能资产进行准确控制和管理。

应用层将合约层的相关接口进行封装,提供用户友好的 UI 接口、规范的调用方式和丰富的工具集,帮助用户迅速搭建各类分布式、可信任的应用服务。

激励机制在区块链体系结构中发挥着多重作用。在共识层,促进记账行为,有力维护区块链网络的稳定;在合约层,激励节点支持智能合约的顺畅运行,并有效限制无限循环逻辑攻击;在应用层,规范用户行为,并鼓励用户积极创作高质量内容。

这 6 个部分紧密衔接、协同工作,共同构成了区块链的完整体系结构,不仅实现了数据的不可篡改性和可追溯性,还赋予了区块链智能审计能力,使其成为一个高效、可靠的分布式账本数据库,进而为各种行业应用提供有力支撑。

◇ 习　　题

1. 区块链体系核心五层架构是什么? 详细阐述各层之间的相互作用与逻辑关系。

2. 区块链激励机制设计的核心目的是什么? 为何在联盟链环境中激励机制通常不是必需的?

3. 区块链如何采用技术手段实现其独特的链式结构? 具体说明实现过程。

4. 共识算法在区块链中扮演何种角色? 简要说明不同类型的共识算法。

5. 网络层包含哪些关键技术?

6. 列举并简要说明区块链技术在不同行业中的三个典型应用实例。

技　术　篇

第 3 章

密 码 技 术

密码学作为网络与数据安全的核心支撑性技术,为数据提供机密性、完整性和认证性等安全保护,其中的哈希函数与数字签名是区块链构造的最基础性工具。加密、认证、零知识证明等众多算法或协议为区块链提供各种所需要的性质与功能。本章首先对密码学进行概述;其次,介绍对称密码和公钥密码的起源及其代表性算法,揭示其背后的数学原理;再次,围绕哈希函数、梅克尔树及数字签名等区块链构造所需要的基本工具进行讨论,并通俗地介绍比特币系统中采用的椭圆曲线签名算法;最后,简要介绍国产密码。

◈ 3.1 概 述

从本书前面的内容可知,密码是区块链的底层支撑性技术,区块链的数据结构是基于密码技术构造的,区块链系统的共识机制、系统运行和安全性保障也是以密码算法和密码协议为基础的。事实上,密码早已与人们的生活和工作息息相关。当我们打开手机时,便会通过基站与运营商的核心网络相连,利用密码算法进行身份认证;当我们拨通一个电话,核心网络在完成手机与核心网络、核心网络与对方手机认证的基础上,已经建立了安全信道,所传送的语音信号都被加密。无论我们是打开计算机、电视,还是启动车辆,密码技术都在为我们的安全提供保护。

需要说明的是,本书所说的“密码”并非登录网站接受服务时需要填写的“用户名/密码”中的“密码”,“用户名/密码”中的“密码”英文是 password,准确翻译应该是“口令”。本书所说的“密码”英文是 cipher 或 cryptography,是为了对信息进行保密及认证而采用的对消息的编码或变换。2019 年 10 月 26 日颁布的《密码法》对“密码”的定义是:“本法所称密码,是指采用特定变换的方法对信息等进行加密保护、安全认证的技术、产品和服务。”本书讨论的就是此定义下的“密码”。事实上,即使“用户名/密码”这种身份认证方式,也需要密码技术加以保护,例如,为了防止服务器端获取我们的“密码”,需要利用密码学哈希函数等技术进行保护;而登录银行等重要网站及重要操作所使用的 U 盾、令牌等则完全是密码技术的应用。

密码的使用历史源远流长。《破译者》的作者卡恩说:“人们使用密码的历史与使用文字的历史一样长”。如果公元前 2000 年古埃及贵族克努姆霍特普二世墓碑上变形的古埃及象形文字不能算作真正意义上的密码,公元前 404 年古希腊斯巴达人的"密码棒"(Scytale)则是真正用于军事上的密码。这种密码体现了现代密码学中仍在作为主要技术使用的要素"换位"。"凯撒体制"是密码历史上最为人们津津乐道的古典密码体制,是密码学著作中不可缺少的内容,体现了现代密码学仍在作为主要技术使用的另一个经典要素"代换"。本章后面将从"换位"和"代换"这两个要素开始,介绍对称密码体制。当然,密码的起源是一个仁者见仁智者见智的问题。美国密码学历史研究者 Craig P. Bauer 说,密码的历史有多长要看对密码的定义有多严格。

最初的密码是用于通信保密的个性化技术或技巧,其设计与分析依赖个人的智慧与灵感,不能称为科学。直到 20 世纪 40 年代香农创立信息论并以此研究保密系统开始,密码的设计和分析才真正数学化了,密码学开始变为一种有理论基础、有科学方法的"科学"。20 世纪 70 年代数据加密标准(Data Encryption Standard,DES)和公钥密码体制(Public Key Cryptosystem,PKC)被提出,20 世纪 80 年代可证安全理论逐步发展成熟,标志着密码学进入一个新时代。现代密码以离散数学、复杂性理论为基础,以形式化可证安全为特征,正在逐步形成严密、完整的科学和技术体系,并广泛应用于社会各领域。

如前所述,古代的密码主要用于通信保密,即把一个消息变形以后进行传送,使得非意定消息阅读者无法从中获得信息。即使消息在传送过程中被敌手截获,也不会暴露其中的信息。现代密码不仅应用于国防、外交、军事等重要领域,而且已经融入人们的日常生活。在现代社会中,密码学是保护信息安全的支撑性核心技术,具有保障消息的秘密性、完整性、不可抵赖性、可控性及实体身份的真实性、合法性等功能,一般可归纳为加密与认证两个方面。随着大数据、云计算、物联网的发展和应用,社会信息化程度日益提高,密码学逐渐成为数据在隐私保护条件下进行存储、利用和共享的主要手段。

区块链是 2009 年上线的比特币系统的底层支撑技术,主要利用了密码学哈希函数、数字签名等基本密码学工具。比特币和区块链的出现使密码学从幕后走向了前台。除了数据加密、数字签名、身份认证等基本的功能,安全多方计算、零知识证明等更高层次的密码学理论也呈现在了大众面前。本章将尽量通俗地介绍与区块链相关的密码学基本知识,以便读者更好地理解区块链,正确判断区块链的应用领域和发展前景。需要强调的是,保密是密码学最初的动机,但现在密码学已经发展成为一个具有多个分支的学科,有着丰富的研究内容,加密仅是其中的一个分支。区块链系统的构建用到密码学中多个技术,当然不排除加密技术,但在比特币系统中,却恰恰未使用"加密"技术。把比特币称为"加密货币"是对 cryptocurrency 的误译,将其称为"密码货币"更为适合,本书姑且把"加密货币"视为约定俗成的术语。

◈ 3.2 对称密码与加密标准

密码学产生的动机是保证通信的秘密性,许多术语都是在此环境中产生的。按照密码研究和应用领域的习惯,我们引入 Alice 和 Bob 两个人物,他们试图通过互联网或电话线等不安全的公开信道传送秘密消息。而敌手 Oscar 试图破坏他们的任务,如窃听他们的秘密消息。现在,假如 Alice 要传送一个消息给 Bob,消息的原始形式称为"明文";为了保密而对消息进行变形的过程称为"加密",经过加密的消息称为"密文";加密所使用的算法称为"加密算法";Bob 接收到密文后需要将其转换为明文才可阅读,将密文转换为明文的过程称为"解密",解密所用的算法称为"解密算法"。加密算法一般是一个带参数的函数,这个参数决定具体的加密算法,称为"加密密钥";同样,解密算法也依赖一个相对应的参数,这个参数决定具体的解密算法,称为"解密密钥"。如果加密密钥与解密密钥相同或本质上相同,这个系统称为对称密码体制,也称为"单钥体制"。Oscar 作为敌手想要破坏 Alice 和 Bob 的秘密通信,如通过窃听获取明文或密钥,其破坏行动称为对密码体制的"攻击"或"分析"。

例如,Alice 要传输一个消息给 Bob,消息是 0~9 十个数字中的一个。Alice 选用加密算法 $f_k(x)=(x+k) \bmod 10$(即 x 和 k 求和后关于 10 取余数,这里相当于取个位数)进行加密。算法依赖的参数 k 就是密钥。相应的解密算法为 $d_k(y)=(y-k) \bmod 10$(若 $y-k \geqslant 0$,则 $\bmod 10$ 为本身;若 $y-k<0$,则 $\bmod 10$ 为加 10)。例如,取密钥 $k=3$,具体加密算法就是 $f_3(x)=(x+3) \bmod 10$,解密算法为 $d_3(y)=(y-3) \bmod 10$。如果传输的明文是 6,密文就是 $f_3(6)=(6+3) \bmod 10=9$;如果传输的明文是 8,密文就是 $f_3(8)=(8+3) \bmod 10=1$。相应的解密过程是计算 $d_3(9)=(9-3) \bmod 10=6, d_3(1)=(1-3) \bmod 10=8$。如果 Oscar 截获密文 9 或 1,试图恢复明文或密钥,就是对该系统的攻击。

就概念而言,对称加密体制包括序列密码与分组密码两大类,但序列密码基本不会用于区块链中,本章中所说的对称密码总是指分组密码,即密码算法的输入是固定长度的数据分组或数据块。现代对称密码设计沿用了古代密码中的一些基本元素,一般由"换位"和"代换"两种机制经过多次混合、迭代而成。按照信息论创始人香农的理念,密码算法应该达到高度"扩散"和高度"混淆"的作用。通俗地讲,扩散是指明文、密钥中某一位的变化会影响密文的许多位,理想情况是影响所有位。混淆则是指密文与明文、密钥之间的统计关系高度复杂,难以利用统计方法通过密文对明文和密钥进行推测。要达到如此效果,通常采取"乘积密码"的技术,即将多个密码串联使用。现代对称密码算法的设计高度体现了这些原则。

本章对古典密码算法的讨论以英文为背景,为便于区别,一般用小写字母表示明文,大写字母表示密文,并忽略空格和所有标点符号,只使用 26 个英文字母,必要时将这 26 个英文字母依次等同于 $0,1,\cdots,25$ 这 26 个数字。例如,a 等同于 0,b 等同于 1,c 等同于 2,……,z 等同于 25。换位和代换是对称密码设计达到"扩散"和"混淆"的基本工具。

3.2.1　换位密码

传说公元前 404 年,古希腊斯巴达人利用"密码棒"系统加密消息,如图 3-1 所示。该系统主要由一根木棒和一条羊皮带组成。在使用时,将羊皮带紧密缠绕于木棒上,并沿木棒的轴向(即长度方向)书写秘密消息。例如,I HAVE A SECRET I AM VERY BEAUTIFUL 这样的文本。消息被写好后,将羊皮带从木棒上拉下,由于文字是沿木棒的轴向书写的,因此消息将以纵向排列的形式呈现为 BUSIYFATRIEEETVRVUACMAHEAELI,因字母的顺序被打乱,原始消息变得难以理解。为了解密,接收方只需使用一根与发送方相同直径的木棒重新缠绕羊皮带,即可恢复消息。这种方法利用字母的排列顺序变化实现消息的安全传输。

采用这种变换方法,消息的字符本身并未发生变化,只是通过位置的重新排列,即字母的"换位",实现消息的隐秘。一个换位密码体制可以通过一个表示字母换位规则的表(称为换位表)确定。例如,使用下面的换位表进行加密:

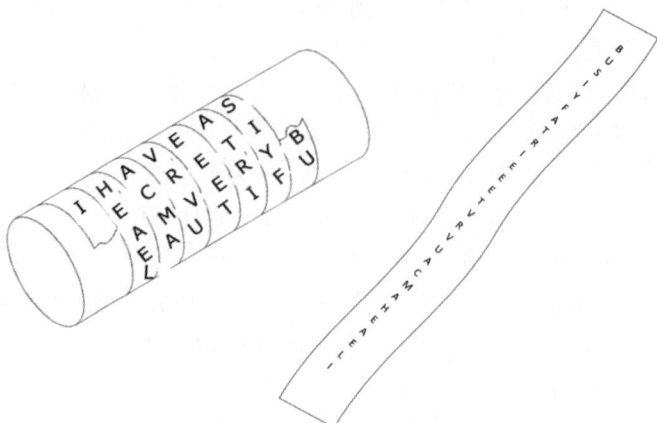

图 3-1　斯巴达人的密码棒

$$\begin{pmatrix} 1 & 2 & 3 & 4 & 5 \\ 3 & 5 & 4 & 2 & 1 \end{pmatrix}$$

表示将明文中的第三个字母放到第一位，第五个字母放到第二位，以此类推，即按照 3、5、4、2、1 的顺序重排明文字母的位置。解密时则使用相反的换位表，将密文中的第一个字母放回第三位，第二个字母放回第五位，以此类推，即按照 5、4、1、3、2 的顺序重排密文字母的位置。密文变回明文的解密换位表为

$$\begin{pmatrix} 1 & 2 & 3 & 4 & 5 \\ 5 & 4 & 1 & 3 & 2 \end{pmatrix}$$

容易看出，将加密的换位表上下两行互换位置，再将上面的一行按照顺序排列即可得到解密换位表。

例如，对于明文 abcde，利用加密的换位表进行换位，即按照 3、5、4、2、1 的顺序排列，形成密文 CEDBA。然后，按照新的密文字母顺序，利用解密的换位表进行换位，即按照 5、4、1、3、2 的顺序排列，可恢复成明文 abcde。

通常，对于任意消息，通过适当填充，可以将消息划分为一个或多个长度为 n 的明文，并利用以下换位表进行加密：

$$\begin{pmatrix} 1 & 2 & 3 & \cdots & n \\ i_1 & i_2 & i_3 & \cdots & i_n \end{pmatrix}$$

加密算法是将明文中第 i_1 个字母放到第 1 位，第 i_2 个字母放到第 2 位，……，第 i_n 个字母放到第 n 位，从而形成密文。

例如，对于下面文字：

I have a dream that one day this nation will rise up and live out the true meaning of its creed："We hold these truths to be self-evident：that all men are created equal."

取换位表（密钥 k）如下：

$$k = \begin{pmatrix} 1 & 2 & 3 & 4 & 5 & 6 \\ 3 & 5 & 4 & 6 & 1 & 2 \end{pmatrix}$$

该密钥长度为 6，因此每次只能加密长度为 6 的明文。现在将消息按每 6 个字母分组（忽略标点符号和空格）：

Ihavea/dreamt/hatone/daythi/snatio/nwillr/iseupa/ndlive/outthe/trueme/aningo/fitscr/
eedWeh/oldthe/setrut/hstobe/selfev/identt/hatall/menare/create/dequal/

每组按照换位表指定的顺序重排得到密文：

AEVAIHEMATDRTNOEHAYHTIDAAITOSNILLRNWEPUAISLVIENDTHTEOUU
MEETRIGNOANTCSRFIDEWHEEDHTEOLTURTSETBOEHSLEFVSEETNTIDTLA
LHANRAEMEETAECRQAULDE

解密的换位表为

$$k = \begin{pmatrix} 1 & 2 & 3 & 4 & 5 & 6 \\ 5 & 6 & 1 & 3 & 2 & 4 \end{pmatrix}$$

按照解密换位表重排密文，可解密得到明文。

　　上述换位表在数学上称为置换，因此换位密码也称为置换密码。在现代密码学中，换位密码往往经过一些变形，例如可以重写某些位使消息变长，或舍弃某些位使消息变短（存在冗余位的情况下）。更一般地，可以推广为"线性变换"，到目前为止的两代对称加密标准 DES 和 AES（Advanced Encryption Standard，高级加密标准）都采用了这样的技术。

3.2.2　代换密码

　　与换位密码不同，代换密码通过将明文中的字母替换为其他字母（或符号）生成密文，字母的位置保持不变，而原字母被直接转换为其他字母。著名的凯撒密码就是一种特殊的代换密码。在他的著作《高卢战记》中，凯撒提到使用密码进行军事情报传递，但并未明确指出具体的密码类型。史学家们推测他可能使用了将希腊字母代替罗马字母的代换密码。

　　更为人熟知的是苏托尼厄斯在 2 世纪的《凯撒传》中描述的凯撒密码：这种密码简单地将消息中的每个字母替换为字母表中该字母后面第三个字母。当字母表到达最后一个字母时，则循环回到字母表的开头。例如：a 替换为 d，b 替换为 e，c 替换为 f，以此类推，x 替换为 a，y 替换为 b，等等。如代换表所示：

$$\begin{pmatrix} a & b & c & d & \cdots & x & y & z \\ d & e & f & g & \cdots & a & b & c \end{pmatrix}$$

如果将字母表中的字母等同于 0～25 这 26 个数字，这个加密算法可以用数学公式表示为 $y = x + 3 \bmod 26$（即 $x + 3$ 取关于 26 的余数）。其中 x 是明文，y 是密文。相应的解密算法为 $x = y - 3 \bmod 26$。这就是著名的凯撒密码体制。

　　显然，向后位移 3 个字母的过程可以推广为向后位移 k（$0 \leqslant k \leqslant 25$）个字母，被称为广义凯撒密码或移位密码。然而，重复使用同一个密钥加密，如加密一个 4 个字母的单词，这个算法并不安全。因为密钥 k 共有 26 种可能，遍历所有可能的密钥并不困难，这种遍历所有可能密钥进行攻击的方法称为"暴力攻击"，抵抗暴力攻击是一个密码体制最基本的要求。

　　将代换表的第二行替换为一个随机排列，可得到更一般的代换密码。在加密时用第二行的字母替代对应的第一行字母，解密时只需将第二行的字母替换回第一行的字母。此时，所有可能的代换表（密钥）共有 26！种，暴力攻击的难度显著增加。

　　例如，假设代换表为

$$\pi = \begin{pmatrix} a & b & c & d & e & f & g & h & i & j & k & l & m & n & o & p & q & r & s & t & u & v & w & x & y & z \\ p & e & o & f & l & a & r & x & u & q & c & g & i & y & h & j & n & v & b & z & t & w & d & k & m & s \end{pmatrix}$$

使用代换表 π 加密消息：

I have a dream that one day this nation will rise up and live out the true meaning of its creed：'We hold these truths to be self-evident：that all men are created equal.'

将 i 替换为 U,h 替换为 X,a 替换为 P,以此类推,最终得到密文：UXPWLPFVLPIZXP ZHYLFPMZXUBYPZUHYDUGGVUBLTJPYFGUWLHTZZXLZVWLILPYUYRHAUZ BOVLLFDLXHGFZXLBLZVTZXBZHELBLGALWUFLYZZXPZOGGILYPVLOVLPZL FLNTPG

通过反向代换即可解密,读者可自行写出解密的代换表。

3.2.3　数据加密标准与高级加密标准

自 20 世纪 70 年代以来,密码学逐渐渗透到人们的日常生活中。1972 年,美国国家标准局(NBS,现称 NIST)倡导实施密码算法的标准化。尽管美国政府一直认为密码学对国家安全至关重要,相关技术应保持机密,但随着计算机和通信技术的迅猛发展以及商业对加密需求的增加,密码算法的标准化变得势在必行。

1973 年 5 月 15 日,NBS 在《联邦纪事》上发布了对数据加密标准算法的征集公告。经过多次论证,IBM 公司 Horst Feistel 提出的名为 Lucifer 的密码算法经过改进后,于 1977 年 7 月 15 日被采纳为标准,并更名为数据加密标准,用于保护"非密级的计算机数据"。从此,密码算法开始广泛应用于商业和金融领域。

在计算机中,信息以比特串的形式存在,因此现代密码的操作对象不再是字母或字符,而是比特串。DES 的加密对象是长度为 64 比特的比特串,称为 64 比特的"分组"。DES 的有效密钥长度为 56 比特,但目前已不再安全,容易遭受"暴力攻击"。

DES 的操作比较简单,主要包括一个核心函数 f、一次按比特异或和一次左右交换,并进行多次迭代。DES 的核心函数 f 有两个输入：一个是由 56 比特密钥演化出的 48 比特轮密钥 k；另一个是 64 比特明文的一半,即右边 32 比特,记为 R(Right)。$f(R,k)$ 的变换过程如图 3-2 所示。

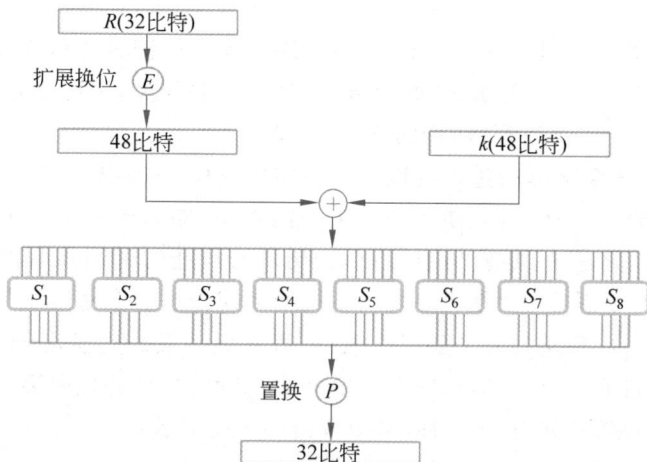

图 3-2　DES 的核心函数 $f(R,k)$

首先对 R(32 比特)进行扩展换位(E),在换位的同时将某些比特重复写两次,扩展为

48 比特,然后与 48 比特密钥逐比特异或。接着将数据分成 8 个 6 比特的小块,利用 8 个代换表(S-盒)进行代换,得到 8 个 4 比特的输出(共 32 比特),最后再将这 32 比特进行一次换位(置换)。扩展换位 E、S-盒等操作可以视为前面介绍的换位密码和代换密码,具体细节可查阅相关密码学教材,本书重在理解原理,不再详述。

DES 共有 16 轮加密,第一轮加密过程如图 3-3 所示(其他轮次类似),其中 L_0 为明文的左 32 比特,R_0 为明文的右 32 比特,k_1 为第一轮密钥。整个加密过程需迭代 16 轮,每一轮都利用 56 比特的原始密钥演化出本轮所使用的 48 比特轮密钥,记为 k_i。

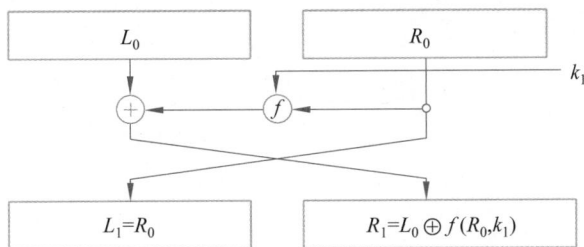

图 3-3　DES 的第一轮加密过程

DES 加密的完整流程如图 3-4 所示。迭代前有一个初始置换,迭代后有一个对应的逆置换,以保持加密过程的对称性。由于异或和交换操作的自逆性,经过两次变换后可恢复原消息,DES 加密过程在结构上保持了加密与解密的对称性。例如,x 异或两次 b 后仍为 x,即 $x \oplus b \oplus b = x$;有序对 (x, y) 的两个分量交换一次为 (y, x),再交换一次又回到 (x, y)。DES 的加密和解密过程可以通过同一算法完成,但由于解密需从密文开始逐轮返回到明文(图 3-4 中从下向上),解密时需要将 16 轮迭代所使用的轮密钥反序使用(从第 16 轮到第 1 轮)。该结构以 Horst Feistel 的名字命名,称为 Feistel 结构。

作为第一个数据加密标准算法,DES 取得了显著成功。尽管在初期有关于 S-盒设计原则及 56 比特密钥长度有争议,但其对推动密码公开研究具有历史性贡献,使密码研究从封闭走向公开。技术发展方面,DES 主导了对称密码的研究方向近 30 年,推动对称密码的设计与分析进入新的阶段。

DES 被采纳为加密标准后,为确保其安全性,大约每 5 年进行一次审查。1999 年,NIST 指出新的系统应使用三重 DES(3DES),即将 DES 算法连续运行三次(使用两个或三个 56 比特密钥)。尽管 3DES 在安全性上没有问题,但作为 20 世纪 70 年代的算法,显然已无法适应新的信息技术环境,其在效率、分组长度和软硬件实现等方面暴露出一些弱点,因此 3DES 仅被视为过渡性标准。

1997 年 1 月,NIST 发布了对新数据加密标准即 AES 的需求,并于同年 9 月正式发布征集令,面向全球组织和个人征集 AES,共有 15 个算法被接受为候选算法。经过初评选出 5 个算法进入"决赛",1999 年,NIST 经过评估小组投票,宣布比利时学者 Joan Daemen 和 Vincent Rijmen 提交的 Rijndael 算法最终获胜,成为 AES。2001 年 9 月,AES 被正式批准为美国联邦标准。

AES 采用了简洁明了的层次结构,每一轮加密包含三个层次:代换层、线性混合层和密钥加入层。AES 的分组长度(明文)为 128 比特,密钥长度支持 128 比特、192 比特和 256 比特三种选择,分别需要迭代 10 轮、12 轮和 14 轮。以下以 128 比特密钥为例进行讨论,共

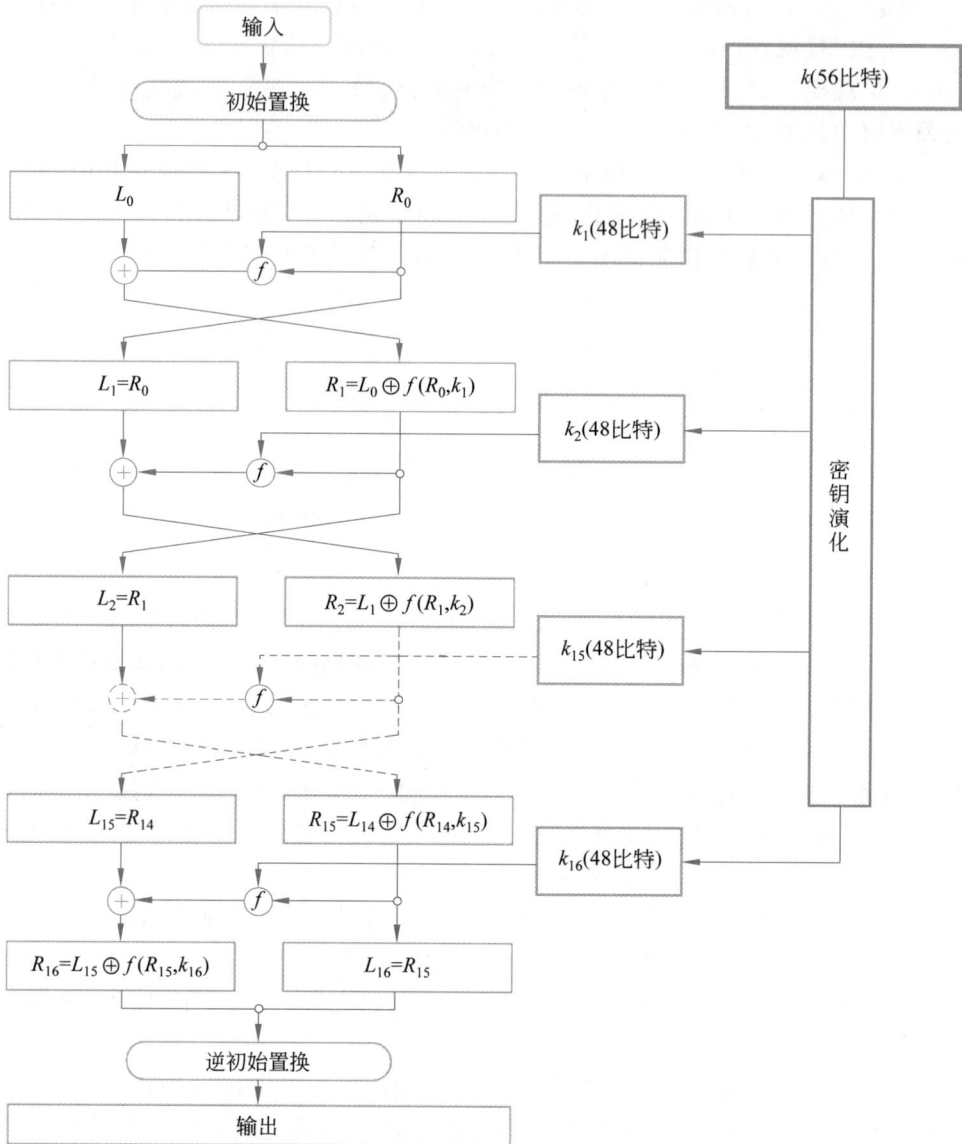

图 3-4　DES 加密全过程

需迭代 10 轮。

　　AES 以字节为单位进行操作，每 8 比特构成 1 字节，128 比特被分成 16 字节。设明文为 x，引入符号表示为：$x = b_1 b_2 \cdots b_{128} = x_1 x_2 \cdots x_{16}$，其中 b_i 表示明文 x 的第 i 比特，x_i 表示明文 x 的第 i 字节。在 AES 的加密过程中，x 的 16 字节按列优先顺序排列成一个 4×4 的状态矩阵。由于密钥长度也为 128 比特，密钥同样可以按此方式处理。这个矩阵保存了 AES 加密过程中的中间状态，称为状态矩阵，也可看作为 AES 的信息加工场地，表示如下：

$$S = \begin{pmatrix} s_{00} & s_{01} & s_{02} & s_{03} \\ s_{10} & s_{11} & s_{12} & s_{13} \\ s_{20} & s_{21} & s_{22} & s_{23} \\ s_{30} & s_{31} & s_{32} & s_{33} \end{pmatrix}$$

AES 的加密流程如图 3-5 所示,其中原始密钥记为 k,与 DES 类似,原始密钥可以演化出每一轮的轮密钥,第 i 轮的密钥记为 k_i。

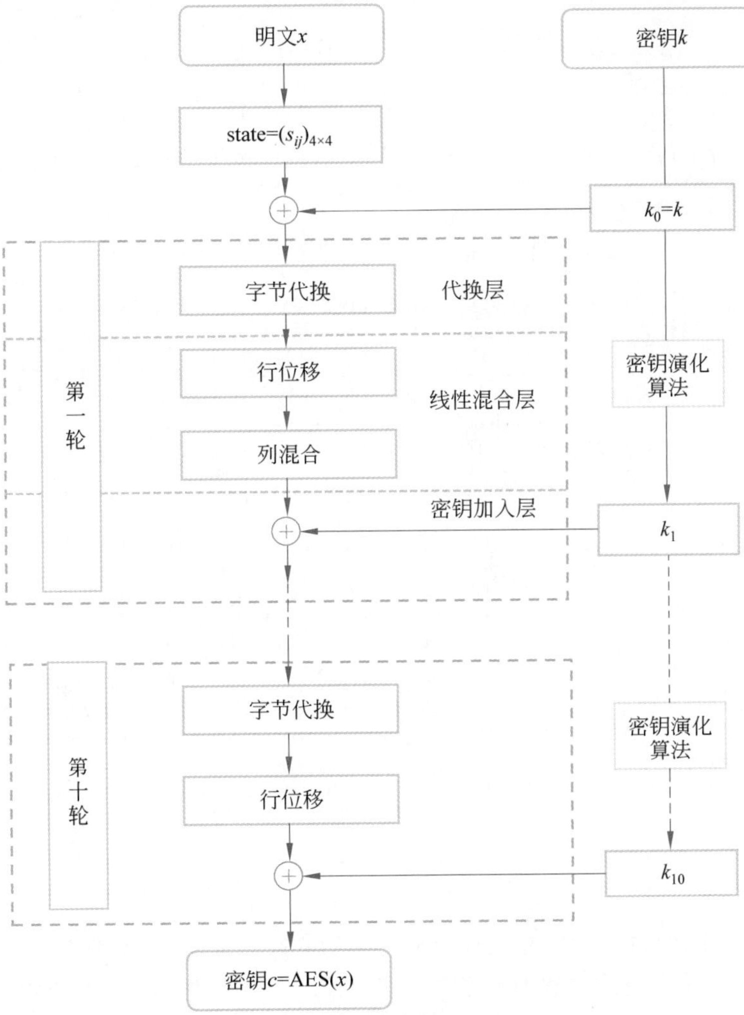

图 3-5　AES 加密全过程

为了解释 AES 的工作流程,先介绍其中的三个主要变换。

1. 字节代换

AES 以字节为单位进行代换。由于 1 字节(8 比特)有 $2^8 = 256$ 种可能,因此代换表的长度为 256。方便起见,代换表以表 3-1 所示的 16×16 二维表表示。

该表将字节表示为两个十六进制数,例如,字节 11000101 的十六进制为 C5,01100011 的十六进制为 63。1 字节(明文)XY(十六进制)对应的代换字节(密文)为表中 X 行 Y 列位置的字节(行列号从 0 开始)。例如,字节 C5 应该被替换为 C 行 5 列位置的字节,即 A6;字节 63 则被替换为 6 行 3 列的字节,即 FB。此代换表即为 AES 的 S-盒。

表 3-1　AES 的代换表

		Y														
		0	1	2	3	4	5	6	7	8	9	A	B	C	D	E	F
X	0	63	7C	77	7B	F2	6B	6F	C5	30	01	67	2B	FE	D7	AB	76
	1	CA	82	C9	7D	FA	59	47	F0	AD	D4	A2	AF	9C	A4	72	CO
	2	B7	FD	93	26	36	3F	F7	CC	34	A5	E5	F1	71	D8	31	15
	3	04	C7	23	C3	18	96	05	9A	07	12	80	E2	EB	27	B2	75
	4	09	83	2C	1A	1B	6E	5A	AO	52	3B	D6	B3	29	E3	2F	84
	5	53	D1	00	ED	20	FC	B1	5B	6A	CB	BE	39	4A	4C	58	CF
	6	D0	EF	AA	FB	43	4D	33	85	45	F9	02	7F	50	3C	9F	A8
	7	51	A3	40	8F	92	9D	38	F5	BC	B6	DA	21	10	FF	F3	D2
	8	CD	0C	13	EC	5F	97	44	17	C4	A7	7E	3D	64	5D	19	73
	9	60	81	4F	DC	22	2A	90	88	46	EE	B8	14	DE	5E	OB	DB
	A	E0	32	3A	0A	49	06	24	5C	C2	D3	AC	62	91	95	E4	79
	B	E7	C8	37	6D	8D	D5	4E	A9	6C	56	F4	EA	65	7A	AE	08
	C	BA	78	25	2E	1C	A6	B4	C6	E8	DD	74	1F	4B	BD	8B	8A
	D	70	3E	B5	66	48	03	F6	0E	61	35	57	B9	86	C1	1D	9E
	E	E1	F8	98	11	69	D9	8E	94	9B	1E	87	E9	CE	55	28	DF
	F	8C	A1	89	0D	BF	E6	42	68	41	99	2D	0F	BO	54	BB	16

2. 行位移

行位移是将矩阵的每一行向左循环位移。从第 0 行开始，第 0 行保持不动，第 1 行向左循环位移 1 个位置，第 2 行向左循环位移 2 个位置，第 3 行向左循环位移 3 个位置，如图 3-6 所示。

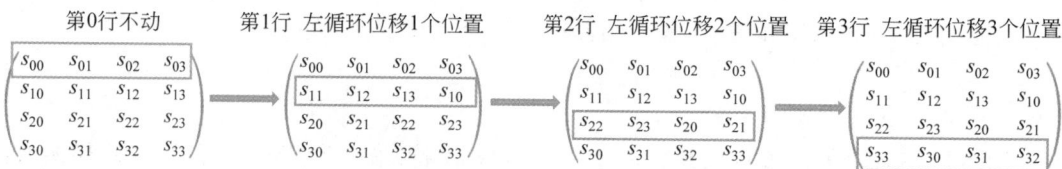

图 3-6　AES 的行位移

3. 列混合

列混合不属于经典的换位机制，而是对换位机制更一般的推广，即线性变换。AES 处理的信息以 4×4 矩阵的形式存在，列混合通过一个选定的 4×4 矩阵与状态矩阵相乘，形成新的状态矩阵。在 AES 中，选定的列混合矩阵为

$$C = \begin{pmatrix} 02 & 03 & 01 & 01 \\ 01 & 02 & 03 & 01 \\ 01 & 01 & 02 & 03 \\ 03 & 01 & 01 & 02 \end{pmatrix}$$

列混合的操作是将矩阵 C 左乘状态矩阵 S：

$$\begin{pmatrix} 02 & 03 & 01 & 01 \\ 01 & 02 & 03 & 01 \\ 01 & 01 & 02 & 03 \\ 03 & 01 & 01 & 02 \end{pmatrix} \begin{pmatrix} s_{00} & s_{01} & s_{02} & s_{03} \\ s_{10} & s_{11} & s_{12} & s_{13} \\ s_{20} & s_{21} & s_{22} & s_{23} \\ s_{30} & s_{31} & s_{32} & s_{33} \end{pmatrix} = \begin{pmatrix} s'_{00} & s'_{01} & s'_{02} & s'_{03} \\ s'_{10} & s'_{11} & s'_{12} & s'_{13} \\ s'_{20} & s'_{21} & s'_{22} & s'_{23} \\ s'_{30} & s'_{31} & s'_{32} & s'_{33} \end{pmatrix}$$

需要注意的是，这里对字节所做的"乘法"和"加法"并不是通常意义上的整数乘法和加法，而是在数学中 $GF(2^8)$ 域中的运算，因涉及的数学知识较为深奥，此处不再详细讨论。

图 3-5 所示的 AES 加密流程可归纳为：首先建立 4×4 状态矩阵 state，并将明文 $x = x_0 x_1 \cdots x_{15}$ 的各字节按照列优先顺序输入 state 中，密钥 k 同样表示为由 16 字节组成的 4×4 矩阵，密钥与明文逐比特异或。然后进行 10 轮迭代，每一轮分为三个层次：第一层为代换层，每字节利用 AES 的 S-盒进行代换；第二层为置换层，完成行位移和列混合两个操作；第三层为密钥加入层，将初始密钥 k 演化出的各轮密钥 k_i 与状态矩阵逐比特异或。需要注意的是，为了保持算法的对称性，最后一轮不进行列混合操作。

◆ 3.3　公钥密码的诞生及典型算法

20 世纪 70 年代对于密码学的发展具有里程碑式的意义，不仅出现了第一个数据加密标准，还诞生了公钥密码。在此之前，所有的密码系统均为对称密码，其加密密钥与解密密钥相同或本质相同，因而密钥必须严格保密并需要繁杂的分发（或协商）与管理机制，这给保密通信带来诸多不便。在现代商业环境中，人们常常需要与陌生人、不信任的人甚至对手进行私下通信，事先共享密钥变得极为困难甚至不可能。对此，斯坦福大学的 Whitfield Diffie 和 Martin Hellman 于 1976 年提出了公钥密码的概念，旨在建立一种新的密码体制，其中加密密钥与解密密钥不再相同，或者说通过加密密钥无法推导出解密密钥。在这种体制下，Bob 可以公开自己的加密密钥，任何希望向 Bob 发送加密消息的人只需获取他的加密密钥，利用该密钥加密消息，然后通过公开信道（如电子邮件或无线电）发送给 Bob。即使有人截获了消息，由于没有掌握 Bob 的解密密钥，依然无法读取消息内容。

加密密钥可以公开，因此被称为"公钥"，而解密密钥则必须保密，称为"私钥"。这种密码体制被称为公钥密码体制，由于其加密和解密密钥不同，也被称为非对称密码体制。

Whitfield Diffie 和 Martin Hellman 的开创性工作不仅提出了公钥密码的设想，还设计了一个通信双方在公开不安全信道协商形成对称密钥的方案，该方案现在被称为 Diffie-Hellman 密钥交换协议，是现代密钥交换协议的核心。但遗憾的是，他们并未构造出一个安全可用的公钥加密体制。1977 年，麻省理工学院（Massachusetts Institute of Technology，MIT）的 Ronald Rivest、Adi Shamir 和 Leonard Adleman 成功构造了第一个公钥加密体制，并于 1978 年发表，称为 RSA 密码算法。RSA 算法因其简单易懂的构造而应用广泛，不仅用于加密，也可用于数字签名。

公钥密码体制的安全性建立在数学难题上，这些"难题"在当前的计算资源下尚无有效的求解算法。要理解公钥密码体制，首先需掌握一些与这些数学难题有关的初等数论知识。

3.3.1 有关整数运算的基本概念

整除与最大公因数：设 a、b 是两个整数，如果存在整数 q 使得 $a=qb$，称 a 可被 b 整除，或称 b 整除 a，记为 $b\mid a$，这时，称 b 是 a 的因数，a 是 b 的倍数。

例如，$2\mid 6$，2 是 6 的因数，6 是 2 的倍数；$7\mid 21$，7 是 21 的因数，21 是 7 的倍数。

如果 c 既是 a 的因数也是 b 的因数，称 c 是 a 和 b 的公因数，a 和 b 的公因数中最大者称为 a、b 的最大公因数，记为 $\gcd(a,b)$。例如，1、2、3、6 都是 12 与 30 的公因数，6 是最大公因数，即 $\gcd(12,30)=6$。如果 d 既是 a 的倍数，也是 b 的倍数，称 d 是 a 和 b 的公倍数，a 和 b 正公倍数中的最小值，称为 a、b 的最小公倍数，记为 $\text{lcm}(a,b)$。例如，15、30、45 都是 3 和 5 的公倍数，15 是最小公倍数，即 $\text{lcm}(3,5)=15$。

互素：如果两个整数 a、b，其最大公因数为 1，即 $\gcd(a,b)=1$，称这两个数互素，如 4 与 9 互素，25 与 21 互素。

素数：一个大于 1 的数，如果只有 1 和自身是其因数，称为素数，如 2、3、5、7、11 都是素数，2 是唯一的偶素数。

3.3.2 模运算

在日常生活中，常会遇到许多周期性的计算问题。例如，一个星期有 7 天，如果将星期日算作星期零，则经过星期一、星期二、……、星期六之后又回到星期零；一天有 24 小时，从 0:00 开始，经过 24 小时，24:00 又回到 0:00；一年有 12 个月，从 1 月开始，经过 12 个月后又回到 1 月……在这些周期性现象中，我们通常关心经过一个或多个周期后，最后的余数是多少。

例如，今天是星期二，再过 6 天是星期几？$2+6=8$，星期数到 7 就变为零，因而"星期八"就是星期一。再过 45 天呢？$2+45=47=7\times 6+5$，因而是星期五。这种涉及周期的运算在数学上用"模算术"描述，其中的"模"表示周期。

从带余数除法开始讨论，假设 x 是一个整数，m 是一个正整数，则必存在唯一的一对整数 q 和 r 满足：

$$x=qm+r,0\leqslant r\leqslant m-1$$

q 称为 x 被 m 除（或 x 除以 m、m 除 x）的商，r 称为余数。很明显，$r=0$，当且仅当 $m\mid x$。

例如，用 5 去除 36，带余数除法得到 $36=7\times 5+1$，因此，36 被 5 除的商是 7，余数是 1。

用符号 $x\bmod m$ 表示用 m 去除 x 所得的余数，或说 x 关于模 m 的余数。例如，$23\bmod 5=3$，$18\bmod 6=0$，$47\bmod 8=7$。

1. 同余

初等数论中，同余是一个非常重要的概念，是数论中整数间最基本的关系。

设 m 是一个正整数，对于整数 x 和 y，如果 $x-y$ 能够被 m 整除，则称 x 与 y 关于模 m 同余，记为 $x\equiv y\pmod m$。例如：

$12\equiv 22\pmod 5$，$49\equiv 23\pmod{13}$，$12\equiv 3\pmod 9$

$8+7\equiv 3\pmod{12}$，$-12\equiv 8\pmod{10}$，$2+(-17)\equiv 5\pmod{10}$

显然,如果 x 与 y 关于模 m 同余,即 $x\equiv y(\bmod m)$,等价于 $x\bmod m=y\bmod m$。

2. 模加法和模乘法

和同余相关的运算,就是模加法和模乘法。设 m 是一个正整数,整数 x 与 y 做加法,然后关于模 m 取余数,即运算结果为 $(x+y)\bmod m$,此运算称为模 m 加法。同样,两个整数 x、y 做乘法以后,关于模 m 取余数,运算结果为 $xy\bmod m$,称为模 m 乘法。

例如,3 与 6 做模 7 加法,即 3+6 关于 7 取余数,结果为 2;6 与 9 做模 10 加法,就是 6+9 关于 10 取余数,结果为 5;3 与 6 做模 7 乘法,即 3×6 关于 7 取余数,结果为 4;6 与 9 做模 10 乘法,即 6×9 关于 10 取余数,结果为 4。

令 $\mathbf{Z}_m=\{0,1,2,\cdots,m-1\}$ 是由 m 个非负整数 $0,1,\cdots,m-1$ 构成的集合,$\mathbf{Z}_m$ 中的整数经过模 m 加和模 m 乘后,仍是 $\mathbf{Z}_m$ 中的整数,因此模 m 加法和模 m 乘法可以视作 $\mathbf{Z}_m$ 上的运算。

为表达简洁,我们约定提到 $\mathbf{Z}_m$ 上的加法和乘法总是指模加法和模乘法,并且用通常的加号和乘号表示,乘号可以省略。

例如,在 $\mathbf{Z}_9$ 上,$3+7=10\bmod 9=1,6+7=13\bmod 9=4,3\times 7=21\bmod 9=3,6\times 7=42\bmod 9=6$。

3. 负元

对于任意 $a\in\mathbf{Z}_m$,a 与 $(m-a)$ 做加法(模 m 加法),$a+(m-a)=m\bmod m=0$。因此 $m-a$ 称为 a 的负元,记为 $-a(\bmod m)$,在不产生异议的情况下符号 $(\bmod m)$ 可以省略。即在 $\mathbf{Z}_m$ 上,$-a=m-a$。例如,在 $\mathbf{Z}_9$ 上,$-6=3,-7=2$,或记为 $-6(\bmod 9)=3,-7(\bmod 9)=2$。

4. 模减法

对于任意 $a,b\in\mathbf{Z}_m$,将 $a+(-b)$ 简记为 $a-b$,便定义了模 m 减法。

5. 逆元和模除法

对于 $a\in\mathbf{Z}_m$,如果 a 与 m 互素,则可以证明必有 $b\in\mathbf{Z}_m$,使 $(ab)\bmod m=1$。b 称为 a 在 $\mathbf{Z}_m$ 中的逆元,或称为 a 关于模 m 的逆元,记为 $a^{-1}\bmod m$。在不产生异议的情况下,$a^{-1}\bmod m$ 可以写成 a^{-1} 或 $1/a$。在实际计算中,a^{-1} 可以通过扩展欧几里得算法得到(见 3.3.5 节后的附注)。

进一步地,对于 $a,c\in\mathbf{Z}_m$,其中 a 与 m 互素,$ca^{-1}\bmod m$ 可以写成 c/a,并将其称为"c 除以 a"。这样,对于与 m 互素的 a,可以作为分母定义除法。举例说明如下:

因 $2\times 6\bmod 11=1$,所以有 $2^{-1}\bmod 11=6,6^{-1}\bmod 11=2$;同样,由于 $5\times 9\bmod 11=1$,$5^{-1}\bmod 11=9,9^{-1}\bmod 11=5$;进一步地,$3/9\bmod 11=3\times 9^{-1}\bmod 11=3\times 5\bmod 11=4$;$5/2\bmod 11=5\times 2^{-1}\bmod 11=5\times 6\bmod 11=8$。

特别地,若 p 是一个素数,则对于 $\mathbf{Z}_p$ 中的非零元 $a\in\mathbf{Z}_p$,$a\neq 0$,a 必定与 p 互素,因而 $a^{-1}\bmod p$ 必定存在,所以对于 $a,c\in\mathbf{Z}_p$,$a\neq 0,c/a$ 必定有意义。如此,对于素数 p,$\mathbf{Z}_p$ 中定义了除法运算,于是可直观地表达为在 $\mathbf{Z}_p$ 中具有加、减、乘、除四则运算。数学上称 $\mathbf{Z}_p$ 为 p 元域。

模运算，特别是 $\mathbf{Z}_p$ 上的四则运算，对于理解下面的内容非常重要，建议读者多多练习，熟练掌握。

3.3.3　两个数学难题

1. 大整数分解问题

大整数分解问题看似简单，如将 21 分解为 3×7，180 分解为 $2\times2\times3\times3\times5$。然而，对于大整数 n，一般而言，尤其是当其不具有小素数因子时，分解是非常困难的，最困难的情形是 n 为两个相近素数之积。

大整数分解问题历史悠久，RSA 密码体制的出现使这一纯数学问题有了重要应用价值，因而极大地推动了大整数分解研究的进展，并催生了许多新的方法和结果。目前最佳成果是被称为 RSA-250 的 250 位十进制数（二进制 829 比特）于 2020 年 2 月成功分解，具体结果如下：

RSA-250＝2140324650240744961264423072839333563008614715144755017797754920 8814180234471401366433455190958046796109928518724709145876873962619215573630474 5477052080511905649310668769159001975940569345745223058932597669747168173806936 48946998715784949759374979937

RSA-250 ＝ pq

p＝64135289477071580278790190170577389084825014742943447208116859632024532344630238623598752668347708737661925585694639798853367

q＝3337202759497815655622601060535511422794076034476755466678452098702384 172921003708025744867329688187756571898625803693206271 1

2. 离散对数求解问题

离散对数求解是初等数论中的另一个计算难题，它与大整数分解问题共同构成了密码学中最广泛应用的数论计算难题。当前居于密码算法主流地位的椭圆曲线密码体制，也是基于离散对数问题构造的。

回想一下中学数学中学过的（实数）对数概念。对于实数 a 和 b，如果实数 x 满足 $a^x = b$，称 x 是以 a 为底 b 的对数，记为 $x=\log_a b$。类似地，考虑 p 元域 $\mathbf{Z}_p=\{0,1,2,\cdots,p-1\}$，设 $a,b\in\mathbf{Z}_p$，如果整数 $x\in\mathbf{Z}_p$ 满足 $a^x\equiv b(\bmod\ p)$，称 x 是 $\mathbf{Z}_p$ 上以 a 为底 b 的离散对数，也称为以 a 为底 b 的模 p 离散对数。给定 a,b 求解离散对数 x 的问题称为 Z_p 上的离散对数问题，其难度大约与大整数分解相当。

3.3.4　欧拉定理

在讨论 RSA 密码体制之前，需要引入两个重要的定理。

1. 费尔马小定理

设 p 是一个素数，如果整数 a 满足 $a\not\equiv0(\bmod\ p)$，则必有 $a^{p-1}\equiv1\ (\bmod\ p)$。
例：$3^{5-1}\equiv1\ (\bmod\ 5)$；$2^{7-1}\equiv1\ (\bmod\ 7)$；$4^{11-1}\equiv1\ (\bmod\ 11)$。

2. 欧拉函数

用 $\varphi(n)$ 表示不超过 n 且与 n 互素的正整数个数，$\varphi(n)$ 称为欧拉函数。例如，在 $1,2,3,$ $4,5,6$ 中，$1,5$ 与 6 互素，因此不超过 6 与 6 互素的正整数个数为 2，即 $\varphi(6)=2$；在 $1,2,\cdots,$ 10 中，$1,3,7,9$ 与 10 互素，因此不超过 10 与 10 互素的正整数个数为 4，$\varphi(10)=4$。

3. 欧拉定理

设 n 是一个正整数，对任意整数 a，若 a 与 n 互素，必有：
$$a^{\varphi(n)} \equiv 1 \pmod{n}$$
例如：$\varphi(6)=2$，$5^{\varphi(6)} \equiv 1 \pmod 6$，即 $5^2 \equiv 1 \pmod 6$

$\qquad \varphi(10)=4$，$3^{\varphi(10)} \equiv 1 \pmod{10}$，即 $3^4 \equiv 1 \pmod{10}$

对于素数 p，由于 $1, 2, 3, \cdots, p-1$ 都与 p 互素，因而 $\varphi(p)=p-1$，因此费尔马小定理是欧拉定理的特例。

此外，如果 p 和 q 为素数，设 $n=pq$，则有 $\varphi(n)=(p-1)(q-1)$。

3.3.5　RSA 密码体制

为便于理解，先对 RSA 体制的基本原理做一个直观性说明。

根据上面给出的欧拉定理，对于正整数 n，当整数 a 与 n 互素，即 $\gcd(a,n)=1$ 时，$a^{\varphi(n)} \equiv 1 \pmod n$，因而对任意正整数 k，有
$$a^{k\varphi(n)+1} = (a^{\varphi(n)})^k \cdot a \equiv 1^k \cdot a = a \pmod n$$
因此，如果能找到两个整数 e 和 d，满足 $ed = k\varphi(n)+1$，则对任何与 n 互素的消息 m，有 $m^{ed} = m^{k\varphi(n)+1} \equiv m \pmod n$。如果我们记 $c=m^e \bmod n$，直观上，经过了 e 次方后，原来的 m 已经被隐藏，或者说被盲化了，可以作为消息 m 的"密文"，这个公式可以作为加密的定义；对密文 c 做 d 次方，则有 $c^d = m^{ed} = m^{k\varphi(n)+1} \equiv m \pmod n$，因此，$m = c^d \bmod n$，也就是说，密文 c 经过 d 次方又回到了原来的消息 m，这个公式可以作为解密的定义。

那么，如何找到两个整数 e 和 d，满足 $ed = k\varphi(n)+1$ 呢？这相当于要求 e 和 d，满足 $\varphi(n) \mid ed-1$，即 $ed \equiv 1 \pmod{\varphi(n)}$，也就是要求 e 与 d 互为关于模 $\varphi(n)$ 的逆元，这可以通过扩展欧几里得算法解决。

以上面直观介绍的加密和解密原理为基础，得到下面的 RSA 加密体制。

RSA 加密体制可采用下面步骤建立：

（1）选取两个不同的大素数 p，q；

（2）计算 $n=pq$，$\varphi(n)=(p-1)(q-1)$；

（3）随机选取 $e \in \mathbf{Z}_{\varphi(n)}$，满足 $\gcd(e, \varphi(n))=1$（即互素）；

（4）求 d 满足 $ed \equiv 1 \pmod{\varphi(n)}$，即计算 $d = e^{-1} \bmod \varphi(n)$；

（5）公开 (e, n) 作为加密密钥（公钥），保密 d 作为解密密钥（私钥）。

其加/解密公式如下。

加密明文 $m \in \mathbf{Z}_n$：$c = m^e \bmod n$；

解密密文 $c \in \mathbf{Z}_n$：$m = c^d \bmod n$。

上面步骤的第 1 步寻找两个大素数，一般会使用概率算法。随机选取大整数，利用素性

检测算法，如 Miller-Rabin 算法，检查取到的大整数是否为素数，直到成功得到 p 和 q。第 2 步计算两个大素数的乘积，易于实现。第 3 步取定一个 $e \in \mathbf{Z}_{\varphi(n)}$，需要判断是否满足 $\gcd(e, \varphi(n)) = 1$，在实际应用中，大素数 p 和 q 的选取有一定要求，这个条件满足的概率极大，一般而言可以随机选取 e，然后利用欧几里得算法求最大公因数 $\gcd(e, \varphi(n))$，反复尝试直到 $\gcd(e, \varphi(n)) = 1$。第 4 步如上所述可用扩展欧几里得算法解决。

为了保持完整性，建立 RSA 加密体制的几个相关算法，以附注的形式放在本节末。

解密公式的正确性，是由欧拉定理保证的，上面做了直观说明，严格的数学证明在此略去。

至于算法的安全性，我们注意到，如果敌手 Oscar 利用 (e, n) 这两个公开参数对 n 做因子分解得到 p 和 q，他便能如上面 RSA 的建立过程一样，求出解密密钥 d。因此，粗略地说，这个密码方案的安全性，依赖大整数分解问题的困难性。

为帮助理解，下面给出一个 p 和 q 值都很小的例子，当然这个方案是不安全的，仅用其对 RSA 进行直观说明。

例：取两个素数 $p = 5$，$q = 11$；计算 $n = 5 \times 11 = 55$，$\varphi(55) = (5-1) \times (11-1) = 40$。

取 $e = 3$，计算 $d = e^{-1} = 27$（在本例这种小数的情况下，可以利用遍历的方法寻找 d，使 $ed \equiv 1 \bmod \varphi(55)$）；即公钥为 $(55, 3)$，私钥为 27。

如果明文 $m = 5$，加密：$c = m^e \bmod n = 5^3 \bmod 55 = 15$。

解密：$m = c^d \bmod n = 15^{27} \bmod 55 = 5$。

目前，大整数分解问题仍被认为是一个难解问题。在实际应用中，RSA 的模数 n 的长度通常不低于 2048 比特，目前对这种规模的大整数进行分解仍然不可行。尽管 Shor 量子算法在理论上可破解 RSA，但在实际中，可用的量子计算机尚未出现。量子计算机破解现有密码体制可能还需要较长时间并面临许多严重挑战。

虽然 RSA 逐渐被更安全、效率更高的椭圆曲线密码取代，但截至目前，RSA 仍未被攻破。自 RSA 问世 40 余年来，出于对长期使用同一密码的安全隐患的担忧，以及椭圆曲线密码在效率和密钥长度上的优势，RSA 的地位逐渐被椭圆曲线密码所取代。然而，因其简洁性、易用性和安全性，RSA 仍然是一个极具价值的算法，是公钥密码学的重要入门材料。

椭圆曲线密码是当前公钥密码使用中的主流算法，其数学背景相对复杂，本章后面将尽量以简单、直观的方式进行介绍。

附注：建立 RSA 体制的相关算法

（1）Miller-Rabin 算法（输入大整数 p，检测是否为素数）：

Miller-Rabin(p)

将 $p - 1$ 写成 $p - 1 = 2^k u$ 的形式，其中 u 为奇数；

随机选取整数 a，$1 < a < p$；

$b = a^u \bmod p$；

if $b \equiv 1 (\bmod p)$, then return "p is prime"

for $i = 1$ to $k - 1$

       { if $b \equiv -1 (\bmod p)$,

          then return "p is prime"

           else $b = b^2 \bmod p$ }

return "p is composite".

（2）欧几里得算法（输入整数 a、b，返回其最大公约数）：

Euclidean Algorithm(a, b)

$r_0 = a$，$r_1 = b$

$q = \left\lfloor \dfrac{r_0}{r_1} \right\rfloor$

$r = r_0 - qr_1$

while $r > 0$

$\left\{ r_0 = r_1,\ r_1 = r,\ q = \left\lfloor \dfrac{r_0}{r_1} \right\rfloor,\ r = r_0 - qr_1 \right\}$

$r = r_1$

return(r)

（3）扩展欧几里得算法（输入正整数 n 和 $0 < a < n$，返回 (r, t)，其中，$r = \gcd(a, n)$，若 $r = 1$，$t = a^{-1} \bmod n$）。

Extended Euclidean Algorithm(a, n)

$r_0 = n$，$r_1 = a$， $t_0 = 0$，$t = 1$

$q = \left\lfloor \dfrac{r_0}{r_1} \right\rfloor$

$r = r_0 - qr_1$

while $r > 0$

$\left\{ \text{temp} = t_0 - qt,\ t_0 = t,\ \ t = \text{temp},\ \ r_0 = r_1,\ r_1 = r,\ q = \left\lfloor \dfrac{r_0}{r_1} \right\rfloor,\ r = r_0 - qr_1 \right\}$

$r = r_1$

return(r, t)

◈ 3.4 哈希函数、梅克尔树和数字签名

公钥密码的出现大大扩展了密码学的应用范围。现代密码不仅可以通过加密确保消息的机密性，还能保证消息的完整性、可认证性、不可抵赖性和可控性等安全特性。其中，机密性指保护消息中的有用信息不被泄露；完整性确保消息在传输和存储过程中未被破坏或篡改；可认证性保证消息来源的真实性；不可抵赖性确保消息提供者在事后无法否认其行为；可控性则涉及对消息的访问、使用和处理权限的管理。

哈希函数和数字签名是公钥密码学的重要组成部分，主要用于各种认证，确保消息的完整性、可认证性和不可抵赖性等。需要注意的是，哈希函数和数字签名并不是用于"加密"的，使用哈希函数进行加密的说法是概念上的错误。

3.4.1 密码学哈希函数

哈希函数在计算机各领域应用广泛，可实现负载均衡、快速查找等功能，尤其在密码学中扮演着重要角色。哈希一词意为"剁碎"或"混杂"，哈希函数的基本特征是将输入均匀映

射到输出空间。密码学中,哈希函数将任意长度的消息映射为固定长度的短消息,如 128 比特、160 比特或 256 比特等,输出称为哈希值。哈希函数可以识别原消息或保证其完整性,因此也被称为摘要算法或指纹算法,哈希值相应地称为消息的摘要或指纹,MDx 系列算法的名称源自"消息摘要"的首字母。

密码学中最著名的哈希函数包括 MIT 的 Ronald L. Rivest 设计的 MDx 系列和 NIST 推出的 SHA 系列。MD4 和 MD5 设计于 20 世纪 90 年代初,MD5 作为 MD4 的增强版曾被广泛使用。鲁汶大学的 Bart Preneel 教授指出,NIST 对 MD5 的安全性缺乏信心,并在 1993 年提出了安全哈希算法 SHA(Secure Hash Algorithm),该算法后来被称为 SHA-0。1995 年,NIST 发现 SHA-0 存在缺陷,随即发布了 SHA-1。2002 年,NIST 发布了 SHA-2 标准,包括 SHA-256、SHA-384 和 SHA-512 等算法,并新增 SHA-224。为防范潜在风险,NIST 于 2007 年启动了第三代哈希函数标准的公开征集,举办了 SHA-3 竞赛。经过三轮激烈角逐,2012 年,由 Guido Bertoni、Joan Daemen 等设计的 Keccak 算法获胜,成为新一代哈希标准 SHA-3,并于 2015 年 8 月获得 NIST 正式批准。尽管 SHA-3 已被认可为新标准,目前主流算法仍为 SHA-2。值得一提的是,比特币除了使用 SHA-256,还使用了哈希函数 RIPEMD,该函数由鲁汶大学的 Hans Dobbertin、Antoon Bosselaers 和 Bart Preneel 组成的 COSIC 研究小组发布。在密码学中,哈希函数的安全性有三个基本要求。

(1) 单向性。对于一个哈希函数 h,如果对任意 x,计算函数值 $h(x)$ 容易,而在给定函数值 y 的情况下,计算出 x 使 $y=h(x)$ 是困难的,则称 h 为单向哈希函数。单向性也被称为原像计算困难。

例如,利用哈希函数的单向性,可以保护用户在登录网站时输入的密码。将密码与用户的身份信息以及一些必要的填充数据一起经过哈希处理后,将生成的哈希值存储在网站的服务器上,而不直接存储密码本身。即使攻击者获取了存储的哈希值,也无法从中推算出原始密码。

(2) 第二原像稳固。对于哈希函数 h,如果已知一对 (x,y),满足 $y=h(x)$,求另一个 x',使 $y=h(x')$ 是计算困难的,即已知哈希值 y 的一个原像 x,求出另一个原像 x' 是困难的,则称 h 为弱抗碰撞,或称为第二原像稳固。

哈希函数的第二原像稳固性,可用于保证消息的完整性,即保证消息不可篡改。对于消息 x,哈希值 $y=h(x)$ 可作为消息 x 的验证码,如果某人试图将消息 x 篡改为消息 x',并且可通过验证码 y 的检验,就必须使 x' 满足 $y=h(x')$,这实际上是在寻找 y 的第二原像,而这一过程是困难的。此外,哈希函数的第二原像稳固性对防止数字签名的伪造也至关重要。

(3) 抗碰撞性。对于哈希函数 h,如果寻找任意两个输入 x,x' 使 $h(x)=h(x')$ 是计算困难的,则称 h 为强抗碰撞,通常称为抗碰撞。

抗碰撞性与第二原像稳固性看似相似,但实际上破解这两种特性所面临的难度差异很大。第二原像稳固性要求对某个特定的 x 求出 $y=h(x)$ 的另一个原像是困难的,而抗碰撞性则要求随便找到两个值 x 和 x' 使 $h(x)=h(x')$ 是困难的。可以证明,如果一个哈希函数具备抗碰撞性,那么它必然具备第二原像稳固性,并且也必然是单向的。哈希函数安全性质的强弱关系如图 3-7 所示。

抗碰撞性是目前对哈希函数提出的一个必须满足的安全性要求,是评估哈希函数安全性的关键指标。

图 3-7 哈希函数安全性质的强弱关系

3.4.2 梅克尔树

3.4.1 节提到,安全的哈希函数可以用于验证消息(数字文件)的完整性。例如,当需要将一个数字文件 x 存储到云端时,为了确保取回时文件没有任何变化(即保证完整性),可选择一个安全的哈希函数 h,对文件 x 进行哈希,得到哈希值 $y=h(x)$,并将 y 保存在本地。然后将文件 x 发送到云端。取回文件时,只需验证取回的文件 x' 满足 $y=h(x')$,即可确认取回的文件就是最初存储的文件 x,没有被篡改。

如果有一批文件,例如 n 个文件,可以对每个文件进行哈希,以便将来进行完整性验证,但这样需要保存 n 个哈希值,管理起来较为烦琐。也可以将这 n 个文件连接在一起进行哈希,只需保存一个哈希值,但这样就无法单独验证每个文件。梅克尔树是一种有效的组织方式,它利用哈希函数对文件进行快速完整性校验,常用于区块链中的数据快速验证。

梅克尔树由 Ralph Merkle 于 1979 年提出,并以他的名字命名,如图 3-8 所示。梅克尔树是一种基于哈希函数的树状数据结构。在梅克尔树中,数据被打包成数据块,并对每个数据块进行哈希,生成哈希值。梅克尔树的每个叶节点存储一个数据块的哈希值。在经典情况下,两个叶节点的哈希值会组合在一起再进行哈希,形成上一级节点,以此类推,最终形成整棵梅克尔树。在更一般的情况下,梅克尔树的分支因子不必为 2,即每个节点可以有多个子节点。

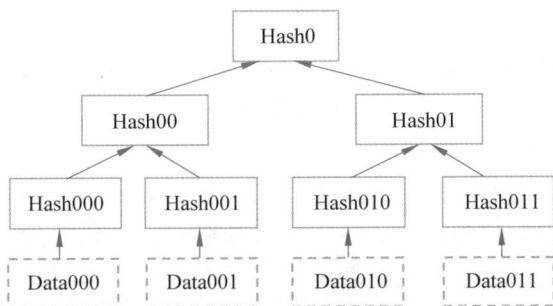

图 3-8 梅克尔树的结构

目前,梅克尔树广泛应用于文件系统、分布式版本控制系统和分布式数据存储系统,本文将重点讨论其在区块链中的应用。

总体而言,梅克尔树是一种用于快速验证数据完整性的树状数据结构,最常见的形式是二叉树,但也可以是多叉树。梅克尔树的叶节点存储数据块(交易)的哈希值,而非叶节点存储其子节点的哈希值,整棵梅克尔树通过自下而上逐层哈希计算得出。

中本聪在关于比特币的创始论文中提出了 SPV 的概念,并利用梅克尔树实现该功能。采用 SPV 技术,用户无须保存整个区块链的数据,只需保存所有区块头即可进行支付验证。

在比特币的区块结构中,交易通过梅克尔树进行验证。以下通过示例说明其快速验证功能,如图 3-9 所示。

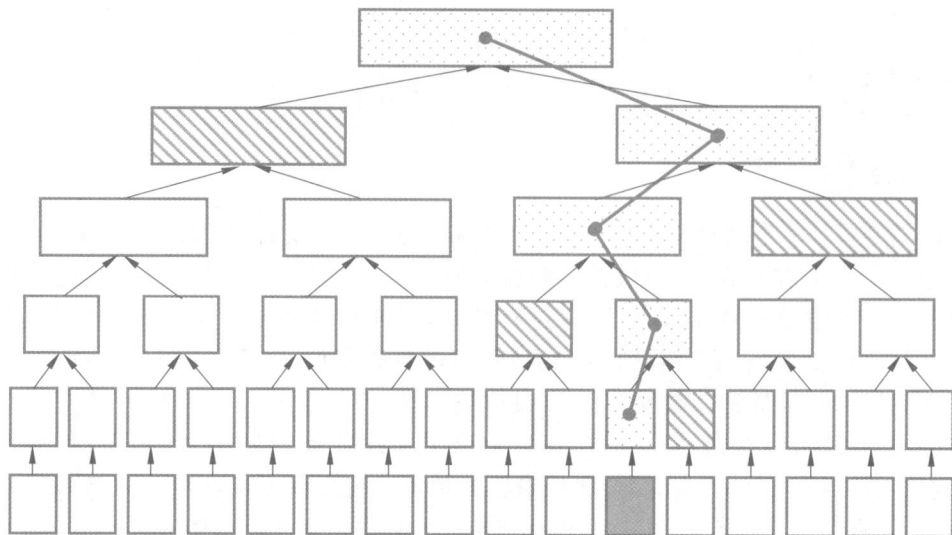

图 3-9　比特币中利用梅克尔树验证交易过程

　　假设某客户端作为轻节点只存储区块头内容，区块头中包含区块梅克尔树的根节点值。如果要验证图中深色数据块中的交易，可以对该交易进行哈希以得到相应的叶节点哈希值。图中标识了从该叶节点到根节点的路径。要验证该交易的合法性，用户需要通过 P2P 网络向其他节点请求图中斜线标出的梅克尔树节点的值，并沿着标出的路径计算根节点的哈希值，最后与区块头中保存的根节点值进行比较，从而验证交易的合法性。

3.4.3　数字签名

　　根据《电子签名法》给出的定义，数据电文是指以电子、光学、磁或类似手段生成、发送、接收或存储的信息。电子签名是指数据电文中以电子形式所含、所附用于识别签名人身份并表明签名人认可其中内容的数据。

　　数字签名是电子签名的一种，也是最重要的一种。Whitfield Diffie 和 Martin Hellman 在提出公钥密码思想的同时，还提出了数字签名的概念，而 RSA 公钥密码体制不仅是第一个公钥加密体制，也解决了数字签名问题。

　　数字签名是手写签名的数字模仿物，按照手写签名的性质来看，一个数字签名应该针对一个具体的数字文件，也就是说签名与文件之间应该有逻辑绑定关系，就像手写签名与纸质文件之间通过纸张具有物理绑定关系一样。因此，文件的数字签名应该是文件的函数；数字签名应该是不可伪造的，即签名只能由真实签名人产生，从而也是不可抵赖的；数字签名还应能够被他人验证（任何人、相关人员或法官等）。利用公钥密码的思想来看，签名人应该独享可以生成有效签名的秘密信息（即私钥）；签名验证者应该可以通过一个公开（公认）的参数（公钥）验证签名的真实性。

　　事实上，上面介绍的 RSA 密码体制，就可以实现数字签名的功能。RSA 数字签名体制与 RSA 加密体制形式上非常类似。

　　RSA 数字签名体制可以采用下面步骤建立：

　　(1) 选取两个不同的大素数 p,q；

（2）计算 $n=pq$，$\varphi(n)=(p-1)(q-1)$；

（3）随机选取 $e\in \mathbf{Z}_{\varphi(n)}$，满足 $\gcd(e,\varphi(n))=1$；

（4）计算 $d=e^{-1}\bmod\varphi(n)$；

（5）公开(e,n)作为验证密钥（公钥），保密 d 作为签名密钥（私钥）。

其签名/验证公式如下。

签名：对于消息 $m\in \mathbf{Z}_n$：$s(m)=m^d\bmod n$；

验证：对于签名消息(m,s)，如果 $m=s^e\bmod n$，接受 s 是消息 m 的合法签名。

用欧拉定理容易证明，签名方程 $s(m)=m^d\bmod n$ 与验证方程 $m=s^e\bmod n$ 是等价的。因此，如果(m,s)满足验证方程，在签名方案安全的假设下，即可确信 s 是利用签名方程合法产生的，因而签名是有效的。

在 RSA 签名方案中，对于消息 m，签名 $s(m)=m^d\bmod n$ 需要使用保密的签名密钥 d 计算，因而签名只能由签名体制的合法持有人才能产生。利用公开信息(n,e)可检验(m,s)是否是合法签名，知道公钥的任何人都可以进行验证。

同 RSA 加密方案一样，通过下面的小例子对数字签名方案做一个直观体会。

例：令 $p=5$，$q=11$，计算 $n=5\times 11=55$，$\varphi(55)=(5-1)\times(11-1)=40$。取 $e=3$，计算 $d=e^{-1}=27$。最后得公钥为 $(55,3)$，私钥为 27。

如果有消息 $m=6$，签名：
$$s=m^d\bmod 55=6^{27}\bmod 55=41$$
得到签名消息 $(m,s)=(6,41)$。

消息接收者收到签名消息 $(m,s)=(6,41)$，验证：
$$s^e\bmod 55=41^3\bmod 55=6=m$$
签名验证通过。

RSA 签名体制与 RSA 加密体制，看起来像是一个相反的过程，签名的操作类似用私钥加密，验证的操作则类似用公钥解密，数学关系上确实如此，但在密码学意义上是完全不同的，验证的目的是确定消息的合法性而不是获取消息的内容。要验证签名消息的合法性，必须要知道消息本身。

由于这种数学关系上的类似性，便产生了一个流行的错误说法，“签名就是用私钥加密，验证就是用公钥解密”，这种说法除了在密码学中混淆了概念，也不具有一般性，并非任何公钥密码都有这种类似性，如现在主流的椭圆曲线签名算法以及国家商用密码算法（简称国密算法）SM2，在数学上就不具有这种性质。

实际中需要签名的消息可能是比较大的文件，超出签名算法的处理能力。同时，签名算法一般涉及一些大数的乘积、乘幂等运算，这些运算效率很低，将一个大文件分段签名是不可行的，而且存在安全隐患。利用安全哈希函数将欲签名的消息变换为短的固定长度的“消息摘要”进行签名，不仅可极大地提高签名效率，满足对文件签名处理的要求，还可以对文件形成保护，抵抗诸如“存在性伪造攻击”等攻击手段。因而，安全哈希函数与签名算法相结合，是数字签名算法实施的必要手段。因而，在实际应用中，签名算法总是与安全哈希函数联合使用，一般是先对消息 m 进行哈希得到哈希值 $h(m)$，而后，对哈希值 $h(m)$ 进行签名。验证过程随之做相应改变。例如，前面介绍的 RSA 签名方案与哈希函数 h 联合使用，签名操作变为：①计算 $h(m)$；②计算 $s=h(m)^d\bmod n$。收到签名消息(m,s)后，验证过程变为：①计算 $h(m)$；②验证 $h(m)=s^e \bmod n$。

前面介绍哈希函数所需要的安全性时提到，哈希函数的第二原像稳固性，对防止数字签名被伪造是必要的。现在以使用哈希函数 h 的 RSA 为例进行说明，假如得到一个签名消息 (m,s)，如果其能满足验证方程 $h(m)=s^e \bmod n$，该签名将被接受为合法签名。如果哈希函数的第二原像稳固性不成立，则可以计算出另外一个消息 m'，使 $h(m')=h(m)$，这时 (m',s) 也将满足验证方程 $h(m')=s^e \bmod n$，从而被接受为合法签名，这样就伪造了消息 m' 的数字签名。

尽管 RSA 曾是使用最广泛的数字签名算法，但随着技术的发展，椭圆曲线签名算法（如 ECCDSA、SM2 等）已成为主流，区块链中使用的即椭圆曲线签名算法。然而，对于非数学背景的读者而言，学习椭圆曲线密码学所需要的数学知识，可能存在一定的困难。因此，本节通过 RSA 算法理解数字签名的核心概念和工作原理。3.4.4 节将对椭圆曲线签名算法做简单介绍。

3.4.4 椭圆曲线签名算法及其在比特币中的应用

在区块链技术中，签名算法通常采用国际标准的椭圆曲线签名算法，因此，对于区块链的研发与应用人员而言，理解椭圆曲线签名算法非常必要。鉴于椭圆曲线的数学理论较复杂且深奥，在此将以简化而直观的方式，概述椭圆曲线签名算法的核心实现步骤。椭圆曲线上点的加法是算法最基础的操作，且一旦掌握了这一项基础操作，便可对椭圆曲线签名算法有一个基本的理解和实现能力。

1. 椭圆曲线简介

密码学中的椭圆曲线，尽管名字中带有"椭圆"，但它并非传统意义上的二次曲线（如抛物线、椭圆、双曲线），而是由一个特定的三次方程定义。设 p 是一个大于 3 的素数，$\mathbf{Z}_p$ 表示模 p 整数集合，即 $\mathbf{Z}_p=\{0,1,\cdots,p-1\}$，在 $\mathbf{Z}_p$ 中引入模 p 加法和模 p 乘法形成一个运算系统，数学上称为 p 元域，由 3.3.1 节介绍的数论知识可知，$\mathbf{Z}_p$ 中可以进行模 p 的加减乘除四则运算，也可以进行倍数、乘幂等运算，因此可以在 $\mathbf{Z}_p$ 中讨论多项式、代数方程等。

1）椭圆曲线的概念

$\mathbf{Z}_p$ 上的椭圆曲线由方程 $y^2=x^3+ax+b \bmod p$ 定义，其中 a 和 b 是 $\mathbf{Z}_p$ 中的整数，且 $4a^3+27b^2\not\equiv 0(\bmod p)$。满足上面三次方程的点，再加入一个称为无穷远点的特殊点 O 构成的集合，称为 $\mathbf{Z}_p$ 上的一条椭圆曲线，记作：

$$E_{(a,b)}(\mathbf{Z}_p)=\{(x,y)\mid y^2=x^3+ax+b \bmod p, x,y\in \mathbf{Z}_p\}\bigcup\{O\} \quad (3.1)$$

这条椭圆曲线也可以直接用方程 $y^2=x^3+ax+b \bmod p$ 表示。

$E_{(a,b)}(\mathbf{Z}_p)$ 由两个参数 a 和 b 确定，必要时 a 和 b 可作为椭圆曲线符号的下标，不必要时可省略，$E_{(a,b)}(\mathbf{Z}_p)$ 中的元素，称为椭圆曲线上的点。例如：

$$E(\mathbf{Z}_{11})=\{(x,y)\mid x,y\in \mathbf{Z}_{11}, y^2=x^3+x+6 \bmod 11\}\bigcup\{O\} \quad (3.2)$$

是一条椭圆曲线。

由于 11 是一个小整数，$E(\mathbf{Z}_{11})$ 中只有少量的点，因此可以通过枚举的方式逐个求出所有的点。

取 $x=0$，代入方程得 $y^2=6 \bmod 11$，逐一验证 $y=0,1,2,\cdots,10$ 后发现均无解，故当

$x=0$ 时方程无解。

取 $x=1$,代入方程得 $y^2=8 \bmod 11$,同样逐一验证 $y=0,1,2,\cdots,10$ 可知方程无解。

取 $x=2$,代入方程得 $y^2=16 \bmod 11=5$,逐一验证 y 后发现有两个解,$y=4$ 和 $y=7$,因而 $(2,4)$,$(2,7)$ 满足方程,即 $(2,4),(2,7)\in E(\mathbf{Z}_{11})$。

依次测试 $x=3,4,\cdots,10$,最终得到 $E(\mathbf{Z}_{11})$ 的所有非无穷远点,从而得

$$E(\mathbf{Z}_{11})=\{(2,4),(2,7),(3,5),(3,6),(5,2),(5,9),(7,2),$$
$$(7,9),(8,3),(8,8),(10,2),(10,9),O\}$$

需要注意的是,除了满足方程的数对 (x,y),集合中加入了一个称为无穷远点的特殊点 O,它在椭圆曲线中起着特殊作用。除此之外,$E_{(a,b)}(\mathbf{Z}_p)$ 中的其他点称为普通点。普通点可以用一个大写字母命名。如果 (x,y) 是椭圆曲线 $E_{(a,b)}(\mathbf{Z}_p)$ 上的点,用 P 表示,这个点可以记为 $P(x,y)$,(x,y) 称为点 P 的坐标。

2) 椭圆曲线上的加法运算

由于 $\mathbf{Z}_p$ 中只包含 p 个元素,$\mathbf{Z}_p$ 上的椭圆曲线是一个由离散点组成的有限集合。下面在这个集合上定义一个运算,叫作加法,用普通的加号(+)表示。椭圆曲线上的两个点相加,得到唯一一个椭圆曲线上的点作为运算结果,即若 P、Q 是椭圆曲线上的两个点,$P+Q$ 必是椭圆曲线上唯一确定的点。

在写出椭圆曲线上加法的正式定义之前,先给出一个几何上的直观解释。如前所述,$\mathbf{Z}_p$ 上的椭圆曲线仅是一些离散点构成的集合,并不能真的构成一条曲线。但在直观上,不妨在实数域中考虑,把椭圆曲线想象成平面上的一条连续曲线。图 3-10 画出了两条(实数域上的)椭圆曲线的图形。

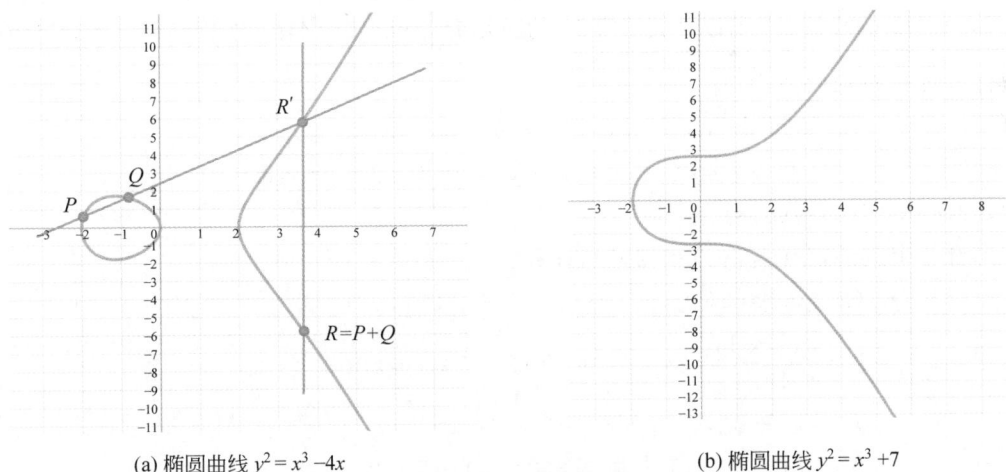

(a) 椭圆曲线 $y^2=x^3-4x$　　　　　(b) 椭圆曲线 $y^2=x^3+7$

图 3-10　两条椭圆曲线

椭圆曲线加法的几何意义为:给定椭圆曲线上的两点 P、Q,过 P、Q 作直线与椭圆曲线相交于第三点 R',R' 关于 x 轴的对称点 R 即为 P、Q 两点的和,即 $R=P+Q$,如图 3-10(a) 所示。

按照约定,O 表示椭圆曲线上的无穷远点,设 $P(x_1,y_1)$、$Q(x_2,y_2)$ 为椭圆曲线 $E_{(a,b)}(\mathbf{Z}_p)$ 上的两个普通点,下面给出椭圆曲线上点的加法运算的代数定义。

(1) $O+O=O$;

（2）$P+O=O+P=P$；

（3）如果 $y_1=-y_2$ 且 $x_1=x_2$，$P+Q=Q+P=O$；

（4）如果 $y_1\neq-y_2$，则 $P+Q$ 为如下定义的点 $R(x_3,y_3)$：

$$x_3=\lambda^2-x_1-x_2,\ y_3=\lambda(x_1-x_3)-y_1$$

其中，

$$\lambda=\begin{cases}\dfrac{y_2-y_1}{x_2-x_1}, & P\neq Q\\[2mm]\dfrac{3x_1^2+a}{2y_1}, & P=Q\end{cases}$$

需要注意的是，椭圆曲线是定义在 $\mathbf{Z}_p$ 上的，因此这里对椭圆曲线坐标的运算都是关于模 p 的运算，为使公式简洁，省去了 mod p 的符号。

再次考虑椭圆曲线：

$$E(\mathbf{Z}_{11})=\{(x,y)\mid x,y\in\mathbf{Z}_{11},y^2=x^3+x+6\ \mathrm{mod}\ 11\}\bigcup\{O\}$$
$$=\{(2,4),(2,7),(3,5),(3,6),(5,2),(5,9),(7,2),$$
$$(7,9),(8,3),(8,8),(10,2),(10,9),O\}$$

现在，利用椭圆曲线加法公式，计算 $(x,y)=(2,4)+(5,9)$。记 $(x_1,y_1)=(2,4)$，$(x_2,y_2)=(5,9)$，根据加法公式，有（注意，这里的四则运算均是关于模 11 的，为了简洁，符号 mod 11 仅在必要时标出）：

$$\lambda=\frac{y_2-y_1}{x_2-x_1}=\frac{9-4}{5-2}=\frac{5}{3}$$

因为 $3\times4=12\ \mathrm{mod}\ 11=1$，所以 3 关于模 11 的逆元 1/3 mod 11＝4，因此，$\lambda=5\times\frac{1}{3}=5\times4=9$。

代入计算坐标的公式，有：

$$x_3=\lambda^2-x_1-x_2=9^2-2-5=8$$
$$y_3=\lambda(x_1-x_3)-y_1=9(2-8)-4=8$$

因此，$(2,4)+(5,9)=(8,8)$。

再看一个例子，令 $(x_1,y_1)=(2,7)$，计算：

$$(x_3,y_3)=2(x_1,y_1)=(x_1,y_1)+(x_1,y_1)$$
$$\lambda=\frac{3x_1^2+1}{2y_1}=(3\times2^2+1)(2\times7)^{-1}=2\times3^{-1}=2\times4=8$$
$$x_3=\lambda^2-x_1-x_1=8^2-2-2=5$$
$$y_3=\lambda(x_1-x_3)-y_1=8(2-5)-7=2$$

因此，$2(2,7)=(5,2)$。

设 $E(\mathbf{Z}_p)$ 是 $\mathbf{Z}_p$ 上的一条椭圆曲线，P,Q,R 是椭圆曲线上的任意三个点，可以验证以下运算性质成立。

结合律：$(P+Q)+R=P+(Q+R)$

交换律：$P+Q=Q+P$

零元：$P+O=P$（即 O 相当于实数加法中的 0）。

负元：对于椭圆曲线上的点 $P(x,y)$，$P'(x,-y)$ 必定在椭圆曲线中，且 $P(x,y)+$

$P'(x，-y)=O$，即 $P'(x，-y)$ 是 $P(x,y)$ 的负元，记为 $-P(x,y)$。因而椭圆曲线形成一个加法群。

上述 4 条代数定义说明，椭圆曲线在上面定义的加法运算下构成一个加法群。定义加法运算后，可进一步定义椭圆曲线点的"倍数"，对于正整数 n，定义 $nP=P+P+\cdots+P$（P 点自身相加 n 次的结果）。

3）签名算法相关概念

（1）椭圆曲线的点的阶。对于椭圆曲线上的任意点 P，满足 $nP=O$ 的最小正整数 n 称为 P 的阶，记为 $|P|$。因而，如果 P 的阶是 n，那么 $nP=O$，且对于所有小于 n 的正整数 k，$kP\neq O$。

（2）椭圆曲线离散对数问题。假设 P、Q 是椭圆曲线 $E_{a,b}(\mathbf{Z}_p)$ 上的两点，求正整数 n 使 $Q=nP$，称为椭圆曲线 $E_{a,b}(\mathbf{Z}_p)$ 上的离散对数问题。P 称为离散对数的底或基点。此问题仅可通过纯指数型算法求解，其求解非常困难。这意味着，在同样安全性要求下，椭圆曲线密码算法可以比 RSA 算法选取更小的参数，从而具有效率优势。

2. 椭圆曲线数字签名算法

回顾一下，椭圆曲线是由式（3.1）定义的数对集合，在这个集合中引入了一个由上述代数定义的加法运算。

1）密钥建立

选定素数域 $\mathbf{Z}_p$（或说选定素数 p）、椭圆曲线 $E_{a,b}(\mathbf{Z}_p)$ 和基点 G，其中基点 G 的阶为素数 n。在椭圆曲线数字签名标准算法（如 NIST 标准 ECDSA 和国密标准 SM2）中，这些参数都是标准中已经选定的，因此是公共的系统参数。选择一个私钥 $d\in\mathbf{Z}_n$，计算公钥 $P=dG$，私钥 d 保密，公钥 P 公开。

2）签名

哈希函数选用 SHA-1，对消息 m 进行哈希，$h=\mathrm{SHA\text{-}1}(m)$。

（1）随机选取 $k\in\mathbf{Z}_n$ 计算点 $(x,y)=kG$；k 是临时密钥，G 是椭圆曲线的基点；

（2）计算 $r=x\bmod n$；

（3）计算 $s=k^{-1}(h+rd)\bmod n$。

最终，签名消息为 $(m；(r,s))$。

3）验证

（1）计算 $h=\mathrm{SHA\text{-}1}(m)$；

（2）计算 $u_1=s^{-1}h\bmod n$，$u_2=s^{-1}r\bmod n$；

（3）计算 $(x_1,y_1)=u_1G+u_2P$；

（4）若 $x_1\bmod n=r$，则验证通过。

在上述方案中，k^{-1}、$s^{-1}\in\mathbf{Z}_n$ 分别表示 k、s 关于模 n 的逆元。接下来，将证明该方案的正确性（或称完备性），即如果 $(m；(r,s))$ 是正确的签名，则验证公式必定成立。注意，基点 G 的阶是 n，因而 $nG=O$。

$$
\begin{aligned}
(x_1,y_1) &= u_1G+u_2P \\
&= (s^{-1}h\ \bmod\ n)G+(s^{-1}r\ \bmod\ n)(dG) \\
&= ((s^{-1}h+s^{-1}rd)\ \bmod\ n)G
\end{aligned}
$$

$$= (s^{-1}(h+rd) \bmod n)G$$
$$= kG$$
$$= (x, y)$$

注：由 $s = k^{-1}(h+rd) \bmod n$，可知 $s^{-1}(h+rd) \bmod n = k$。因此，$x_1 = x$，从而 $x_1 \bmod n = x \bmod n = r$，验证公式成立。

就安全性而言，签名需要使用私钥 d 完成。利用椭圆曲线的公开参数从 $P = dG$ 中推导出私钥 d 的问题，或说从公开参数中非法获取私钥的问题，实际上是求解椭圆曲线群中的离散对数问题。因此，直观上可以认为签名方案的安全性基于椭圆曲线群中离散对数的难解性。

下面将通过一个简单的例子演示上述签名方案的建立、签名和验证过程。

例：再次考虑公式（3.2）定义的椭圆曲线。

$$E(\mathbf{Z}_{11}) = \{(x, y) \mid x, y \in \mathbf{Z}_{11}, y^2 = x^3 + x + 6 \bmod 11 \} \bigcup \{O\}$$
$$= \{(2,4), (2,7), (3,5), (3,6), (5,2), (5,9), (7,2),$$
$$(7,9), (8,3), (8,8), (10,2), (10,9), O\}$$

这里 $\mathbf{Z}_p = \mathbf{Z}_{11}$（或 $p = 11$），取基点 $G = (2, 7)$，G 的阶 $n = 13$，私钥 $d = 7$，计算公钥 $P = 7G = (7, 2)$。

假设有消息 m，使 $h = \text{SHA-1}(m) = 4$，注意，做这样的假设仅是为了完成上述的例题，事实上此处并不知道 m 是什么，真正签名时需要将消息 m 做哈希得到 $h = \text{SHA-1}(m)$。

如果 Alice 对 m 签名，则进行以下步骤。

（1）选取随机数 k，如 $k = 3$，计算 $(x, y) = kG = 3(2,7) = (8,3)$；

（2）计算 $r = x \bmod 13 = 8 \bmod 13 = 8$；

（3）计算 $s = k^{-1}(h+rd) \bmod 13$
$$= 3^{-1}(4 + 8 \times 7) \bmod 13$$

$3 \times 9 = 27 \equiv 1 \bmod 13$，故 $3^{-1} \bmod 13 = 9$，因此
$$3^{-1}(4 + 8 \times 7) \bmod 13 = 9 \times (4 + 8 \times 7) \bmod 13 = 7$$

即 $s = 7$。

Alice 对 m 的签名消息为 $(m; (r, s)) = (m; (8,7))$。

如果 Bob 验证签名消息 $(m; (8,7))$，则进行以下步骤：

（1）计算 $h = \text{SHA-1}(m) = 4$；

（2）计算
$$u_1 = s^{-1}h \bmod 13 = 7^{-1} \times 4 \bmod 13 = 2 \times 4 \bmod 13 = 8$$
$$u_2 = s^{-1}r \bmod 13 = 7^{-1} \times 8 \bmod 13 = 2 \times 8 \bmod 13 = 3$$

（3）计算 $(x_1, y_1) = u_1 G + u_2 P = 8G + 3P = (8,3)$；

（注：利用 4 个代数定义）

（4）验证 $x_1 \bmod 13 = r$：
$$x_1 \bmod 13 = 8 \bmod 13 = 8 = r$$

验证通过。

由此可见，尽管椭圆曲线签名算法的数学背景较复杂，但只要掌握椭圆曲线中点的加法计算 4 个代数定义，实现过程并不难。

　　针对椭圆曲线数字签名算法,标准化组织都提供了候选参数,其中,目前应用最广泛的是 NIST 标准,也有人选取"高效密码标准化组织"(Standards for Efficient Cryptography Group,SECG)推荐的曲线。

　　NIST 标准中,椭圆曲线方程为 $y^2 = x^3 - 3x + b \bmod p$,其中 p 有 5 种不同选择,按比特长度记为 $p\text{-}192$,$p\text{-}224$,$p\text{-}256$,$p\text{-}384$,$p\text{-}521$,如 $p\text{-}256 = 2^{256} - 2^{224} + 2^{192} + 2^{96} - 1$。每个 p 对应的 b 值也不相同。

　　比特币系统采用了 SECG 标准推荐的 secp256k1 曲线:

$$y^2 = x^3 + 7 \quad \bmod p$$

其他参数为(十六进制书写):

$p=$ FFFFFFFF FFFFFFFF FFFFFFFF FFFFFFFF FFFFFFFF
　　　FFFFFFFF FFFFFFFE FFFFFC2F

　　$= 2^{256} - 2^{32} - 2^9 - 2^8 - 2^7 - 2^6 - 2^4 - 1$

基点 G= (79BE667EF9DCBBAC55A06295CE870B07029BFCDB2DCE
　　　28D959F2815B16F81798,
　　　483ada7726a3c4655da4fbfc0e1108a8fd17b448a68554199c47d08ffb10d4b8)

基点的阶为:

　　　$n =$ FFFFFFFF FFFFFFFF FFFFFFFF FFFFFFFE BAAEDCE6
　　　AF48A03B BFD25E8C D0364141

　　总体而言,在椭圆曲线数字签名算法的应用中,各种标准技术没有本质差别,选择取决于实际需求和个人偏好。

◈ 3.5　国 产 密 码

　　国产密码算法,即国密算法,已经形成了一系列标准,相关信息可在国家密码管理局网站查阅。目前应用广泛的国密算法包括 SM1、SM2、SM3、SM4、SM9 和 ZUC 6 种。

　　(1) SM1:对称加密算法,具体细节不公开,仅通过专用芯片提供应用。

　　(2) SM2:椭圆曲线公钥密码算法,支持签名、加密和密钥协商,其签名算法类比于国际标准 ECDSA($p\text{-}256$),密钥协商类比于 ECDH。2017 年 11 月,SM2 数字签名算法成为 ISO/IEC 国际标准。

　　(3) SM3:输出长度为 256 比特的哈希算法,类比于国际标准 SHA-1。2018 年 10 月,SM3 成为 ISO/IEC 国际标准。

　　(4) SM4:对称密码算法,类比于高级加密标准 AES-128。

　　(5) SM9:基于标识的密码算法,包括数字签名、密钥交换、密钥封装和公钥加密。2016 年 3 月,SM9 被批准为行业标准,2017 年 11 月其数字签名算法成为 ISO/IEC 国际标准,2021 年 2 月 SM9 加密算法也成为 ISO/IEC 国际标准。

　　(6) ZUC:序列密码算法,包括机密性和完整性算法。ZUC 于 2011 年 9 月成为新一代宽带无线移动通信系统(LTE)国际标准,并于 2020 年 4 月成为 ISO/IEC 国际标准。

　　近年来,我国在密码标准制定方面取得显著进展,涌现出一批高质量的国家及行业密码标准,多个核心密码算法已成为国际标准。

◇ 3.6　本章小结

　　本章介绍了区块链相关的密码学技术。密码学主要有加密与认证两大功能。本章从最简单的古典密码开始,提取出现代对称密码设计所使用的基本要素——置换与代换,介绍了两代数据加密标准 DES 和 AES 的基本结构。公钥密码的出现,大大扩展了密码技术的应用范围,在现代数字化社会大放异彩,已经成为现代社会不可缺少的基础性、支撑性技术。通过 RSA 加密体制和签名体制,介绍了公钥密码的基本思想,特别强调了加密和签名在概念上的不同之处。椭圆曲线的数学背景深奥,但椭圆曲线密码体制是现在实用的主流体制,也是区块链中不可缺少的内容,因此本章以通俗的方式对其做了简单介绍。

　　随着区块链在各行各业的广泛应用,对密码学技术的需求不断增加。除了基本的哈希和数字签名技术,加密、隐私保护计算、零知识证明、安全多方计算和同态密码等新技术也逐渐被应用于区块链。

◇ 习　　题

1. 对称密码设计中,最重要的两个密码要素(密码原语)是什么? 它们有什么区别?

2. DES 与 AES 的结构有哪些不同? 它们的明文长度、密钥长度、密文长度各是多少?

3. 以下是利用移位密码(广义凯撒体制)加密的一段密文,破译之。

BJMTQIYMJXJYWZYMXYTGJXJQKJANIJSYYMFYFQQRJSFWJHWJFYJIJVZFQ

4. 计算 $2365 \bmod 32, -6 \bmod 32, 64 \bmod 32, 5^{-1} \bmod 7, 2$ 关于模 11 的阶。

5. 利用素数 7、13 构造一个 RSA 签名体制。

6. 构造一个将任意长度消息映射为 32 比特串的函数(不要求满足安全性质)。

7. 在 $\mathbf{Z}_{13}$ 上构造一条椭圆曲线。

P2P 网 络

P2P 网络是一种点对点直接通信的网络模式,区块链基于此实现分布式网络架构。区块链节点间可以直接交互并同步数据,实现快速节点发现、消息路由和资源定位,不受节点加入或离开的影响。本章首先介绍 P2P 网络的基本概念和特点,然后介绍集中式、纯分布式、混合式和结构化 4 种 P2P 网络结构及典型应用,最后探讨 P2P 技术在区块链中的应用。

◆ 4.1 概 述

4.1.1 基本概念

P2P 网络,即对等网络或点对点网络,是一种在物理网络之上构建的分布式应用模式。允许计算机间直接交换信息和共享资源,而无须依赖中央服务器进行协调。P2P 的英文全称为 Peer-to-Peer,其中 Peer 指"同等、对等者",表明在网络中,各计算机节点享有同等的地位和权利。

与传统的 C/S 模式相比,P2P 网络有显著不同。C/S 模式强调服务提供者与服务请求者之间的关系,客户机是请求方,而服务器则是提供服务的一方。例如,当用户通过浏览器访问网站时,浏览器作为客户机,而网站上的服务程序则是服务器。C/S 模式在许多应用中广泛使用,但当用户数量激增时,服务器的性能可能会成为瓶颈。此外,若服务器出现故障,整个系统可能面临瘫痪,无法提供服务。

相对而言,P2P 网络采用了对等的工作模式。在该模式下,每一个节点既可以充当服务器也可以充当客户端,任意两个网络节点间可以直接建立连接,进行消息传递和资源共享。在 P2P 网络中,资源被分散存储在不同节点上,可不需要通过中心服务器进行集中管理和协调,有效避免了 C/S 模式中因服务器引发的性能瓶颈问题。同时,少数节点的攻击或宕机不会对整体系统的服务造成显著影响。P2P 分布式的特性使其在可用性、可扩展性、伸缩性和系统的健壮性等方面展现出更优越的性能。图 4-1 显示了 P2P 网络与传统 C/S 模式之间的差异。

P2P 网络的应用领域非常广泛,包括文件共享、分布式科学计算、协同办公、多媒体应用、在线游戏以及区块链等。网络中的多个节点可以存储同一文件的多个副本,当用户下载文件时,可以从多个节点同时进行,且在下载的同时,用户可

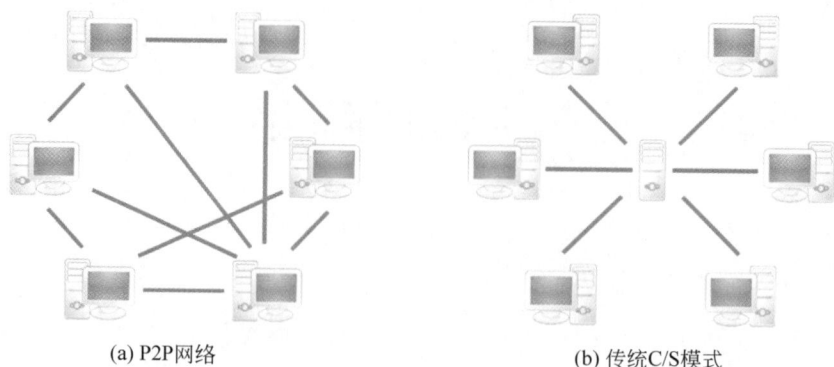

(a) P2P网络　　　　　　　　　　　　　　(b) 传统C/S模式

图 4-1　P2P 网络与传统 C/S 模式

将下载的文件上传到其他节点。因此，P2P 网络可充分利用网络带宽资源，网络规模越大，节点数量越多，访问速度往往也会越快。相比之下，C/S 模式随着客户机数量的增加，每个用户所能获取的资源将相对减少，数据传输速度也将随之下降。

4.1.2　P2P 网络的发展

P2P 思想的起源可以追溯到 20 世纪 70—80 年代，当时的 USENET（新闻组，1979 年产生）和 FidoNet（惠多网，1984 年创建）等分布式信息交换系统已初现 P2P 网络的雏形。然而，由于当时个人计算机性能和网络带宽的限制，P2P 网络并未能得到广泛应用。而 C/S 模式因可集中处理信息和实时响应客户端请求，成为互联网早期的主流应用模式。许多关键互联网应用协议如 HTTP、FTP 和 SMTP，都采用 C/S 模式。

在 C/S 模式中，高性能服务器扮演重要的角色，其上安装服务器软件，如 Web 服务和 FTP，用于集中处理各种信息，并实时响应客户端的请求。服务器不仅提供资源存储和服务，还承担安全保障等重任。

1999 年 P2P 迎来了转折点。肖恩·范宁编写的 P2P 音乐共享软件 Napster 的问世，成为 P2P 技术发展的标志性事件。该软件可方便找到用户所需的 MP3 文件，深受音乐爱好者的喜爱，短短半年内就吸引了超过 5000 万用户，展示了 P2P 技术的巨大潜力。

在过去的 20 多年里，P2P 技术已被广泛应用于计算机网络的众多领域。无论是文件共享、流媒体直播与点播，还是分布式科学计算、语音通信和在线游戏支撑平台，P2P 技术都发挥着重要作用。例如 BitTorrent 下载器、Skype、迅雷、PPLive 以及以太坊和比特币等系统，都采用了 P2P 网络技术，进一步推动了该技术的发展和应用。

4.1.3　P2P 网络的性质

P2P 网络是一种覆盖网络（Overlay Network），覆盖网络通过软件在基础网络上构建逻辑网络，以满足特定的业务需求。与物理网络中的实际链路不同，其将复杂的底层网络问题抽象并映射到一个独立的空间，使节点间可以通过逻辑链路直接通信，而无须考虑物理位置，重点在于应用层，使网络应用更加简单和高效，简化了应用的开发和运行。

P2P 模式是覆盖网络的典型例子，其运行在互联网上，利用互联网的核心 TCP/IP 进行底层传输，节点间的逻辑路径通常与物理网络中的实际路径不同，这种不一致性提供了更大的灵活性。图 4-2 展示了 P2P 网络与互联网之间的关系。

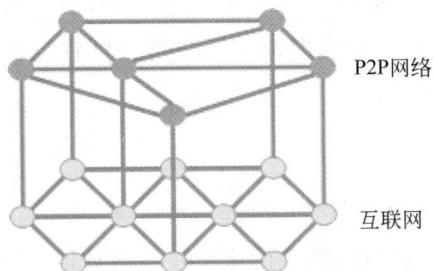

图 4-2　P2P 网络与互联网的关系

4.1.4　TCP/IP 简介

TCP/IP 是 20 世纪的重要发明之一,作为互联网的核心架构,TCP/IP 由一系列协议组成,包括 FTP、SMTP、TCP、UDP 和 IP 等。这些协议协同作用,确保信息能够在不同网络间顺畅传输。由于 TCP 和 IP 的核心地位,该协议簇被简称为 TCP/IP。

TCP/IP 体系分为 4 层:应用层、传输层、网络层和网络接口层。每层负责不同的功能,具体结构如表 4-1 所示。不同的协议层对传输的数据单元有不同的称谓:在传输层称为"段"(Segment),在网络层称为"数据报"(Datagram),而在数据链路层则称为"帧"(Frame)。

表 4-1　TCP/IP 网络分层模型

层　　名	协　议　栈		主　要　功　能
应用层	HTTP、FTP、TELNET、SMTP、DNS、SNMP 等		提供应用程序间接口
传输层	TCP、UDP		建立端到端连接
网络层	ARP、RARP、IP、IGMP、ICMP		寻址和路由选择
网络接口层	数据链路层	Ethernet、IEEE 802.3、PPP、FR 等	物理介质访问
	物理层	接口和线缆	二进制数据流

这种分层结构使 TCP/IP 能够灵活适应不同的网络环境和应用需求,成为互联网通信的基础。

1. 应用层

应用层是用户与网络交互的界面,提供各种网络服务和直观的用户界面。应用层定义不同应用程序间的通信规则和数据格式,负责接收来自传输层的数据,或者将应用程序的数据转换为适合网络传输的格式。应用层的主要协议有超文本传输协议(HTTP)、文件传输协议(FTP)、远程登录协议(TELNET)、简单邮件传输协议(SMTP)、简单网络管理协议(SNMP)以及域名系统(Domain Name System,DNS)等。

2. 传输层

传输层负责提供端口到端口的通信服务,将来自应用层的数据分割成特定大小的数据段,并在接收端重新组装这些数据段。此外,传输层还负责流量控制,以防止网络拥堵,并通过端口号标识不同的应用程序，从而实现多个应用程序的同时通信。传输层的主要协议包括 TCP 和用户数据报协议（User Datagram Protocol，UDP）。TCP 提供可靠的数据传输服务，确保数据按顺序、无误地到达接收端，而 UDP 则提供较简单的服务，适用于对速度要求较高且对可靠性要求较低的应用。

3. 网络层

网络层的主要职责是传输数据包，并提供网络寻址、路由配置和管理等服务。其将传输层的数据封装成数据包，同时解封装来自网络接口层的数据，以便传输层识别。每台主机在网络中都有一个唯一的逻辑地址，即 IP 地址，由网络地址和主机地址组合而成。网络层通过路由协议选择最佳路径，确保数据包从源主机准确传输到目标主机。网络层的主要协议如下。

（1）IP：提供无连接的数据报传输、路由选择和差错控制。

（2）ARP（地址解析协议）：实现 IP 逻辑地址与物理 MAC 地址（媒体访问控制地址）的转换。

（3）RARP（反向地址解析协议）：提供反向地址转换服务，通过网关服务器的 ARP 表或缓存查询 IP 地址。

（4）IGMP（互联网组管理协议）：用于组成员管理和组播路由，允许单一信息流沿组播分发树同时发送给一组用户，避免单播带来的负载增加和广播造成的资源浪费。

（5）ICMP（互联网控制消息协议）：负责在 IP 主机和路由器之间传递控制消息，包括网络畅通性、主机可达性和路由可用性等。

（6）路由协议：帮助路由器建立路由表，以规划数据包传输的最佳路径，包括最短、最快和最可靠的路径。

4. 网络接口层

网络接口层包括数据链路层和物理层，两者共同负责数据在物理媒介上的传输和链路管理。

1）数据链路层

数据链路层建立在物理层之上，负责定义数据帧，将网络层的数据打包为可在物理链路上传输的数据帧，并将物理层的数据转换为网络层可识别的格式。数据链路层还管理多设备共享物理链路的访问，避免冲突，实现数据的透明传输、错误检测和纠正，常见的协议包括以太网（Ethernet）、IEEE 802.3 和点对点协议（PPP）等。

2）物理层

物理层定义与物理媒介的接口，确定传输介质、连接方式和速率，负责物理链路的创建、维护和拆除。物理层将比特流转换为适合在物理媒介上传输的信号（可以是模拟信号或数字信号），或将接收到的信号转换为比特流供上层处理。常见的技术和标准包括以太网、无线局域网（Wi-Fi）和蓝牙（Bluetooth）等。

通过这种层次化的结构，TCP/IP 能够高效、可靠地实现数据传输和互联网连接。每一层都专注特定的功能，并通过标准化的接口与相邻层进行交互，使协议栈具有良好的扩展性和兼容性。

5. 网络中的地址

在网络中,地址用于标识和定位设备,以便进行有效的数据传输。主要有两种类型的地址:IP 地址和 MAC 地址。

1) IP 地址

每台计算机和设备在网络上都有一个唯一的逻辑地址,即 IP 地址,用于信息传输。IPv4 地址是一个 32 位的二进制数,分为 4 字节(每字节为 8 位),通常用"点分十进制"表示,格式为 (a.b.c.d),其中 a、b、c、d 为 0～255 的十进制整数。IPv4 的地址空间约为 43 亿个。例如,IP 地址 100.16.5.6 对应的二进制表示为 01100100.00010000.00000101.00000110。

由于 IP 地址难以记忆,便出现了 DNS,DNS 将 IP 地址映射为易于记忆的域名。例如,微软公司的 Web 服务器 IP 地址 207.46.230.229 对应的域名是 www.microsoft.com。

为解决 IPv4 地址枯竭问题,IPv6 地址应运而生。IPv6 采用 128 位地址长度,使用冒分十六进制表示法,格式为 ×:×:×:×:×:×:×:×,其中每个 × 代表一个 16 位二进制数。IPv6 极大地扩展了地址空间,使每平方米的地球表面可分配到超过 1000 个地址。

2) MAC 地址

MAC 地址也称为物理地址,存储在网络接口卡(Network Interface Card,NIC)中,是数据在局域网内发送和接收的实际地址。MAC 地址长度为 6 字节(48 位),例如:00-16-EA-AE-3C-40。前 3 字节由 IEEE 分配,表示网络制造商的编号,后 3 字节表示制造商生产的网络产品(如网卡)的序列号。在通信过程中,ARP 负责将 IP 地址映射到 MAC 地址,即根据 IP 地址获取物理地址,从而在局域网内建立物理设备间的通信通道,如图 4-3 所示。

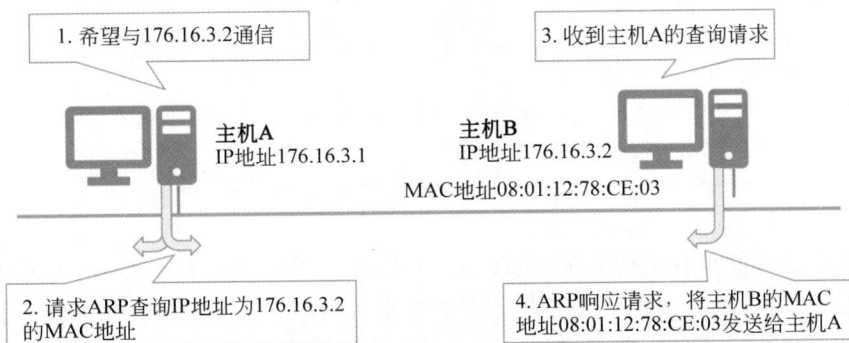

图 4-3　IP 地址到 MAC 地址映射示意

IP 地址和 MAC 地址在网络通信中各司其职,IP 地址用于逻辑定位和路由选择,而 MAC 地址用于实际的数据帧传输。通过 DNS 和 ARP 等协议,这两种地址类型协同工作,确保数据能够准确无误地传输到目标设备。

◆ 4.2　P2P 网络的分类与资源共享机制

P2P 网络根据节点连接方式和资源定位策略,分为集中式、纯分布式、混合式和结构化 4 类,代表了 P2P 技术的演进阶段。其中,集中式、纯分布式和混合式统称为非结构化 P2P 网络。在 P2P 环境中,资源通过资源索引标识,而资源共享涉及索引发布、资源定位和资源下载 3 个核心环节。在非结构化 P2P 网络中,资源索引通常以键值对(Key-Value)的形式存在,格式为<Key, Value>,其中 Key 是资源的标识符(如文件名或关键字),Value 是资源的位置(如 IP 地址和端口号)。例如,电影《红高粱》的资源索引为<红高粱,47.23.136.98：8080>,表示该电影可从 IP 为 47.23.136.98 的 8080 端口下载。在结构化 P2P 网络中,资源索引同样采用键值对的形式,但其组织方式更加系统化。Key 是通过对资源(如文件名或内容)进行哈希运算得到的唯一标识符,使资源查找过程更加高效和快速。

需要注意的是,本章讨论的网络结构主要指路由查询结构,即节点间如何建立连接,而数据传输的具体方式由连接的节点双方决定。

4.2.1 集中式 P2P

集中式 P2P 网络依赖中心目录(索引)服务器,如图 4-4 所示。该目录服务器负责保存所有节点的资源索引,并为网络中的节点提供目录查询服务(即查询 Key 对应的 Value)。节点通过查询中心服务器定位资源,一旦找到资源的存储位置,节点间便可以直接建立连接进行资源传输。

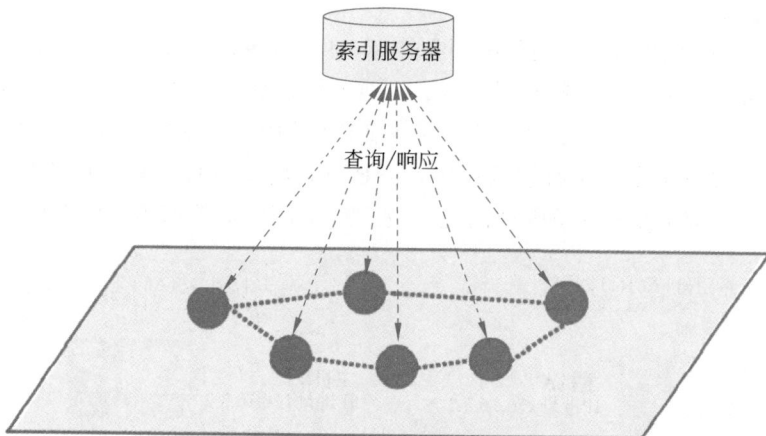

图 4-4　集中式 P2P 网络

集中式目录查询具有结构简单、实现容易和资源发现效率高等优点,并且资源传输不需要经过中心服务器,从而减轻了中心服务器的负担。但因存在中心目录服务器,容易导致传输瓶颈,扩展性较差。此外,集中式架构还面临单点故障的风险,因此不适合用于大型网络。Napster 和 QQ 等软件是集中式 P2P 网络的典型案例。

4.2.2 纯分布式 P2P

纯分布式 P2P 网络是一种完全去中心化的非结构化随机拓扑结构网络,网络中不存在中心服务器,如图 4-5 所示,网络中各节点平等地参与数据的存储和传输,能够自主发现和共享资源,增强了网络的灵活性和抗故障能力。

新节点加入纯分布式 P2P 网络的方法有多种,其中最简单的一种是选择一个引导节点建立邻居关系。新节点与该邻居节点连接后,邻居节点将新节点的信息广播给自己

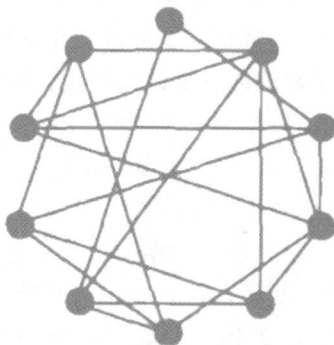

图 4-5　纯分布式 P2P 网络

的邻居节点,使整个网络知道新节点的存在。比特币网络采用纯分布式结构,新节点通过种子节点引导,迅速发现并连接其他节点。

纯分布式结构的显著优势是避免了集中式结构的单点性能瓶颈和单点故障问题,具有良好的可扩展性,但可控性较差。经典的纯分布式 P2P 网络通常使用泛洪算法或流言算法实现资源定位,保证信息在网络中的有效传播和资源的快速发现。

1. 泛洪算法

泛洪(Flooding)算法是一种在网络路由协议中常用的广播方法。如图 4-6 所示,发起查询的节点向其邻居节点广播"查询"消息。邻居节点在接收到该消息后,首先检查自己是否拥有满足查询条件的资源索引。如果有,便将资源存储位置信息发送给查询节点,随后查询节点与存储资源的节点建立连接,直接进行内容交换。如果没有,便继续将查询消息广播给自己的邻居节点,以此类推。这种消息传播方式使消息在网络中像泛滥的洪水一样流动。

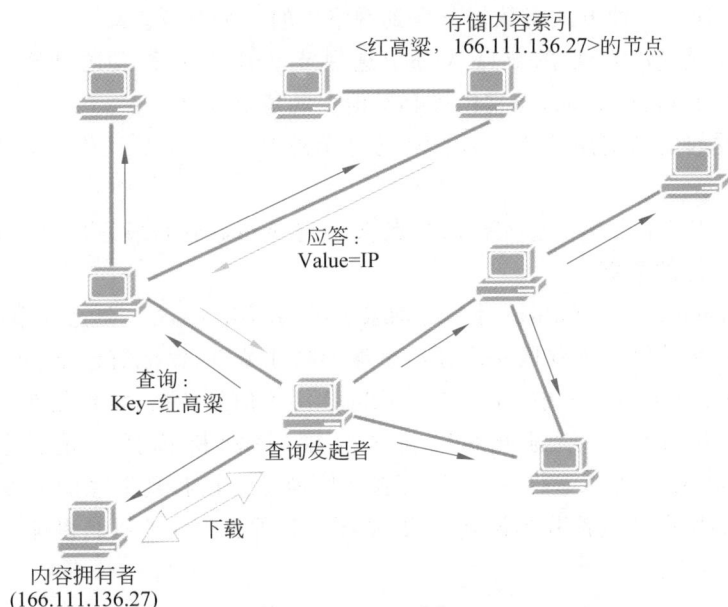

存储内容索引
<红高粱,166.111.136.27>的节点

应答:
Value=IP

查询:
Key=红高粱

查询发起者

下载

内容拥有者
(166.111.136.27)

图 4-6　泛洪查询示意图

尽管泛洪算法相对简单且易于实现,但每次路由都需要进行全网遍历,导致网络负担较重,搜索效率不高。特别是在无限制的传播情况下,可能出现"消息风暴"。当 P2P 网络规模较大时,消息风暴可能导致某个节点瞬间瘫痪。例如,节点的带宽资源可能被迅速消耗殆尽,或者节点的 CPU 由于忙于响应大量消息而无法执行其他任务。

纯分布式 P2P 系统可以通过协议优化防止或减少消息风暴现象。例如,设置合适的生存时间(Time To Live,TTL)值可以限制数据包在网络中的传输距离,防止数据包无限制地循环传输,减少泛洪的轮次和消息数量,降低对节点资源的消耗。

2. 流言算法

流言八卦(Gossip)协议,也称为流行病(Epidemic)协议,是一种在大型无中心化 P2P 网络中高效、可靠地同步数据的传播机制。其传播速度非常快,适用于大规模分布式系统。

在 Gossip 协议中,节点将收到的信息随机广播给部分邻居节点,而不是将全部数据广播给所有邻居,大大降低了网络的通信量。Gossip 协议主要有两种类型。

1)谣言传播协议

谣言传播协议(Rumor-Mongering Protocol)仅传播新到达的数据。消息在网络中传播一定时间后将被标记为"移除状态"(Removed),此后将不再传播。该方式可以有效控制广播数据的数量,减轻系统负担,但可能存在数据不一致的小概率事件。

2)反熵协议

反熵协议(Anti-Entropy Protocol)在每次消息传播时均传输节点的全量数据,以保证数据的最终一致性。同时,也带来了较大的网络开销。

在实际应用中,为在通信代价和数据一致性之间取得平衡,通常将这两种类型的 Gossip 协议混合使用。例如,在新节点加入 P2P 网络时,使用反熵协议,以便新节点快速获取历史全量数据;而对已经稳定运行的节点,则使用谣言传播协议,以减少网络开销。Gossip 协议通过如下三种方式将数据分发到网络中的每个节点。

(1)Push:发起信息交换的节点 A 随机选择节点 B,并向其发送自己的信息。节点 B 在收到信息后更新自己的数据,通常由拥有新信息的节点发起。

(2)Pull:发起信息交换的节点 A 随机选择节点 B,并从节点 B 获取信息。通常由没有新信息的节点发起。

(3)Push & Pull:发起信息交换的节点 A 向选择的节点 B 发送信息,同时从节点 B 获取信息,以更新自己的数据。

比特币和 Hyperledger Fabric 等系统均采用了 Gossip 协议。在比特币网络中,节点通过 Gossip 协议将交易信息和新区块广播给全球的其他节点,保证信息能够快速传播到整个网络。在 Hyperledger Fabric 中,Gossip 协议同样用于信息传播,特别是在排序服务的过程中,Leader 节点从排序服务通道获取新区块后,将随机选择一定数量的邻居节点(Hyperledger Fabric 中默认选择 3 个)发送新区块消息。接收到消息的节点继续将其转发给其他节点,直到所有节点都收到该新区块,如图 4-7 所示。这种机制保证了信息在网络中的快速传播和一致性。

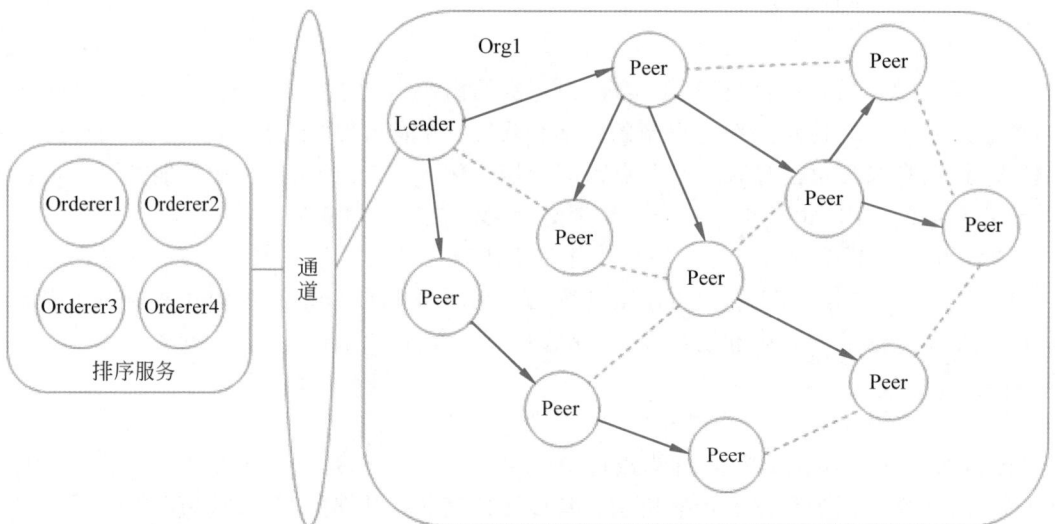

图 4-7　Hyperledger Fabric 利用 Gossip 协议分发新区块的流程

4.2.3　混合式 P2P

混合式组网结构在设计上融合了集中式和分布式两种结构的优点,形成了独特的网络布局。如图 4-8 所示,该结构在局部区域内展现出集中式的特点,而整体上则呈现出分布式的特性。

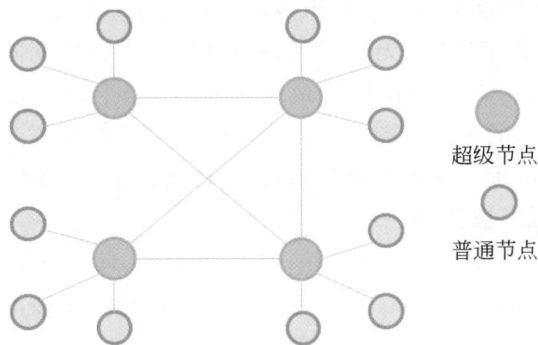

图 4-8　混合式 P2P 网络结构

在混合式组网中,多个超级节点相互连接,构建纯分布式的骨干网络。同时,每个超级节点又与多个普通节点相连,形成局部集中式的子网络。在子网络内,超级节点扮演类似"目录服务器"的角色,存储与之相连的所有普通节点的资源索引。而普通节点则主要负责资源的维护和管理。当新的普通节点加入网络时,首先随机选择一个超级节点进行通信,并获取全网超级节点的信息列表。随后,新节点根据自己的条件(如地理位置、负载状况等)从列表中选择一个适合的超级节点作为父节点建立连接。一旦连接建立,新节点便向父超级节点发送自己的资源索引信息,以便骨干网络能够保存并管理这些资源。

当用户(节点)发出资源查询时,查询请求首先发送到父超级节点,父超级节点再利用骨干网络的泛洪算法或流言算法进行资源路由,迅速定位资源存储的位置,并将位置信息发送给请求节点以供其下载。值得注意的是,该结构中的泛洪广播仅在超级节点间进行,可有效地减少网络风暴的发生。

混合式组网结构凭借其灵活、高效且易于实现的特点,在大型 P2P 网络中展现出了显著的优势。例如 eMule 和 Kazaa 等系统均采用混合式组网结构。

4.2.4　结构化 P2P

在非结构化 P2P 网络中,网络拓扑是任意的,存放资源的位置与网络拓扑无关。而结构化 P2P 网络的基本思想是构建有规律的网络拓扑,将资源索引信息进行有序组织,使存放资源的位置与网络拓扑相关,以提供更有序和高效的资源定位和检索,确保资源的查找在有限的步骤内完成。构建结构化 P2P 网络最常用的技术是分布式哈希表,哈希函数可以根据给定任意长度的消息计算出一个固定长度的比特串,称为消息的哈希值或消息摘要。例如,SHA-1 函数生成的哈希值长度固定为 160 位(bit)。

在结构化 P2P 网络中,使用统一的哈希函数对所有资源和节点进行编号,并将它们映射到相同的标识符空间。通常使用 K 代表资源标识符,通过对资源关键字或内容进行哈希计算得到,即 K＝Hash(Key);使用 ID 代表节点标识符,通过对节点的 IP 地址(或 IP 地址与 UDP 端口的组合)进行哈希计算得到,例如 ID＝Hash(202.38.64.1)。这样,每个资源都有一个对应的 K,每个节点也有一个对应的 ID,从而可实现资源与节点的高效匹配和管理。

在 DHT 网络中,核心任务是设计一种有效的映射机制,将资源标识符 K 映射到节点标识符 ID,并保证资源和节点的编号唯一且均匀分布,以满足结构化分布式网络的需求。

最简单的方法是将标识符 K＝N 的资源索引信息存储在标识符 ID＝N 的节点上。这样,在查询资源时,只需定位到 ID＝N 的节点即可快速获取资源。然而,在实际应用中,资源标识符 K 和节点标识符 ID 通常无法实现一一对应。为解决此问题,常见的做法是将资源的索引信息＜Key,Value＞存储在与 K 最近的多个节点上,保证在资源插入和查询时,可以迅速找到存储资源索引的节点。图 4-9 表示资源标识符 K 和节点标识符 ID 之间"距离"的映射关系。该机制不仅提高了资源定位的效率,还增强了系统的容错性和可靠性,即使某个节点失效,资源仍然可以被找到。

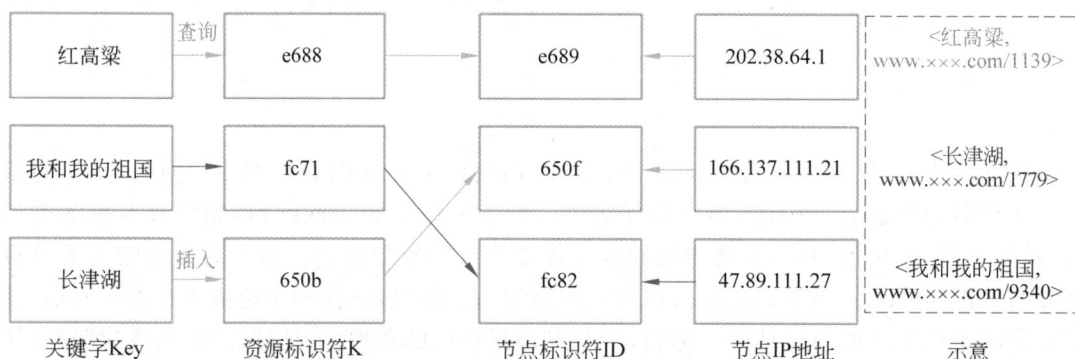

图 4-9　资源标识符 K 和节点标识符 ID 的映射关系

基于 DHT 的实现算法有很多种变体,每种 DHT 算法都根据其独特的网络结构,设计了不同的映射关系。下面重点介绍经典的 Chord 算法和在区块链中应用的 Kademlia(简称Kad)算法。

1. Chord 算法简介

Chord 算法利用哈希函数(文献[33]中使用 SHA-1 哈希算法,$M＝160$)计算节点标识符 ID 和资源标识符 K。具体而言,假设资源的关键字为 Key_i,则资源标识符 K_i 的计算公式为 $K_i＝(Hash(Key_i))$,节点标识符 ID 的计算公式为 $ID＝(Hash(IP))$。Chord 将所有节点的 ID 按照从小到大的顺序排列在一个长度为 $2^M(M＝160)$ 的逻辑环上,该环结构被称为 Chord 算法的"标识符空间"。在 Chord 算法中,资源索引 ＜Key_i,$Value_i$＞ 由环上从K_i 位置开始顺时针遇到的第一个节点负责维护,该节点的标识符满足条件 $ID \geqslant K_i$,被称为K_i 的后继节点(Successor Node),记作 $Successor(K_i)$。

为便于展示和理解,假设 $M＝6$,环长度为 $2^6＝64$,系统中有 9 个节点,节点 ID 分别为 N1、N8、N14、N21、N32、N38、N42、N48 和 N51;系统有 4 个资源,资源标识符 K 的值分别为 K10、K24、K30 和 K38。对于 K10,由于环上没有 N10 节点,其资源索引由顺时针遇到的第一个节点 N14 维护。K24 和 K30 同理。但对于 K38,环上正好有节点 N38,因此 K38 的资源索引由 N38 直接维护,如图 4-10 所示。

1）路由表设计

资源路由最简单的方法是每个节点都仅保存自己后继节点的信息（ID、IP 地址等），所有节点便构成了一个环形的单向链表。当需要查询 K 对应的目标节点（即 Successor(K)）时，每个节点只需判断 K 是否在自身 ID（包含）与后继节点 ID 之间即可，如果不在，则通过链表结构向后传递查询，从而以 $O(N)$ 的时间复杂度完成资源查询。例如，从 N8 查询 K50 的过程如图 4-11 所示。

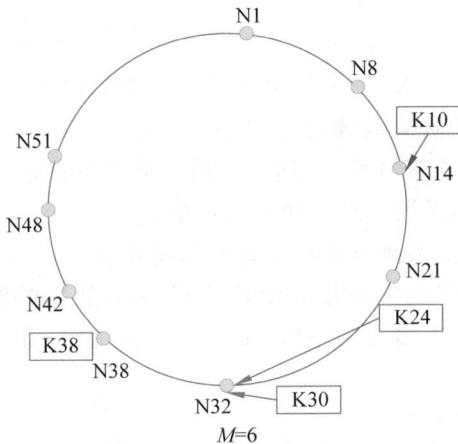

图 4-10　Chord 示例

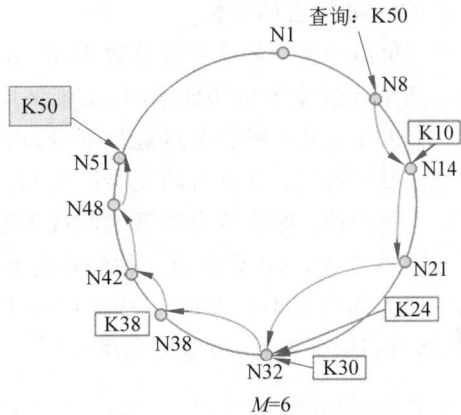

图 4-11　Chord 资源查询过程

然而，对于大规模的 P2P 系统，$O(N)$ 的时间复杂度难以接受。为加速资源路由，Chord 在每个节点上维护一个 M 行的路由表，在本例中 $M=6$。对于 ID 为 n 的节点，其路由表的第 $i(1\leqslant i\leqslant M)$ 行存储的信息

Start：$n+2^{(i-1)} \bmod 2^M$，确定第 i 行路由的起始点。

Node：Successor(Start)，指向 Start 的后继结点。

路由表的设计使每个节点存储的信息量相对较少，节点可通过路由表快速定位到目标节点，显著提高查询效率，如图 4-12 所示。

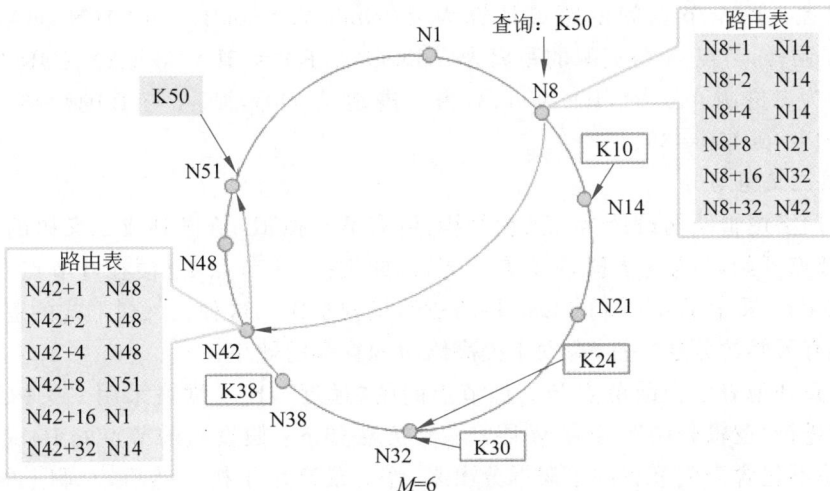

图 4-12　Chord 路由表示例

查询过程如下：节点 n 首先检查自己维护的路由表中是否存在 K 的资源索引。若存在，则查询完成；若不存在，则将查询传递给"距离 K 最近的后续节点"，并持续这种跳跃式查询，从而大幅缩短查询时间。

例如，在图 4-12 中，N8 要查询标识符 K＝50 的资源，则选择路由表的第 6 行（因 N42 是距离 K50 最近的后续节点），将查询传递给 N42。随后，N42 根据路由表第 4 行将查询传递给 N51。最终，N51 是维护 K50 的节点，查询完成。通过建立路由表，Chord 路由算法的时间复杂度降低至 $O(\log N)$。

2）Chord 算法的特性

（1）负载均衡：假设资源总数为 T，节点总数为 N，则平均每个节点负责维护 T/N 个资源。当节点发生退出和新增时，系统平均迁移的资源数量也为 T/N。

（2）去中心化：所有节点地位平等，增加了系统健壮性，更适合应用于 P2P 网络。

（3）可扩展性：查询时间复杂度为 $O(\log N)$，扩展节点的额外成本很低。

（4）可用性：即使节点频繁增减或失败，Chord 系统也能保证查询的高效性。

总而言之，Chord 算法是一种经典的基于 DHT 的结构化 P2P 网络算法，在资源映射和查询效率方面均有不俗表现。关于 Chord 算法的更多实现细节，如节点加入退出、并发操作、复制与容错等内容，可参考文献[33]。

2. Kademlia 算法

Kademlia（简称 Kad）算法与 Chord 算法类似，也使用哈希函数计算节点和资源的标识符。在原始的 Kad 网络中，M 的值同样为 160。每个 Kad 节点存储资源索引，形式为＜Key，Value＞，同时存储部分其他节点的路由表。在 Kad 网络中，资源索引的键值对＜Key，Value＞由与资源标识符 K "最近"的节点标识符 ID 进行维护，这里的"最近"是依据 Kad 定义的距离确定。为提高分布式系统的容错性能，键值对通常冗余存储在多个节点上。

1）Kad 网络中的距离

在 Kad 网络中，"距离"是通过对两个标识符进行异或操作得到的值，表示逻辑距离，与地理位置无关。两个节点间的距离计算为 $d(NodeA, NodeB)=(ID(NodeA)\ XOR\ ID(NodeB))$。同样，节点 A 与资源的距离为 $d(NodeA, K)=(ID(NodeA)\ XOR\ K)$。例如，ID(NodeA) 为二进制 010101，ID(NodeB) 为二进制 110001，则 A 与 B 的距离 $d=010101\ XOR\ 110001=100100=36$。

2）逻辑二叉树与分层

Kad 将网络逻辑结构设计为二叉树结构，所有节点按 ID 值排列成二叉树的叶子节点。例如，从根节点开始，0 为左子树，1 为右子树，以此类推，每节点 ID 便在叶节点有了确定的位置。如图 4-13 展示了 $M=3$ 的 Kad 网络逻辑结构示例。这种二叉树形式的逻辑结构，使 Kad 网络具有天然的分层特性，有助于提高路由和查询的效率。

为了更直观地表示当前节点与其他节点间的"远近"，Kad 网络采用二叉树结构，根据"距离"远近进行"逻辑分层"，分为 M 层。具体方法如下：假设当前节点的 ID 是 101，从根节点开始，将不包含当前节点的子树拆分出来，作为最高层子树。然后，对剩下的部分继续拆分，形成不包含当前节点的下一层子树，以此类推，直到只剩下当前节点为止。

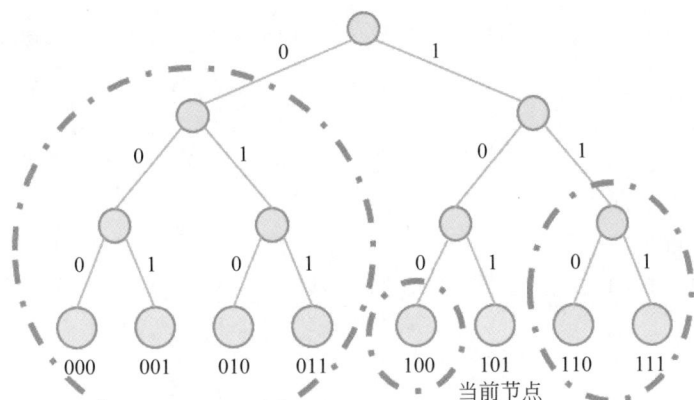

图 4-13 Kad 网络二叉树逻辑拓扑结构

结果是：子树层数越高，与当前节点共享的前缀位数越少（即最长公共前缀，Longest Common Prefix，LCP），包含的节点数量越多，节点之间的距离越远。反之，子树层数越低，前缀位数越多，节点距离越近。第 1 层子树的公共前缀位数最多，仅最后一位不同。最高层子树与当前节点没有相同的前缀，从倒数第 n 位开始出现不同的节点构成第 n 层子树，即 n 的左侧前缀都相同，异或结果的倒数第 n 位为 1，前面皆为 0。

如图 4-13 所示，由虚线圆圈表示子树，第 1 层子树为当前节点 101 左侧虚线椭圆中的内容，与当前节点相同的前缀位数为 2 位，距离最短，包含 1 个节点；第 2 层子树为最右侧虚线椭圆中的内容，与当前节点相同的前缀位数为 1 位，包括 2 个节点；第 3 层没有共同前缀，距离最远，为最左侧虚线椭圆中的内容，包括 4 个节点。

Kad 网络节点逻辑分层结果如表 4-2 所示。

表 4-2 Kad 网络节点逻辑分层结果

当前节点	共同前缀	出现不同的位	第几层	所包含节点 ID	节点距离
101	10	倒数第 1 位	1	100	$[1,2)$
	1	倒数第 2 位	2	110,111	$[2,4)$
	—	倒数第 3 位	3	000,001,010,011	$[4,8)$

3）分层路由表

根据 Kad 网络中节点的逻辑分层结果，每个节点可以构建一张分层路由表。该路由表的结构与节点在二叉树中的逻辑位置直接相关。具体而言，前缀相同，自右侧开始第 n 位不同的节点，将被归类到路由表的第 n 行。以 $M=5$ 为例，假设当前节点 A 的 ID 为 00110，其逻辑分层路由表如图 4-14 所示。

第一层中包含一个节点，ID=00111，与节点 A 的距离为 1。第二层中包含 2 个节点，ID 分别为 00100 和 00101，与节点 A 的距离为 2 和 3。以此类推，第 n 层拥有的节点数量为 $2^{(n-1)}$，与节点 A 的距离为 $[2^{(n-1)},2^{n})$。已知节点间的距离，也可以反过来使用对数运算求出该节点在路由表中所处的层数 n。该分层路由表结构，使 Kad 网络可有效进行路由和查询，提高系统的效率和性能。

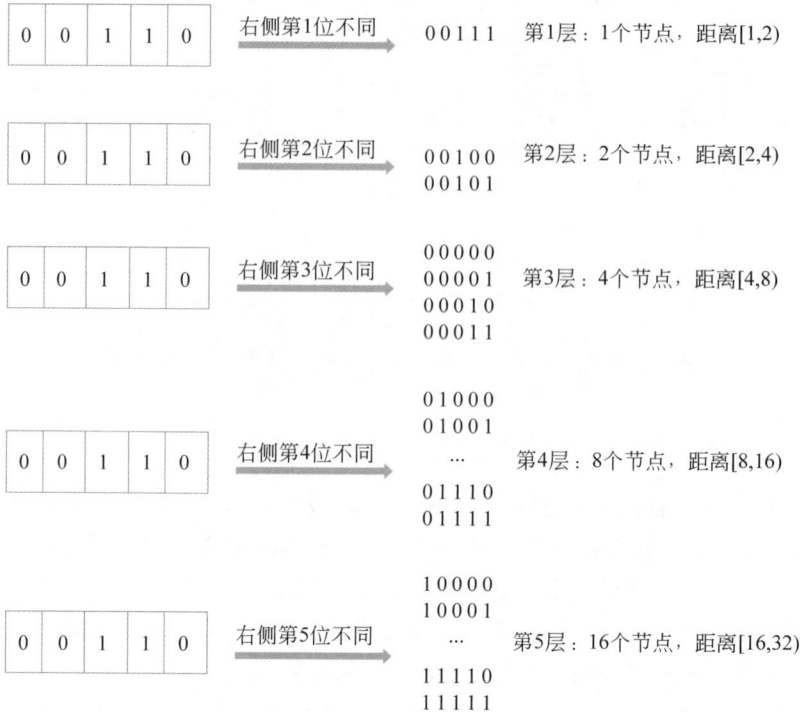

| | | | | | | 右侧第1位不同 | 00111 | 第1层：1个节点，距离[1,2) |

图 4-14 逻辑分层路由表

4）Kad 网络路由表设计

在 Kad 网络中，默认的哈希值使用 SHA-1 算法，生成 160 位的标识符空间，因此 Kad 网络的理论空间大小为 2^{160}。然而，实际网络中的节点数量远小于此数。对于每个节点而言，可以从自身视角将网络划分成最多 160 个子树，形成 160 行的路由表，称为 K-桶（K-Bucket）。每个节点的路由表可以看作二叉树的叶节点，存储具有相同 ID 前缀的节点信息。第 n 行的 K-Bucket（$1 \leqslant n \leqslant 160$）对应的节点具有 $160-n$ 个相同的前缀位。每个 K-Bucket 覆盖了 ID 空间的一部分，所有 K-Bucket 共同覆盖整个 160 位的 ID 空间且无重叠。

随着层次 n 的增加，每层包含的节点数量呈指数增长。为避免路由表过大带来的存储和通信开销，Kad 网络通常使用一个常数 K 限制每个 K-Bucket 中维护的节点数量。例如，在比特流中 $K=8$，而在以太坊中 $K=16$。这样，距离自身越近的节点存储密度越大，离自身越远的节点存储密度越小，确保了路由查询过程的高效性和收敛性。

K-Bucket 从 0 开始计数，第 1 层子树对应 K-Bucket(0)，第 n 层子树对应 K-Bucket($n-1$)。每个节点的 K-Bucket 最多包含 160 行，第 n 行 K-Bucket 维护与当前节点距离在区间 $[2^{(n-1)}, 2^n)$ 内的 K 个节点的路由信息，包括 IP 地址、通信端口和节点 ID 等。一个节点的路由表中最多可以维护不超过 $160 \times K$ 个其他节点的路由信息，如图 4-15 所示。

5）K-桶的更新机制

在 Kad 网络的路由列表中，节点的存放位置根据访问时间进行排列。最早访问（Least-Recently）的节点被放置在列表的头部，而最新访问（Most-Recently）的节点被放置在列表的尾部，其过程如下。

（1）计算自己与目标节点 ID 的距离，并找到对应的 K-Bucket(i)。

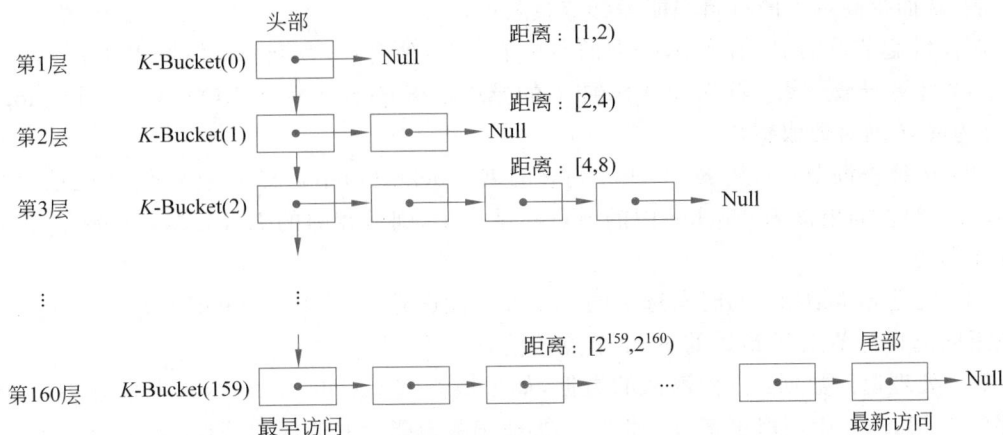

图 4-15　Kad 路由表详图

（2）如果目标节点 ID 已经在 K-Bucket 中，则将该节点移动到 K-Bucket(i) 的尾部，以保持最近联系的节点优先。

（3）如果 K-Bucket(i) 中存储的节点少于 K 个，则将目标节点插入队列尾部。

（4）如果 K-Bucket(i) 已满（存储节点等于 K 个），则对头部节点进行 PING 操作，检测其存活状态。若头部节点不在线，则移除该节点，并将目标节点插入队列尾部。若头部节点在线，则忽略目标节点，并将头部节点移至队尾。

6）资源的定位与存取协议

Kad 网络节点间通过 4 种远程过程调用进行消息通信，实现资源的快速定位与存取。

（1）PING：用于检测节点的在线状态，保证网络的稳定性和可用性。

（2）STORE：用于将资源索引（<Key，Value>对）存储在网络中，保证资源的可用性和冗余。

（3）FIND_NODE：用于帮助节点维护和完善路由表信息，提高节点在网络中的定位和访问能力，增强网络的连接性和可靠性。

（4）FIND_VALU：用于查询特定资源的值，返回与所请求的 Key 相关联的 Value。

7）K-桶的更新方式

为了提高 Kad 网络的稳定性和响应速度，移除不活跃或离线节点，减少网络维护成本，节点使用 3 种方式更新 K-Bucket 路由列表。

（1）主动更新：节点定期主动发起 FIND_NODE 查询请求，以更新 K-Bucket 的路由表信息，保证节点能够主动获取网络中的新信息。

（2）被动更新：当节点收到其他节点发送的查询请求（例如 FIND_NODE 或 FIND_VALUE）时，将发送请求的节点 ID 加入自己的 K-Bucket 对应的路由表中。节点可以在与其他节点的交互过程中不断更新其路由信息，增强网络的连通性和稳定性。

（3）周期性检测：节点定期发起 PING 请求，检测 K-Bucket 中节点的在线状态，清理已经下线的节点，保证 K-Bucket 的有效性，减少无效节点的干扰。

8）路由节点查询机制

Kad 网络通过其分层路由表结构和递归节点查找过程，帮助节点快速定位距离目标节点 ID 最近的 K 个节点。在查找过程中，节点并行地向多个节点发送请求，并根据响应更新路由表，从而提高网络的自组织能力和查找效率。

假设发起节点的 ID 值为 S，查询的目标节点 ID 值为 T，查询的具体过程如下。

（1）计算异或距离：首先计算 S 到 T 的异或距离 $d(S,T)=S \ XOR \ T$，令 $i = \lceil \log_2 d \rceil$（以 2 为底 d 的对数取整）。

（2）选择查询节点：从 K-Bucket 列表的 K-Bucket(i) 中选择 α 个节点（α 的值可自定义，如 $\alpha=3$）。如果该 K-Bucket 中的节点不足 α 个，则从相邻的 K-Bucket 中补充，直至凑齐 α 个节点。

（3）发送异步请求：同时向选定的 α 个节点发送异步 FIND_NODE 请求。每个被查询节点返回离目标节点 T 最近的 K 个节点的信息。

（4）处理返回数据：分析返回的数据，如果被查询节点的 K-Bucket 中信息不足，则从相邻的 K-Bucket 中获取更多节点信息。快速排除未能及时响应的节点。

（5）递归查询：在递归过程中，从返回的最近 K 个节点中选择尚未查询过的 α 个节点，继续发送 FIND_NODE 请求。递归查询将继续进行，直到无法找到更接近目标节点的节点或达到预设的查询深度限制。

（6）搜索效率：每次查询都能缩小搜索范围，异或距离至少减少 1 位。这样，搜索范围每次至少减半。对于任意 n 个节点，最多只需进行 $\log n$ 次查询即可定位到目标节点。例如，在一个拥有 2^{160} 个节点的 Kad 网络中，最多需要 160 次查询，如图 4-16 所示。

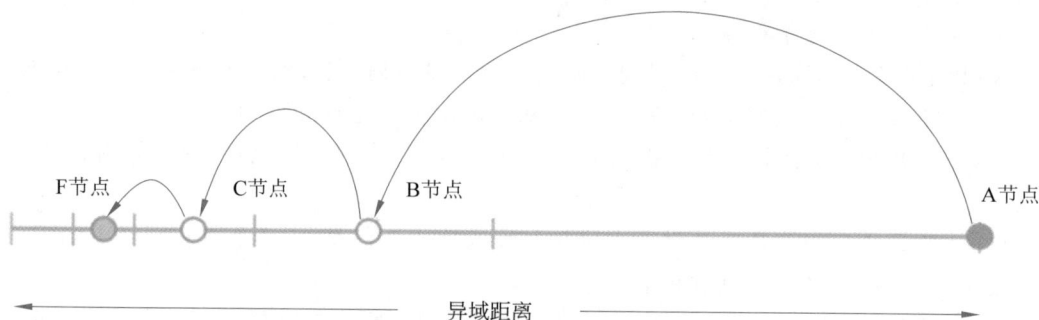

图 4-16   节点递归查询示意图

9）资源查询

节点通过 FIND_VALUE 查询资源索引，查询过程与 FIND_NODE 节点查询类似。当任何节点查询到所需的 Value 时，便停止查询过程，并返回（IP 地址、UDP 端口、节点 ID）三元组。具体查询过程如下。

（1）本地检查：发起节点首先检查自身是否存有对应的<Key，Value>数据。如果存在，直接返回结果 Value；如果不存在，则从其路由表中选择并返回 K 个距离 Hash(Key)值最近的节点 ID 信息，并向这些节点发起 FIND_VALUE 查询请求。

（2）节点响应：每个收到查询请求的节点检查自身是否存有<Key，Value>数据。如果存在，返回 Value；如果不存在，则从其路由表中选出 K 个距离 Hash(Key)值最近的节点 ID 信息返回给发起节点。

（3）递归查询：发起节点根据返回的 K 个节点继续进行 FIND_VALUE 查询，该过程重复进行，直到收到包含所需 Value 的响应或无法找到更接近 Hash(Key)值的节点（表示未找到 Value)。

（4）结果缓存：一旦资源查询成功,发起节点将＜Key，Value＞数据缓存在距离 Hash(Key)值最近的节点上。缓存机制有助于加快后续相同 Key 值的查询速度。随着资源的受欢迎程度增加,缓存该资源的节点数量也会增多,从而提高查询和下载速度。

10）资源存储

在 Kad 网络中,资源存储过程如下。

（1）定位最近节点：当发起节点收到＜Key，Value＞数据时,首先计算 Hash(Key)的值,并在网络中找到距离该 Hash 值最近的 K 个节点。

（2）发送 STORE 请求：发起节点向这 K 个最近的节点发送 STORE 请求,要求它们存储＜Key，Value＞数据。

（3）节点存储：收到 STORE 请求的节点将存储＜Key，Value＞数据,并在其本地数据库中进行记录。

（4）定期发布：存储数据的节点每小时向其邻居节点发布自己的＜Key，Value＞数据。以便邻居节点缓存这些数据,提高数据的可用性和访问速度。

（5）数据失效：为了防止大量无效信息在网络中传播,＜Key，Value＞数据将在发布24 小时后自动失效。节点需要定期清理过期的数据,以保持存储空间的有效利用。

11）节点加入

新节点加入 Kad 网络时,首先选择一个节点（通常为种子节点）作为引导,将引导节点加入其对应的 K-Bucket 路由列表中。接着,向引导节点发起 FIND_NODE 查询请求。种子节点收到请求后,将返回距离新节点最近的 K 个节点。新节点将这些节点加入自己的 K-Bucket 路由列表中,并继续向刚加入的 K-Bucket 中的新节点发起 FIND_NODE 请求,如此往复,直到建立起足够详细的路由列表。

在新节点建立路由列表的同时,其他节点也将使用新节点的 ID 更新各自的路由表,以保证网络的连通性和稳定性。

12）节点离开

Kad 协议能够保证任意节点在任何时间失效的情况下仍能正常工作。节点离开 Kad 网络时,不需要发布任何信息。每个节点周期性发布所存放的全部＜Key，Value＞数据,并将这些数据缓存在距离自己最近的 K 个节点上。当节点离开时,失效节点将迅速被移除,而其存放的数据也将快速更新到其他节点上,以维持数据的可用性和一致性。

4.2.5　P2P 网络应用示例

BitTorrent、LiveSky 和 Skype 是典型的 P2P 网络应用,且根据自身的需求灵活选择了不同的 P2P 架构和网络协议。

1. BitTorrent

BitTorrent（比特流）是一种点对点内容分发协议,由布拉姆・科恩于 2003 年开发。BitTorrent 至今仍然是流行的 P2P 文件共享技术之一,2007 年时,全球用户数量已达到1.2 亿。

在使用 BitTorrent 下载同一文件的多个节点间,将互相提供文件的部分片段用于下载。通过这种方式，传统的客户端/服务器架构中仅依赖中心服务器的下载服务开销被有效地分摊到每个下载节点上。这种设计理论上支持无限多个节点同时下载同一个文件。

BitTorrent 采用集中式的 P2P 架构，如图 4-17 所示。其中心目录服务器分为两部分：Web 服务器用于查询和获取.torrent 文件，Tracker 服务器则负责追踪和同步文件下载源。

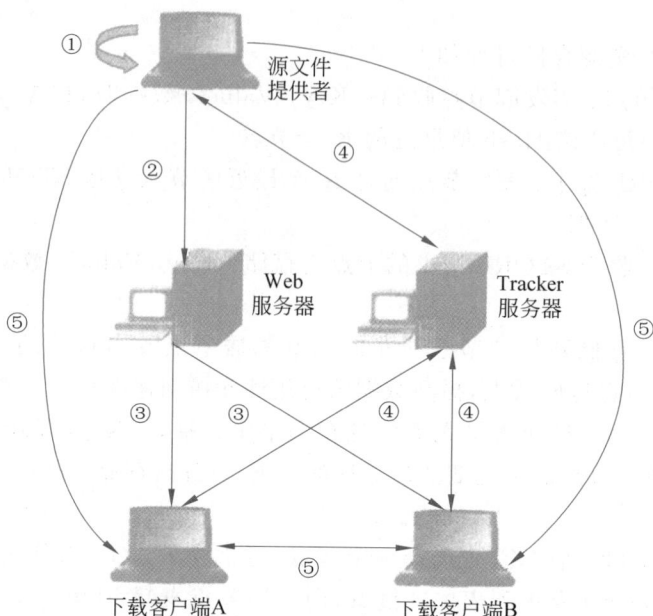

图 4-17   BitTorrent 文件共享与传输流程

BitTorrent 协议共享文件传输的主要过程包括以下步骤。

① 创建.torrent 文件。源文件的提供者（可以是任意 BT 网络中的用户）将自己拥有文件的索引信息汇集成.torrent 格式的文件。文件包含了关于文件的元数据，如文件的大小、分片(Sharding)信息以及 Tracker 服务器的地址等。

② 上传.torrent 文件。源文件提供者将.torrent 文件上传至 Web 服务器节点。此时，该用户被称为"种子用户"，并且必须保持在线，直到网络中其他节点完成对源文件所有部分的下载。如果种子用户下线而其他节点尚未完成下载，该源文件将变为"无种子服务"，其他节点将无法下载到完整的源文件，导致分享失败。

③ 查询 BT 资源。客户端通过 Web 服务器查询该文件对应的 BT 资源，并获取种子用户提供的.torrent 文件，使客户端能够找到需要下载的文件的相关信息。

④ 解析.torrent 文件。客户端解析.torrent 文件，获取 Tracker 服务器的地址。通过该 Tracker 服务器，客户端能够找到与文件相关的资源信息和节点列表，从而确定可以连接的其他下载节点。

⑤ 建立连接并下载。客户端节点根据节点列表信息与其他节点建立连接，进行文件的多点下载。该方式不仅加快了下载速度，还提高了网络的整体效率和可靠性。

通过该设计，BitTorrent 有效地利用了网络中的每一个节点，使文件的传输更加高效，且在一定程度上减轻了对中心服务器的依赖。随着用户数量的增加和文件需求的变化，BitTorrent 网络可以灵活适应，保持高效的文件共享体验。为了提高搜索和传输文件的效率,BitTorrent 协议对基础 P2P 网络协议做出了大量的优化,例如提供复杂的分片下载和拥塞控制等策略。

2. LiveSky

LiveSky 是一个商业化的 CDN-P2P 混合直播系统,结合了内容分发网络(Content Delivery Network,CDN)和 P2P 技术的优势,以提升流媒体直播的性能和可靠性。CDN 通过在多个地理位置和不同互联网服务提供商(Internet Service Provider,ISP)部署缓存服务器(Cache Server),使用户的请求能够根据距离和服务器负载等因素,智能地重定向到最优的服务器,从而实现快速响应。CDN 采用传统的客户端/服务器架构,可为用户提供稳定的服务质量。而 P2P 系统则通过众多参与节点间的资源共享,展现出良好的可扩展性。LiveSky 充分利用了 CDN 的高质量服务和可靠性,同时也引入了 P2P 网络的灵活性,构建了一个混合网络结构,有效地结合了两者的优点,并弥补了各自的不足,如图 4-18 所示。

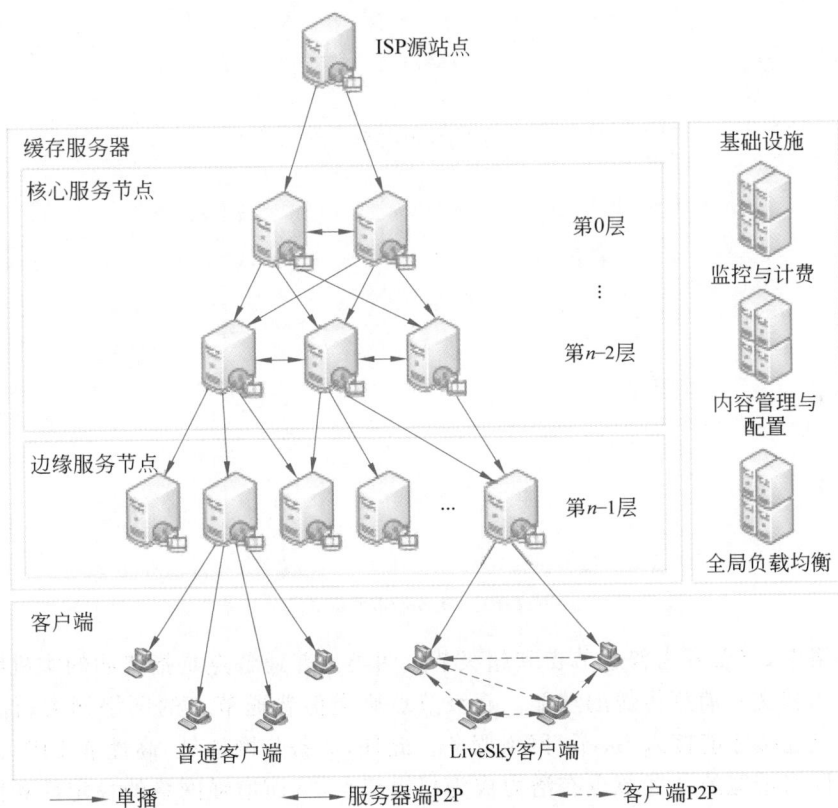

图 4-18　LiveSky 系统结构

在传统 CDN 树状架构的核心缓存服务器节点(Core Cache Server Node)层级之间,LiveSky 引入了 P2P 流量,从而实现同层级间的缓存内容传递。该设计显著提高了在网络故障情况下的可用性。此外,LiveSky 支持两类客户端:一类是直接请求边缘节点服务的普通客户端,即"遗留"客户端;另一类是支持 P2P 协议的 LiveSky 客户端。P2P 网络的引入减轻了边缘节点的负担,同时增强了系统的可扩展性。

LiveSky 在设计和实施混合 CDN-P2P 架构时,成功解决了多个关键挑战,包括在保证系统可靠性和用户体验的前提下，动态扩展 CDN 容量、提供较低的启动延迟（相比纯 P2P 系统）、与现有 CDN 基础设施的无缝集成，以及保证 P2P 流量的网络友好性等方面。这些技术的平衡使 LiveSky 在可伸缩性、服务质量保证和可用性之间达到了良好的协调。LiveSky 已经成功应用于多个大型流媒体直播活动，如 2008 年北京奥运会，展示了其在实际场景中的有效性和可靠性。

3. Skype

Skype 是一款广受欢迎的即时语音沟通软件，可在全球范围内提供高质量的语音通话服务，并支持拨打国内和国际电话。除了语音通话功能，Skype 还具备即时通信功能，包括文件传输和文字聊天等，使 Skype 成为最成功的 P2P 应用之一，注册用户超过 6.63 亿，同时在线用户超过 3000 万。Skype 的体系结构如图 4-19 所示，采用混合式 P2P 网络作为基础架构。

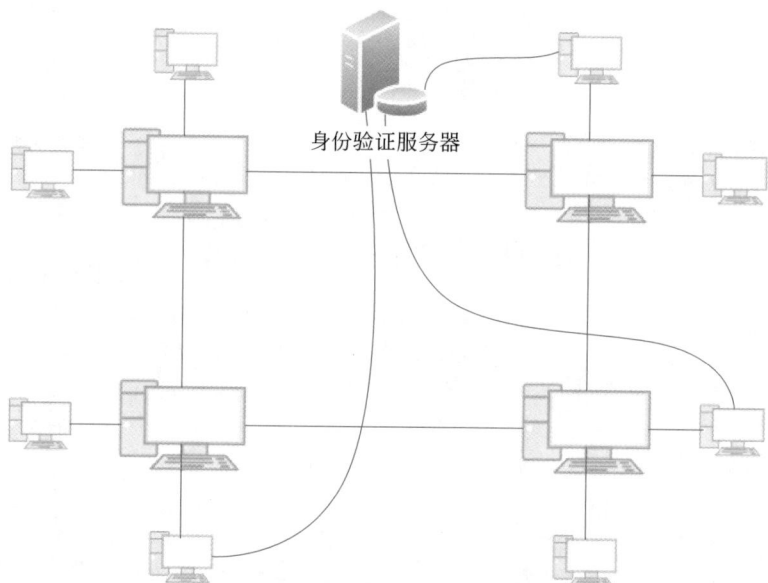

图 4-19　Skype 体系结构

在该网络中，节点分为普通节点和超级节点两类。普通节点是指普通的主机终端，能够提供语音呼叫和文本消息传送的功能。超级节点则类似普通节点的网络网关，普通节点必须与超级节点连接才能接入 Skype 网络服务。此外，具备公网地址、高性能 CPU、足够存储容量和良好网络带宽的普通节点有潜力成为超级节点，从而增强网络的稳定性和性能。

在混合式 P2P 网络的基础上，Skype 还引入了中心化的身份验证服务器节点。该服务器存储用户的用户名和密码，并负责授权特定用户加入 Skype 网络。当用户登录系统时，必须通过身份验证服务器进行验证，以保证安全性和用户身份的真实性。

Skype 的设计不仅提升了语音通话的质量和可靠性，还通过混合式网络架构实现了良好的可扩展性和灵活性，满足了现代人对即时通信和语音通话的需求。

◆ 4.3　P2P 网络与区块链

P2P 技术是区块链的重要基础技术之一,而区块链则是 P2P 网络技术的一次成功应用。在区块链网络中,P2P 技术主要用于网络拓扑构建、节点发现以及节点间消息的传播。不同的区块链平台可能会选择不同的 P2P 网络协议满足其特定需求。以下将以比特币和以太坊为例进行介绍。

4.3.1　比特币 P2P 网络

比特币网络由众多运行比特币协议的节点组成,节点通过相互通信和协作,实现钱包管理、挖矿、交易处理、区块广播、消息路由、共识机制以及数据存储等多种功能。

1. 比特币的网络结构

比特币网络采用纯分布式的 P2P 网络架构。尽管比特币 P2P 网络中的各节点相互平等,但根据所提供的功能不同,各节点可以扮演不同的角色。比特币网络的节点主要具有 4 种功能,如图 4-20 所示,包括网络路由(Network Routing)、完整区块链(Full Blockchain)、矿工(Miner)和钱包(Wallet)。

比特币主网基于 P2P 协议实现节点的发现、连接、消息转发、初始区块下载、简化支付验证客户端的支持以及心跳检测等功能,保证网络的高效运作和节点间的有效沟通。

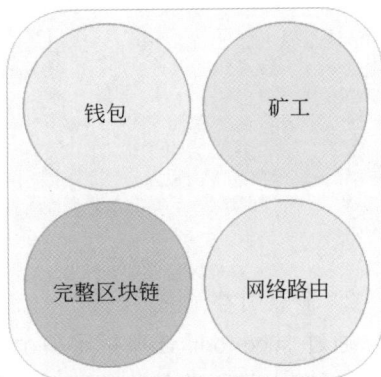

图 4-20　比特币网络核心
节点的 4 种功能

图 4-21 展示了典型的比特币网络结构,其不仅包含各种类型的节点、网关服务器、边缘路由器以及钱包客户端,还包括用于相互连接的多种协议。图中,W 代表钱包节点,M 代表矿工节点,B 代表完整区块链数据库,N 代表网络路由功能,P 代表运行矿池协议,S 代表运行 Stratum 挖矿协议的节点。

通过多样化的节点角色和功能分配,比特币网络能够有效地处理交易、维护区块链的完整性,并保证网络的安全性和稳定性。

2. 比特币的节点发现

新节点加入比特币网络后,首先需要找到邻居节点,通过邻居节点进行通信,使全网节点都能识别自己,然后才能实现交易、验证等功能。新节点通常采用以下两种方式发现网络节点。

1)利用 DNS 种子节点

比特币客户端的列表中记录了一些长期稳定运行的 DNS 节点,这些节点被称为 DNS 种子节点。种子节点的地址被硬编码到比特币源码中,Bitcoin Core 客户端通常包含多个 DNS 种子节点。通过这些种子节点,新节点可以快速发现网络中的其他节点。用户可以通过-dnsseed 选项指定是否使用种子节点,该选项默认是开启的。

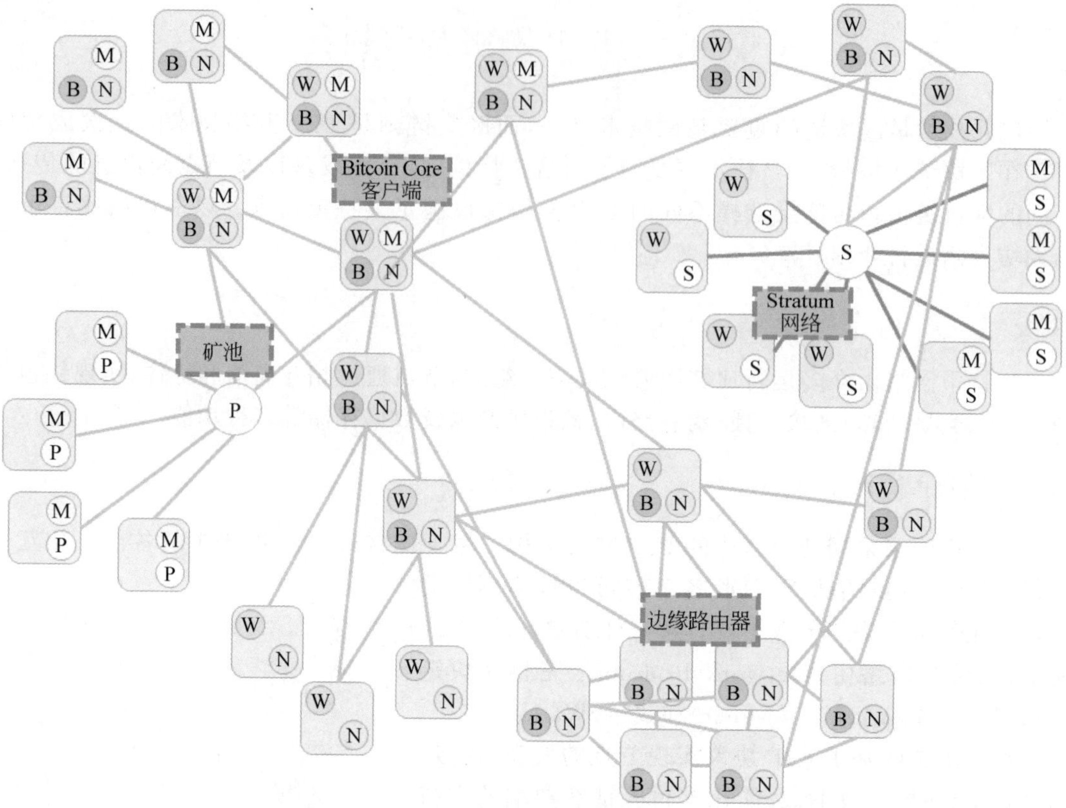

图 4-21   比特币网络结构

2）节点引荐

通过-seednode 选项指定一个节点作为种子节点，新节点启动后与该种子节点建立连接，种子节点将引荐其他邻居节点与新节点连接。

3. 比特币节点的连接机制

节点通常使用 TCP 并通过 8333 端口与已知的对等节点建立连接。在建立连接时，节点将发送一条包含基本认证信息的 version 消息，以开始"握手"通信，如图 4-22 所示。

收到 version 消息的节点将检查自身是否与之兼容。如果兼容，则返回 verack 消息进行确认并建立连接。节点间有时需要互换连接，接收端也需给发起端发送 version 消息。

一旦建立连接，新节点便发送包含自身 IP 地址的 addr 消息给已连接的邻居节点。邻居节点收到消息后，将继续转发给各自的邻居节点，使网络中更多的节点接收到新节点的消息，保证连接更加稳定。此外，新节点可以向相邻节点发送 getaddr 消息，请求返回其已知节点的 IP 地址列表，从而找到更多可连接的节点，如图 4-23 所示。

节点完成启动后，将记住最近成功连接的节点。当节点重新启动时，可以迅速与这些节点重新建立连接。如果所连接的节点均未响应，该节点可使用种子节点再次进行引导。

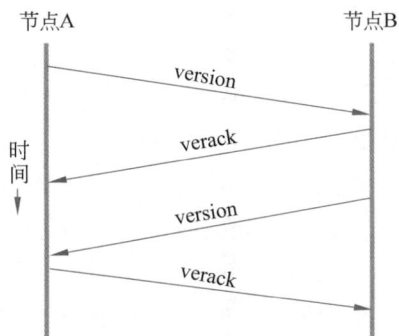

图 4-22　对等节点间的初始化握手

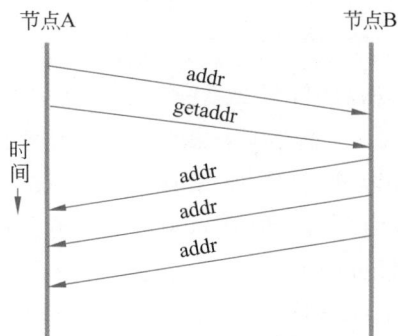

图 4-23　地址传播和发现

4. 全节点的区块链同步

比特币的全节点存储并维护完整的区块链副本,可独立校验交易和区块。新节点刚加入比特币网络时,仅包含被静态植入的创世区块(0 号区块),还需要下载从 1 号区块到最新区块的全部区块后,才能参与维护区块链和创建新区块。

同步区块链的过程以发送 version 消息判断节点兼容性开始,通过交换 getblocks 消息获取对方的区块号,从而准确比较节点所存储区块链的长度。拥有更长链的节点将判别其他节点需要"补充"的区块后,开始分批发送区块(通常以 500 个区块为一批),并通过 inv(inventory)消息将第一批区块清单广播出去。缺少区块的节点通过发出一系列 getdata 消息,请求得到完整的区块数据,并使用 inv 消息中的哈希值确认区块的正确性。

例如,一个只有创世块的新节点收到来自其他节点的 inv 消息(含有 500 个区块的哈希值),便向与其相连的所有节点请求区块,通过分摊工作量的方式减轻单一节点的压力。如果节点需要更新大量区块,则需在上一请求完成后才可发送新请求,从而控制更新速度,减小网络压力。被接收的区块不断添加至本地区块链中,直到该节点与全网络完成同步为止。

当节点离线后重新返回区块链网络时,将与所连接的节点进行区块比较,检查缺失的区块,并发送 getblocks 消息下载缺失的区块,如图 4-24 所示。

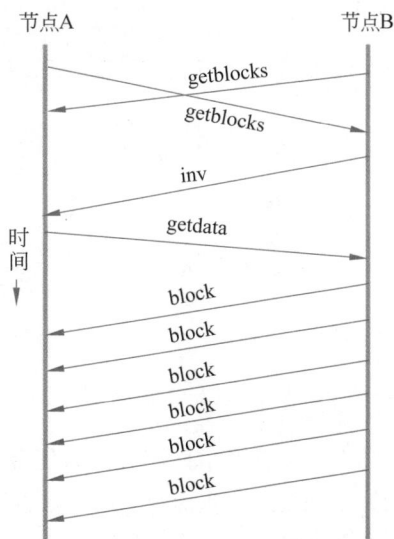

图 4-24　节点获取区块同步区块链

4.3.2　以太坊的节点发现机制

以太坊区块链平台在许多方面与比特币相似,但在 P2P 网络结构上,以太坊采用了结构化网络,并包括两个重要协议:discv4 协议和 rplx 协议。其中,rplx 是以太坊节点间的通信协议;discv4 是以太坊的节点发现协议,是一种类 Kademlia 协议,但与原始 Kademlia 协议存在一些区别。

1. 以太坊的距离定义

在 discv4 中，异或距离的计算方法为 distance$(n_1, n_2)=$ keccak256(n_1) XOR keccak256(n_2)，其中 keccak256 是以太坊的哈希算法。K-Bucket 中包含 256 行路由列表。节点间的距离定义为异或结果中位为 1 的最高位的位数。例如，异或结果为 000010100010，第 8 位为 1，则两个节点的距离为 8。从逻辑分层的视角看，K-Bucket 0 是距离自己最近的第一层二叉树，只有最后 1 位不同，异或值为 0000…00000001，最高位为 1，距离为 1；K-Bucket 1 是第二层二叉树，异或值为 0000…0000001x，最高位为 2，距离为 2；以此类推。该结构利用了二叉树的层级性质快速缩小查找范围，使节点查找过程更加高效。

2. 节点路由表的数量

在 discv4 协议节点路由表中 $K=16$，即每个 K-Bucket 路由列表中最多包含 16 个节点的路由信息。以太坊当前节点的 K-Bucket 按照与目标节点的距离远近进行排序，0～255 共 256 个 K-Bucket，如图 4-25 所示，需要注意的是，该图仅为示意图，实际上前 4 个 K-Bucket 最多分别只有 1、2、4 和 8 个节点，之后的 K-Bucket 最多有 16 个节点。

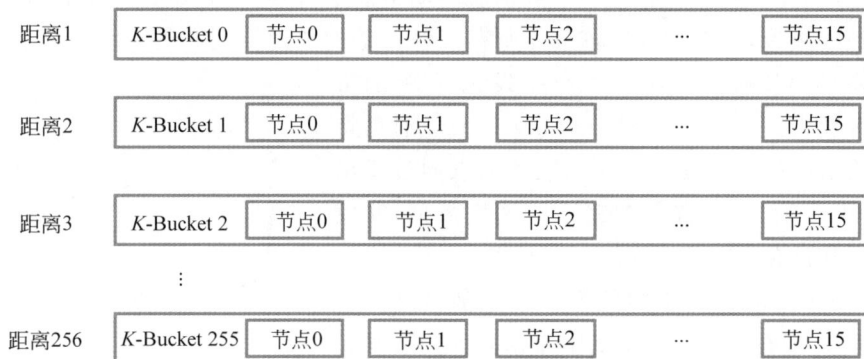

图 4-25   以太坊节点路由表结构示意图

3. 节点发现报文协议

以太坊使用 4 种报文协议实现节点探测、响应、查询和应答功能。

（1）Ping 探测命令：用于探测节点是否在线，Ping 发送后，若 15s 内未收到 Pong 响应，将自动重发送 Ping，最多发送三次。如果三次都未收到响应，则该节点的状态将从 discovered 变为 dead，Evict Candidate 状态变为 NonActive。

（2）Pong 响应命令：用于响应 Ping 报文。节点一旦接收到 Ping 消息，便立即发送 Pong 消息，并将对方节点的状态改为 Alive 或 Active。

（3）FindNode 节点查询命令：用于请求查询离目标节点更近的邻居节点。

（4）Neighbours 节点应答命令：用于响应 FindNode 请求，从 K-Bucket 中查询最接近 TargetID（目标节点标识符）的节点，并回传所查询到的邻居节点列表。

4. 节点发现与 *K*-Bucket 路由列表构建

discv4 协议在节点启动后,客户端通过 Geth 进行初始化,启动 UDP 端口监听(默认端口为 30303),并创建监听 UDP 报文表。以太坊使用两种数据结构存储发现的其他节点信息:长期数据库 db 和短期存储结构 Table。长期数据库 db 包含客户端曾交互过的每个节点的信息,即使节点重新启动,db 中的节点信息仍保存在磁盘中。短期存储结构 Table 包含 256 个路由列表,即 *K*-Bucket。

当客户端节点首次启动时,数据库 db 和 *K*-Bucket 均为空,系统将读取硬编码到以太坊客户端程序中的 6 个引导节点。引导节点作为种子节点被加入相应的 *K*-Bucket 中。通过引导节点,系统发现新的邻居节点,并将其加入 db 和 *K*-Bucket 中。当节点重启时,将读取引导节点和 db 中保存的节点作为种子节点。节点发现过程如图 4-26 所示。

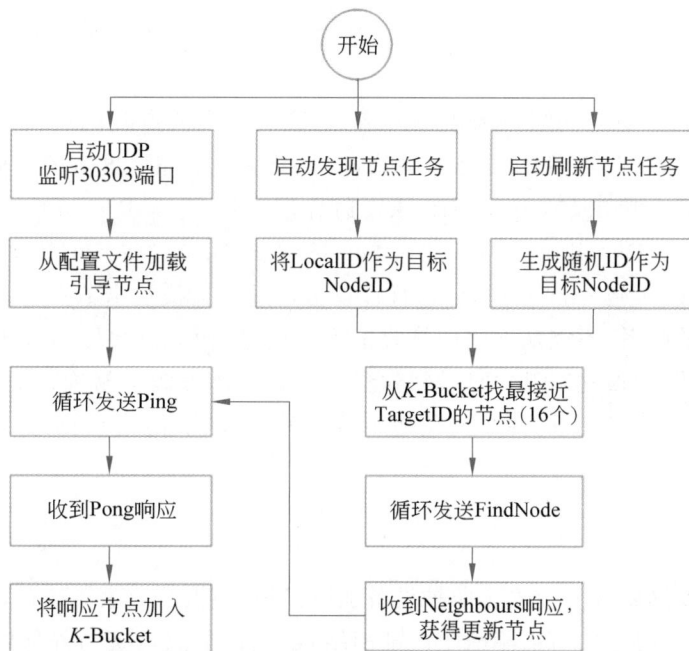

图 4-26 节点发现过程

节点发现过程说明如下。

(1) 每个以太坊节点在启动时将生成一个唯一的节点 ID,记为 LocalID。生成后该 ID 将固定不变,同时监听 30303 端口,等待其他节点发送来的网络数据包(UDP)。

(2) 从配置文件加载引导节点,向这些节点循环发送 Ping 报文,在线的引导节点将响应 Pong 报文,并将响应的引导节点加入 *K*-Bucket 路由列表中。

(3) 节点在启动 UDP 监听的同时,启动另外两个任务:节点发现任务和节点刷新任务。

(4) 节点发现任务每 30s 循环一次,主动寻找邻居节点,以尽量保证 *K*-Bucket 中的节点是满的。每次循环搜索 8 次,每次搜索以 LocalID 作为 TargetID(能够更有效地定位与自己距离较近的其他节点,从而优化网络的连接性),从 *K*-Bucket 中获取距离 TargetID 最近的 16 个节点，循环向这 16 个节点发送 FindNode 报文。

（5）收到 FindNode 报文的节点也以 TargetID 为目标，从自己的 K-Bucket 中找出距离 TargetID 最近的 16 个节点，然后回传 Neighbours 报文。

（6）节点收到 Neighbours 后，从报文中取出新发现的节点，向新节点循环发送 Ping 报文，并将响应的节点加入 K-Bucket。经过 8 次循环搜索，所查询的节点均在距离上向 TargetID 收敛，使 K-Bucket 中存储的节点不断靠近 TargetID。

（7）节点刷新任务与节点发现任务类似，但有两点不同：一是刷新任务的 TargetID 不是 LocalID，而是随机生成的节点 ID，二是刷新任务的刷新速度更快，每 7.2s 循环一次。

（8）通过上述步骤不断发现和刷新节点，当前节点将找到越来越多的邻居节点，组成 K-Bucket。

4.3.3 网络层面临的挑战

1. 面临的挑战

区块链采用 P2P 对等网络作为逻辑网络，系统由众多节点共同运行维护，特别是对开放的公有链系统，恶意节点可随意进入网络，对网络发起攻击，攻击的方式包括女巫攻击（Sybil Attack）、日食攻击（Eclipse Attack）、边界网关协议 BGP 劫持攻击、节点客户端漏洞、分布式拒绝服务（Distributed Denial of Service，DDoS）攻击等。例如女巫攻击通过伪装出大量节点，对网络实施 51% 双花攻击；日食攻击通过诱骗被攻击节点与自己产生联系，阻断其与正常网络的联系，不能从网络中接收正确的信息，而只能接收由攻击者操纵的信息，造成大量被攻击节点"孤立"于区块链网络之外，达到广播虚假交易确认消息实施双花的目的，日食攻击也可针对矿池进行攻击，使矿池脱网运行，减少网络总算力，从而降低 51% 攻击的难度。

2. 解决思路

采用防火墙及网闸等专业安全防护设备加以保护，谨慎开放服务端口，关闭高风险的端口，防范网络入侵。将重要节点隐藏于内部网络，由哨兵节点负责与外部网络的通信，以此化解网络攻击风险。利用 PoW 算力耗费等技术手段防范女巫攻击。

◈ 4.4 本 章 小 结

P2P 网络是一种基于用户群体信息交换的互联网体系结构，每个节点既可以充当客户端，也可以充当服务器，使 P2P 网络在资源共享和信息传递方面具有更大的灵活性和可靠性。其本质上是在互联网上构建的一层覆盖网络，可高效实现资源的放置、定位和获取等工作，用户可以直接与其他用户交换信息和资源，而无须依赖中心化的服务器。根据网络节点的逻辑拓扑结构，P2P 网络可以分为 4 种主要类型：集中式 P2P、纯分布式 P2P、混合式 P2P 和结构化 P2P。这 4 种 P2P 网络结构的特性总结见表 4-3。

表 4-3　4 种 P2P 网络结构的特性总结

	集中式 P2P	纯分布式 P2P	混合式 P2P	结构化 P2P
网络拓扑	所有对等节点围绕一个中心目录服务器节点建立星状拓扑	无中心节点,所有对等节点间建立随机连接,形成随机网络拓扑	由超级节点组成骨干网络,众多普通节点围绕各自的中心超级节点组成星状拓扑	基于特定算法将资源定位索引信息有序组织,形成特定的有序覆盖网络拓扑
资源放置	节点维护自己的数据,但在目录服务器存储索引信息	节点维护自己的数据	普通节点维护数据,但在其超级父节点存储索引信息	按特定的 DHT 算法,将共享资源分散存储
资源定位	节点向中心目录服务器查询	泛洪算法、流言算法	节点向父超级节点查询,超级节点在骨干网络中发起泛洪或流言查询	按特定的 DHT 算法,定位共享资源
优点	易于理解和实现、查询代价低	无中心节点、高可扩展性	仅在骨干网络泛洪,有较低的查询代价、较高的可扩展性	特异性强,根据具体场景选定特定的网络架构
缺点	单点瓶颈、可扩展性差	存在消息风暴等问题、查询代价高	超级节点负载大、大规模网络下内容路由仍不够高效	难以实现、通用性较差
应用实例	Napster、BitTorrent	Gnutella、Freenet、Bitcoin 主网	Kazaa、eMula、Hyperledger Fabric、比特币矿池	Chord、Kademlia、以太坊

(1) 集中式 P2P:尽管节点间可以直接通信,但仍由一个中心节点管理网络的资源和连接。中心节点负责协调信息传递和资源共享。

(2) 纯分布式 P2P:没有中心节点,所有节点均对等。每个节点可以直接与其他节点通信,资源和信息的管理完全依赖节点间的相互协作。

(3) 混合式 P2P:结合了集中式和分布式的特点,既可以由中心节点进行资源管理,也允许节点之间直接通信,适用于多种应用场景。

(4) 结构化 P2P:节点间有序连接,通常通过特定算法(如 Chord 或 Kademlia)管理节点组织和资源定位,有助于提高资源查找效率。

P2P 网络技术是区块链技术的基础之一。不同的区块链项目可以根据自身需求选择最适合的 P2P 拓扑结构和协议。同时,区块链的兴起也推动了 P2P 应用生态的发展,使各种分布式应用得以实现。这种相互促进的关系使 P2P 网络在现代互联网架构中扮演越来越重要的角色。

◇习　　题

1. 简述 P2P 网络的特点。

2. 简述 C/S 模式与 P2P 网络的区别。

3. P2P 网络包括哪几种结构? 每种结构有何特点?

4. 分析 Flooding 算法与 Gossip 算法的区别与应用场景。

5. 如何通过分布式哈希表实现结构化 P2P 网络中资源和节点的高效映射与共享?

6. 简要说明比特币网络节点发现流程及其重要性。

7. 说明 Kademlia 协议和以太坊 discv4 协议的异同点。

第5章

共 识 算 法

共识算法是区块链的核心技术之一,直接影响区块链系统的性能、安全和可扩展性。为满足特定的设计目标和应用需求,各种共识算法的设计思想有所不同。

本章首先阐述共识算法的基本概念、基础理论及其分类,进而介绍故障容错类共识算法和拜占庭容错类共识算法两种共识类型及其代表算法的实现原理。其中,故障容错类共识算法研究无恶意节点的网络,包括多阶段提交协议、Paxos和Raft等算法;拜占庭容错类共识算法研究存在恶意节点的网络,包括 PBFT、PoW、PoS、DPoS 等算法。最后对共识算法的发展趋势进行展望。

◆ 5.1 共识算法概述

5.1.1 共识算法的概念

区块链系统通常由分布在互联网上的多个服务节点共同组成,是典型的分布式系统。分布式系统要解决的核心问题是如何保证不同节点在执行一系列操作后得到一致性的处理结果。区块链共识机制是分布式节点间根据协商一致的规则选定分布式账本记账权归属的算法,通过"一人记账大家认同"的方法对"交易"达成共识,从而保障账本数据的真实性和一致性。

单机系统中因为系统数据副本唯一,读写操作被执行或者被放弃,所以不存在一致性问题。但分布式系统中数据通常存在多个副本,且节点和节点间的通信随时可能发生故障,增加了同步数据的难度。一致性问题处理不好,可能造成重大损失。例如,用户在某银行网点取款后,如果数据未能及时同步,又到其他网点取款,可能出现同一笔款项被多次取走的情形。

共识算法是保证分布式系统达成一致的算法,也是区块链系统的核心技术之一,区块链系统基于共识算法,使交易顺序、交易内容、智能合约执行、区块生成等提案达成一致。正确的共识算法需要满足以下 3 个要求。

(1) 可终止性(Termination):有限时间内达成共识。

(2) 共同性(Agreement):所有节点的最终决策值相同。

(3) 有效性(Validity):决策值由某个合法(有效)节点提出。

5.1.2　共识算法的基础理论

共识算法的基础理论包括拜占庭容错理论、FLP 不可能原理、CAP 定理和 BASE 理论，如表 5-1 所示。

表 5-1　共识算法的基础理论

理　　论	发表年份	简　要　概　括
拜占庭容错理论	1982 年	针对恶意伪造消息的容错机制
FLP 不可能原理	1985 年	允许节点失效的异步系统无法达成共识
CAP 定理	2002 年	分布式系统中不同能力属性间的相互限制
BASE 理论	2008 年	大规模分布式系统设计指导

1. FLP 不可能原理

FLP 不可能原理是指在网络可靠但允许至少一个节点失效的异步模型系统中，无法存在一个能够确定性解决一致性问题的共识算法。这一原理由科学家 Fischer、Lynch 和 Patterson 在 1985 年共同发表的论文 *Impossibility of Distributed Consensus with One Faulty Process* 中首次提出。

在分布式系统中，节点间通过通信进行资源共享与协同工作。根据通信模型的不同，系统可以分为同步通信系统和异步通信系统。同步通信系统假设各节点的时钟误差有界，消息传递和处理时间均有限；而异步通信系统则面临更大的挑战，其中节点时钟误差可能很大，导致难以实现时间同步，且消息传输和处理的延迟可能是任意时间。

由于现实世界中分布式系统的复杂性，其通信模型往往更接近异步模型。根据 FLP 不可能原理，在该环境下，如果允许节点失效，就无法保证系统能够达成一致性共识。因此，异步分布式系统在设计一致性共识算法时，必须对某些条件进行限制或妥协。

尽管 FLP 不可能原理揭示了设计共识算法的困难，但实际应用中，人们仍可通过各种优化手段和取舍策略绕过这一限制，实现系统的一致性。

2. CAP 定理

CAP 定理是由加州大学伯克利分校的计算机科学家 Eric Brewer 在 2000 年提出的猜想，随后在 2002 年由麻省理工学院的 Seth Gilbert 和 Nancy Lynch 证明为定理。

CAP 定理指出，在分布式系统中，一致性（Consistency）、可用性（Availability）和分区容错性（Partition Tolerance）三个特性不可能同时完全满足，最多只能满足其中两个，如图 5-1 所示。具体而言：

（1）一致性要求分布式系统中的所有数据备份在同一时间点上是相同的。

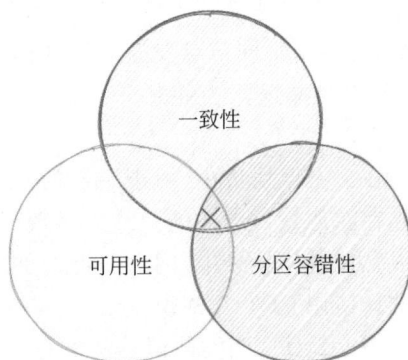

图 5-1　CAP 定理

（2）可用性要求系统在部分节点发生故障时，仍能正常响应客户端的请求。

（3）分区容错性要求系统在网络分区（因通信延迟或中断等原因造成）的情况下，仍能提供服务。

在实际系统设计中，三个特性往往需要进行权衡。由于分区容错性是分布式系统的基本需求，系统通常偏向提供一致性服务（如 BigTable、HBase）或可用性服务（如 CouchDB、Cassandra）。

3. BASE 理论

BASE 理论是 eBay 架构师 Dan Pritchet 在 2008 年提出的关于大规模分布式系统一致性问题的实践总结。BASE 代表基本可用性（Basically Available）、软状态（Soft State）和最终一致性（Eventual Consistency）。

（1）基本可用性表示在出现故障时，系统可以损失部分可用性以保证核心服务的运行。例如，在访问量激增时，可以延长部分用户的请求响应时间或限制某些非核心功能的使用。

（2）软状态允许系统存在短暂的不一致状态，但这种状态不会影响系统的整体可用性。

（3）最终一致性强调经过一段时间后，系统能够达到一致的状态。即系统不必在任何时间点都保持一致性，但最终能够达到一致状态。

BASE 理论是对 CAP 定理的进一步发展和权衡。强调在无法做到 CAP 的强一致性（Strong Consistency）情况下，可以通过适当的策略实现最终一致性（Eventual Consistency）。BASE 理论对设计分布式系统具有重要意义，为人们提供了一种在复杂环境中实现系统一致性的实用方法。

5.1.3　共识算法的分类

1. 故障容错（CFT）类共识算法

CFT 类共识算法设计用于处理如网络中断、存储设备失效或服务器崩溃等常规故障情况，保证系统仍能达到共识。CFT 类共识算法不考虑恶意节点的存在，即假定所有节点都将诚实地执行协议，不会出现故意破坏或欺诈行为。

2. 拜占庭容错（BFT）类共识算法

BFT 类共识算法不仅涵盖了 CFT 类共识算法所能处理的常规故障，还进一步考虑系统中可能存在恶意节点的情况。恶意节点是指不响应其他节点的请求、故意发送错误或伪造的信息、给不同节点发送矛盾的信息或以其他方式攻击系统的节点。在区块链技术背景下，BFT 类共识算法可进一步细分为确定性共识、概率性共识及混合协议等形式（具体细节参见 5.3.1 节）。

在公有区块链中，由于系统的开放性，任何节点都可以在未经许可的情况下加入网络，难免存在恶意节点。因此绝大多数公有区块链系统使用拜占庭容错类共识算法。而在联盟链或私有链的场景中，网络节点的加入需要经过授权，成员间存在一定的信任基础，因此可以选择使用 CFT 类共识算法。

图 5-2 对这两类共识算法进行了归纳分类，而表 5-2 则对不同区块链中代表性的共识

算法进行了对比。

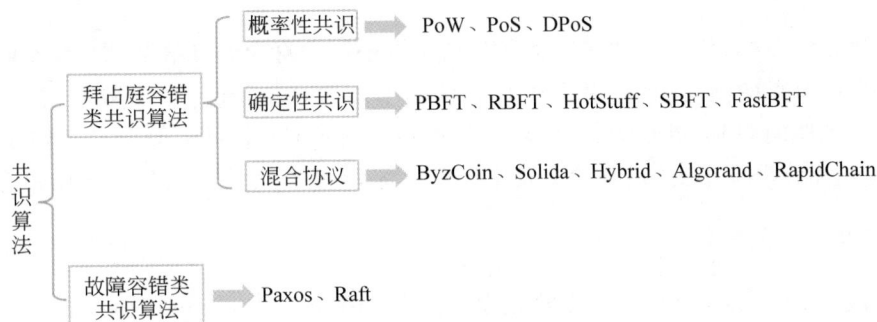

图 5-2　共识算法的分类

表 5-2　代表性共识算法的对比

共识算法	类型	适用类别	选择出块节点方式	优　缺　点	典型区块链应用
Raft	CFT	私有链、联盟链	广播竞选	优点：易于理解和实现，性能好； 缺点：非拜占庭容错，可扩展性差	Hyperledger Fabric
PBFT	BFT	私有链、联盟链	轮流选择	优点：效率高，性能好； 缺点：通信代价高，可扩展性差	Hyperledger Fabric
PoW	BFT	公有链	资源竞争	优点：分布式，可扩展性较好； 缺点：资源消耗大，性能差	比特币、以太坊 1.0
PoS	BFT	公有链	权益竞争	优点：节约资源，性能较好； 缺点：因权益集中导致中心化倾向	点点币、以太坊 2.0
DPoS	BFT	公有链	权益竞争	优点：进一步提升性能； 缺点：中心化程度较高	比特股、EOS

◆ 5.2　故障容错类共识算法

故障容错类共识算法的研究起源于 20 世纪 80 年代，这类共识算法主要应对系统中的常规故障，如网络异常、硬件故障等，而不考虑恶意节点的存在。常见的故障容错类共识算法包括主从同步/异步读写、多数派读写、多阶段提交协议、Paxos 共识算法和 Raft 共识算法。

5.2.1　主从同步/异步读写

在分布式集群中，算法通常配置一个主节点和多个从节点。所有客户端的写操作请求首先发送到主节点，然后由主节点负责将写入操作复制到各个从节点。复制成功后，从节点向主节点发送确认信息。如果主节点等待所有从节点都返回"复制成功"的消息后才向客户端发送响应，称为主从同步读写。如果主节点在接收到客户端的写请求后，立即向其发送成功的响应，然后再异步将数据复制到其他从节点，称为主从异步读写。但无论是同步还是异步方式，都存在主节点单点故障的风险，且缺乏有效的容错机制，因此在可靠性和可用性方面表现欠佳，在实际应用中较少见。

5.2.2 多数派读写

在多数派读写的分布式集群中，所有节点地位平等。每次进行数据读写操作时，都需要获得超过半数节点的同意，这些节点被称为法定节点数（Quorum）。多数派读写系统能够满足最终一致性的要求，并已被广泛应用于如 Dynamo、Cassandra 等分布式数据库系统。然而，算法仍面临非原子更新、脏读以及更新丢失等问题，因此在高可用性方面仍有待提升。

5.2.3 多阶段提交协议

多阶段提交协议主要包括两阶段提交（Two-Phase Commit，2PC）和三阶段提交（Three-Phase Commit，3PC）两种。

1. 两阶段提交协议

2PC 协议是一种保证事务原子性的提交协议。在分布式系统中，数据通常被切分成多个数据块并分散存储在不同的服务器上。当进行数据事务访问时，每个服务器节点都知道自己的操作是否成功，但无法了解其他节点的执行情况。为保证所有服务器上的操作要么全部成功，要么全部失败，2PC 协议引入了协调器（Coordinator）控制所有的节点。该协议的思路可概括为：参与者将操作结果告知协调器，由协调器根据参与者的反馈决定是否继续执行后续操作。2PC 协议主要分为准备和提交两个阶段。

（1）准备阶段。

事务协调器向所有参与者发送事务内容，并询问是否可以执行提交操作，然后等待参与者的响应。每个参与者执行事务操作，并将操作记录在日志中，但此时并不提交事务。如果参与者成功执行了事务，便向事务协调器反馈 Yes，表示可以提交事务；否则反馈 No，表示无法提交事务。

（2）提交阶段。

如果所有参与者都反馈 Yes，事务协调器便向所有参与者发送"提交"请求，参与者接收到请求后正式提交事务。如果有参与者反馈 No 或者超时未反馈，事务协调器便向所有参与者发送"回滚"请求，参与者接收到请求后，将准备阶段的日志信息回滚到之前的状态。完成提交或回滚操作后，参与者释放事务处理过程中使用的所有资源。整个过程如图 5-3 所示，其中图 5-3(a)表示执行事务提交，图 5-3(b)表示执行事务回滚。

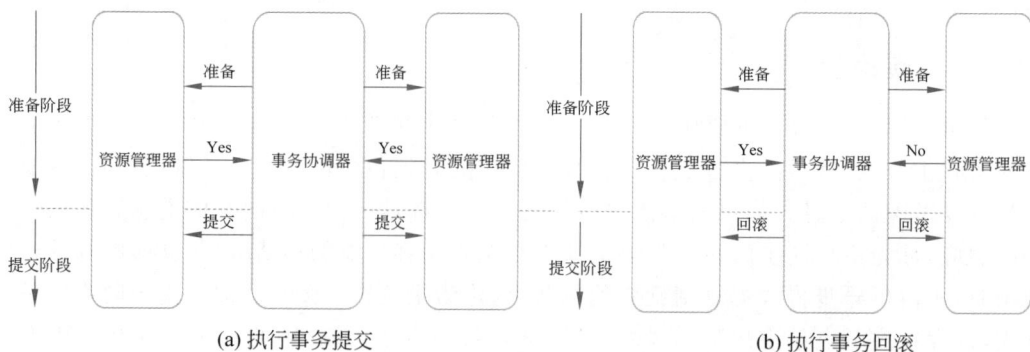

(a) 执行事务提交　　　　(b) 执行事务回滚

图 5-3　2PC 协议的提交

两阶段提交协议虽然在一定程度上能够保证分布式事务的原子性,但也存在如下缺陷。

(1) 同步阻塞问题。

在 2PC 协议的执行过程中,参与者在等待其他参与者响应时,其事务操作逻辑将处于阻塞状态,无法处理其他事务或请求,导致系统资源的利用率下降。同步阻塞限制了系统的并发性能和吞吐量,特别是在参与者数量众多或网络延迟较大的情况下,问题更为突出。

(2) 单点故障问题。

2PC 协议中的事务协调器负责整个事务的协调和决策。一旦事务协调器发生故障,如宕机或网络中断,参与者将无法接收到进一步的指令,整个 2PC 协议将陷入停滞状态,参与者也无法释放被占有的资源。

(3) 数据不一致问题。

在 2PC 协议的提交阶段,如果由于网络故障等原因,只有部分参与者成功接收到“提交”请求,而其他参与者未能接收到该请求。接收到“提交”请求的参与者将执行事务提交操作,而未接收到请求的参与者则不会进行提交,从而造成不同参与者间数据状态的不一致。

为了解决两阶段提交协议存在的缺陷,研究者提出了诸多改进方案,其中三阶段提交协议是一种重要的改进方法。其通过引入额外的阶段和机制,提高了分布式系统的可靠性、可用性和性能。

2. 三阶段提交协议

三阶段提交协议是对两阶段提交协议的扩展,主要通过增加预提交(preCommit)阶段优化事务的提交过程,有助于减少因协调器故障而导致的事务阻塞问题。3PC 协议由准备提交(canCommit)、预提交(preCommit)和提交(doCommit)三个阶段组成。

1) 准备提交阶段

事务协调器向所有参与者发送 canCommit 请求,询问是否准备好进行事务提交。参与者根据自己的状态和资源情况,判断是否能够成功执行事务。如果确定可以执行,则向协调器反馈 Yes,并进入预备状态;否则,反馈 No。

2) 预提交阶段

当协调器收到所有参与者的 Yes 响应后,进入预提交阶段。协调器向所有参与者发送 preCommit 请求。参与者接收到请求后,执行事务操作并记录相关日志,但此时并不提交事务。如果事务执行成功,参与者向协调器发送 Ack 响应,表示已准备好进行最终提交;如果执行失败或无法执行,则反馈 No。如果协调器在预提交阶段收到任何参与者的 No 响应或超时未收到响应,则向所有参与者发送中断(Abort)请求,参与者回滚事务并释放资源。

3) 提交阶段

如果协调器在预提交阶段收到了所有参与者的 Ack 响应,便进入提交阶段,向所有参与者发送 doCommit 请求。参与者收到请求后,正式提交事务并释放所占用的资源。完成事务提交后,参与者向协调器发送 haveCommited 消息。当协调器收到所有参与者的 haveCommited 消息时,整个事务被视为成功提交。如果在提交阶段出现任何问题,如参与者反馈 No 或超时未反馈,协调器将向所有参与者发送中断请求,参与者回滚事务并释放资源。

图 5-4 展示了 3PC 的成功执行流程,从准备提交到最终确认,各阶段均经过细致设计与

紧密协调，以保证分布式事务的原子性和数据一致性。

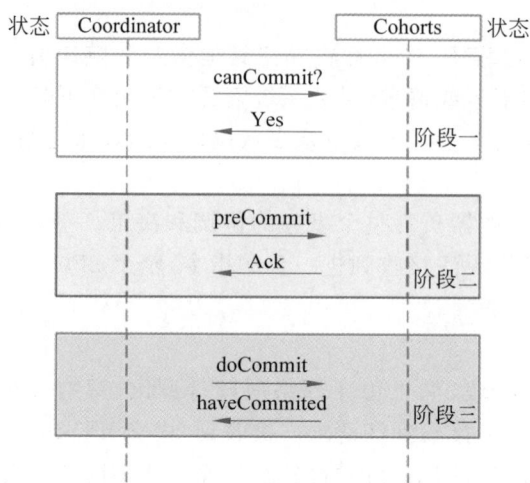

图 5-4　3PC 的成功执行流程

虽然 3PC 在某些方面相比 2PC 有所改进，增强了某些故障场景下的容错性，但其整体容错能力依然受限。特别是在 doCommit 阶段，若协调器与部分参与者间发生网络隔离，参与者可能因无法接收协调器的中断指令，默认执行事务提交操作，而未执行回滚操作，导致数据状态在不同节点间出现不一致。由此可见，虽然 3PC 减轻了 2PC 的阻塞问题，但在解决分布式环境下的数据一致性问题上仍存在局限性。

5.2.4　Paxos 共识算法

Paxos 共识算法由分布式系统领域的杰出人物、图灵奖得主 Leslie Lamport 在 1998 年提出，堪称共识算法中的经典之作。该算法在业界被广泛应用，有效克服了多数派读写、多阶段提交协议等早期算法存在的不足。Google Chubby 的作者 Mike Burrows 曾高度评价 Paxos，认为世界上只有一种一致性算法，就是 Paxos，其他算法都是 Paxos 的不完整版本。著名的 Multi-Paxos、Raft 和 Zab 等算法均是基于 Paxos 算法的优化与改进算法。

Paxos 算法的基础版本，即 Basic Paxos，是整个 Paxos 系列算法的核心，解决了多节点间针对特定提案值的一致性共识问题，并保证每次只能对一个确定的提案达成共识。

1. Paxos 算法的基本假设

Paxos 算法建立在以下 3 个基本假设上。

（1）数据存储具有高稳定性，不会遭受删除或篡改。

（2）系统允许节点出现异常，包括服务进程的慢速运行、重启或终止等异常情况。

（3）系统允许网络出现异常，涵盖消息的延迟、丢失、重复以及乱序等问题，但消息内容不会被篡改。

2. Paxos 算法中的节点角色

Basic Paxos 算法中的所有节点被划分为提案者（Proposer）、接受者（Acceptor）和学习者（Learner）3 种角色，如图 5-5 所示。

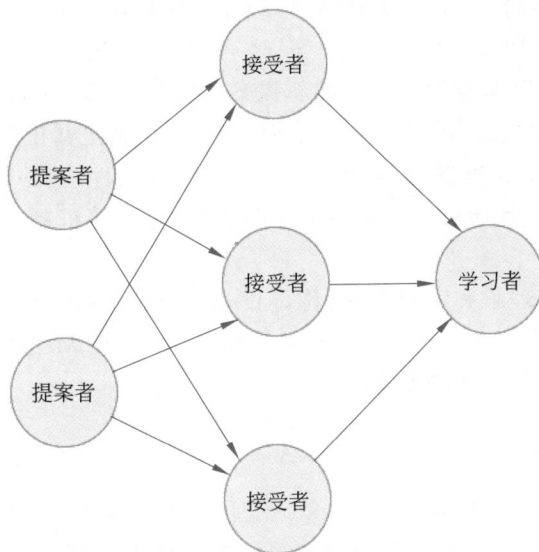

图 5-5 Paxos 算法中的三种角色

Paxos 各角色的主要职责分别如下。

（1）提案者：负责接收客户端请求，并据此提出包含提案编号和提案值的提案。其中，提案编号为全局唯一且递增。

（2）接受者：对提案进行共识投票，并存储已达成共识的提案值。

（3）学习者：不直接参与共识投票过程，而是接收并执行已达成共识的提案值，并根据需要对外进行传播。

3. Basic Paxos 算法的主要流程

Basic Paxos 算法的执行过程主要分为 Prepare、Accept 和 Learn 3 个阶段。

1）Prepare 阶段

提案者向全体接受者广播带有提案编号的 Prepare 请求，试探是否可获得大多数接受者的支持。接受者在收到请求后，将保留当前所见编号最大的提案。若收到的提案编号大于自身当前编号，则更新为最大提案号，并向提案者发送 Yes 响应。

2）Accept 阶段

当提案者收到来自多数接受者的 Yes 反馈后，便向所有接受者发送包含提案编号的 Accept 请求。接受者在收到请求后，针对该提案进行 Accept 处理。

3）Learn 阶段

提案者收到来自多数接受者的 Accept 确认，标志本次 Accept 流程成功，达成共识决议。提案者将这一决议广播给所有学习者。

Paxos 算法作为首个被严格证明有效的共识算法，展现出强大的容错能力，能够应对系统异步通信、消息丢失以及进程失效等复杂场景。然而，Paxos 算法也存在"活锁"问题。活锁是指系统虽未发生阻塞，但由于某些条件未满足而持续处于活跃状态，不断进行"重试-失败"的循环，导致无法取得实际进展。例如，在 Paxos 算法中，若连续出现两个编号递增的提案，便可能触发活锁现象。具体而言，当 Proposer A 提出编号为 M 的提案，并在 Prepare 阶段获得多数支持后，若在进入 Accept 阶段前，Proposer B 提出了编号为 $M+1$ 的新提案，并同样获得多数支持，则 Proposer A 的提案 M 将无法通过 Accept 阶段。为寻求共识，Proposer A 可能继续提出编号为 $M+2$ 的新提案，进而又使 Proposer B 的提案 $M+1$ 无法通过 Accept 阶段。如此往复，系统便陷入活锁状态，无法满足共识算法的"可终止性"要求，导致提案无法达成一致。但在实际应用中，Paxos 算法遭遇活锁的概率相对较低。后续的优化算法如 Multi-Paxos 等通过引入领导人选举、超时重试等机制，有效避免了活锁情况的发生。

Paxos 算法因"难以理解和实现"而著称，但作为共识算法的重要支柱之一，依然受到谷歌等科技巨头的青睐。例如 Chubby、Bigtable、Spanner 以及 Megastore 等分布式系统，都是基于 Paxos 算法实现了高效的共识机制。

5.2.5 Raft 共识算法

Raft 算法由斯坦福大学的 Diego Ongaro 和 John Ousterhout 共同提出，是在 Paxos 算法基础上设计的更易于理解和实现的分布式系统共识算法。其将分布式系统的一致性问题分解为三个核心子问题：领导人选举（Leader Election）、日志复制（Log Replication）以及安全性（Safety）。

1. 领导人选举

在 Raft 共识算法中，节点被划分为三种状态：领导人（Leader）、候选人（Candidate）和群众（Follower），状态之间的转换遵循严格的规则，如图 5-6 所示。

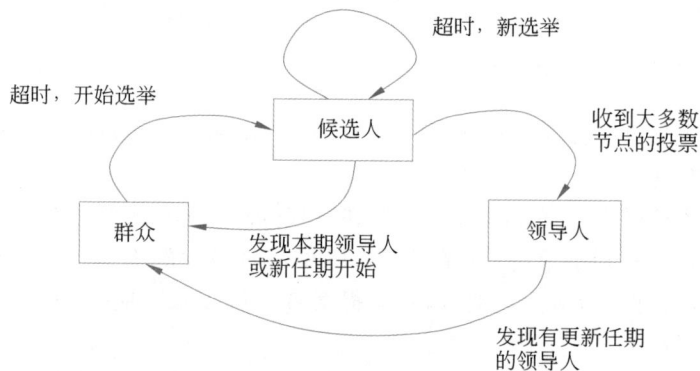

图 5-6 Raft 算法中节点状态转换规则

领导人以固定的时间间隔向系统中的节点广播心跳消息，以宣告自己的活跃状态。若群众节点在预定的时间窗口内未能接收到来自领导人的心跳消息，则判定系统中当前无有效领导人，并自动将自身状态转变为候选人。此时，Raft 系统触发领导人选举流程，候选人向其他节点发起投票邀请（通过 RequestVote RPC）。若某一候选人节点成功获得大多数节点的投票支持，则晋升为新的领导人。

Raft 算法通过引入"任期"（Term）概念管理时间，每个任期从选举开始，并使用连续递增的整数进行标识。每个任期进一步细分为选举期和任职期两个阶段。在选举期内，候选人节点通过竞选方式争取成为领导人，首个获得多数选票的候选人担任新领导人。新领导人立即向其他节点发送心跳消息以巩固其地位,其他候选人收到心跳消息后,将放弃当前的竞选活动,并转回群众状态。

在系统运行中,可能出现选举失败的情况,例如多个候选人几乎同时发起投票邀请,但均未能获得所需的多数选票。为防止这种选举失败可能导致的活锁现象,Raft 为候选人设置了选举超时机制。当群众转变为候选人后,若在一定时间内未能成功选举出领导人,则候选人将增加其任期编号,并发起新一轮的选举。尽管选举超时机制可在选举失败后触发新的选举,但也可能引发"选举碰撞"问题,即多个候选人在选举失败后几乎同时再次发起选举,导致连续选举失利。为了减少碰撞的发生,Raft 算法为每个候选人的选举超时时间引入了一个随机值,在一定程度上错开了各候选人再次发起选举的时间点。

一旦领导人选举成功,系统便进入任职期。在此期间,领导人是唯一具有决策权的节点,其他节点均作为群众节点存在。领导人负责处理来自客户端的所有请求,并将请求及其处理结果以日志条目的形式复制到所有群众节点上。只要领导人保持健康状态,当前任期就会持续下去。

2. 日志复制

在 Raft 共识算法中,日志复制是保证分布式系统各节点数据一致性的关键环节。领导人节点负责接收客户端的请求,并将请求及其处理结果作为请求处理条目(Entry)追加到自身的日志中。每个条目都被赋予一个唯一的、递增的索引,以便跟踪和排序。

为了将这些条目同步到整个系统,领导人定期(或在特定条件触发下)将一定时间间隔内收集到的所有请求处理条目打包成数据包,通过 AppendEntries RPC 并行发送给所有群众节点。数据包不仅包含条目内容本身,还附加了领导人的任期信息、最新提交的条目索引等关键元数据。

当群众节点接收到 AppendEntries RPC 后,将执行一系列核对工作,验证请求处理条目的正确性和有效性。如果出现领导人发送的条目索引范围与群众节点本地日志中的条目索引不匹配时,例如领导人发送了索引 5~19 的条目,而群众节点日志中仅有 0~3 的条目,缺少索引 4,则核对不能通过。同样,如果领导人的任期低于群众节点日志中的记录任期,核对也将失败。

如果核对成功,群众节点便向领导人发送"成功"反馈,并在本地日志中追加新的请求处理条目。如果核对失败,群众反馈"失败"信息,并可能请求领导人重新发送缺失或冲突的条目。

领导人收到来自大多数群众节点的"成功"反馈后,将本次 AppendEntries RPC 中包含的所有请求处理条目标记为已提交(Commit)状态。表明条目已经被足够多的节点接收并确认,可以安全应用到系统的状态机中。随后,领导人在心跳消息中通知群众节点最新的提交条目范围,群众节点据此更新自己的提交状态。

通过这种方式,Raft 算法确保了分布式系统中的所有节点都维护一份顺序一致、内容相同的日志条目序列。每个节点按照日志的顺序依次执行这些操作,从相同的初始状态出发,应用相同的操作序列,最终达到一致的结束状态,从而保证系统状态的一致性和同步性。

3. 安全性

在 Raft 共识算法中,安全性通过日志机制和选举策略得到保障。日志机制保证所有节点维护一致的日志条目顺序和内容，而选举策略保证只有合法选举出的领导者才能在日志中添加新条目。这两个机制共同保证了系统的一致性和可靠性。

Raft 节点日志的完整性依赖日志条目的索引和任期编号。这种设计保证，如果两个日志包含具有相同索引和任期编号的条目，则这两个日志中截至该索引的所有条目必然相同，从而保证数据的一致性和可靠性。

尽管如此，日志复制过程中仍可能出现问题。例如，当领导者节点在收到超过半数的节点确认并提交条目后突然宕机，此时，如果某个节点通过超时机制竞选成为新的领导者，其日志可能尚未包含旧领导者已提交的部分条目，可能导致日志不一致的风险。为解决此类问题，Raft 对新领导者的选举施加了严格的限制。首先，要求新领导者的日志条目必须至少与系统中大多数节点一样"新"（即更新到最新状态）。其次，通过比较各节点日志中最后一个条目的索引和任期编号判断日志的"新旧"程度：如果最后一个条目的任期编号不同，则任期编号较大者为新；否则，日志长度较长者为新。

这些限制条件确保新领导者的日志中包含所有之前任期内已提交的条目，避免数据丢失或不一致的情况。除了对领导者选举条件的限制，Raft 算法还深入探讨了其他安全性问题，如"提交以前任期的条目"和"节点宕机"等场景，为实际应用提供了全面的指导。

与 Paxos 相比，Raft 算法因其易于理解和实现的特性而受到广泛欢迎。Raft 算法中提供了详尽的伪代码（一种介于自然语言和计算机编程语言之间的描述性语言），使开发者能够更容易使用该算法。近年来 Raft 已成为工业界最受欢迎的故障容错类共识算法之一，例如服务发现框架 etcd、消息队列 RocketMQ、分布式数据库 TiDB 以及微信等都采用了 Raft 算法解决系统一致性问题。

◇ 5.3 拜占庭容错类共识算法

在多数公有区块链系统中，由于面临硬件故障、网络拥堵及恶意攻击等挑战，拜占庭容错类共识算法得到了广泛应用。这类共识问题的基础模型便是著名的拜占庭将军问题。

5.3.1 拜占庭将军问题

拜占庭容错技术的根源可追溯到拜占庭将军问题，该问题由 Leslie Lamport 在 20 世纪 80 年代提出。设想拜占庭作为东罗马帝国的首都，其军队分散在广阔的国土上，将军们仅能依靠信使进行沟通。在战时，制定统一的作战计划至关重要。然而，将军中的叛徒可能通过传递虚假信息或阻断信息破坏忠诚将军间的协同。因此，寻找一种方法以保证所有忠诚将军能够达成一致，即使存在叛徒，当大多数将军执行正确命令时，也能取得胜利，而少数叛徒则无法误导整体作战计划。区块链网络环境与拜占庭将军问题类似，系统中同样存在正常运行的服务器（如同忠诚的将军）、出现故障的服务器（如同失踪的信使）以及恶意破坏的服务器（如同叛变的将军）。拜占庭将军问题的核心是存在恶意节点的情况时，如何保证正常节点能够达成共识。解决拜占庭将军问题，需满足以下两个条件。

（1）一致性：所有忠诚的将军必须接收到相同的命令。

（2）有效性：如果第 i 位将军是忠诚的，那么他发出的命令应与每位忠诚将军收到的命令相同。

Leslie Lamport 对拜占庭将军问题进行了深入探讨,并得出以下两个结论。

(1) 在同步通信的条件下,如果将军总数至少为 $3n+1$(其中 n 为可能存在的叛徒数量),则系统可以通过消息传递达成一致性共识。

(2) 在异步通信条件下,只要存在一个叛徒,便无法通过消息传递解决拜占庭将军问题,这与 FLP 不可能性原理相符。

针对这一问题,Leslie Lamport 提出了基于同步通信的 BFT 协议,该协议需要额外的时钟同步机制支持,且算法复杂度随节点增加而呈指数级增长。1999 年,图灵奖得主 Barbara Liskov 对 BFT 协议进行了改进,提出了更为实用的 PBFT 协议。BFT 协议和 PBFT 协议共同构成了拜占庭容错类共识算法的基础,被广泛称为经典共识算法或确定性共识算法。

在实际应用中,由于大多数分布式系统难以保证同步通信,完全解决拜占庭将军问题具有挑战性。通常,可以根据不同的应用场景和需求,通过弱化某些条件设计各种拜占庭容错类共识算法。

随着区块链技术的兴起,出现了更多解决拜占庭将军问题的新方法,包括基于工作量证明的算法、基于权益证明的算法以及委托权益证明机制等。这些方法被称为概率性共识算法。

从区块链分叉的角度而言,拜占庭容错技术的共识算法可分为两大类:概率性共识(可能产生分叉)和确定性共识(无分叉)。目前,还出现了结合这两者优点的算法,即混合协议。

(1) 概率性共识算法:该类共识算法允许系统出现分叉情况,体现了分布式系统的弱一致性共识。常用的算法包括 PoW、PoS 和 DPoS 等,适用于公有链场景。

(2) 确定性共识算法:该类共识算法中,每一轮打包的区块具有唯一性,不会产生分叉,体现了分布式系统的强一致性共识。常用的算法包括 PBFT、SBFT 和 MinBFT 等,适用于联盟链或私有链场景。

(3) 混合协议:该类协议首先基于概率性共识算法选举节点代表委员会,然后在委员会内部使用确定性共识算法。代表性的系统包括 Algorand(通过 PoS 共识算法选举节点委员会,在委员会中使用改进的 PBFT 共识算法)、PeerCensus、ByzCoin 和 Solida 等。混合协议结合了概率性共识算法和确定性共识算法的优势,适应于公有链场景。

5.3.2　实用拜占庭容错共识算法

1. PBFT 共识算法简介

早期的拜占庭容错共识算法由于性能较差,具有指数级的算法复杂度,在实际系统中的应用受到限制。为解决此问题,Miguel Castro 和 Barbara Liskov 在 1999 年的计算机科学顶级会议国际操作系统设计与实现大会(USENIX Operating System Design and Implementation,OSDI)上提出实用拜占庭容错共识算法。该算法基于状态机副本复制的思想,通过多轮消息传递保证系统中诚实节点能够达成一致共识。特别是,其将算法的时间复杂度降低到了多项式级别,在实际区块链系统中得以应用。

PBFT 共识算法主要应用于联盟链环境,在该环境中,可以容忍恶意节点的数量不超过全网节点数量的 1/3。为了保证系统的安全性,PBFT 共识算法假设系统中最多存在 f 个无效或恶意节点,要求系统中的节点总数 n 至少为 $3f+1$,以保证至少有 $2f+1$ 个节点是正常且诚实的节点。

在 PBFT 共识算法中,每个节点都需要对其他节点发送的消息通过密码学技术进行验证,以保证消息在传递过程中不会被篡改。在具体应用中,PBFT 共识算法将节点分为两类:主节点和备份节点。每个完整的时间段,即从一次主节点变更开始到下一次主节点变更为止,称为一个视图。该视图的概念与 Raft 算法中的"任期"相似,在算法中起到了逻辑时钟的作用。在每个视图中,都存在一个唯一的主节点,而其余的节点则作为备份节点。

PBFT 共识算法的核心工作流程可以分为请求(Request)、预准备(Per-Prepare)、准备(Prepare)、确认(Commit)和响应(Reply)5 个阶段,详细流程如下。

(1) 请求阶段:客户端将交易请求发送给当前的主节点。主节点接收到请求后,负责验证消息的有效性,并生成"预准备消息"。

(2) 预准备阶段:主节点将验证通过后的"预准备消息"广播给所有的备份节点。

(3) 准备阶段:每个备份节点在收到"预准备消息"后,对其进行验证。验证通过后,备份节点生成"准备消息",并将其广播给主节点和其他所有的备份节点。同时,将"预准备消息"和"准备消息"写入节点的日志中。

(4) 确认阶段:在此阶段,如果某个节点(无论是主节点还是备份节点)收到了来自其他 $2f$ 个节点的"准备消息"(加上自己,总数就达到了 $2f+1$),便可以向全网广播"确认消息"。

(5) 响应阶段:如果某个节点收到了来自其他 $2f$ 个节点的"确认消息"(加上自己,总数达到 $2f+1$),表明系统已经达成一致性共识。此时,节点执行交易请求,并向客户端发送回复信息。客户端在收到来自 $f+1$ 个节点的回复后,便可确认请求已经完成,因为 $f+1$ 个回复中,至少有一个来自诚实节点,而此诚实节点的消息必然经过了 $2f+1$ 个节点的确认。

图 5-7 是 PBFT 共识算法的一个模拟执行场景。在此场景中,假设系统包含了 4 个节点,系统可以容忍的无效或恶意节点数 $f=1$。每个节点都可根据规则计算出自己在当前视图中是主节点还是备份节点。假设 3 个备份节点中 x 和 y 是正常节点,而 z 是拜占庭节点。当客户端向主节点发送交易消息后,主节点验证后,将包含该交易请求的"预准备消息"广播给 x、y 和 z。备份节点在收到"预准备消息"后,对消息进行验证。正常节点 x 和 y 按照算法要求通过验证,并广播"准备消息"。而拜占庭节点 z 则可能选择不发送任何消息,或者故意发送错误的消息。

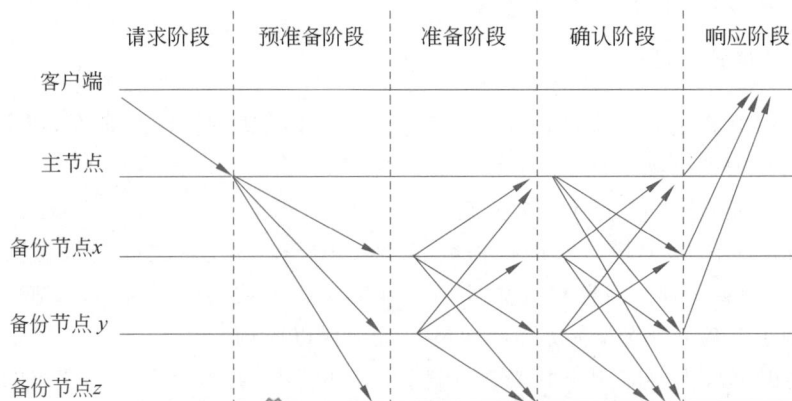

图 5-7　PBFT 共识算法的一个模拟执行场景

主节点以及正常节点 x 和 y 在收到除自己之外其他两个节点（总数达到 $2f+1$）发来的"准备消息"后，向全网广播。同样，主节点和 x、y 都收到另外两个节点的确认消息，所以达成一致共识。节点执行客户端请求后，向客户端发送回复消息。

2. PBFT 共识算法的工作流程

1）主节点的确定

在 PBFT 共识算法中，主节点根据规则轮流当选，其编号通过公式 $p=v \bmod |R|$ 计算。其中，v 表示当前的视图编号，而 $|R|$ 则代表节点的总数量。轮流当选机制保证每个节点都有机会成为主节点，从而提高了系统的公平性和鲁棒性。

2）视图切换

当出现主节点故障或主节点作恶时，PBFT 共识算法将触发视图切换机制。具体而言，当主节点无法响应客户端请求或故意不转发客户端请求时，请求阶段将发生超时。此时，客户端确认主节点存在问题，并向所有备份节点发送消息，以发起视图切换。另外，如果主节点为恶意节点并故意制造混乱，例如不给请求编号或给不同的请求分配相同的编号，备份节点可以通过消息验证发现作恶行为，并主动发起视图切换。视图切换通过将 v 加 1 实现主节点的更换，从而保证系统的正常运行。

3）消息请求格式和验证

客户端按照特定格式（Request，Operation，Timestamp，Client）封装消息并发送给主节点。其中，Request 包含消息内容和签名，Operation 表示要执行的操作，Timestamp 是时间戳，用于记录消息的发送时间。主节点在接收到请求消息后，对签名进行验证。如果签名验证通过，主节点为该请求分配一个唯一的编号 n；否则，请求将被丢弃。这种机制保证了消息的完整性和真实性。

4）预准备消息格式和验证

主节点在为合法的客户端请求分配编号 n 后，将生成预准备消息（（Pre-Prepare，view，n，d），m），并将其发送给所有备份节点。其中，m 是客户端发送的原始消息，d 是消息的哈希摘要，用于验证消息的完整性，view 表示当前视图编号。备份节点在收到预准备消息后，对消息中的 m 和 d 进行验证，并检查 view 和 n 的合法性。

5）准备消息格式和验证

当备份节点验证预准备消息合法后，便生成准备消息（Prepare，view，n，d，id），并将其广播给所有其他节点。这里的 view、n 和 d 与预准备消息中的对应字段保持一致，id 表示备份节点自己的编号。包括主节点和备份节点在内的所有节点都将对收到的准备消息进行验证，以保证其有效性和一致性。

6）确认消息格式和验证

如果某个节点收到来自其他节点的准备消息数量达到 $2f$（f 为可容忍的无效或恶意节点数量），该节点将生成确认消息（Commit，view，n，d，id），并将其广播给其他所有节点。这里的 view、n、d 和 id 与准备消息中的对应字段相同。确认消息的广播和验证过程进一步巩固了系统的一致性。

7）检查点协议

区块链系统通常在异步网络环境中运行，因此无法保证每个节点在同一时间的状态完全一致。此外，每个节点的日志信息可能包含大量无用信息，占用宝贵的系统资源。为解决这些问题，PBFT 共识算法通过周期性执行检查点协议实现节点状态的一致性，并清理日志中的冗余信息，提高系统的效率和稳定性。

3. PBFT 共识算法的评估

1）性能与扩展性

在 PBFT 共识算法中，参与共识的节点总数为 n 时，准备阶段和确认阶段的消息传输量均为 $O(n^2)$。随着节点数量的增加，PBFT 共识算法的消息传输和计算开销显著增加，导致性能下降。因此，PBFT 共识算法更适合节点数量较少的环境，如联盟链系统。

2）应用场景

由于 PBFT 共识算法具备高一致性的特性，适用于需要强一致性的场景。例如，PBFT 共识算法被应用于 Hyperledger Fabric 和我国央行的数字票据系统。这些系统通常参与者较少，并在信任环境中需要实现高效的共识。

3）分叉与强一致性问题

在 PBFT 共识过程中，每个区块由唯一的主节点负责生成，因此不存在分叉的可能性。PBFT 共识算法通过这种机制提供强一致性，确保所有节点最终对区块链状态达成一致。

4）适用性与局限性

尽管 PBFT 共识算法在小规模网络中表现出色，能够在最多有 1/3 的恶意节点存在时，依然保持系统的一致性和可靠性。但在大规模分布式系统中，特别是节点数量超过 20 个，PBFT 共识算法的通信复杂度会显著增加，其性能和效率将显著降低，难以应用于共有区块链系统中。

5.3.3　工作量证明共识算法

1. 工作量证明（PoW）共识算法概述

PoW 最初于 1992 年被提出，其目的在于防止垃圾邮件的泛滥。该机制要求发送邮件者在发送之前完成一定量的计算工作，以提高发送垃圾邮件的成本。2002 年，通过引入哈希函数，对 PoW 共识算法进行了改进，使其能够在保持计算工作量大的同时，显著减少用于验证所需的资源，提升了 PoW 共识算法的实用性，为其后来在区块链技术中的应用打下了基础。

PoW 实质上设定了一种"通过节点间资源竞争的结果判定记账权"的机制。该机制每隔一段时间便进行一轮资源竞赛，竞赛的胜利者将成为本轮次的出块者，并向网络同步新增的交易信息。节点在资源竞争中通常使用的资源包括算力、GPU、显存、内存和持久化存储等。竞争挖区块的过程被称为挖矿，而参与竞争的节点称为矿工。

PoW 是区块链公有链系统中最常用的共识算法之一，广泛应用于比特币、以太坊 1.0、GHOST、Bitcoin-NG 等系统。下面以比特币系统为例，说明 PoW 共识算法的原理。

2. 比特币网络中的 PoW

1）挖矿流程

比特币节点的竞争规则是猜测一个随机数 nNonce，使利用 SHA256 哈希函数对区块头数据进行两次运算后的结果小于或等于系统设定的 Target。挖矿公式如下：

SHA256(SHA256(nVersion ＋ hashPrevBlock ＋ hashMerkleRoot ＋ nTime ＋ nBits ＋ nNonce))≤Target

公式中的参数意义如下。

(1) nVersion：区块的版本号,可能随协议的升级而变化。

(2) hashPrevBlock：上一个区块的哈希值,用于确保区块链的连续性和安全性。

(3) hashMerkleRoot：当前区块所含交易的梅克尔根值,确保区块中所有交易的完整性和一致性。

(4) nTime：该区块产生的近似时间戳,表示区块创建的时间,时间戳必须在合理范围内,以防止时间戳攻击。

(5) nBits：当前挖矿难度值,表示找到有效哈希值所需的计算工作量。难度值根据网络的整体算力大约每两周调整一次,以保持区块生成时间的稳定。

(6) nNonce：需要通过不断尝试"猜测"的随机数,矿工通过不断改变 nNonce 的值尝试生成一个符合要求的哈希值。

其中,nBits 是一个 32 位的数字,用于计算挖矿 Target(详见 7.1.3 节),Target 是一个 256 位的二进制数,通过简单调整其前导 0 的个数,便可调整系统的挖矿难度,前导 0 的个数越多,Target 越小,矿工需要找到符合要求的哈希值就越小,成功挖出新区块的难度也就越大。反之,Target 越大,挖矿难度越低。例如,在 1000 以内找到一个数小于 100 比小于 10 的概率大 10 倍。

比特币系统的挖矿过程就是通过不断调整 nNonce,利用双重 SHA256 哈希运算得到一个小于或等于 Target 的哈希结果,如图 5-8 所示。该过程非常耗费计算资源,但可保证网络的安全。具体而言：

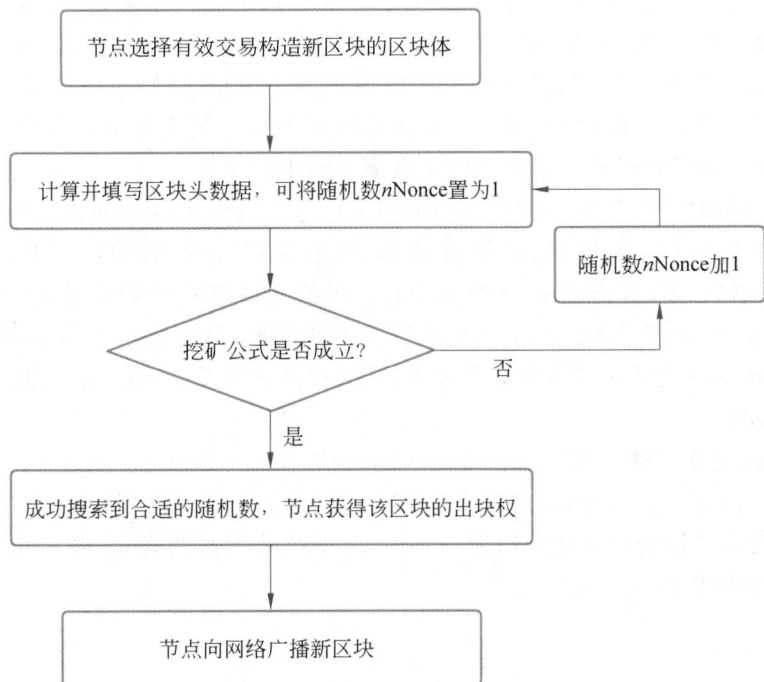

图 5-8　比特币的 PoW 挖矿流程

（1）每笔新交易均向全网所有节点广播。矿工根据优先原则收集全网一定量的未确认交易（通常每个矿工所收集的交易数量有所不同），并基于收集到的交易构造（打包）一个新区块（候选区块）。矿工在选择交易时，可能会优先考虑手续费较高的交易，以提高自身的收益。

（2）矿工可将 nNonce 的初始值设置为 1，然后以 1 为步长，重复计算挖矿公式，判断计算结果是否满足条件。每次计算后，检查哈希值是否小于或等于当前的 Target，以确定是否成功找到有效的随机数。

（3）如果某个矿工找到满足公式要求的随机数，该矿工将成为新的出块者，并将新区块广播到全网。新区块中包含了该矿工所打包的交易信息以及其他必要的数据，如前一个区块的哈希值。

（4）其他矿工在收到新区块后，对其进行验证。如果验证通过，该区块将被追加到各自的本地区块链上，矿工们开始新一轮的挖矿竞争；如果验证失败，该区块将被抛弃，矿工将继续进行本轮次的挖矿活动，尝试找到新的有效随机数。

2）难度调整

比特币系统规定每出 2016 个块（约 14 天）后，将根据过去 14 天的出块速度调整 Target，以保持出块速度约为 10 分钟。当全网算力增加时，寻找随机数的概率随之增加，出块时间缩短，因此需要提高计算难度；反之，当全网算力减少时，寻找随机数的概率降低，出块时间变长，此时需要降低计算难度。Target 通过 nBits 自动调整，具体细节见 7.1.3 节。

3）激励机制

矿工通过参与 PoW 竞争维护系统的正常运行，该过程需要消耗大量的自身资源，包括购买设备、电能消耗和设备损耗等。矿工并非出于义务进行挖矿，而是期望在竞争中取得胜利后获得相应的奖励。为了激励节点参与竞争并维护系统的安全运行，比特币系统对出块者给予"加密数字货币"奖励，奖励包括出块奖励（铸币）和交易手续费两部分。出块奖励是系统根据规则自动生成一定数量的内生（原生）加密数字货币，奖励给出块者，该过程相当于数字货币的铸造与发行；而手续费则是指区块链网络中每一笔交易通常需要支付一定数量的手续费，出块者可以获得所打包区块中所有交易的手续费。

比特币系统的总发行量为 2100 万个，最初每打包生成一个区块的奖励为 50BTC，之后每生成 21 万个区块（约 4 年）奖励将自动减半，数量依次为 50BTC、25BTC、12.5BTC、6.25BTC、3.125BTC 等，直到 2140 年挖完为止。虽然随着区块奖励的递减，矿工获得的打包奖励逐渐减少，但比特币的流通量和交易量在不断增加，且比特币价格呈现增长趋势，因此交易手续费将继续支持矿工参与竞争挖矿，从而保证比特币系统的健壮性。

4）区块示例

通过区块链浏览器可以观察比特币区块的结构，图 5-9 展示了 2022 年 3 月 23 日区块高度为 728 620 的信息。其中，出块者 ViaBTC 为矿池的名称，该区块大小约为 21KB，包含 35 笔交易；出块者获得的打包奖励约为 6.25BTC，手续费收益约为 0.002 13BTC；挖矿成功获得出块权的随机数为 0xf73f2c2f。

3. 区块分叉

在某些情况下，矿工 A 和矿工 B 几乎同时完成了工作量证明，并向网络广播各自的新

图 5-9　比特币区块示意图

区块。由于区块链网络的分布式特性,新区块在全网的传播需要一定的时间,部分节点可能先收到矿工 A 发出的新区块,而另一些节点则可能先接收到矿工 B 发出的新区块。这导致两组节点分别将不同的区块记入本地区块链,从而产生分叉现象。分叉出现的本质原因在于分布式共识算法"允许在同一时间内存在多个合法的区块打包者"。

分叉出现后,各个节点继续在各自的链上挖矿,造成账本的暂时不一致性,如图 5-10 所示。在该情况下,网络中的节点需要一种有效的机制重新达成一致,消除分叉现象。

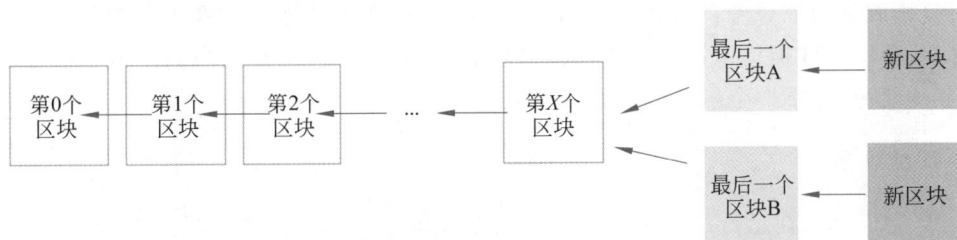

图 5-10　区块分叉

为解决分叉问题,比特币网络采用最长链原则(Longest Chain Rule)。即所有节点将最长的链视为有效链,矿工们优先在最长链上继续挖矿。当某一条链的长度超过其他链时,网络中的节点将逐渐转向这条链,从而实现一致性。如果某条链被认定为有效,之前在其他链上进行的挖矿工作将被视为无效,相关的交易被重新纳入待处理交易池中,等待后续的区块打包。

随着后续更多区块的产生,打包进"最长链"的交易得到确认的概率逐渐增加。通常情况下,一笔交易在经过 6 个区块的确认后,将被视为永久交易,表明其在区块链上得到了充分的确认,几乎不可能被撤销。

尽管分叉可能导致短期内的账本不一致,但最终,通过遵循最长链原则,网络能够迅速恢复一致性。通过该机制,比特币网络能够在不依赖中心化机构的情况下,保持去中心化的安全性和可靠性。

4. 能源消耗

PoW 共识算法中,因矿工进行大量无意义的计算并消耗巨额能源而备受争议。根据剑桥大学替代金融研究中心的报告,2020 年全球比特币网络在哈希计算上消耗的电量高达 134.89TW·h,如图 5-11 所示,超过了瑞典全国的用电量,位列全球第 27 位,甚至超过了非洲 12 个国家用电量的总和。随着比特币网络的发展和价格的上涨,参与挖矿的矿工数量不断增加,网络难度也随之提高,矿工不得不使用更强大的硬件维持竞争力,将进一步推高能源消耗。

图 5-11 比特币全球耗电量

2020 年,我国比特币的开采量曾占到全球的 65%,比特币"挖矿"所产生的碳排放量约占全国碳排放量的 5.41%。鉴于挖矿所带来的巨大能源消耗以及潜在的金融风险,自 2021年 5 月起,我国将虚拟货币挖矿列为淘汰产业,并对其进行了严格的限制。该举措旨在保护环境、节约能源,并维护金融市场的稳定与安全。

5. 安全隐患

PoW 共识算法在运行过程中面临多种安全风险,包括日蚀攻击、贿赂攻击以及 51% 攻击等。其中,51% 攻击对区块链系统的安全性构成最大威胁。当攻击者掌握了全网超过一半的算力时,便可比其他网络参与者更快地生成新的区块,从而有机会篡改交易记录,实现所谓的"双花"操作,如图 5-12 所示。

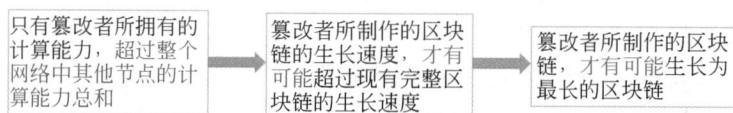

图 5-12 51% 攻击篡改区块链条件

"双花"攻击,即重复支付同一笔数字货币,是篡改者最常用的获利手段。具体而言,攻击者首先使用数字货币完成一笔交易,如该交易被记录在了 B 区块上。交易确认后,攻击者尝试在 B 区块之前通过分叉创造一条更长的新链条,从而使原先的 B 区块以及其中的交易信息变得无效。这样,攻击者便可收回之前已经花费的数字货币,实现双花的目的。

需要明确的是,51% 攻击并非源于 PoW 共识算法本身的漏洞,而是由于系统的拜占庭容错能力设计所要求的——只有在诚实节点占多数时,系统才能有效运行。在实际应用中,比特币网络拥有众多的参与节点和强大的系统算力,因此迄今为止还未曾遭受过成功的 51% 攻击。然而,随着云算力租赁等新兴行业的快速发展,市值相对较小的 PoW 系统将面临越来越高的安全风险。

历史上已经发生过类似的攻击事件。例如,在 2018 年 5 月 16 日,比特币黄金(BTG,比特币的硬分叉项目)就曾遭到 51% 攻击,攻击者在交易所成功双花了价值高达 1800 万美元的 BTG。另外,2019 年 1 月 5 日,以太坊经典(ETC,以太坊协议的硬分叉项目)也遭受了

51%攻击,在短短两天内,攻击者就获取了总计 219 500 个 ETC,时值约为 110 万美元,而此次攻击的成本每小时仅为 5473 美元左右。

此外,比特币挖矿行为正逐渐呈现出集中化的趋势,如图 5-13 所示。截至 2022 年 3 月的数据显示,排名前五的矿池(Foundry USA、AntPool、Poolin、Binance 和 F2Pool)已经拥有了超过全网 70%的算力。从理论上讲,如果矿池联合起来,进行 51%攻击是可行的。然而,由于实施此类攻击需要付出极高昂的经济成本,在实际操作中仍然得不偿失。

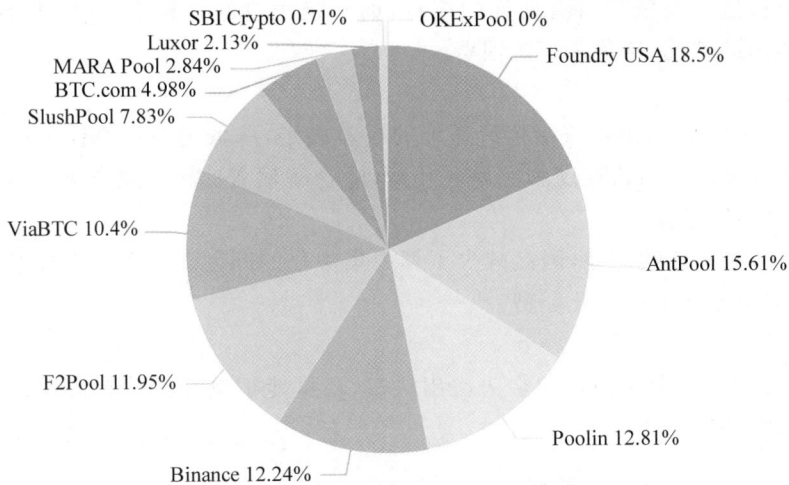

图 5-13　比特币矿池实时算力分布图

5.3.4　权益证明共识算法

1. 权益证明(PoS)共识算法概述

权益证明共识机制,创新了区块链的共识方式,该算法仅限拥有相应权益的节点参与出块竞争。权益主要体现在对相关加密数字货币的所有权上,类似企业中的股东身份,只有股东节点才具备出块资格。

PoS 共识算法于 2011 年在 Bitcointalk 论坛上被提出,2012 年,在点点币(Peercoin)上得以实现。除了点点币,黑币、未来币和瑞迪币等系统也采纳了 PoS 共识算法。特别是,2022 年 9 月 15 日,以太坊也将其共识机制从 PoW 迁移至 PoS。

在 PoS 区块链体系内,矿工必须证明并锁定其持有的权益。为避免权益较多的节点垄断出块,每次出块都将消耗其用于竞争的权益。为激励节点参与出块,成功出块的节点可获得奖励。

点点币作为 PoS 的代表,其初始阶段通过 PoW 共识算法铸造通证,随后转入 PoS 共识算法阶段。在 PoS 共识算法阶段,系统中的权益以币龄(CoinAge)作为衡量标准。币龄是持有通证数量与持有时间的乘积。例如,持有 36 个通证 50 天,则币龄为 1800。节点使用币龄参与出块竞争。成功出块后,币龄会被清零,需要重新积累。为了防止临时购币或囤积行为,系统规定持币至少 30 天才能参与出块竞争,并且币龄超过 90 天后不再增加,以鼓励长期持有通证,防止短期投机行为对网络的影响。

挖矿公式为:Proofhash≤CoinAge×Target,其中,Proofhash 是基于区块头部数据的

双 SHA256 运算。由此可见,币龄越大,节点挖到区块的概率越高。

2. PoS 共识算法的优点

PoS 共识算法相比 PoW 共识算法具有多方面的优势,通过结合激励和惩罚机制,不仅实现了与 PoW 共识算法相当的安全性,还具备以下显著优点。

1) 节能环保

PoS 共识算法主要依赖持有通证的权益,而不是大量的计算算力,使 PoS 共识算法大幅减少了对能源的消耗,避免了资源浪费。

2) 性能提升

在 PoS 共识算法中,出块权由持有通证的权益决定,降低了对计算能力的要求。因此,PoS 共识算法可以提升出块速度和交易吞吐量,适合高频交易和大规模应用。

3) 降低中心化趋势

PoS 共识算法不依赖矿池,因此减少了算力集中化的问题。持币者直接参与出块,有助于分散权力,降低系统的中心化趋势。

4) 提高安全性

在 PoS 系统中,恶意节点不仅会失去出块权,还可能被剥夺其持有的通证权益,从经济层面增强了系统的安全性。

3. PoS 共识算法安全风险分析

PoS 共识算法虽然具有许多优点,但其安全性仍不可忽视。以下是一些潜在的安全问题及其应对措施。

1) 权益集中风险

如果某个账户持有大量通证,可能会过度控制记账权,导致系统的分布式受到威胁。为应对此问题,可以引入权益上限或加权机制,限制单一账户对出块权的影响。

2) 囤币和离线累积币龄行为

部分参与者选择长期囤积通证而不参与出块,或者选择离线累积币龄,待权益较高时再上线参与竞争,可能影响系统的活跃度和安全性。为解决此类问题,可以设计更好的激励机制,鼓励持币者积极参与出块,并对长期不活跃的账户施加惩罚。

3) 无利害关系攻击

攻击者在多个分叉上同时挖矿,以增加获利机会,而无须考虑承担算力成本。为防止此类攻击,系统可引入惩罚机制,对在多个分叉上同时产生区块的节点进行处罚,从而提高系统的安全性和稳健性。

5.3.5 委托权益证明共识算法

委托权益证明(DPoS)共识是一种基于投票选举的算法。系统通过投票选举产生一组代理人,负责区块的生成和验证工作。代理人按照预定顺序轮流出块,从而对 PoS 机制进行优化和改进。以下以比特股为例,详细说明 DPoS 共识算法的运作机制。

比特股(BitShares)系统引入了"见证人"这一核心概念,由见证人负责区块的生成。每个持有比特股的用户都有权投票选举见证人。通过投票,总票数排名前 N 名的候选者被选为见证人。见证人数量 N 的设定应确保至少一半的投票参与者认为该数量足以实现充分的去中心化。

见证人候选名单按照设定的维护周期(如每天)进行更新,以确保系统的动态平衡和灵活性。见证人会被随机排列,并按照顺序在限定的时间窗口(如 2s 内)内生成区块。如果某个见证人未能在规定时间内完成区块生成任务,该权利将转移至下一个时间片对应的见证人。此设计显著提高了区块生成的速度和效率,同时实现了更节能的目标。

比特股充分利用持股人的投票权,通过公平、民主的方式达成共识。投票选出的 N 个见证人在权利上完全平等,类似 N 个矿池,共同维护网络的稳定运行。当见证人出现算力不稳定、宕机或恶意行为时,持股人可以随时通过投票机制更换不合格的见证人,以保证系统的安全性和可靠性。

此外,比特股创新性地设计了代表竞选模式。选举产生的代表拥有提出修改网络参数(如交易费用、区块大小、见证人费用和区块间隔等)的建议权。当大多数代表对某一修改建议达成共识后,该建议将被提交给持股人进行为期两周的审查。审查结果可以包括同意修改建议、废止修改建议,甚至罢免代表等选项,以确保网络参数的修改必须得到持股人的同意,从而防止代表滥用权力。

总体而言,DPoS 共识算法通过基于权益的民主投票机制选举产生见证人(即信任节点集合),避免了区块产生趋向高权益节点的问题。同时,由于参与验证和记账的节点数量大幅减少,DPoS 共识算法可实现秒级的共识验证速度。此外,区块的产生在 DPoS 共识算法中不需要消耗算力,更加节能环保。但由于区块全部由见证人负责创建,在一定程度上降低了系统的去中心化程度,实际应用中需要综合考虑各种因素以找到最佳的平衡点。

◇ 5.4　共识算法的发展趋势

共识机制是区块链的核心技术。随着区块链技术的迅速发展,实际应用对共识算法的要求也在不断提高。未来,共识算法的发展将呈现以下主要趋势。

1. 经典共识算法的优化与创新

PoW、PoS 和 PBFT 等经典共识算法存在性能不高或能源消耗过大的问题,优化和改进这些算法是解决问题的重要途径。例如:

(1) Bitcoin-NG 共识将区块分为关键块和微块,提高了 PoW 的效率和安全性。

(2) 有用工作量证明(Proof of Useful Work,PoUW)共识算法将 PoW 共识算法中的双哈希运算验证工作替换为实际科学问题的运算,减少了对算力和电力的无意义消耗。

(3) ELGamal 共识算法通过改进 PBFT 共识算法中使用的环签名技术,解决了区块链网络节点的动态进出问题,提升了 PBFT 共识算法的容错性。

(4) 基于可验证延迟函数(Verifiable Delay Function,VDF)的 PoT(Proof of Time)共识机制,通过引入时间维度优化传统 PoW 共识算法,降低能耗并提高安全性。

2. 安全共识算法

安全的共识算法应在确保区块链高效运转的同时,能够抵御恶意攻击(如自私挖矿攻击、双花攻击、女巫攻击），以保证区块链账本数据的一致性和正确性。新型高性能区块系统需要具备可证明安全的共识算法，避免对外部资源安全性的依赖，减少或消除来自系统外的攻击威胁。安全共识算法的主要研究方向包括：

（1）基于零知识证明的共识算法，如 zk-SNARK 和 zk-STARK，提高交易隐私性和安全性。

（2）量子抗性共识算法，应对未来量子计算带来的潜在威胁。

（3）形式化验证的共识算法，通过数学证明保证算法的正确性和安全性。

3. 高可扩展共识算法

随着区块链网络中节点数量的增加和网络规模的扩大，现有共识算法的性能可能会下降。目前，提升共识算法可扩展性的主要方法是采用并行区块架构，如分片技术、基于有向无环图的共识算法和基于树图的共识算法。

（1）分片技术是将区块链系统划分为若干独立的子系统，每个子系统如同一个单独的区块链网络运作。分片技术包括计算分片、通信分片和存储分片。在分片架构中，共识算法需要解决分片之间的连接和交互问题，以实现分片间的同步。近期的发展包括动态分片和跨分片通信优化等技术。

（2）基于 DAG 的共识算法允许每个区块指向多个后续区块，通过并行区块架构，使区块链在同一时间内可容纳更多交易。新的 DAG 共识算法如 IOTA 的 Tangle 和 Hedera Hashgraph 正在不断优化和完善。

（3）基于树图的共识算法在 DAG 的基础上引入了"父指针"和"引用指针"，进一步提升了共识算法的吞吐率和安全性。例如，Conflux 的 Tree-Graph 共识是这方面的典型代表。

4. 基于可验证随机函数的共识算法

通过算法随机选择出块节点或一组"委员会"节点参与出块竞争，可以有效提升共识算法的性能和可扩展性，并降低能源消耗。但传统的随机方法（如按哈希规则轮询）易被预测，降低了区块链系统的安全性。因此，基于"可验证随机函数"（Verifiable Random Function，VRF）的共识算法被提出。

VRF 是一种将输入映射为可验证的伪随机输出的加密方案。VRF 结合了非对称加密方案，可以使用生成者的私钥将输入映射为输出，其合法性可通过生成者的公钥验证。VRF 的三大特性为可验证性、唯一性和随机性。例如，Algorand、Dfinity 和 Ouroboros 等系统的共识算法结合了 VRF 技术，实现随机且不可预测的委员会选举、公证人选举和出块节点选取等流程。目前主要研究方向还包括：

（1）多源随机性，结合多个随机源以增强 VRF 的安全性和不可预测性。

（2）VDF 与 VRF 的结合，通过引入时间维度进一步增强随机性。

（3）分布式随机性生成：通过多方计算生成随机数，减少对单一节点的依赖。

5. 跨链技术与共识

尽管公有链是开放的分布式系统，但区块链间的互通仍然存在困难，在很大程度上限制了区块链技术的应用范围。跨链技术旨在解决不同区块链上的资产和功能状态的传递、转换和交互问题,实现价值在不同链间的流通。

跨链技术是区块链领域的研究热点之一,实现跨链需要解决许多单一区块链内不存在的难题,包括跨链事务管理、跨链交易验证、跨链交易性能、资产锁定管理和异构链协议适配等。目前,跨链技术的主要实现方式包括公证人机制(Notary Schemes)、侧链/中继链(Sidechains/Relays)、哈希时间锁(Hash-Locking)和分布式私钥控制(Distributed Private Key Control)等。

然而,这些方法大多依赖第三方作为中继或设计额外的智能合约,与共识算法的结合不够紧密。在异构区块链网络上实现稳定高效且可证明安全的跨链共识算法,已成为共识算法的重要发展方向之一。其主要研究方向包括:

(1) 优化跨链原子交换协议,提高跨链交易的效率和安全性。

(2) 设计跨链共识协议,实现多链间的一致性和互操作性。

(3) 跨链身份与权限管理,确保跨链操作的安全性和可追溯性。

◇ 5.5 本章小结

共识算法是研究分布式系统中节点如何达成一致的重要问题,是构成区块链系统的基础,直接影响系统的性能、安全性和可扩展性。在区块链系统中,共识算法用于保证在交易的执行顺序、交易内容和智能合约计算结果等方面达成一致。共识算法可以分为故障容错类共识算法和拜占庭容错类共识算法两种类型。

故障容错类共识算法主要研究在分布式系统中不存在内部恶意节点的情况下如何实现一致性共识。Paxos 算法是第一个被证明有效的故障容错类共识算法,也是目前应用最广泛的算法之一。Raft 算法则通过降低 Paxos 的复杂性,使其更易于理解和实现。故障容错类共识算法主要应用于联盟链和私有链。

拜占庭容错类共识算法主要研究在分布式系统中存在恶意节点的情况下如何实现一致性共识。该类共识算法可以进一步细分为概率性共识、确定性共识和混合协议 3 类。其中,概率性共识和混合协议主要应用于公有链系统,而确定性共识通常应用于联盟链。

◇ 习 题

1. 区块链共识算法解决哪些问题? 结合当前技术趋势分析。

2. 共识算法的理论基础是什么? 讨论其在不同区块链类型中的适用性。

3. 如何理解故障容错类共识算法和拜占庭容错类共识算法? 举例说明其实际应用差异。

4. 私有链和公有链的共识算法主要有哪些区别?

5. PBFT、PoW 和 PoS 共识算法在当前应用场景中的选择策略受哪些因素影响?

6. DPoS 共识算法如何克服 PoS 共识算法的不足? 结合最新研究或应用案例说明。

7. 当前区块链共识算法的发展趋势是什么? 探讨未来可能的创新方向。

智 能 合 约

智能合约(Smart Contract)被广泛认为是区块链 2.0 的技术核心,赋予区块链可编程的特性。开发者通过智能合约可以编写复杂的逻辑,从而形成丰富多彩的分布式应用,使区块链技术不仅局限于加密数字货币领域,还可扩展到制造、金融、教育、医疗、供应链、物联网、公共服务等诸多领域,成为一种通用的分布式应用基础设施。

智能合约是构建信任关系的关键使能技术,其运行过程实现了自动化,状态变化可被验证,运行结果永久保存,大幅降低了人为恶意篡改合约的风险,从而保护用户的利益。区块链的出现不仅丰富了智能合约的内涵和外延,也为智能合约在更广泛领域的应用奠定了坚实的基础。两者相辅相成,共同推动区块链技术与应用的深入发展。

本章将从智能合约的基本概念入手,介绍智能合约的历史演变、基础架构以及常用的开发语言,进而分析以太坊和超级账本两个智能合约平台的运行机制与特点,进一步总结当前区块链智能合约所面临的挑战与发展趋势。最后,简要介绍 SPESC 高级智能合约语言,以便读者对智能合约的最新进展有一个全面的了解。

◆ 6.1 定义与概述

智能合约早期是一个较宽泛的概念,泛指在特定条件触发时能够自动执行的协议。构建在区块链上的智能合约特指"部署在区块链上、在满足预定条件时可自动执行并存证的计算机程序"。

从定义中可以看出,智能合约的载体是区块链,其本质是一段计算机程序,可在无须人为干预的情况下,当满足预定条件时自动执行,并将执行结果永久保存在区块链上。区块链智能合约具备以下特点。

(1) 自治:智能合约的执行不受任何个人或组织的控制,无须第三方实体的监督。

(2) 分布式:智能合约不依赖可信的第三方机构,而是部署在区块链网络上,通过共识协议确保合约代码执行的准确性和一致性。

(3) 自动执行:一旦满足预定的触发条件,合约代码将自动执行,满足高效性和及时性。

（4）不可更改：智能合约一旦部署到区块链上，便无法被篡改，保证合约内容的安全性和可靠性。

（5）透明度：智能合约的内容和执行过程对所有参与者开放，提升了信任度和可验证性。

通过这些特点，区块链智能合约可实现高效、安全和透明的合约执行机制，推动分布式应用的发展。

6.1.1　发展简史

1994 年，尼克·萨博撰写了一篇题为《智能合约：数字市场的基石》的论文，将智能合约定义为用于执行合约条款的计算机化交易协议。此外，萨博在随后的研究中也进一步探讨了如何利用智能合约执行合成资产（如衍生工具和债券）的相关合同。这些观点为智能合约在数字市场中的应用打下了基础。

1997 年，尼克·萨博又发表了新的论文，预测了未来软件技术将能够创建出可以自动执行的智能合约。论文中以自动售货机为例，称其为"智能合约的原始形态"，因为这些机器可在无须第三方介入的情况下完成收款和商品分发。萨博还设想了随着计算机硬件和软件技术的不断进步，智能合约将能够处理更复杂的数字资产交易。然而，受限于当时的技术环境，特别是缺乏可信的执行环境，智能合约并未能应用于实际产业中。

2008 年，中本聪创造性地提出了比特币的概念，并在 2009 年年初成功将其付诸实践。比特币的出现让人们逐渐意识到其底层技术——区块链的重要性。特别是，区块链技术能够为智能合约提供可信赖的执行环境。尽管比特币上的代码（脚本）已经具备了一定的智能合约特征，但并非图灵完备，主要功能为支持全球加密数字货币的交易和验证，还不能视为真正意义上的智能合约。

2015 年，以太坊项目首次提出了基于区块链的"智能合约"概念，并建立起一整套支持图灵完备的智能合约规范与架构。这一创新被普遍认为是第二代区块链技术的核心。自以太坊之后，几乎所有的区块链项目都将支持智能合约作为其基本功能之一。

尽管技术的进步已经极大地拓展了数字交易的应用范围，但智能合约的潜力仍未得到充分发挥。尼克·萨博曾设想通过智能合约管理留置权、债券和财产权等受到严格监管的担保权益。然而，要实现这一愿景，不仅需要技术的支持，更需要获得立法和监管机构的大力支持。目前，智能合约尚无法完全替代传统法律合约，但在数字市场中的应用前景依然广阔。

6.1.2　基础架构

智能合约的运行基础是区块链平台。区块链作为一种分布式记账系统，首次支持点对点模式的直接交易，在没有第三方中介参与的情况下实现了价值的安全转移。智能合约通过可编程的方式，完成更复杂的业务逻辑，可显著扩展区块链的应用场景。

区块链平台提供了编程及编译环境、部署环境、运行环境和合约生命周期管理等功能，构建了完整的智能合约计算系统。图 6-1 展示了在状态机模型下区块链智能合约的抽象模型。

区块链智能合约作为一种程序状态机系统，用户可以预先定义状态以及状态转换函数。

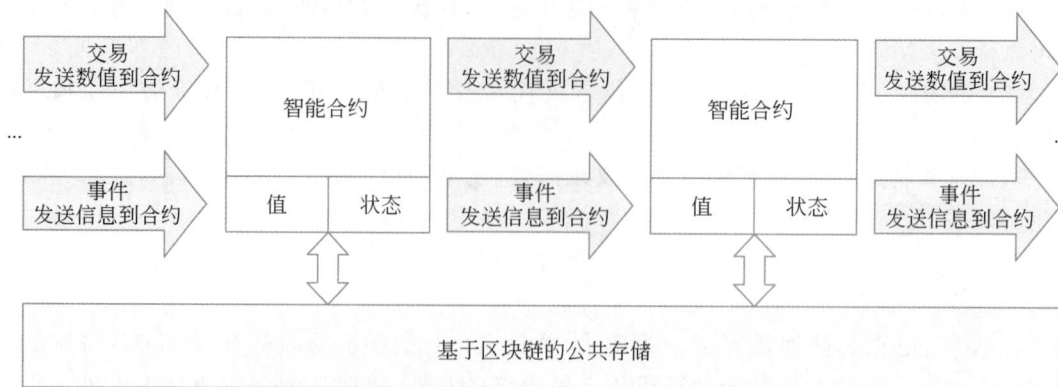

图 6-1　区块链智能合约的抽象模型

当该系统接收到一个包含状态改变的交易或可信外部事件时，将依据状态转换函数输出一个新的状态，并以可信的方式将该输出状态写入账本，这一过程可以持续进行。

例如，在某转账场景的智能合约中，状态可以视为一个资产负债表，交易则是将资产 x 从账户 A 转移到账户 B 的请求。状态转换函数将账户 A 中的资产值减少 x，同时将账户 B 中的资产值增加 x。如果账户 A 中的预设值小于 x，则状态转换函数返回错误。

在上述智能合约抽象模型中，状态转换函数可以理解为一段已预定义的智能合约执行逻辑，以程序代码的形式被分发和部署在区块链上。该合约代码仅限于对所在交易中资产数值和运行状态进行转换。智能合约系统能够接收外部发来的可信事件，通过状态转换函数预设的条件激活合约代码的运行，更新自身状态，且该过程自动执行，无须外界干预。区块链中的每一个节点从相同的初始状态出发，接受相同的转换指令，得到确定性的执行结果，从而保证达到相同的最终状态，使整个区块链系统如同一台独立运行的全球计算机。图 6-2 展示了一种区块链智能合约的通用架构。

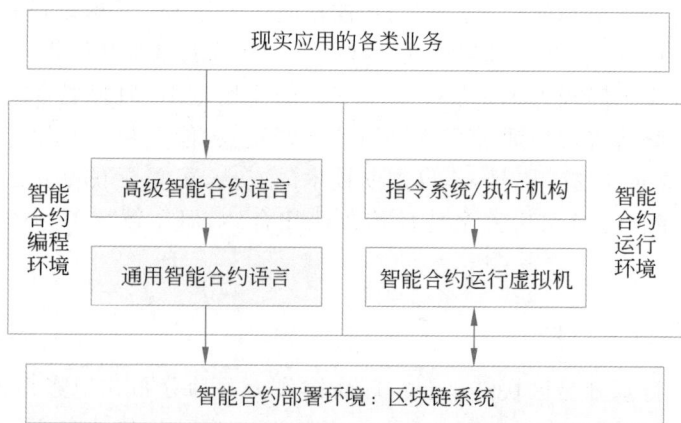

图 6-2　区块链智能合约的通用架构

该架构覆盖了智能合约从程序设计到执行的全过程，主要包含以下 3 个核心组成部分。

1. 智能合约编程环境

该环境旨在为智能合约开发者提供全方位的编程支持，不仅定义了智能合约编程语言的规范,以确保合约的一致性和可靠性,还配备了多种开发和编译工具,显著提升了开发者的工作效率。例如,开发者可以使用高级智能合约语言进行专业化的合约编写和验证,同时利用通用智能合约语言进行跨平台的标准化代码开发。在代码编写完成后,经过严格的测试和验证,最终将其编译为可执行代码,以便为后续的部署和执行做好准备。

2. 智能合约部署环境

部署环境提供了一套完善的工具,将编译好的智能合约代码顺利部署到区块链上。该过程确保合约以区块链可接受的方式被正确部署,并获取唯一的智能合约地址,便于其他用户进行调用。同时,部署环境还提供了便捷的调用方式,用户只需绑定合约参与者账户,并指定调用的方法名称和输入参数,即可方便地调用智能合约。调用方法通常是一组预定义的函数,确保调用的准确性和高效性。此外,在公有链中部署和调用智能合约时,还需提供足够的交易手续费,以保证交易的顺利进行。

3. 智能合约运行环境

运行环境提供了一个可信的环境,用于运行智能合约代码,并对事件或交易进行响应。该环境通过构建可信的智能合约运行虚拟机或沙盒,保证合约代码的安全执行。当触发执行机构接收到指令时,便按照预设的指令执行合约代码,对事件或交易进行处理。在处理过程中,记录合约属性值和状态的改变,并将交易结果写入区块链,确保数据的不可篡改性和可追溯性。用户调用智能合约方法后,可以获取经过智能合约处理后的返回结果,从而完成整个智能合约的执行过程。

随着智能合约技术的不断进步和发展,越来越多的辅助工具被开发出来,用于支持智能合约的程序设计、代码生成、单元测试、部署与执行以及形式化设计和验证等各环节,极大简化了智能合约的开发流程,提高了开发效率和质量。

◆ 6.2　智能合约的生命周期

智能合约的生命周期通常包括开发与编译、部署以及触发与执行 3 部分内容。

6.2.1　智能合约的开发与编译

在传统软件开发中,开发人员使用高级语言(如 C、Java 等)编写程序逻辑,经过编译或解释后,生成底层代码(如机器指令或字节码),最终由计算机系统或虚拟机执行。这一过程涉及多个工具,如编译器、解释器和链接器,确保代码能够在特定的执行环境中运行。

与此类似,智能合约的开发过程也遵循相似的步骤。开发者使用专门的高级语言(如 Solidity、Vyper 等)编写智能合约,经过编译后生成底层字节码(Bytecode),字节码随后被部署到区块链上。智能合约的执行环境通常是区块链网络本身,合约在网络节点上运行并处理交易。

在智能合约开发中,Solidity 是目前非常流行的语言,专为以太坊平台设计,因其易用性和强大的功能而受到广泛欢迎。除了 Solidity,还有其他多种专用语言和一些通用编程语言(如 C++、JavaScript、Java 和 Go)被用于开发智能合约,为传统开发人员提供了更大的灵活性和便利性。

Solidity 是一种静态类型的编程语言，开发者在编写程序时需要声明所有变量的数据类型。使用 Solidity 编写的程序源文件（以.sol 为后缀）首先通过 solc 编译器编译为字节码，然后以交易的形式部署到区块链网络。此外，solc 编译器还生成一个应用程序二进制接口（Application Binary Interface，ABI）文件，ABI 用于提供智能合约的访问接口，类似传统软件开发中的 API。

ABI 以 JSON 格式描述智能合约中的函数及其参数的个数和类型，面向机器指令。当钱包、DApp 或其他第三方程序访问区块链上部署的智能合约时，需要使用相应的 ABI 文件、合约的部署地址、所调用的合约函数以及正确的参数格式与区块链进行交互。

Solidity 借鉴了 C++、JavaScript 等语言的语法和设计思想，以降低 Web 开发者和 Java 开发者的学习门槛。与其他 EVM 目标语言（如 Serpent 和 Mutan）相比，Solidity 拥有更复杂的成员变量，支持任意层次结构的映射和结构。此外，Solidity 还支持继承、库以及复杂的用户定义类型等特性，使其功能更加丰富。

下面展示了一个完整的 Solidity 代码文件示例，包含版本声明、合约导入、合约主体（包括状态变量、函数、结构类型、事件、函数修改器）和代码注释等 4 部分。

```solidity
pragma solidity ^0.4.0;                //指定 Solidity 版本
import "solidity_for_import.sol";      //导入外部合约
contract ContractTest {                //定义合约
    uint a;                            //定义无符号整型变量 a
    event Set A(uint a);               //定义事件 Set A
    //设置 a 的值
    function setA(uint x) public {
        a = x;                         //赋值
        emit Set A(x);                 //触发事件
    }
    //获取 a 的值
    function getA() public returns (uint) {
        return a;                      //返回 a
    }
    //定义位置结构体
    struct Pos {
        int lat;                       //定义一个有符号整型变量
        int lng;                       //定义一个有符号整型变量
    }
    address public addr;               //定义一个地址类型变量,用于存储合约拥有者的地址
    //函数修改器,限制调用者
    modifier owner() {
        require(msg.sender == addr);   //检查调用者是否为拥有者
        _;                             //如果检查通过,继续执行被修饰的函数
    }
    //仅拥有者可调用的函数
    function mine() public owner {
        a += 1;                        //将 a 加 1
    }
}
```

关于 Solidity 的语法、编程规范和开发环境等技术细节，本章不再详述。有兴趣的读者可以通过 Solidity 的官方文档进行深入学习，并在此基础上，进一步学习基于 Web 页面的 Solidity 开发环境，如 Remix IDE（图 6-3 展示了其示例界面）和 EthFiddle 等资源。需要注意的是，由于智能合约代码一旦部署后无法被修改，且合约代码直接影响到未来调用合约逻辑的 Gas 消耗等因素，智能合约的开发是一项专业性较高的任务，开发者需要熟练掌握开发语言的细节以及智能合约的底层原理。

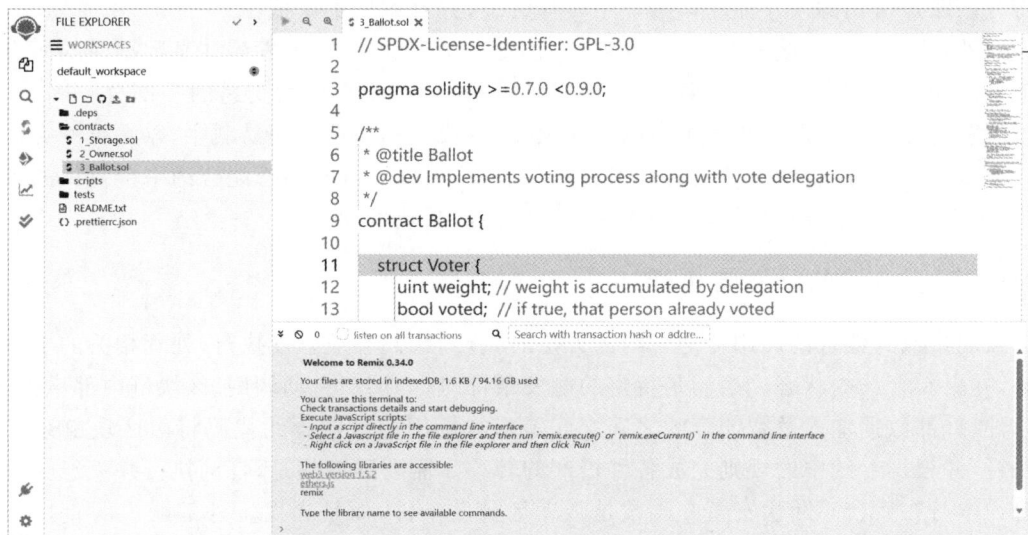

图 6-3　Solidity Web 开发 IDE Remix 界面展示示例

6.2.2　智能合约的部署

在编译完成后，智能合约的字节码文件可以通过链上账户（在以太坊中称为外部账户（Externally Owned Account，EOA））进行部署。部署过程通过合约创建类交易将智能合约字节码发送到区块链网络，在交易信息中携带需要部署的合约字节码。合约部署后，将被分配一个与外部账户地址类似的地址标识——合约地址，用户可以使用该地址调用合约的功能。以太坊的合约地址是根据合约创建者（Sender）的地址以及创建者已发送的交易数量进行 RLP 编码后，利用哈希函数 keccak-256 计算得出的。与外部账户不同，合约账户（Contract Account，CA）并没有与之关联的私钥，表明即使是合约的创建者，也无法在协议层面上获得任何特权，任何对合约的操作都必须遵循合约内部的规则和逻辑，除非智能合约的逻辑中明确声明了相关权限，以保证智能合约的透明性、安全性和可靠性。

一旦智能合约成功部署到区块链上，合约代码便无法被修改。在某些特殊情况下，开发者可能在合约中留有"后门"，使合约的逻辑能够被修改或删除。例如，可以使用 SELFDESTRUCT 函数销毁合约。然而，合约的历史执行记录，包括调用者、时间戳和输入等信息，将永久存储在区块链中，使所有操作都可以被审计和验证。

智能合约的自动化执行、运行结果的有效性以及合约代码的安全性都依赖底层的区块链技术。

首先，区块链可以被视为全球共享的交易数据库，交易可以通过调用智能合约语言的函数接口实现。任何人都可以通过智能合约接口读取交易数据库中存储的条目。

其次，交易具有原子性，被称为 all-or-nothing 原则。即当交易需要更改智能合约变量中的值时，执行结果是所有参与方存储的值均发生改变，或所有参与方的值都不发生改变，不会出现部分参与方修改了智能合约中的值而其他参与方未修改的情况。此外，在一次修改操作完成后，其他交易无法再次更改该过程。

再次，从安全性角度而言，交易始终需要由发起方（创建者）进行签名。签名机制确保只有持有该账户密钥的人才能从该账户中转移资金，并且事后不可抵赖。

此外，智能合约生成的有效交易将被打包到一个区块中，被分发到共享数据库的所有参与节点。如果两笔交易相互矛盾，后一笔交易将被拒绝，不会成为交易的一部分。因此，区块被理解为在时间上形成线性关系的存储单元，形成全局公认的交易顺序，以解决冲突。

最后，对于智能合约的使用者和编程人员而言，可以充分利用智能合约平台提供的各种工具，重点关注业务需求和实现，而无须过多关注底层技术细节。

6.2.3 智能合约的触发与执行

当用户或其他合约调用智能合约的方法时，合约代码会被触发执行，处理相关的事件或交易，并更新合约的状态。当满足特定的触发条件时（如用户主动调用、区块链内部事件、时间条件、外部数据输入及智能合约之间交互等），被调用的智能合约代码将由区块链系统自动执行，并根据合约中的规则完成各种资产的转移。需要强调的是，自动执行并不意味着智能合约本身在后台不断检查某一函数是否满足触发条件，而是当发生外部账户的直接交易调用或其他智能合约的交易调用时，系统才检查被调用的合约函数是否满足触发条件，并在满足条件的情况下执行后续逻辑。该过程依赖执行环境和触发条件等机制的协调，同时需要消耗 Gas 费用，以保证合约代码能够准确且自动执行。

1. Gas 消耗机制

Gas 消耗机制是合约代码执行的必备条件。因为智能合约代码在区块链节点中的虚拟机或容器内执行，必然会带来存储、计算、带宽等方面的开销。为防止低效率、死循环等合约代码造成的资源浪费以及恶意攻击者通过过度消耗资源影响网络的正常运行，合约调用者需要预付一定量的数字货币作为合约执行的燃料费。燃料消耗的数量与合约的底层指令及输入数据规模等因素相关。交易调用被视为一个整体，如果预付的 Gas 费用不足以执行所调用合约函数的所有指令，调用将会失败，所有已产生的状态更改将回滚至调用前的状态。然而，已消耗的 Gas 费用则不会被退还，因为系统已经为这些计算付出了资源。只有被完整执行的合约代码才能修改区块链的"世界状态"。

在以太坊中，Gas 用于衡量交易和计算的费用消耗，而 Gas Price（Gas 价格）则表示每个 Gas 所需支付的 Ether（以太币）数量，以 gwei 为单位。1 Ether $= 10^{18}$ Wei，1 gwei $= 10^9$ Wei。每个交易都需要设置 Gas Limit（Gas 上限）和 Gas Price。Gas Limit 表示用户愿意为交易支付的最大 Gas 值。例如，如果 Gas limit 为 50 000，Gas price 为 20 gwei，则支付的以太币上限为 50 000×20 gwei＝1 000 000 gwei＝0.001 Ether。如果交易消耗的 Gas 少于或等于 Gas 上限，交易将继续进行，多余的 Gas 将被退还；如果消耗的 Gas 超过 Gas 上限，则所有状态修改将被撤销，且已消耗的 Gas 费用不会被退还。

2. 执行环境

执行环境是智能合约代码运行的环境,目前主要有脚本、虚拟机、容器等三种运行方式,具体特征如下。

1)脚本方式

脚本方式最早在比特币系统中被采用,是一种类似 Forth 语言的指令体系,由脚本解释器解释执行,用于验证交易的合法性。交易一般包括输入脚本和输出脚本两部分,分别用于解锁上一笔交易的输出以及设置该笔交易金额的解锁条件。

2)虚拟机方式

虚拟机是一种通过软件模拟的技术,能够在完全隔离的环境中运行一个完整的计算机系统。其通过屏蔽区块链节点间的执行环境差异,确保分布式系统中所有节点的运行结果保持一致性,在区块链技术中扮演着重要的角色。根据执行方式的不同,虚拟机可以分为基于栈(Stack)的和基于寄存器(Register)的两种类型。基于栈的虚拟机使用操作栈存储和操作数据,是目前实现智能合约最常见的方式。例如,以太坊虚拟机便是基于栈的虚拟机,为以太坊网络提供运行智能合约的环境,处理复杂的合约逻辑。

3)容器方式

容器(Docker)是一种打包技术,将应用程序及其所有依赖项(包括代码、运行环境、系统工具、系统库和配置等)封装成一个标准化的单元。容器能够在宿主机的操作系统上运行,提供轻量级、可移植的环境,使应用能够快速、一致地从一个环境迁移到另一个环境,由于容器的隔离特性,多个容器可以在同一宿主机上同时运行,而不会相互干扰,适合微服务架构、持续集成和持续部署(CI/CD)等开发流程。Docker 是容器技术的一种实现方式,现已成为最流行的应用容器引擎,用于创建、管理和部署容器。与虚拟机相比,容器共享宿主机的操作系统内核,不需要附加的虚拟操作系统,使其在启动速度、资源利用率和性能方面更具优势,操作也更加方便和灵活。Hyperledger Fabric 就是利用容器技术的智能合约平台。

相比传统的代码程序,智能合约在不同节点中的执行结果必须具备确定性和一致性,要求所有参与节点在处理相同的输入时,必须产生相同的输出。为此,智能合约的执行环境常常被视为一种安全沙盒,无法直接访问互联网、文件系统等宿主机资源,以确保其执行的安全性和隔离性。虽然智能合约可以通过预言机间接访问外部数据(如市场价格、天气信息等),但也增加了安全风险和复杂性。此外,由于每个节点独立执行合约代码,生成的随机数可能会出现不一致的情况,智能合约无法实现真正的随机函数。同时,智能合约的执行环境通常缺乏多线程和并发处理的特性,在一定程度上限制了大型和复杂系统的开发能力。

3. 触发机制

智能合约代码中预置了合约函数的触发场景和响应规则。当外部实体(如用户或其他智能合约)调用合约函数时,合约内部机制将被激活。在函数调用过程中,智能合约首先需从区块链获取当前的内部交易状态,以保证合约基于最新、可信的数据进行操作。然后,合约将监听并获取外部事件,这些事件可能包括交易的发起、特定时间点的到达或其他链上事件的发生。

获取外部事件后,合约将判断这些事件是否满足预定义的触发条件,并严格按照合约代码中设定的逻辑进行处理。如果条件满足,合约将执行相应的响应规则,如转移通证、更新内部状态或触发其他链上操作。一旦执行完响应规则,智能合约便生成一个新的交易,包含合约状态的更新信息。该交易随后被发送到区块链网络,等待共识算法的确认,共识算法确保所有网络参与者对交易的有效性和顺序达成一致。在交易经过共识确认后,将被添加到新区块中,该过程是不可逆的。一旦交易被添加到区块链上,就被视为永久且不可篡改,为智能合约的执行提供了强有力的信任基础,确保所有参与者都可以依赖合约的执行结果。

随着新区块的生成和区块链的不断增长,智能合约的状态更新将生效,并对所有网络参与者可见,使各方在没有中心化控制的情况下能够自动执行预定义的操作,从而实现分布式应用中的自动化和信任建立。

6.3 主要智能合约平台

6.3.1 以太坊智能合约平台

以太坊智能合约的生命周期包括开发、编译、部署和触发等环节。智能合约封装了预定义的状态、状态转换规则、触发条件及相应操作。经过相关方签署后,合约通过以太坊网络传播和验证,最终被记录在各节点的分布式账本中。区块链实时监控智能合约的状态,并在满足特定触发条件后激活并执行合约。

以太坊智能合约代码运行环境为区块链节点的本地 EVM。其运行原理如图 6-4 所示。

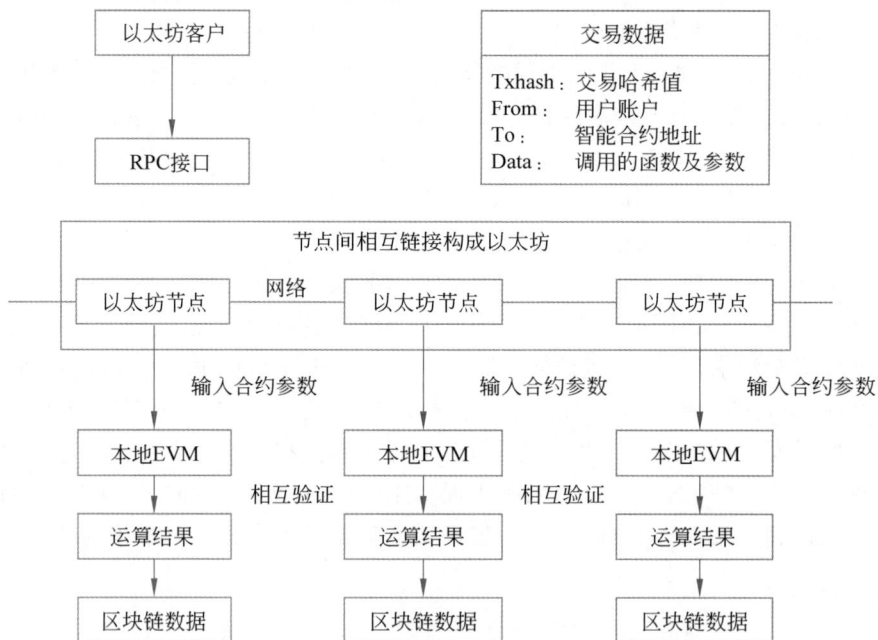

图 6-4 以太坊智能合约运行原理

EVM 的工作原理类似 Java 程序通过 Java 虚拟机(Java Virtual Machine,JVM)将代码解释为字节码并执行。智能合约的字节码通过 EVM 进行解释和执行。为防止节点作恶,每个节点都将智能合约的运行结果与其他节点进行对比,只有在结果一致后,才将其写入区块链。目前以太坊智能合约同样无法实现生成随机数或调用系统 API 等操作,因为这些操作可能因环境差异导致不一致的结果。智能合约的部署是通过交易将合约代码发送到区块链，使其进入可运行状态。该过程类似比特币系统中的脚本代码部署，都是将合约执行代码以指令序列的形式写入交易字段，并按合约接口函数进行存储。

一旦智能合约被部署，任何用户都可以通过交易调用合约中的接口函数。成功调用后，将启动 EVM，提取合约代码并在 EVM 内执行，执行结果被存储到区块链上。相比比特币的脚本系统，该过程更复杂。在以太坊平台上部署智能合约或调用合约方法需要支付 Gas 费用，Gas 可以通过以太币购买。

下面将通过 4 个示例简要说明以太坊上智能合约代码的编写和典型协议应用。

1. 示例 1：简单数据存取智能合约

如下所示代码为一个简单的数据存取智能合约。

```
1   pragma solidity >= 0.4.0 < 0.7.0;
2   contract Simplestorage {
3       uint storedData;
4
5       function set(uint inputData) public {
6           storedData = inputData;
7       }
8
9       function get() public view returns (uint){
10          return storedData;
11      }
12  }
```

在上述代码中：

（1）第 1 行使用 pragma 关键字定义了 Solidity 版本的要求，表示编译器版本需大于或等于 0.4.0 且低于 0.7.0，以保证合约在合适的环境中编译和运行。

（2）第 2 行使用 contract 关键字定义了名为 SimpleStorage 的合约。在 Solidity 中，合约由一组代码（合约的函数）和数据（合约的状态）组成，并用花括号括起来。

（3）第 3 行中，uint storedData 声明了一个状态变量，变量名为 storedData，类型为 uint（256 位无符号整数）。在 Solidity 中，编译前需要指定每个变量的类型，包括状态变量和局部变量。变量 storedData 如同数据库中的一个存储单元，可以通过 set 和 get 函数进行修改和查询。

（4）在 set 函数中，使用 public 修饰符表示该函数可以被合约外部的任何账户或合约调用。函数的参数 inputData 将被赋值给状态变量 storedData。表示任何人都可以调用此函数设置一个新的数字，且被存储在区块链上。

（5）在 get 函数中，使用 view 修饰符表示该函数不会改变合约的状态。returns 关键字说明该函数返回值的类型为 uint。调用此函数将返回当前存储在 storedData 中的值。

该合约允许任何人存取一个数字。通过调用 set 函数可以设置一个不同的数字覆盖之前存储的数字，而通过调用 get 函数则可以获取当前存储的数字。此外，如果设置访问限制，则可以确保只有授权者才能更改该数字。

2. 示例 2：使用 Solidity 实现简单投票的合约

如下所示代码为一个使用 Solidity 实现简单投票的合约。

```solidity
pragma solidity >=0.4.0 <0.7.0;
contract SimpleVoting {
    //定义选票结构体
    struct Ballot {
        uint weight;                                          //权重
        address voter;                                        //投票者的地址
        bool vote;                                            //投票决定
    }
    //定义提案结构体
    struct Proposal {
        string content;                                       //提案内容
        uint counts;                                          //该提案已获得的票数
    }
    //声明一个映射,保存投票者的选票
    mapping(address => Ballot) public ballots;
    //声明一个数组,用于存储所有提案
    Proposal[] public proposals;
    //投票函数
    function vote(uint proposalIndex, uint weight) public {
        require(ballots[msg.sender]. voter == address(0), "You have already
voted.");                                                     //确保投票者尚未投票
        require(proposalIndex < proposals.length, "Invalid proposal index.");
                                                              //确保提案索引有效
        //记录选票
        ballots[msg.sender]= Ballot({
            weight: weight,
            voter:msg.sender,
            vote:true                                         //假设投票为支持该提案
        });
        proposals[proposalIndex].counts+= weight;            //增加提案的票数
    }
    //读取投票者的投票决定
    function read() public view returns (bool) {
        return ballots[msg.sender].vote;                      //返回投票者的投票决定
    }
    //返回得票最多的提案
    function winner() public view returns (string memory winningProposal) {
        uint winningVoteCount = 0;                            //记录最高票数
        for (uint i = 0; i < proposals.length; i++){
            if (proposals[i].counts > winningVoteCount) {
                winningVoteCount = proposals[i].counts;      //更新最高票数
                winningProposal = proposals[i].content;      //更新获胜提案内容
            }
        }
    }
}
```

（1）选票结构体 Ballot 包含 3 个成员变量：weight 表示选票的权重，voter 表示投票者的地址，vote 表示投票决定（支持或反对）。

（2）提案结构体 Proposal 包含两个成员变量：content 表示提案内容，counts 表示该提案已获得的票数。

（3）映射 mapping："mapping(address => Ballot) public ballots;"保存每个投票者的选票信息，使用投票者的地址作为键。

（4）提案数组："Proposal[] public proposals;"用于存储所有提案。

（5）投票函数(vote)：接受提案索引和选票权重作为参数。使用 require 语句确保投票者尚未投票，并且提案索引有效。记录投票者的选票，并将其投票权重加到相应提案的票数中。

（6）读取投票决定的函数(read)：返回调用者的投票决定。

（7）返回得票最多的提案的函数(winner)：遍历所有提案，找出得票最多的提案，并返回其内容。

通过该投票合约，用户可以参与投票并查看投票结果。合约确保每个用户只能投票一次，且投票结果无法被篡改。

3. 示例 3：利用 ERC-20 标准发行通证的简单合约

ERC 的全称是 Ethereum Request for Comment，表示以太坊开发者提交的协议提案，其中 ERC 后面的数字表示协议提案的编号。ERC-20 标准于 2015 年提出，并在 2017 年 9 月被正式标准化。该标准规定了一组基本接口，用于具有可互换性的通证，这些通证之间无价值区别，可以相互替换。基于 ERC-20 标准，用户可在以太坊平台上方便地发行自己的通证，并定义通证的属性，包括符号、名称、发行量、转账、授权、查询和事件（Event）等，如下所示。

```
interface IERC20 {                                              //定义 ERC-20 接口
    //事件定义
    event Approval(address indexed owner, address indexed spender, uint value);
                                                                //授权事件
    event Transfer(address indexed from, address indexed to, uint value);
                                                                //转账事件

    //元数据函数
    function name() external view returns (string memory);      //获取代币名称
    function symbol() external view returns (string memory);    //获取代币符号
    function decimals() external view returns (uint8);          //获取小数位数
    //核心功能函数
    function totalSupply() external view returns (uint);        //获取总供应量
    function balanceOf(address owner) external view returns (uint);
                                                                //获取账户余额
    function allowance(address owner, address spender)
        external view returns (uint);                           //获取授权额度
    //操作函数
    function approve(address spender, uint value) external returns (bool);
                                                                //授权
```

```
    function transfer(address to, uint value) external returns (bool);  //转账
    function transferFrom(address from, address to, uint value)
        external returns (bool);                                      //从指定地址转账
}
```

在 ERC-20 标准中，其关键函数定义如下。

(1) name 函数：用于定义通证的名称。

(2) symbol 函数：用于定义通证的符号。

(3) decimals 函数：用于定义通证的精度。

(4) totalSupply 函数：用于定义通证的总供应量。

(5) balanceOf 函数：用于获取特定账户的余额。

(6) allowance 函数：用于查询被授权账户可以提取的通证数量（限额）。

(7) approve 函数：用于授权其他账户（如合约）从自己的账户中转移指定数量的通证，授权成功后触发 Approval 事件。

(8) transfer 函数：用于将通证从用户的账户转账至其他地址，转账成功后触发 Transfer 事件。

(9) transferFrom 函数：用于从已被 approve 授权的账户（如合约）向第三方账户转账，转账成功后同样触发 Transfer 事件。

Transfer 事件用于记录通证转账的信息，而 Approval 事件用于在调用 approve 函数时记录授权信息。这些事件将相关数据存储在区块链的日志中，以便查询和追踪。

下面展示了一个利用 ERC-20 标准接口发行通证的简单示例。

```
pragma solidity ^0.8.0;
//导入 ERC-20 接口
import './interface/IERC20.sol';
//MYETH 合约实现 ERC-20 接口
contract MYETH is IERC20 {
    //事件声明,用于通知外部监听者转账和授权操作
    event Transfer(address indexed from, address indexed to, uint256 value);
    event Approval(address indexed owner, address indexed spender, uint256 value);
    //通证基本信息
    uint256 public totalSupply = 100000 * 10**18;        //初始供应量(以最小单位表示)
    string public constant name = "MYETH";               //通证名称
    uint8 public constant decimals = 18;                 //小数位数
    string public constant symbol = "MYH";               //通证符号
    //余额和授权存储
    mapping(address => uint256) balances;                //记录每个地址的余额
    mapping(address => mapping(address => uint256)) allowed;
    //记录每个地址对其他地址的授权额度
    //铸造新通证
    function mint(uint256 _value) external {
        //权限控制:仅合约拥有者可以铸造新通证
        require(msg.sender == owner, "Not authorized");  //假设用户有一个 owner 变量
        uint256 addNum = _value * 10**18;                //将输入值转换为最小单位
        balances[msg.sender] += addNum;                  //增加调用者的余额
```

```
        totalSupply += addNum;                      //增加总供应量
        emit Transfer(address(0), msg.sender, addNum);  //发出铸造事件
    }
    //转账功能
    function transfer(address _to, uint256 _value) external returns (bool) {
        require(balances[msg.sender] >= _value, "Insufficient balance");
                                                     //检查余额是否足够
        require(_to != address(0), "Invalid recipient address");
                                                     //检查接收地址是否有效
        //更新余额
        balances[msg.sender] -= _value;              //扣除发送者的余额
        balances[_to] += _value;                     //增加接收者的余额
        emit Transfer(msg.sender, _to, _value);      //发出转账事件
        return true;                                 //返回成功标志
    }
    //授权转账
    function transferFrom(address _from, address _to, uint256 _value) external
returns (bool) {
        require(balances[_from] >= _value, "Insufficient balance");
                                                     //检查来源地址余额
        require(allowed[_from][msg.sender] >= _value, "Allowance exceeded");
        //检查授权额度
        //更新余额和授权额度
        balances[_from] -= _value;                   //扣除来源地址的余额
        balances[_to] += _value;                     //增加接收地址的余额
        allowed[_from][msg.sender] -= _value;        //减少授权额度
        emit Transfer(_from, _to, _value);           //发出转账事件
        return true;                                 //返回成功标志
    }
    //查询余额
    function balanceOf(address _owner) external view returns (uint256 balance) {
        return balances[_owner];                     //返回指定地址的余额
    }
    //授权操作
    function approve(address _spender, uint256 _value) external returns (bool) {
        allowed[msg.sender][_spender] = _value;      //设置授权额度
        emit Approval(msg.sender, _spender, _value); //发出授权事件
        return true;                                 //返回成功标志
    }
    //查询授权额度
    function allowance(address _owner, address _spender) external view returns
(uint256 remaining) {
        return allowed[_owner][_spender];            //返回指定地址的授权额度
    }
}
```

合约定义了一个符号为 MTH、名称为 MYETH 的通证。代码构建了一个账户地址（address）到账户余额（balances）的映射（mapping），用于存储每个账户的余额；还定义了一

个账户地址间的授权(allowed)映射(mapping)，用于授权第三方账户(如合约)从自己的账户中转移一定数量的通证。除了标准接口中的函数，合约还定义了一个铸币(mint)函数，用于允许任意地址铸造任意数量的 MTH 通证。Transfer 及后面的函数可以参考上述 ERC-20 标准接口的内容。该示例仅用于展示 Solidity 以太坊智能合约开发的部分功能，无法满足在以太坊上发行可靠通证的合约代码要求，例如，程序并未使用安全运算库 SafeMath。

4. 示例 4：利用 ERC-721 标准发行数字藏品(非同质化通证)

ERC-721 标准作为 NFT 的规范，为每一个独特的数字资产提供了明确的标识。与 ERC-20 标准中的函数类似，ERC-721 也定义了一系列关键函数管理 NFT。具体而言，其使用 name 函数定义通证的名称，symbol 函数定义通证的简称或符号，但 ERC-721 标准中并未使用 totalSupply 函数定义通证的发行总数，因为每个 NFT 都是独一无二的，不存在总数量的概念。

表 6-1 详细列出了 ERC-721 标准中的部分核心函数及其功能。这些函数包括查询 NFT 的 URI 信息、根据序号查询 NFT 标识、查询某个账号拥有的 NFT 数量、转移 NFT、授权他人操作 NFT 等。

表 6-1　ERC-721 标准中的部分核心函数及其功能

函 数 名	函 数 说 明	输入参数说明	返 回 值
tokenURI	查询 URI 信息	tokenId：NFT 标识	NFT 的 URI 配置信息
tokenByIndex	根据序号查询 NFT 标识	index：该 NFT 在整个列表中的序号	NFT 标识 tokenId
tokenOfOwnerByIndex	根据某账号的序号查询 NFT 标识	owner：查询的账号；index：查询的序号	NFT 标识 tokenId
balanceOf	查询 NFT 数量	owner：查询的账号	NFT 数量
ownerOf	查询 NFT 的拥有者	tokenId：NFT 标识	NFT 的地址
transferFrom	将 NFT 从一个地址转移至另一地址	from：转出；to：转入；tokenId：NFT 标识	成功时返回 success
approve	授权某账户进行操作	被授权账号标识 tokenId	成功时返回 success
mint	增发 NFT 至某个账号	to：增发账号；tokenId：NFT 标识；tokenURI：URI 属性	NFT 标识 tokenId
burn	销毁指定的 NFT	tokenId：NFT 标识	成功时返回 success
setTokenURI	设置 NFT 的 URI 属性	tokenId：NFT 标识；tokenURI：URI 属性	成功时返回 success
address	返回当前用户地址		用户地址

类似 ERC-20 标准，ERC-721 标准中的 Transfer、Approval 和 ApprovalForAll 三个函数被调用时，将触发相应的事件，并将相关信息保存到以太坊的日志中。

基于 ERC-721 标准，数字藏品的发行流程的主要步骤如下。

（1）获取账户地址：交易发起者调用 address 函数获取自己的账户地址。

（2）部署与初始化合约：发布者部署一个符合 ERC-721 标准的智能合约，并在部署时通过 name 函数设置 NFT 的名称，通过 symbol 函数设置简称。

（3）发行 NFT：合约部署完成后，发布者可以通过 mint 函数发行 NFT。在此过程中，可以为每个 NFT 设置独特的 URI 信息（通过 tokenURI 函数），通常指向描述 NFT 详细内容的外部资源。

（4）授权操作：为提高 NFT 的流动性，发布者或持有者可以授权第三方（如交易平台或其他智能合约）操作自己的 NFT。通过 approve 函数，持有者可以将特定 NFT 授权给指定账户。此外，setApprovalForAll 函数支持批量授权，允许持有者一次性授权第三方操作其所有 NFT。

（5）转移与交易 NFT：在获得授权后，第三方可以通过 transferFrom 函数转移 NFT。该函数需要指定转出方、转入方及要转移的 NFT 标识，确保 NFT 安全地从一个地址转移到另一个地址，这是 NFT 交易市场的核心功能之一。

（6）销毁 NFT：如果某个 NFT 不再需要或希望永久移出流通市场，持有者可以通过 burn 函数进行销毁。销毁后的 NFT 无法找回或恢复，因此该操作需谨慎使用。

通过上述流程可以看出，ERC-721 标准为数字藏品的发行、交易和管理提供了强有力的支持。而 Solidity 作为以太坊智能合约的开发语言，使这一切得以实现。除了本示例中展示的基本功能，Solidity 还支持更复杂的编程特性和设计模式，如修饰符、事件、枚举、构造器和继承等。这些特性为开发者提供了更大的灵活性和创造空间，以构建各种复杂且功能丰富的智能合约应用。感兴趣的读者可以深入学习 Solidity 相关知识，探索更多可能性。

6.3.2　超级账本智能合约平台

在 Hyperledger Fabric 框架中，智能合约被称为链码，链码精确地定义了运行在区块链网络上的应用业务逻辑。特别是，开发者在编写链码时，可以选择 Go、JavaScript 或 Java 等多种编程语言，很好满足了不同开发者的编程习惯和需求。

1. 链码的执行环境与安全性

链码在 Hyperledger Fabric 中的执行环境是 Docker 容器，该设计确保了链码运行的安全性和隔离性。用户可以通过专门的应用程序提交事务，初始化和管理账本状态。为维护数据的完整性和安全性，由特定链码创建的状态通常默认只能被该链码自身访问，其他链码无法直接访问。但 Hyperledger Fabric 也提供了一些权限配置选项，允许链码在获得适当许可的情况下，通过调用其他链码的接口间接访问其状态。

2. 链码的分类与生命周期

Hyperledger Fabric 中的链码分为系统链码和应用链码两种类型。系统链码主要负责处理与系统相关的交易，例如生命周期管理和策略配置等关键任务。为满足用户更广泛的应用需求，系统链码 API 也可以对用户开放。而应用链码则专注管理账本的应用状态，包括数字资产或重要数据记录等。在链码部署完成后，需要向网络提交一个初始化交易激活链码，以完成合约的实例化过程。只有当该初始化交易被网络中的相关方批准后，链码才进入激活状态，接受来自用户的应用交易。所有经过验证且确认有效的交易都将被记录到账本中，并相应地改变账本的状态。链码的分类与其生命周期如图 6-5 所示。

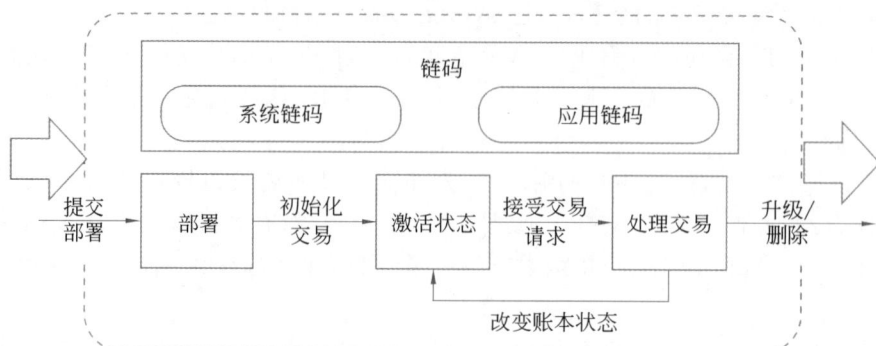

图 6-5   链码的分类与其生命周期

3. 链码开发模式的选择

在利用链码进行业务合约或分布式应用开发时，开发者通常面临两种开发模式的选择。一种是针对每个合约创建独立的链码处理相关业务逻辑，该方式使每个合约都具有较高的独立性和隔离性。另一种是使用单一的链码处理所有的合约，并通过 API 统一管理这些合约的生命周期，该方式更侧重集中管理和效率提升。这两种开发模式各有优势和局限性，具体选择哪种模式需要根据项目的实际需求和目标进行综合考虑。

4. 资产管理与记账模型

链码在 Hyperledger Fabric 中还提供了便捷的方式定义和管理资产。与传统的区块链记账方式相比，Hyperledger Fabric 支持两种主要的记账模型：未花费的交易输出（Unspent Transaction Output，UTXO）模型以及账户/余额模型。在 UTXO 模型中，账户余额通过历史交易记录计算得出；而在账户/余额模型中，账户余额则直接存储在账本的状态存储空间中。这两种记账模型各有其适用场景和优势，在 Hyperledger Fabric 平台上均可灵活使用，以满足不同应用场景下的特定需求。

5. 智能合约的请求处理流程

Hyperledger Fabric 智能合约的请求处理流程如图 6-6 所示，该流程详细描述了从交易请求发起到最终状态变更写入区块链的整个过程。

在请求处理开始时，系统接收的输入包括合约 ID、具体的交易请求、交易依赖项以及账本的当前状态。合约解释器负责装载当前账本的状态和智能合约代码，为后续请求处理做好准备。

当合约解释器接收到交易请求时，首先检查请求的有效性，确保只有合法的、格式正确的请求才可被进一步处理。无效请求将被直接拒绝。如果交易请求被验证为有效并被接受，合约解释器将执行智能合约中的相应逻辑，并产生相应的输出，其中最主要的输出是账本状态的变更，反映交易请求对账本数据的影响。

交易处理完成后，解释器将整合变更后的新状态，生成正确性证明，并附加共识服务所需的排序提示等信息。然后将这些数据打包发送给共识服务，由共识服务确保这些数据被安全、有序地写入区块链。

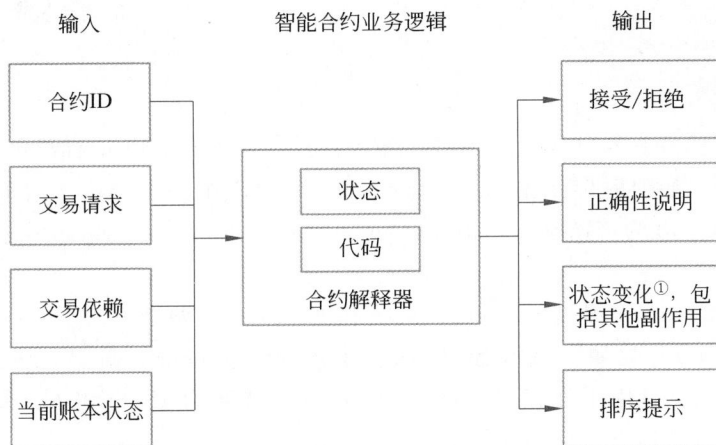

图 6-6　Hyperledger Fabric 智能合约的请求处理流程

6. Go 语言实现示例

为直观说明 Fabric 智能合约的实现方式，下面展示了使用 Go 语言编写的简单资产管理智能合约示例（应用链码）。

```
1   type AssetContract struct {
2       contractapi.Contract
3   }
4   //资产结构体
5   type Asset struct {
6       id      string                        //资产 ID
7       owner   string                        //资产的所有者
8       value   int                           //资产的价值
9   }
10  //使用该函数创建一项资产
11  func(s * Assetcontract) CreateAsset (
12      ctx contractapi.TransactioncontextInterface,
13      id string,
14      owner string,
15      value int) error {
16      asset := Asset{id,owner,value}          //初始化资产
17      assetJSON, _ := json.Marshal(asset)     //序列化资产
18      return ctx.GetStub().Putstate(id,assetJsoN) //计入账本
19  }
20  //使用该函数读取一项资产
21  func(s * SmartContract) ReadAsset(
22      ctx contractapi.TransactionContextInterface,
23      id string) ( * Asset,error) {
24      assetJsoN, _ := ctx.GetStub().GetState(id)  //从账本读取资产
```

---

① 如果交易被拒绝，则不存在状态变化。

```
25      var asset Asset
26      json.Unmarshal(assetJSON, &asset)              //反序列化资产
27      return &asset,nil
28  }
```

合约中定义了一个名为 AssetContract 的结构体，继承自 Fabric 标准的智能合约结构，为资产管理提供了基础框架。在 AssetContract 内，定义了一个 Asset 结构体表示具体资产，包含 3 个字段：id 为资产唯一标识，owner 表示资产的所有者，value 代表资产的价值或相关信息。

此外，AssetContract 提供了 CreateAsset 和 ReadAsset 两个方法。CreateAsset 用于创建新资产，接收 Fabric 区块链 API 接口 ctx 和资产的 id、owner、value 作为参数。方法内部声明了一个 asset 变量用于保存新资产信息，并将其转换为 JSON 格式，最后使用 ctx 的 PutState 方法将资产信息存储到区块链上。

ReadAsset 方法则用于根据资产 ID 查询并返回资产信息。其接收 ctx 和 id 作为参数，使用 ctx 的 GetState 方法查询对应资产。如果找到，则将查询到的 JSON 数据转换为 Asset 结构体并返回。

该智能合约示例展示了在 Hyperledger Fabric 平台上使用 Go 语言开发智能合约的基本流程，实现了资产的创建和查询功能，便于数字资产在区块链上的管理与追踪。

◇ 6.4 智能合约漏洞和金融安全问题

智能合约是运行在区块链上的程序，继承了区块链的不可篡改和分布式特性，为其提供了高度的安全性和可靠性。然而，智能合约使用的编程语言与通用计算机编程语言并无显著差别，合约代码的公开性使攻击者能够轻易分析合约逻辑、发现漏洞，并进行恶意调用。随着合约逻辑复杂性的提升，攻击面也在不断扩大。同时，由于智能合约的不可篡改性，运行中的合约无法进行人工干预，难以进行修订和升级，使合约在遭遇软件漏洞、业务逻辑错误或环境变化时难以应对，进一步加剧了潜在风险。此外，智能合约中的借贷、抵押和钱包等事务处理也容易出现非预期的安全问题。这些问题往往与合约的逻辑设计、权限管理以及资金处理机制有关。例如，2021 年，DeFi 项目因黑客攻击而损失金额高达 13 亿美元。2022 年 2 月 3 日，连接以太坊和 Solana 两大区块链的主要桥梁——虫洞（Wormhole）遭到黑客攻击，损失约 3.2 亿美元。

6.4.1 基于以太坊的智能合约漏洞分类

自以太坊上线以来，因 Solidity 漏洞、短地址漏洞、交易顺序依赖、时间戳依赖、可重入攻击等合约漏洞引发的安全事件频繁发生。智能合约的安全漏洞可以从 Solidity、EVM、区块链平台和其他组件 4 个层面进行分类。Solidity 层面的漏洞主要包括语言设计缺陷以及开发过程中引入的错误；EVM 层面的安全威胁主要源于以太坊智能合约字节码规范和运行机制的缺陷；区块链平台层面的问题则由区块链平台本身产生的相关漏洞引起；其他组件问题包括钱包和接口等。漏洞的具体分类如表 6-2 所示。

表 6-2　漏洞分类

漏洞分类	典型安全漏洞举例
Solidity	整数溢出漏洞
	未校验返回值
	权限控制问题
	拒绝服务
	资产冻结
EVM	重入漏洞
	短地址攻击
	代码注入
区块链平台	交易顺序依赖漏洞
	时间戳依赖漏洞
	可预测的随机处理
其他组件	钱包
	RPC 接口漏洞
	ENS

1. 整数溢出漏洞

整数溢出漏洞是指在智能合约执行中,某个整数值超出了其变量类型能表示的范围,从而引发该变量值异常变动的现象。对于无符号整数,若其值增至类型上限后继续增加,将发生整数溢出,导致变量值回绕至 0;若其值减至类型下限后继续减少,则会回绕至该类型的最大值。这种漏洞可能引发合约状态不一致、资金错误转移等安全问题。下面所示的代码示例中,存在明显的无符号整数溢出漏洞。合约中对 balances[msg.sender] 和 numTokens 的比较被移除,导致当 numTokens 大于 balances[msg.sender] 时,执行 balances[msg.sender] -= numTokens 将发生下溢,结果变成一个非常大的数(在无符号整数情况下,变成接近 uint 类型最大值的数)。此时,合约不会阻止该操作,攻击者绕过余额检查,非法转移积分,谋取不当利益。

```
pragma solidity ^0.7.0;
contract VulnerableToken {
    mapping(address => uint) private balances;
    event Transfer(address indexed from, address indexed to, uint value);
        //假设已有其他函数管理 balances 的初始化和增加等逻辑
        function transfer (address receiver, uint numTokens) public returns
(bool) {
        //这里存在整数溢出漏洞
        //require(balances[msg.sender] >= numTokens);
        //balances 和 numTokens 的比较被移除,缺少检查余额是否足够,存在溢出风险
```

```
        balances[msg.sender] -= numTokens;              //转出积分,可能导致溢出
        balances[receiver] += numTokens;                //转入积分
        emit Transfer(msg.sender, receiver, numTokens); //触发 Transfer 事件
        return true;
    }
}
```

为了防范整数溢出漏洞,通常使用专用的安全算术运算库合约,替代标准的加减乘除操作。其中,最常用的是由 OpenZeppelin 构建的安全数学库 SafeMath.sol,包括 mul、div、sub 和 add 4 个函数,可有效避免整数溢出问题。

2. 重入漏洞

重入漏洞是指在对智能合约的调用返回之前,攻击者再次调用该智能合约。这种特定的重入行为可能造成严重的经济损失,以太坊上的 The DAO 事件便是由于攻击者利用重入漏洞,窃取了 360 万个以太币。为挽回损失,最终导致了以太坊的硬分叉。

在以太坊智能合约中,fallback 函数是一个特殊的无名函数,不接受参数且不返回值。该函数的主要作用是处理异常情况,如调用未匹配的函数或未传递数据等情况,以保证合约在面临各种调用时都能保持稳健,避免因未处理异常而导致的失败。每个合约仅限定义一个 fallback 函数,以保证异常处理的集中和一致性。此外,当通过 .transfer(uint256 amount)、.send(uint256 amount) returns (bool) 或 .call{value: uint256 amount}("") 等函数向合约转账时,若目标合约定义了 receive 函数且调用数据为空,则系统优先调用 receive 函数以接收以太币;若没有 receive 函数或调用数据不为空,则触发 fallback 函数完成以太币接收。需要注意的是,无论是 receive 函数还是 fallback 函数,只要用于接收以太币,都必须声明为 payable,以保证资金能够成功转入合约。

然而,receive 函数和 fallback 函数的设计也带来了重入漏洞的潜在风险。下面所示的代码示例中,withdraw 函数是银行合约(受害者)的一部分,允许外部用户提取其存储在合约中的以太币。攻击者合约通过在 receive 函数中递归调用 withdraw 函数,利用受害者合约在转账后才更新余额的漏洞,实现了重入攻击。

```
pragma solidity ^0.8.0;                            //兼容从 0.8.0 版本开始的任何小版本
contract Victim {                                  //受害者合约
    mapping(address => uint256) public balance;
    function withdraw() public {                   //提款函数,存在重入漏洞
        uint256 userBalance = balance[msg.sender];  //获取用户余额
        require(userBalance > 0, "User balance must be greater than 0");
                                                   //确保用户余额大于 0
        //调用 call 函数进行提款,存在重入漏洞
        (bool successful, ) = msg.sender.call{value: userBalance}("");
        require(successful, "Failed to withdraw Ether"); //检查转账结果
        //清空账户余额,但由于重入漏洞,此行可能在多次提款后才执行,或者根本不执行
        balance[msg.sender] = 0;
    }
}
```

```
contract Attack {                                    //攻击者合约
    Victim public v;                                 //受害者合约实例
        constructor(Victim _victim) {
        v = _victim;
    }
    //显式声明 receive 函数
    receive() external payable {
        if (address(v).balance > 0) {
            v.withdraw();            //持续调用 withdraw 函数,盗取受害者合约中的以太币
        }
    }
}
```

若外部调用者(即 msg.sender)是攻击者控制的合约账户,在 withdraw 函数执行 msg.sender.call{value:userBalance}("") 转账时,将触发攻击者合约的 receive 函数或 fallback 函数。若攻击者在该函数中恶意地再次调用 withdraw 函数,便形成重入调用。由于受害者合约的 withdraw 函数在发送以太币后才更新攻击者的余额状态,原始的 withdraw 函数调用尚未完成时余额未被清零,攻击者可以反复利用 msg.sender.call{value:userBalance}("") 进行重入攻击,进而从受害者合约中窃取大量以太币。为防止重入漏洞,开发者可采取以下措施。

(1) 优先使用 Solidity 的内置 transfer 函数向外部合约发送以太币。因该函数提供的 Gas 限制为 2300,不足以支持接收方合约执行复杂的操作或再次调用其他合约。

(2) 确保在发送以太币之前更新合约状态。通过先修改状态再执行转账,可以确保即使发生重入调用,攻击者也无法利用旧的状态信息实施欺诈。

(3) 引入互斥锁机制。通过设置一个状态变量在关键代码执行期间锁定合约,防止重入调用的发生。

3. 短地址攻击

短地址攻击是一种利用参数对齐机制实施的攻击方式。在合约函数调用过程中,若用户提供的实际参数长度未达到 ABI 规范所定义的形参编码长度,以太坊虚拟机自动在实际参数的后面填充零,以保证数据对齐。数据补齐操作为攻击者留下了潜在的攻击窗口。通过精心构造短于标准长度的参数,攻击者可能诱导合约错误地解析后续参数,进而执行非预期的操作,达到窃取资金或干扰合约正常运行的目的。

以基于以太坊的 ERC-20 通证合约为例,合约包含一个名为 transfer 的函数,用于实现通证转账。正常情况下,此函数接收两个参数:一个是接收者地址,在 ABI 中需填充至 32 字节,另一个是转账金额。若合约在解析接收者地址时未进行长度验证,则存在短地址漏洞。攻击者可利用该漏洞,构造一笔特殊交易,故意将接收者地址设置为仅有 20 字节,并指定大额转账金额。当合约执行该交易时,因接收者地址长度不足,合约将错误地将部分转账金额解析为地址的一部分,进而将通证转移至一个由该部分金额和原始地址共同构成的"错误地址"。如果此"错误地址"恰好为攻击者所控制,便成功窃取了原本应转给他人的通证。即使该地址并非直接由攻击者控制,仍可能通过其他不法手段(如网络钓鱼)尝试获取非法转入的通证。

为有效防范短地址攻击，智能合约开发者应采取前置验证机制，对输入参数进行严格的长度和格式校验，保证数据符合预期标准，从源头上消除安全隐患。同时，通过规范函数的形参顺序，保障关键操作的安全性，即使后续参数解析出错，也可降低风险。

4. 不正确的认证检测

在智能合约中，使用 tx.origin 进行权限验证存在安全隐患。因为 tx.origin 总是指向最初发起交易的账户，如果一个合约被另一个合约调用，tx.origin 不会反映这种调用关系。例如，外部账户 A 调用 B 合约，B 合约又调用 C 合约，此时 msg.sender 是 B 合约的地址，而 tx.origin 是原始的外部账户 A。攻击者可以利用该特点，创建一个恶意合约调用目标合约，绕过基于 tx.origin 的权限检查，代码如下所示。

```solidity
pragma solidity ^0.8.0;
contract TxOriginRisk {
    address private owner;
    constructor() {
        owner = msg.sender;                      //设定合约的所有者
    }
    //存在安全漏洞的提币函数
    function withdraw(address payable user, uint amount) public {
        //不安全的权限验证:使用 tx.origin
        if (tx.origin == owner) {
            user.transfer(amount);               //如果验证通过,则转账
        }
    }
}
```

在该示例中，withdraw 函数使用 tx.origin 验证调用者是否为合约的所有者，存在不正确的认证检测漏洞。因为攻击者可以通过创建一个恶意合约调用 withdraw 函数，而 tx.origin 将返回原始交易发起者的地址（即攻击者的地址），攻击者可以轻易绕过该权限检查，达到非法转账的目的。

在实际开发中，可使用 msg.sender 替代 tx.origin 进行权限验证，确保权限验证的准确性和合约的安全性。

5. 随机数漏洞

智能合约对每个节点的执行结果要求强一致性，因此不支持节点生成真正的随机数。然而，部分合约代码（如抽奖、中签等场景）需要随机逻辑的支持，因此智能合约常常采用伪随机数生成算法。

伪随机数生成算法的核心在于"种子"的选择。当给定相同的种子时，算法将产生相同的随机数序列。在智能合约中，确保每个节点在调用相同的合约时获得一致的种子至关重要，以保证生成的随机数不因硬件差异、本地环境或执行顺序的微小变化而不同。同时，优质的随机数种子应兼具不可预测性和计算简洁性（受限于 Gas 消耗）。

然而，随机数漏洞的产生，往往源于伪随机数生成算法的设计不当。攻击者可能利用算法漏洞，以较低的成本预测随机数种子，进而提前获悉智能合约的执行结果。例如，以下代

码片段展示了利用区块时间戳和消息发送者地址作为种子生成随机数。

```
function random(uint number) public view returns(uint) {
return uint (keccak256 (abi. encodePacked (block. timestamp, msg. sender))) %
number;
}
```

在此示例中,因区块时间戳可由矿工在一定程度上控制,特别是在自己挖掘的区块中,攻击者(作为矿工)可能通过构造特定的时间戳或交易信息操控随机数种子,生成符合预期的中奖号码而不当获利。

为防止此类随机性缺陷,建议在资产规模较小的轻量级应用中谨慎使用区块时间戳等易被操控的信息作为种子。对于涉及重大资产的大型业务场景,应考虑采用更安全的解决方案,如引入预言机服务或采用链上可验证随机数函数(Verifiable Random Function,VRF)算法,以保证随机数的安全性和不可预测性。

6. 蜜罐合约

蜜罐合约作为一种特殊设计的智能合约,旨在通过"引诱"的方式使攻击者对其发起攻击。合约通过构造看似存在漏洞的外观,并故意将这些脆弱点暴露给外界。当攻击者受到诱惑并发起攻击时,往往会遭受损失,而蜜罐合约则可从中获取利益。例如,某些蜜罐合约可能要求攻击者先转入一定数量的以太币,然后在攻击者尝试利用漏洞时,合约的隐藏逻辑被激活,从而夺取这些转入的资金。此外,蜜罐合约还常被用于搜集攻击者的敏感信息,如IP 地址和交易详情等。

下面展示了一个典型的蜜罐合约实例,该合约利用了所谓的"使用超长空格的 Hidden Transfer 攻击"。

```
function GetFreebie() public payable {
    if (msg.value > 1 ether) {               //检查转入的以太币是否超过 1 个
        //利用超长空格隐藏转账给合约所有者的代码
            Owner.transfer(this.balance);    //将合约全部余额转给合约所有者
        //伪造转账给调用者的假象(但此时余额已为零)
        msg.sender.transfer(this.balance);
    }
}
```

在代码中,攻击者巧妙地插入了超长空格,使在常见的区块链浏览器或代码托管平台上,后续的代码行可能被隐藏起来,掩盖了将合约内所有余额转给合约所有者(Owner)的操作。如果攻击者未能察觉到 Owner.transfer(this.balance) 的存在,就可能会误以为能够获利,而最终却损失了所有的以太币。

除了上述示例外,蜜罐合约还有许多其他类型,如 Balance Disorder、Inheritance Disorder 等,通过不同的策略和技巧诱骗和反击攻击者。

目前,针对蜜罐合约的威胁,最有效的防范措施是使用蜜罐合约检测技术。但从字节码层面检测精心设计的合约具有很大的挑战性,且难以构建出能应对各种类型蜜罐的通用检测方案。近期,一些新型检测技术开始尝试利用合约的交易记录等信息评估风险,在某种程度上提升了蜜罐合约的检出率。

7. RPC 接口漏洞

RPC 作为一种通信协议，在区块链技术体系中发挥着重要作用。通过 RPC 服务，用户可便捷地利用 Web 接口与智能合约进行交互，以实现各种复杂的功能和操作。然而，这种便捷性同时也为攻击者提供了潜在的攻击途径。攻击者常利用 RPC 接口漏洞，通过传递恶意构造的参数对区块链系统进行破坏或窃取敏感信息。例如，在著名的 CVE-2017-12119 漏洞中，攻击者就是通过向 RPC 接口传递畸形参数，导致了区块链客户端的崩溃。该案例表明，任何未经严格过滤或验证的外部输入，都可能成为攻击者利用 RPC 接口漏洞的突破口。

需要强调的是，智能合约的漏洞存在于智能合约的开发、编译、部署、运行以及调用的整个生命周期中，为有效防范这些漏洞，开发者须采取全方位的安全措施。

6.4.2 增强智能合约安全的措施与建议

智能合约一旦部署便不可更改，且合约的业务通常涉及大量的数字资产，一旦发生安全问题，损失通常比较严重。因此，采取有效的措施降低风险至关重要。

1. 输入验证与安全审计

严格验证和过滤所有传入参数，防止恶意输入导致的漏洞，避免攻击者操控合约行为。同时，定期进行安全审计，包括人工和自动化审计，确保合约在发布前得到全面检查。

2. 利用安全组件与成熟库

采用经过验证的智能合约模板、安全开发组件和编程环境，提高代码质量。使用广泛测试和验证的库和框架，降低新漏洞风险，为合约提供更高安全保障。

3. 权限控制与实时监控

严格控制 RPC 接口访问，仅允许可信用户和应用调用。进行实时监控和日志记录，及时发现异常活动并响应，保护合约和用户资产。

4. 形式化设计与验证

在开发前创建形式化规范文档，明确定义合约预期行为和安全属性，减少漏洞可能性。

5. 智能化合约编写

引入工具和算法生成合约代码，提高准确性和安全性，减少人为错误。

6. 紧急停止与版本控制

实现紧急停止功能，防止严重漏洞导致进一步损失。使用版本控制系统管理合约代码，便于追踪变更和回滚到安全版本。

7. 漏洞赏金与持续教育

设立漏洞赏金计划，鼓励发现并报告安全问题。对开发团队进行持续安全教育培训，提升整体安全意识。

8. 模块化设计与故障分析

采用模块化设计,降低复杂性,提高可维护性。进行全面失效模式与影响分析(Failure Mode and Effects Analysis,FMEA),制定缓解策略,迅速应对问题。

9. 分布式治理与透明度

实施分布式治理机制,增加合约透明度和信任度,提升安全性。

通过以上措施,可以显著提高智能合约的安全性,降低潜在风险,保护用户资产和系统稳定性。随着区块链技术的发展,持续的安全研究与创新将是确保智能合约安全的关键。

6.4.3　分布式金融及应用安全

分布式金融(DeFi)是基于区块链技术和智能合约发展起来的一种新型金融活动。分布式金融以其分布式、抗审查及开放的特点,与传统依赖银行和主权实体的金融体系形成鲜明对比,已经吸引了大量的用户和资金流入。DeFi 的应用形式多种多样,包括但不限于分布式交易所(Decentralized Exchange,DEX)、闪电贷(Flash Loan)以及跨链桥等。然而,正是由于其分布式和开源的性质,DeFi 也面临更高的安全风险。攻击者可以更容易地接触到敏感数据和代码,在某些情况下,虽然 DeFi 合约本身没有明显的漏洞,但其业务金融模型可能存在缺陷,从而被攻击者利用以窃取合约中的资产。

1. 矿工可提取价值

矿工可提取价值(Miner Extractable Value,MEV)是指矿工通过修改交易顺序获取额外奖励的行为。在以太坊等平台上,矿工负责将交易打包进区块并添加到链上,该过程中可能存在矿工利用交易顺序进行牟利的情况。例如,某个用户检测到交易池中有一笔大额购买某种通证的交易,便可能通过向矿工支付额外费用,以确保自己的购买交易能够优先被打包进区块。当大额购买交易推高了通证价格后,该用户便立即卖出通证以获取利润。针对 MEV 行为,可采取以下安全措施。

(1)使用隐私保护技术:采用如零知识证明等隐私保护技术和协议,隐藏交易信息,降低被监测的风险。

(2)交易顺序优化:开发者可以设计机制优化交易顺序,例如通过随机化交易的打包顺序,防止矿工利用交易顺序操控获利。

(3)透明度与审计:鼓励矿工与开发者间的透明沟通,以及定期进行合约审计,保证合约的安全性和公正性。

2. 抽毯子骗局

抽毯子骗局是一种在 DeFi 领域常见的欺诈行为,项目方在吸引大量投资者资金后突然撤离,导致投资者遭受重大损失。抽毯子骗局与庞氏骗局类似,都是利用投资者的贪婪心理进行欺诈。在这种骗局中,攻击者通常伪装成知名品牌或创建一个看似有潜力的 DeFi 项目,通过各种渠道进行宣传以吸引投资者。一旦项目市值上升,攻击者便会窃取资金并逃之夭夭，给投资者造成巨大的经济损失。为防范此类骗局，可采取以下安全措施。

（1）进行背景调查：在参与任何 DeFi 项目之前，投资者应详细调查项目团队及其背景，确保其信誉和透明度。

（2）查看审计报告：关注项目是否经过第三方安全审计，以评估其安全性。

（3）谨慎对待高收益承诺：对承诺高回报的项目保持警惕，避免被虚假宣传所吸引。

（4）参与社区讨论：加入相关社区和论坛，与其他投资者交流信息，以获取更全面的项目评估和警示。

3. 闪电贷攻击

闪电贷攻击是利用 DeFi 协议中的闪电贷功能进行的一种攻击方式。攻击者通过快速借贷大量资金，并在同一交易块内执行攻击行为后归还贷款，从而实现对目标协议的攻击。具体而言，闪电贷是一种无抵押贷款工具，允许用户通过智能合约在一笔交易中完成大额加密数字货币资产的借贷、使用和归还。攻击手段通常包括借款、市场操控、套利或清算等步骤。

得益于智能合约的原子性特性，闪电贷为用户提供了近乎零风险的借贷体验，具体而言，如果在交易过程中的任一环节出现失败，整笔交易都将回滚至初始状态，保护用户的资金免受损失。除非攻击者能够成功实施攻击并且规避所有的安全检测机制，否则在交易回滚机制的作用下，无法获得实质性的收益。然而，闪电贷攻击仍然可能导致 DeFi 协议的流动性损失、价格操控、用户损失和信任危机。为防范此类攻击，可采取以下安全措施。

（1）审计和测试：对智能合约进行严格的安全审计和压力测试，识别和修复潜在漏洞。

（2）价格预言机的安全性：保证使用安全且可靠的价格预言机，防止价格操控。

（3）设定交易限制：对闪电贷的使用设定限制，例如限制借款金额或交易频率，降低攻击的可能性。

4. 钱包安全及私钥保护

钱包作为区块链中不可或缺的基础设施之一，承担着存储用户私钥以及与区块链进行交互的重要任务。私钥是用户访问和控制其数字资产的唯一凭证，保护私钥的安全性至关重要。一旦攻击者掌握了用户的私钥，就可以轻易盗取用户的数字资产，造成不可逆转的损失。针对钱包安全和私钥保护，可采取以下安全措施。

（1）使用硬件钱包：硬件钱包将私钥存储在离线环境中，提供更高的安全性，特别适合存储大量数字资产的用户。

（2）启用多重签名：多重签名钱包要求多个私钥共同签署交易，即使某个私钥被盗，攻击者也无法单独发起交易，增加了资产的安全性。

（3）定期备份：用户应定期备份自己的钱包和私钥，并将备份存储在安全的地方，防止数据丢失导致资产无法访问。

（4）保持软件更新：始终使用最新版本的钱包软件，确保获得最新的安全补丁和功能，降低被攻击的风险。

◇ 6.5　智能合约面临的挑战

6.5.1　性能与成本问题

当前,智能合约的性能受到区块链系统本身的限制,难以实现高吞吐量。在现有的公有区块链系统中,智能合约通常按顺序串行执行,每秒可执行的指令数受到严格限制,难以满足日益增长的广泛应用需求。例如,在高交易量的情况下,串行处理方式可能导致网络拥堵,从而延迟交易确认时间,影响用户体验。企业联盟链虽然在性能上有所提升,能够支持更高的交易吞吐量和更快的确认时间,但通常不支持匿名节点,限制了其应用场景的多样性和灵活性。企业联盟链的设计往往更注重安全性和权限控制,可能导致其在某些情况下无法灵活应对复杂的业务需求。

此外,智能合约的执行成本与其调用所需的 Gas 量密切相关,而 Gas 的消耗又与执行指令的数量直接相关。未经过优化的智能合约在执行效率上往往较低,可能导致高昂的交易费用。因此,开发者在编写智能合约时,不仅需要进行逻辑优化,还需充分考虑使用更少且更经济的指令代码,以减少成本消耗并提高执行效率。

6.5.2　智能合约的灵活性问题

与传统合同相比,当订立时的条件或业务发生变化,或遇到异常情况时,传统合同当事人通常可以根据实际情况对相关合约条款进行协商解决或暂停执行。然而,智能合约严格受制于编写规则,一旦合约履行的触发条件或状态被激活,便通过预先设置的程序代码自动执行。这种自动化的特性虽然提高了执行效率,但在灵活性方面却存在明显不足。同时,大规模合约测试技术尚不成熟,基于安全考虑,智能合约还面临诸如合约大小限制、函数复杂度限制、严格的内存访问限制等问题。此外,以太坊虚拟机中运行的代码无法访问安全隔离环境外的网络和文件系统,缺乏多线程和并发处理能力也限制了大型和复杂合约的应用。

6.5.3　预言机机制问题

智能合约的广泛应用必然与链外现实世界的数据进行交互。由于区块链无法主动获取现实世界的数据,需要引入"预言机"交互机制。预言机的作用是将外部信息(如生成随机数的种子来源、比赛结果、天气情况和金融市场价格信息等)引入区块链,是触发智能合约的重要条件。例如,足球投注智能合约 Eurobet 需要通过预言机获取欧洲杯各场比赛的结果,并为预测获胜者发送奖励。同样,Oraclize 可以提供资产/财务应用程序中的价格信息、用于点对点保险的天气信息以及对赌合约所需的随机数信息。再如,在货物运输过程中,需要通过传感器采集温度、位置和包装完好性等数据,并通过预言机发送给智能合约,如果货物到达目的地并满足预设的条件,便可自动进行货款支付。

区块链的不可篡改性并不能保证信息本身的真实性。虽然外部数据可以通过预言机引入智能合约,但这些数据通常由第三方中心化组织提供,已有的信誉评价、投票表决和多传感器信息采集等方法可提升第三方数据的可信度,要确保上链数据的可靠性依然面临诸多挑战。例如,如何通过国家机关背书房产证明、如何避免人为操作对物联网数据的影响,以及如何确保提供数据的软件或平台的安全性等问题，仍缺乏普遍适用的解决方案。

6.5.4 可操作性问题

智能合约的可操作性不足是制约其应用的重要障碍。首先，操作门槛较高。智能合约本质上是一段字节码，需要通过客户端程序或专业工具与之交互，使普通用户面临较大困难。目前缺乏统一的操作接口和友好的图形化界面，导致用户体验较差。其次，开发难度较大。智能合约通常由专业开发者编写，现有的开发框架和工具相对较少，程序员在学习和应用过程中面临较高的挑战，且在开发过程中容易引入漏洞。为了避免因漏洞和错误导致的经济损失，合约开发团队必须进行严格的测试和审计，进一步增加了开发者的负担。此外，部分应用场景的落地也较为困难。将智能合约的权益金融化是其应用落地的关键。例如，分布式交易所Uniswap和链上借贷平台Compound的创新在于流动性供应商（Liquidity Provider，LP）和储蓄合约的通证化。然而，智能合约的金融化缺乏相关规范和约定，导致每个合约必须自行实现，增加了落地的难度。最后，如何将智能合约与传统合同文本无缝对接也是一大挑战。智能合约在描述精确性和自动执行能力方面具有优势，而文本合同在易理解性和与现实世界的对接上更具优势，因此，如何实现两者的有效结合，需要深入地研究和探索。

◆ 6.6 高级智能合约描述语言简介

SPESC（Specification Language for Smart Contract）是由北京科技大学研究团队开发的一种面向法律的高级智能合约语言（也称智能法律合约），也是全球首个具有高级智能合约特征的语言规范，包含以提高合约法律性、便于法律人士与计算机人员协作合约开发、易于理解和使用为目的的智能合约规范。SPESC采用了与现实合同类似的结构规范智能合约，并使用了类似自然语言的语法，明确定义了当事人的义务和权利以及加密货币的交易规则，对于促进智能合约法律化和协作开发智能合约具有很大的潜力。

SPESC是介于现实法律合约与现有智能合约通用语言之间的一种过渡性语言，因此，在SPESC中智能合约被视为计算机技术、法律与金融的结合性文档。在语法结构上，SPESC既有法律合约的结构和语法，又具有一定的计算机形式化语言的特征，从而避免自然语言所有的二义性和不确定性。

SPESC结构和实例如图6-7所示，合约分为合约框架、合约参与方定义、合约条款定义和附加信息4部分。SPESC合约采用英文撰写，合约框架用于规范合约名称、签名和签约时间等基本信息。合约参与方部分使用关键字party说明所有参与方的身份及角色。合约条款采用关键字term表达各参与方的行为、权利和义务，确保条款清晰且具体。附加信息部分使用关键字type定义和说明合约涉及的其他相关信息。

SPESC具有结构简单、表述上易于理解、代码量低等特点。而且，与传统通用编程语言相比，该语言具有全新定义的时序逻辑以及情态动词，用于更准确地表述合约参与方的行为。此外，SPESC还包含合约中需要记录的重要属性，如被出售货物的数量和价格等。

在SPESC执行上，由SPESC编写的智能合约并不限定具体的智能合约编程语言和实现环境，可支持将其转化为任何现有区块链智能合约语言程序代码并在对应平台上运行。需要说明的是，SPESC是现实世界合同到可执行程序之间转化的桥梁，并支持将法律合同

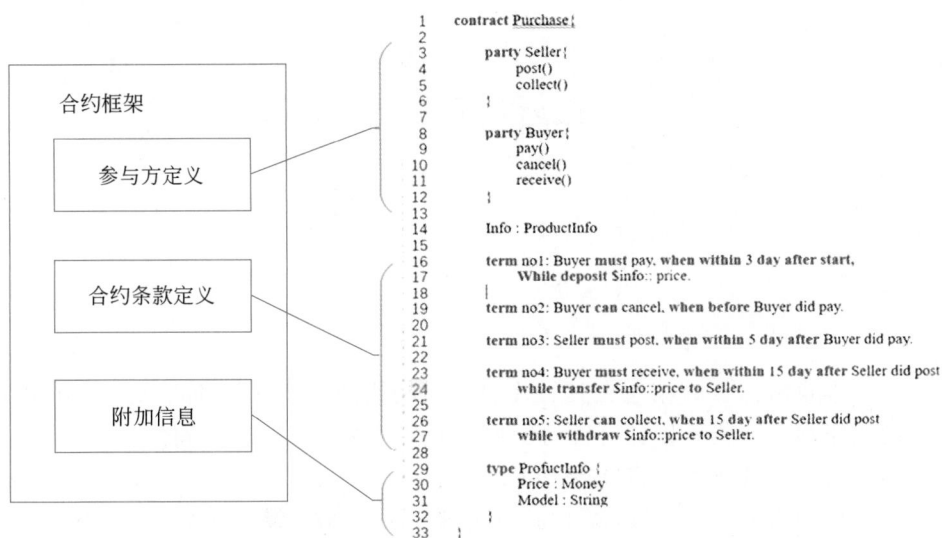

图 6-7　SPESC 结构和实例

转化为 SPESC 合约(如通过文本置标方式实现转化),进而编译成为可执行智能合约程序。但由 SPESC 编写的合约并不与最终的可执行合约程序完全等价,SPESC 是智能合约的高层且抽象表示,不必对当事人的常见行为及其具体操作进行描述,可由编程人员根据不同的编程语言加以完善实现。

因此,高级智能合约语言作为一种面向法律规范的智能合约高层语言,其语言结构和计算机本身的硬件以及指令系统无关,可阅读性更强,能够方便表达合约功能和权利与义务的表述。同时,所编写的智能合约也更容易被理解,方便初学者学习和掌握。

◆ 6.7　本 章 小 结

本章首先概述了智能合约的定义、演进历程及核心架构,进而深入剖析了智能合约从编译到部署、触发与执行的全生命周期运行机理。接着,通过对比以太坊与超级账本上的智能合约,揭示了各自的运作特点,并辅以实例加以说明。最后,针对智能合约存在的安全漏洞与金融风险,给出了相应的解决策略,并探讨了其在安全性、灵活性、性能及可操作性等方面的不足,同时简要介绍了高级智能合约描述语言。

◆ 习　　题

1. 详细阐述智能合约的通用架构,包括其关键组成要素和相互之间的关系。
2. 解释以太坊智能合约的执行过程,并说明合约代码在以太坊节点中的存储方式。
3. ERC-20 和 ERC-721 在以太坊平台中扮演怎样的角色? 具体定义了哪些主要函数?
4. 以太坊采取了哪些机制确保挖矿节点不会因恶意智能合约而过度消耗运行资源?
5. 概述智能合约中可能存在的安全漏洞及其相应的防范措施。
6. 结合学校实际情况,使用 Solidity 编写一个符合 ERC-721 标准的简单 NFT 智能合约。

典型区块链平台

本章将深入介绍三大具有代表性的区块链平台开源项目：比特币、以太坊和超级账本。这些项目各自针对不同的设计目标，展现出不同的技术特色。同时，本章对区块链技术扩容进行了探讨。

比特币项目的问世，源于 30 余年来对加密数字货币的持续探索。20 世纪 80 年代起，众多计算机专家和密码学家致力于构建基于密码学原理的加密数字货币，其中包括 e-Cash、HashCash、B-money 和 Bit Gold 等标志性项目。然而，这些早期方案或者依赖中心化的管理机构，或者受当时技术水平的限制而未能成功落地。比特币是首个引入区块链结构解决分布式记账问题的加密数字货币项目，也是首个在全球范围内持续运行十多年的公有区块链系统。

尽管比特币网络在加密数字货币领域取得了显著成就，但其功能相对有限，且处理性能有待提高。为了弥补这些不足，以太坊平台应运而生。以太坊不仅支持加密数字货币，更通过引入图灵完备的智能合约，将应用场景拓展至更广泛的领域。其账本同样基于区块链结构，并通过虚拟机执行智能合约，为开发者提供了编写区块链应用逻辑的便利空间。自 2015 年 7 月正式上线以来，以太坊已迅速崛起为仅次于比特币的第二大公有区块链平台。

比特币和以太坊等公有链平台的成功实践，充分验证了区块链结构在解决分布式记账问题中的有效性，也引发了众多企业的浓厚兴趣。2015 年年底，包括 IBM、Accenture、Intel、J.P. Morgan、DTCC、SWIFT、Cisco 等在内的 30 家金融和科技领域领军企业共同发起了超级账本开源平台。该平台致力于打造一个开源、面向企业场景的分布式记账解决方案，并遵循商业友好的 Apache v2 许可协议，由 Linux 基金会负责管理。

◈ 7.1 比 特 币

7.1.1 比特币简介

比特币是最早、最知名的区块链开源平台，由比特币社区维护，其官方网站为 bitcoin.org。作为首个支持全球规模的加密数字货币的公有区块链平台，比特币经过长时间的实践检验，在科技史和金融史上都具有重要意义。

比特币的诞生并非偶然，它是众多先哲对数字货币不断进行探索和实践的结晶。20 世纪 40 年代,电子计算机(ENIAC,1946 年)出现后,人们开始尝试利用更高效的信息技术改造支付系统。最早出现的电子支付手段之一是信用卡(Diners Club,1951 年正式发卡)。自 20 世纪 80 年代起,随着密码学的发展,加密数字货币逐渐成为研究热点,尝试解决传统电子支付依赖中心化系统的缺陷。

在"非中心化支付"场景下,设计数字货币面临如下挑战。

(1) 发行货币。如何设计货币发行机制,以避免货币滥发和不公平带来的经济问题。

(2) 货币防伪。如何保证和检验货币的真实性,防止伪造或篡改。

货币能够随时随地从支付方安全转移到接收方。

数据易于复制,如何避免同一数字货币被多次支付。

密货币领域涌现出一些典型成果,包括 e-Cash、HashCash、这些成果为比特币的成功奠定了基础。

东部时间),星期五下午 2 时 10 分,化名中本聪的人在 metzdowd
特币的设计白皮书 *Bitcoin：A Peer-to-Peer Electronic Cash*
初的实现代码,标志着比特币项目的成立。比特币网络于世
月 3 日 18：15：05 正式上线,产生了首批 50 个比特币。

构管理的情况下,支撑起全球范围内基于比特币的加密数字
相关。

)。网络采用分布式结构,交易请求需要经过多数参与者的验
受,少数作恶者无法破坏网络的整体安全性。

Protected)。用户在网络中的账户是化名(Pseudonymous)的
个账户,以更好地保护用户的隐私。

on)。比特币的发行通过挖矿实现,其发行量每 4 年减半,
2140 年发行完毕),因此不会出现因滥发货币产生的通货

了哈希函数、梅克尔树、区块链式数据结构、账户地址的基本

运行的计算机节点,通过记录交易和生成区块以获得奖励。
矿,现在已发展为由众多矿机联合组成的大型矿池。矿工
为单位。目前,比特币网络的总算力已超过 600EH/s,反
和网络的安全性。

2. UTXO 模型

UTXO 是比特币交易的核心概念,与传统的"账户-余额"模式不同。例如,假如 Alice 的新银行卡刚收到单位发的 5000 元工资,现需要给 Bob 转 2000 元,在不考虑手续费的情况下,传统银行使用"账户-余额"模式,账户直接记录交易结果：从 Alice 账户里扣除 2000 元,

余额为 3000 元,Bob 的账户里增加 2000 元。

相比之下,比特币的 UTXO 模式记录了整个交易过程：Alice 从自己的银行卡中输入上一笔转账的 5000 元(整体),产生了两笔 UTXO,分别为输出到 Bob 的银行卡的 2000 元和输出给自己银行卡的 3000 元找零(未考虑交易成本)。至此,输入的 5000 元不可再花费,而这两笔 UTXO 可以作为未来交易的输入。

UTXO 是一个包含数据和可执行代码的数据结构,具体而言,UTXO 包含一定数量的比特币和一个锁定(加锁)脚本。锁定脚本用于设置有权花费 UTXO 中比特币所需满足的条件,只有持有与指定地址相对应私钥的人才能花费比特币。相比账户模型,UTXO 模型更容易实现并行处理,增强了交易的效率。

比特币的每笔交易由若干输入(付款)和输出(收款)组成。交易的输入都包含(引用)上一笔交易的输出,这样便可以一直向前追溯到比特币被创造出来的交易。创币交易(Coinbase)作为系统对打包矿工的奖励,没有输入,只有输出。比特币网络中所有 UTXO 之和即全部流通的 UTXO。一个 UTXO 被创建后便不可分割,只能以整体的方式作为后续交易的输入被花费,已被花费的 UTXO 无法再次作为输入,从而有效避免双重支付的风险。交易的输出将产生新的 UTXO,这些 UTXO 可以被满足锁定脚本条件的地址使用,作为后续交易的输入。交易中输入的比特币总和必须超过输出的比特币总和,其差额部分则作为支付给矿工的交易服务费用(Transaction Fee)。

表 7-1 为简单交易示例：交易 T0 为创币交易,矿工 A 获得系统奖励的 6.25 BTC U1。在交易 T1 中,B 向 A 转账 1 BTC,B 使用以前交易输出的 UTXO U2(1.505 BTC)作为输入,产生两个输出,分别为输出给 A 的 UTXO U3(1 BTC)和输出给自己的 UTXO U4(0.5 BTC)作为找零,输入值和输出值之间的差额 0.005 BTC 作为交易服务费付给矿工,服务费以 UTXO 的形式体现。在交易 T2 中,A 向 C 转账 6.5 BTC,向 D 转账 0.5 BTC。A 使用 U1(6.25 BTC)和 U3(1 BTC)作为交易输入,产生三个输出,分别为输出给 C 的 UTXO U5(6.5 BTC)、输出给 D 的 UTXO U6(0.5 BTC)以及输出给自己的 UTXO U7(0.245 BTC)作为找零,输入值和输出值之间的差额 0.005 BTC 作为交易服务费付给矿工。

表 7-1　比特币交易示例

交易	目　　　的	输　　入	输　　出	签名
T0	系统奖励新区块打包者 A(创币交易)	无	UTXO U1(6.25 BTC,A 可以使用)	无
T1	B 向 A 转账 1 BTC	来自以前交易的 UTXO U2（1.505 BTC,B 可以使用）	UTXO U3(1 BTC,A 可以使用) UTXO U4(0.5 BTC,B 可以使用) 其余 0.005 BTC 作为交易服务费用	B 签名
T2	A 向 C 转账 6.5 BTC,向 D 转账 0.5 BTC	U1(6.25 BTC) U3(1 BTC)	UTXO U5(6.5 BTC,C 可以使用) UTXO U6(0.5 BTC,D 可以使用) UTXO U7(0.245 BTC,A 可以使用) 其余 0.005 BTC 作为交易服务费用	A 签名

3. 交易和验证信息

交易实质上是由输入和输出两个列表组成的数据结构。除了包含转账金额和收款钱包地址的基础信息,还需保证交易发起人有权使用转出钱包的 UTXO。为此,必须使用转出者的私钥对交易原始数据进行数字签名。随后,将签名和转出者的公钥附加到原始交易数据中,这样矿工才能将交易广播到比特币网络进行验证和打包。这一流程保障了交易的安全性和可追溯性。

交易是比特币系统的核心,通常涵盖以下关键信息。

(1) 付款人地址:一个有效的 160 位哈希地址。

(2) 付款人对交易的签名确认:保证交易的真实性且不可抵赖。

(3) 付款人资金来源交易 ID:指明本次交易的输入来自哪个交易的输出。

(4) 交易金额:明确转移的资金数目。

(5) 交易服务费:支付给矿工的服务费。

(6) 收款人地址:合法的地址。

(7) 时间戳:确定交易的生效时间。

(8) 每笔交易大小:单笔交易大小无限制,平均约为 250 字节。

网络节点在接收到交易信息后,将进行如下严格验证检查:

(1) 验证交易是否已被处理,以防范重放攻击;

(2) 确认交易的合法性,包括检查地址的有效性、验证发起者是否为输入地址的合法持有者,以及保证所引用的交易为 UTXO;

(3) 核对交易输入总额是否超过输出总额,以保障资金流动的合理性。

一旦交易通过这些检查,矿工将会在网络中广播那些已被验证为合法但尚未得到确认的交易。用户可以通过访问 blockchain.info 网站,实时查看交易状态。以下为 2022 年 3 月 29 日 16 时 27 分的一个交易实例,该交易当时尚未得到系统确认。

```
Summary
BTC
Fee:0.00000500 BTC                                    //手续费
(1.348 sat/B - 0.598 sat/WU - 371 bytes)(2.392 sat/vByte - 209 virtual bytes)
24.07893500 BTC                                       //转账数量
UNCONFIRMED                          //还未被系统确认,即还未挖出 6 个区块
Hash
8fd6d8e75dc2fbccb3fc9a4bff0dd3fffd25c810bceeb6de22b2cd59e02278e1   //交易哈希值
2022-03-29 16:27
bc1q9par0sxm6uwcfx6xg54cjugx5gn2hcem76rfhh
12.16424000 BTC
bc1q9par0sxm6uwcfx6xg54cjugx5gn2hcem76rfhh
11.91470000 BTC
bc1q3767q4n5h7seagn8qnkgnh3r7j0523qlz6sc8s
9.07893500 BTC
38mMU2gDwwUWxeEN21YSujpWxLB2m8MDNL
15.00000000 BTC
This transaction was first broadcast to the Bitcoin network on March 29, 2022 at 4:
27 PM GMT+8.  The transaction is currently unconfirmed by the network.  At the
time of this transaction, 24.07893500 BTC was sent with a value of $1,143,864.71.
The current value of this transaction is now $1,144,258.68.  Learn more about how
transactions work.
```

Details

Hash:8fd6d8e75dc2fbccb3fc9a4bff0dd3fffd25c810bceeb6de22b2cd59e02278e1

　　　　　　　　　　　　　　　　　　　　　　　　　　　　//交易哈希值

Status:Unconfirmed　　　　　　　　　　　　　　　　　　//状态:未被系统确认

Received Time:2022-03-29 16:27　　　　　　　　　　　　//时间

Size:371 bytes　　　　　　　　　　　　　　　　　　　　//大小

Weight:836

Included in Block:Mempool

Confirmations:0

Total Input:24.07894000 BTC　　　　　　　　　　　　　　//输入的比特币数量

Total Output:24.07893500 BTC　　　　　　　　　　　　　 //输出的比特币数量

Fees:0.00000500 BTC　　　　　　　　　　　　　　　　　　//手续费

Fee per byte:1.348 sat/B

Fee per vbyte:2.392 sat/vByte

Fee per weight unit:0.598 sat/WU

Value when transacted:$1,143,864.71

Inputs

HEX

ASM

Index:0

Details

Output

Address:bc1q9par0sxm6uwcfx6xg54cjugx5gn2hcem76rfhh　　//地址

Value:12.16424000 BTC　　　　　　　　　　　　　　　　　//输入的比特币数量

Pkscript:OP_0287a37c0dbd71d849b46452b897106a226abe33b　//解锁脚本

Sigscript　　　　　　　//解锁脚本,包含用于证明该输入拥有花费权限的数字签名和公钥

Witness　　　　　　　　　　　　　　　　　　　　　　　//见证

304402206e2d3c551cb0601a4e8dfffdf821982db022821aed9da7c630e0f718b3ebd1e202201
c45c8210d73d65c6a5fe03f72130c4379254e7a92a115d55844c24492f2d4d10102771cfdd
8145bfd35be0c92cf666eb275fb19c2a930692f879fb301b2b82421f4

Index:1

Details

Output

Address:bc1q9par0sxm6uwcfx6xg54cjugx5gn2hcem76rfhh　　//地址

Value:11.91470000 BTC　　　　　　　　　　　　　　　　　//输入的比特币数量

Pkscript:OP_0287a37c0dbd71d849b46452b897106a226abe33b　//解锁脚本

Sigscript

Witness　　　　　　　　　　　　　　　　　　　　　　　//见证

30440220163b32b17387e34b6eda55ad564644105c19a5d91efc4501ab87ed7c740a480b02206f
d6d228c343bf7127ccd52d7d6da307f47bee7aab45b09e4c0b83a99d9eefe60102771cfdd
8145bfd35be0c92cf666eb275fb19c2a930692f879fb301b2b82421f4

Outputs

Index:0

Details

Unspent

Address:bc1q3767q4n5h7seagn8qnkgnh3r7j0523qlz6sc8s　　//地址

Value:9.07893500 BTC　　　　　　　　　　　　　　　　　　//输出的比特币数量

Pkscript:OP_08fb5e05674bfa19ea26704ec89de23f49f45441f　//解锁脚本

Index:1

Details

```
Unspent
Address:38mMU2gDwwUWxeEN21YSujpWxLB2m8MDNL          //地址
Value:15.00000000 BTC                               //输出的比特币数量
Pkscript:OP_HASH1604d9adb9edcab376b52c795ea2cba86f1f41e8666OP_EQUAL
                                                    //解锁脚本
```

4. 利用比特币脚本验证交易的合法性

比特币脚本是基于栈处理方式的简洁指令集,其脚本语言为非图灵完备语言,虽然难以实现很复杂的逻辑,但为后来的智能合约奠定了基础。与通用的智能合约相比,比特币脚本的功能更加单一,主要用于验证交易的合法性。

比特币交易中涉及两个关键的验证脚本。首先是解锁脚本(scriptSig),提供证明本次交易资金合法性的"钥匙",用于证明对 UTXO 的支配权。其次是锁定脚本(scriptPubKey),为未来可花费此笔转出资金的收款人设定一把"锁",即指定可花费此交易的对象。因此,要花费本次交易输入的资金,必须使用"钥匙"解开上一个交易付款人设定的"锁"。通常,解锁脚本包含私钥签名和公钥,而锁定脚本则包含可花费此交易的公钥哈希,即收款账户地址。常见的锁定脚本类型包括 3 种。

(1) 支付到公钥哈希(账户地址)——P2PKH:Pay-To-Public-Key-Hash,允许用户将比特币发送到一个或多个典型的比特币地址上,是目前最常见的交易类型,前导字节一般为 0x00。

(2) 支付到脚本哈希——P2SH:Pay-To-Script-Hash,支付者创建输出脚本,其中包含另一个脚本(加锁脚本)的哈希,适用于多重签名交易等需要更复杂锁定条件的场景,前导字节一般为 0x05。

(3) 支付到见证脚本哈希——P2WSH:Pay-to-Witness-Script-Hash,用于支持隔离见证(SegWit)交易,可以提高交易效率和隐私性,前导字节为 0x00,0x01。

下面以支付到公钥哈希(账户地址)为例,详细介绍脚本验证过程(非交易过程)。P2PKH 的锁定脚本 scriptPubKey 如下。

```
scriptPubKey: OP_DUP OP_HASH160 <pubKeyHash> OP_EQUALVERIFY OP_CHECKSIG
```

其中,OP_DUP 用于复制栈顶元素(付款人的公钥);OP_HASH160 对公钥进行哈希运算,生成 pubKeyHash(地址);OP_EQUALVERIFY 检查计算得到的 pubKeyHash(地址)与 scriptPubKey 中提供的<pubKeyHash>(地址)是否相等。最后,OP_CHECKSIG 使用解锁脚本中提供的公钥验证签名的正确性,并根据验证结果判断交易的有效性。

scriptSig 是一个简单的签名,提供开"锁"的"钥匙",对应的解锁脚本(scriptSig)格式如下。

```
scriptSig: <sig> <pubKey>
```

该指令将签名 sig 和公钥 pubKey 添加到堆栈,其中签名是使用私钥对交易数据进行数字签名的结果。当网络节点执行脚本时,将对 scriptSig 和 scriptPubKey 进行合并,并根据执行结果判断交易是否合法。完整指令格式如下。

```
<sig> < pubKey> OP_DUP OP_HASH160 <pubKeyHash> OP_EQUALVERIFY OP_CHECKSIG
```

指令脚本执行流程如下。

（1）解锁脚本首先将签名 sig 和公钥 pubKey 推入堆栈。

（2）OP_DUP：复制公钥，堆栈现在有两个相同的公钥。

（3）OP_HASH160：对复制的公钥进行哈希，得到公钥哈希。

（4）将锁定脚本中的公钥哈希 pubKeyHash 推入堆栈。

（5）OP_EQUALVERIFY：比较计算出的公钥哈希和锁定脚本中提供的公钥哈希。如果相等，脚本继续执行；否则，验证失败。

（6）OP_CHECKSIG：使用堆栈顶部的公钥 pubKey 和签名 sig 验证签名的有效性。如果签名有效，整个脚本返回 True，交易验证成功。

通过这种方式，保证只有拥有正确私钥的人才能花费特定的交易输出。需要特别注意的是，在 P2PKH 的锁定脚本中，仅能看到公钥的哈希，即比特币账户地址，而公钥只有在资金被花费时才会被披露。这种设计为防范量子计算攻击提供了额外的安全保护，因为通过公钥哈希（账户地址）计算私钥需要进行两次逆向哈希计算。

对于 P2SH 交易，锁定脚本 scriptPubKey 中包含一个赎回脚本（redeemScript）的哈希值。解锁脚本 scriptSig 需要提供签名、公钥以及完整的赎回脚本。赎回脚本定义了复杂的锁定条件，如多重签名等，从而实现更高级的功能，同时也提高了隐私性。

5. 比特币的发行

比特币网络约每 10min 通过挖矿生成一个区块，每个区块可容纳约 3000 笔交易。成功提交新区块的矿工将获得系统奖励，奖励数量遵循预设的减半规则。最初每个区块奖励为 50BTC，大约每 4 年（21 万个区块后）奖励将减半一次，依次为 50BTC、25BTC、12.5BTC、6.25BTC、3.125BTC⋯2024 年 4 月，比特币完成了史上第 4 次减半，每个区块获得的矿工奖励从 6.25BTC 减半至 3.125BTC。

比特币的总供应量被硬编码为 2100 万个，通过上述减半机制，预计到 2140 年比特币将全部发行完毕。比特币的最小单位是"聪"（sats），被定义为一亿分之一（10^{-8}）个比特币，相当于 0.000 000 01BTC。

6. 区块标识

区块在区块链中具有两种重要的标识信息：区块头哈希值和区块高度。

1）区块头哈希值

区块头哈希值是区块的唯一标识，通常称为数字指纹或摘要。每个区块的头部包含多个关键信息，如时间戳、前一个区块的哈希值和梅克尔根等。这些信息经过哈希函数计算生成区块头哈希值，保证每个区块的哈希值都具有唯一性。任何对区块头信息的微小改动都会显著改变哈希值，从而保证区块的不可篡改性。

2）区块高度

区块高度表示该区块在区块链上的位置，具体而言，是指该区块距离创世区块（高度为 0）

的距离,例如,第 100 个区块的高度为 99。需要注意的是,由于区块链可能出现分叉,区块高度并非绝对唯一标识。在分叉的情况下,两个不同的区块可能具有相同的高度,但属于不同的链。

7.1.3 比特币的结构与原理

1. 基本框架

比特币系统建基于点对点网络架构,是一种分布式账本。网络中的节点通过"挖矿"过程记录交易数据,并负责维护整个系统的正常运行。比特币基本架构如图 7-1 所示。

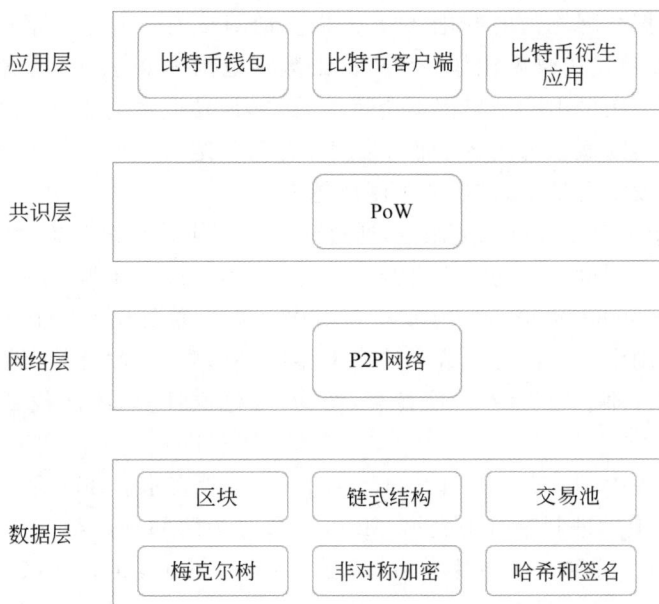

图 7-1 比特币基本架构

在数据层面,比特币采用区块链结构持续追加记录交易形成公共账本,同时利用梅克尔树高效组织网络中所有历史交易数据。经节点验证的合法交易将在网络中广泛传播,并被打包进区块。系统通过工作量证明共识机制对新区块的合法性进行确认,从而维护账本的一致性。

2. 链式结构

区块由区块体和区块头两部分构成。区块体记录了本区块的交易内容及相应的哈希树结构;区块头则存储了本区块的关键特征信息,包括上一个区块的哈希值(父哈希),从而将所有区块按时间顺序有机链接,形成了链式的数据结构。

3. 区块头结构

比特币区块头大小为 80 字节,包含以下 6 个字段。
(1)版本号:记录软件版本,用于升级。
(2)父区块哈希值:引用父区块的哈希,将区块链接成链。

（3）时间戳：记录区块生成的近似 UNIX 时间。

（4）难度目标值：表示当前挖矿难度，每两周调整一次。

（5）梅克尔根：当前区块所有交易哈希的根节点。

（6）随机数：可变值，通常为递增的数值，用于调整区块头哈希以满足工作量证明。

矿工对这 6 个字段进行双重 SHA-256 哈希运算，得到哈希值 X。当 X 小于或等于目标值时，满足难度要求，挖矿成功，可以构建新区块。由于版本号、父哈希、时间戳、目标值和梅克尔根相对固定，矿工主要通过调整随机数寻找满足条件的哈希值。

4. 挖矿难度目标的设定

比特币系统根据全网算力的变化，约每两周自动调整挖矿难度目标值，以设定挖矿的难易程度。例如，可以将挖矿难度比作一个可掷出数字范围为 0～9999 的骰子。当难度目标值设定为 9999 时，每次掷出的结果都不会超过 9999，成功概率为 100%；当难度目标值设定为 0999 时，每次成功的概率为 10%；而当难度目标值设定为 0099 时，每次成功的概率仅为 1%。因此，目标值设定得越小，挖矿的难度就越大。

比特币的 Target 为 256 位二进制数，通过简单调整前导 0 的个数，可以调整挖矿难度，进而影响出块速度。创世区块的十六进制（以 0x 为前缀）Target 为 00000000ffff000000000000000000000000000000000000000000000000000000。矿工需要找到一个前 32 位均为 0 的二进制数。由于二进制中某一位为 0 或 1 的概率相同，所以做一次计算，满足前 32 位的值均为 0 的概率为 $1/2^{32}$，即平均要做 2^{32} 次计算，约为 43 亿次计算，才能找到符合此 Target 的随机数。

在比特币区块头中，Target 使用 Bits（或 nBits）字段表示。Bits 是一个 32 比特（4 字节）值，通常以 8 位十六进制字符串表示。Bits 字段分为两部分：第一字节（8 位）表示指数（Exponent），用于计算系数左移的字节数；后三字节（24 位）表示系数（Coefficient），用于确定 Target 的非零高位数字部分。

Target 的计算公式为 $\text{Target} = \text{Coefficient} \times 2^{8 \times (\text{Exponent}-3)}$。

说明：系数占据 Bits 字段的后三字节。指数表示 Target 的有效字节长度（不包含左侧的前导 0）。由于系数固定为 3 字节，需用指数减去 3，得到系数需要左移的字节数。将该字节数乘以 8（每字节 8 位），得到系数右侧应添加 0 的个数。最终，Target 是一个 256 位的数值，因此需要在左侧填充适当数量的 0，以达到 64 个十六进制字符。

以区块 508230 为例：Bits 的值为 0x1761E9F8，其中：

指数＝0x17（十六进制）＝23 字节（十进制）

系数＝0x61E9F8（十六进制）＝6357032（十进制）

计算步骤如下。

（1）计算补零字节数：Exponent－3＝23－3＝20 字节。

（2）计算系数右侧 0 的位数：20 × 8＝160 位，即添加 40 个十六进制 0。

结果为

0x61E9F80000000000000000000000000000000000000000000000

为了确保 Target 为 256 位（64 个十六进制数），需要在上述结果前补充 64－6－40＝18 字节的前导 0，最终 Target 值为

0x0000000000000000000061E9F800

而该区块的随机数为 0x00000000000000000003692A92ED937E4E0A5F247E27FEEEB4
DF383E6D9C2BD94,小于 Target,满足工作量证明要求。

总体而言,通过动态调整 Target 中前导 0 的个数,可根据全网算力的大小自动调节比
特币的出块速率。当全网算力上升时,增加 Target 前导 0 的个数,提高挖矿难度;当全网算
力下降时,减少前导 0 的个数,降低挖矿难度。

5. 难度目标调整

为保持比特币约 10min 出一个新区块的设计目标,系统每产生 2016 个区块(约 2 周)
后,根据实际出块时间自动调整 Target。调整公式:新 Target＝旧 Target(最近 2016 个区
块实际生成时间 / 预期生成时间)。其中,预期生成时间＝2016×10min＝20 160min。

若最近出块时间短于预期时间,说明算力增加,新 Target 将减小(难度提高);反之,若
出块时间大于理想时间,新 Target 将增大(难度降低)。例如,预期时间为 20 160min,而实
际只用了 10 080min 生成 2016 个区块,即实际出块效率提高了一倍,那么新 Target 将减
半,难度提高一倍。为避免剧烈波动,每次调整幅度最大为 4 倍。

通过这种自动调节难度的机制,比特币可以适应算力的变化,保持约 10min 一个区块
的出块频率,保证整体系统的稳定性。

7.1.4　比特币共识

比特币的核心功能是维护包含历史交易记录的分布式账本,通过"工作量证明"共识机
制,实现账本的记账功能。矿工付出算力竞争记账权,谁最快计算出给定难题的答案,便获
得记账权,同时获取创币交易奖励以及本区块内交易的手续费。

1. 挖矿过程

1) 创建交易

任何客户端都可以创建交易。交易信息主要包括付款账户地址和金额、收款账户地址
和金额(包括找零金额),付款金额和收款金额之差为支付给矿工的交易手续费。

2) 签名解锁

付款方用自己的私钥对交易信息的摘要(交易哈希值)签名。该签名可视为付款方解锁
账户的凭证,即授权矿工从自己的账户地址中转出资金;收款方通常为目标账户的公钥哈
希,即收款地址。收款方未来使用该公钥对应的私钥签名解锁后,可花费该资金。

3) 传播和验证

网络节点收到交易信息后,校验交易数据的合法性和有效性,包括检查签名、账户余额、
交易格式等。验证通过后,将交易标记为合法的待确认交易,并在全网通过 Gossip 协议以
指数级效率传播给其他节点。无效交易则会被丢弃。

4) 构建候选区块

每个矿工节点将有效交易收集到自己的交易池中,并根据优先级原则(如手续费高优
先)从池中选择交易数据,加上创币奖励交易,构建交易的候选区块。

5）通过候选区块挖矿

利用候选区块中的交易数据构建梅克尔树,并将梅克尔树的根节点值连同其他 5 个字段(版本号、前一区块哈希、时间戳、当前目标值、随机数)填充到区块头后,不断尝试新的随机数,计算区块头的双 SHA256 哈希值。当哈希值小于或等于当前难度目标值时,挖矿成功,获得该区块的记账权和奖励,候选区块成为新区块,向全网所有节点进行广播验证。

6）添加新区块

其他节点验证新区块有效后,各自将新区块添加至自身区块链的末端,通过父哈希值指向前一区块形成链,区块高度增加 1,区块链得以延长。节点删去交易池中已确认的交易后,开始新一轮挖矿竞争。

7）分叉处理

由于网络在较短时间内可能产生两个或多个候选新块,不同矿工将选择自己认同的最长链添加区块,从而出现暂时分叉现象。为保证区块链的最终一致性,节点将根据后续区块产生情况,选择工作量最大的链作为主链保留下来,分叉后的其他链作为孤链被抛弃,如图 7-2 所示。

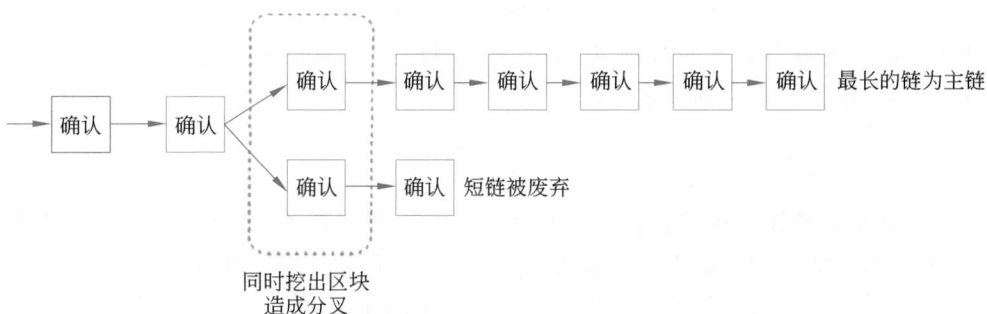

图 7-2　分叉示意图

2. 共识安全性

PoW 共识机制假设网络中大多数节点是诚实的,并遵循协议规则。然而,如果攻击者控制了超过 51% 的算力,就可能发起“51% 攻击”。在这种情况下,攻击者可以在完成一笔交易后,从某个之前的区块开始构造一条比主链更长的私有链,从而实现“双花”支付。

提高全网算力是增强系统抵御 51% 攻击的有效方法。矿工数量越多,全网算力越高,攻击者需要控制的算力也就越大,发起攻击的成本随之增加。目前,比特币网络的算力已超过 600EH/s 的哈希运算,构建一条比主链更长的私有链需要付出巨大的算力和电力成本,经济代价极其高昂,得不偿失。另外,算力越分散,系统的分布式和安全性就越高。如果大部分算力集中在少数几个矿池,攻击者一旦控制这些矿池,就容易导致 51% 攻击;如果算力分散在大量独立矿工手中,发起攻击的难度将大幅增加。此外,比特币还采用“最长链”规则,一旦交易被足够多的后续区块确认,便很难被推翻,从而有效防范双花攻击。

7.1.5　比特币的现状

为了适应不断变化的需求,比特币系统引入了两个重要协议：RGB 和 Ordinals。RGB 协议是一种可扩展且具备隐私特征的智能合约系统,支持在比特币和闪电网络上部署智能合约。通过将智能合约的代码和数据存储在链下执行,仅将最终状态记录在比特币主网上,RGB 降低了区块空间的使用,提高了系统吞吐量。此外,RGB 允许通证在闪电网络中流通,具备低交易费用和快速到账的优势。

Ordinals 协议于 2022 年 12 月推出,其主要功能是为比特币的最小单位 sats 编号,并允许在其中添加文本、图片、视频等数据,即铭文。使原本同质化的 sats 成为独特的 NFT。通过铭文刻录 JSON 格式的文本数据,可实现比特币的数字内容收藏和展示,为比特币带来新的应用场景。

截至 2023 年 10 月,比特币区块高度已超过 800 000,第 1900 万个比特币已被挖出,流通中的比特币占总供应量的约 90%。剩余的 200 万个比特币将在 2140 年前全部挖出。据 CoinGecko 数据显示,2024 年 9 月,加密货币总市值约为 2.2 万亿美元,其中比特币占比为 54%,以太坊占比为 13%。

关于比特币的未来,观点不一。有人认为比特币将成为"数字黄金",作为价值存储工具;另一些人认为它可能发展为全球货币;也有观点认为比特币可能面临贬值风险,或一钱不值。由于市场环境、技术发展和监管政策的变化,目前尚无法给出明确结论。

7.2　以　太　坊

7.2.1　以太坊简介

以太坊是典型的公有链,改进并扩展了比特币的局限性。其不仅支持加密货币转账,还提供图灵完备的智能合约执行环境,满足更复杂灵活的分布式应用需求。以太坊客户端作为连接用户与区块链网络的基础软件,负责节点运行、网络通信、数据存储和智能合约执行等核心任务。

以太坊平台的初衷是打造一个开放的分布式智能合约运行平台(Platform for Decentralized Applications)。该平台支持图灵完备的分布式应用,能够根据智能合约代码逻辑自动执行,防止数据篡改和欺诈等问题。

2013 年年底,比特币早期开发者 Vitalik Buterin 提出将比特币网络中的核心技术区块链扩展到更广泛的应用场景。新系统应能运行任意形式(图灵完备)的程序,而非仅限于比特币脚本。随后,以太坊项目正式启动。

2014 年 2 月,更多开发者如 Gavin Wood 和 Jeffrey Wilcke 加入以太坊项目,并计划通过社区众筹的方式募集资金,开发去信任的智能合约平台。2014 年 7 月,以太币预售成功,经过 42 天,共筹集到时值超过 1800 万美元的比特币资金。随后在瑞士成立以太坊基金会,负责资金管理和项目运营,并组建开源社区进行平台开发。

2015 年 7 月 30 日,以太坊主网正式上线,区块链网络启动,许多设计特性与比特币网络类似。以太坊的官方网站为 ethereum.org,代码托管在 github.com/ethereum,目前平台支持 Go、C++、Python 等多种语言进行客户端开发。

7.2.2　以太坊基本架构

以太坊平台利用 P2P 网络提供账户管理、状态维护、交易处理、区块生成、挖矿和共识等基础功能,同时为智能合约的执行提供计算资源。任何人都可以接入并参与网络的维护。其基本架构如图 7-3 所示。

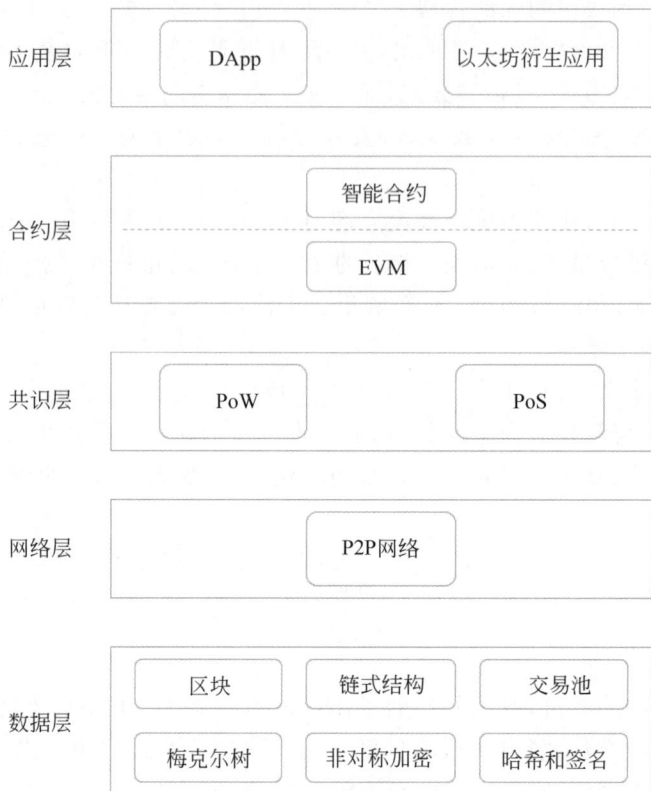

图 7-3　以太坊基本架构

1. 基本原理

以太坊采用图灵完备的高级编程语言,如 Solidity 和 Vyper,降低了智能合约的开发门槛。开发者可以创建运行在以太坊网络上的分布式应用。系统将智能合约代码编译为以太坊虚拟机可执行的字节码,并部署到区块链上。

EVM 是一个基于栈的虚拟机环境,嵌入在客户端软件中,负责解释和执行智能合约的字节码。智能合约代码被限制在虚拟机内,无法直接访问宿主机的资源(如本地网络和文件系统)。同一份智能合约需要在所有节点的 EVM 中执行,以保证区块链数据的一致性和容错性,但这也限制了系统的整体处理能力。

自 2021 年 9 月起,以太坊采用权益证明机制取代工作量证明,提高了出块效率和能源利用率。

2. 与比特币技术比较

在继承比特币核心思想的基础上,以太坊引入了多项创新技术,包括基于账户的交易模型、图灵完备的智能合约和以太币燃料机制。与比特币相比,以太坊的主要技术特点如下。

(1) 智能合约支持:以太坊支持图灵完备的智能合约,设计了专门的编程语言(如

Solidity、Vyper)和执行环境(EVM)。

(2) 哈希算法：采用对内存需求较高的 Keccak-256 作为哈希算法,提高了抗 ASIC 能力。

(3) 叔区块机制：引入叔区块(也称 Ommers)机制以减轻矿池的集中化优势,增强网络的安全性。

(4) 状态模型：基于账户系统和世界状态模型,支持更复杂的状态转换逻辑。

(5) Gas 机制：通过 Gas 限制合约指令的无效使用,防止无限循环等拒绝服务攻击。

(6) 共识机制：最初采用 PoW 共识,后引入 PoS 等更高效的共识算法。

比特币和以太坊的主要特点区别如表 7-2 所示。

表 7-2　比特币和以太坊的主要特点区别

特　　点	比 特 币	以 太 坊
设计目标	分布式数字货币,提供可信交易方式	开放的分布式计算平台,为开发者提供智能合约功能
区块链技术	仅支持货币交易的简化版本	更灵活,能执行任何类型的智能合约
交易确认速度	区块时间约为 10min,确认速度较慢	区块时间约为 15s,确认速度更快
智能合约	脚本语言功能有限,不支持复杂的可编程性	支持创建 DApp,具备复杂的可编程性和自动化功能
加密货币供应	总供应量有限,共 2100 万个	没有固定供应量,通货膨胀率预计将下降
共识机制	使用 PoW,需大量计算能力和能源	由 PoW 向 PoS 转移,提高可扩展性和能源效率
开发社区	发展相对较慢,优先考虑安全性和稳定性	快节奏,活跃的开发者社区,持续推出新功能

此外,以太坊计划通过分片技术解决可扩展性问题。分片将全网状态和历史数据划分为多个独立的分片,每个分片维护部分地址和合约状态,以提高吞吐能力。

以太坊的创新设计解决了比特币网络的性能瓶颈和应用限制,展现出更大的技术潜力。目前,以太坊生态系统仍在快速发展,并不断推出新的改进方案：

(1) 引入信标链(Beacon Chain),实现执行层分离,全面采用 PoS 机制。

(2) 通过 EIP-1559 改革 Gas 定价机制,提高手续费的可预测性和稳定性。

(3) 推进分片升级,计划最终支持 128 个分片,以提升网络性能。

(4) 探索采用 ZK-Rollup 等 Layer 2 扩容方案,提高交易吞吐量。

这些改进措施使以太坊在性能和应用方面超越比特币,具备更大的应用发展潜力。

7.2.3　以太坊的区块结构

与比特币类似,以太坊区块链的基本单位是区块,主要用于记录交易,矿工从网络接收有效交易,选取部分交易打包到区块中,目前每个区块平均大小约 85KB。每个区块由区块头和区块体两部分组成,并可能包含叔区块,区块结构示意图如图 7-4 所示。

1. 区块头

区块头包含关于区块的元数据,主要包括以下字段。

(1) ParentHash：指向前一个区块的哈希值。

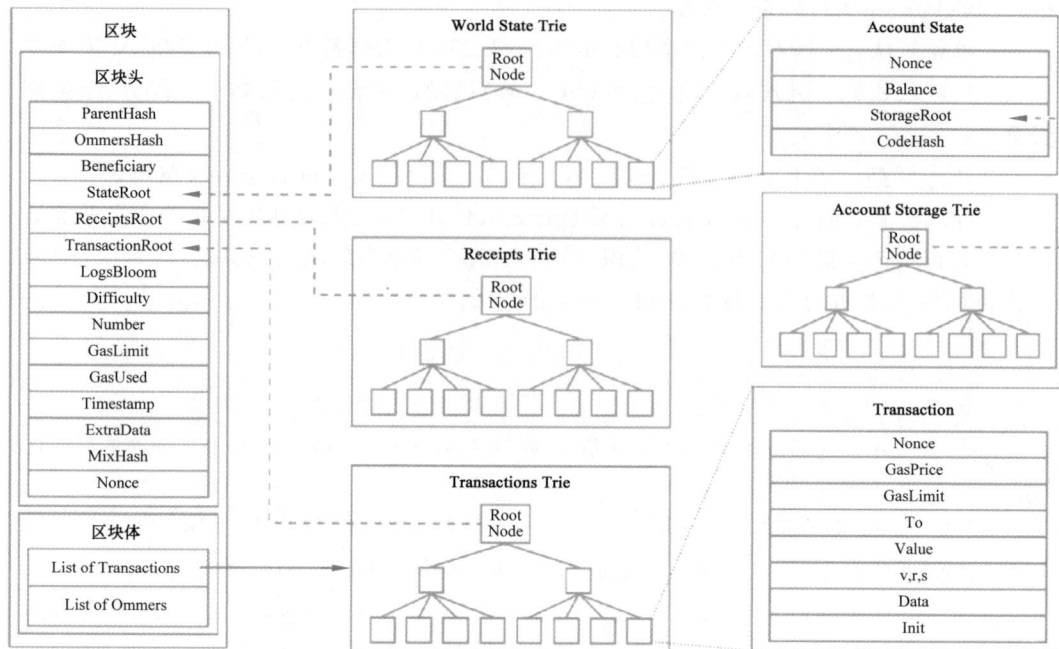

图 7-4   以太坊的区块结构示意图

（2）OmmersHash（叔区块哈希）：表示当前区块所有叔区块头的梅克尔根哈希值。

（3）Beneficiary（受益人）：指向接收区块奖励的矿工或验证者地址。在以太坊 2.0（PoS）中，此字段用于指定接收区块奖励的验证者地址。

（4）StateRoot（状态根哈希）：表示当前区块内所有账户状态的根哈希。

（5）ReceiptsRoot（交易回执根哈希）：表示当前区块内所有交易执行结果的根哈希。

（6）TransactionRoot（交易根哈希）：表示当前区块内所有交易的根哈希。

（7）LogsBloom（日志布隆过滤器）：用于快速判断某个日志是否在当前区块的交易中。

（8）Difficulty（难度）：在以太坊 1.0（PoW）中，该字段表示挖掘该区块的难度，用于调整挖矿难度，保证平均每个区块的出块时间。在以太坊 2.0（PoS）中，Difficulty 的作用发生变化，主要用于协议机制，如难度炸弹（Difficulty Bomb），以激励网络向 PoS 过渡。

（9）Number（区块号）：指示区块在区块链中的位置。

（10）GasLimit（燃料上限）：表示当前区块允许的最大燃料使用量。

（11）GasUsed（已使用燃料量）：表示当前区块实际使用的燃料量。

（12）Timestamp（时间戳）：表示区块被挖掘的时间。

（13）ExtraData（额外数据）：允许矿工或验证者自定义数据的可选字段，长度有限制（最多 32 字节）。

（14）MixHash（混合哈希）：在以太坊 1.0（PoW）中，该字段用于验证工作量证明过程的一个哈希值。以太坊 2.0（PoS）转向权益证明后，MixHash 不再用于验证新区块。

（15）Nonce（随机数）：以太坊 1.0（PoW）的 Nonce 为一个随机数，矿工在挖矿过程中寻找该值以满足工作量证明的条件。在以太坊 2.0（PoS）中，Nonce 的作用发生变化，主要用于不同的协议目的，不再用于工作量证明。

2. 区块体

区块体包含如下内容。

1）交易列表

交易列表（List of Transactions）包含当前区块内所有的交易记录。每个交易记录包括如下内容。

（1）发送方地址（From）：发起交易的账户地址。

（2）接收方地址（To）：接收交易的账户地址或合约地址。

（3）交易金额（Value）：转移的以太币数量。

（4）数据负载（Data）：附加的数据，通常用于智能合约调用。

（5）交易费用（GasPrice）：用户愿意为每单位 Gas 支付的价格，影响交易的优先级，因为矿工倾向于打包 GasPrice 更高的交易。

（6）燃料上限（GasLimit）：单个交易能够消耗的最大 Gas 数量，用于控制交易执行所需的计算资源，防止因错误或恶意行为导致的过高费用。

（7）Nonce：发送方账户的交易计数，用于防止重放攻击。

2）叔区块列表

叔区块（Ommers）是以太坊区块链中一种特殊的区块，指在同一时间段内被挖掘出有效但未被主链接受的区块。其主要特点如下。

（1）有效性：Ommers 是有效的区块，遵循以太坊协议的规则，并包含临时有效的交易。

（2）奖励机制：挖掘 Ommers 的矿工可以获得一定的奖励，鼓励矿工参与挖掘并发布 Ommers。

（3）分布式：Ommers 的存在允许更多矿工参与区块的挖掘，减少对单一矿工或矿池的依赖。

另外，以太坊收据包含一个收据列表，记录当前区块内所有交易的执行结果，具体包括如下内容。

（1）状态（Status）：交易执行的结果，显示为成功或失败。

（2）日志（Logs）：交易相关的事件日志，记录智能合约执行过程中产生的输出和事件。

（3）Gas 使用量（GasUsed）：交易实际消耗的计算资源，以 Gas 单位衡量。

以太坊区块的结构设计确保了区块链的透明性和安全性。区块头提供了关于区块的元数据，而区块体则包含了具体的交易信息和执行结果。同时，叔区块机制增强了网络的安全性和去中心化程度。该设计可保持区块链的完整性和不可篡改性。

3. 区块中的树状结构

梅克尔-帕特里夏树（Merkle-Patricia Trie，MPT）在梅克尔树的基础上进行了扩展和优化，融合了梅克尔树的高效性与帕特里夏树的灵活性，以满足现代区块链技术的需求。梅克尔树是一种简单的二叉树结构，适用于验证固定大小的数据块，主要用于比特币等区块链的交易验证。而梅克尔-帕特里夏树则采用前缀树结构，支持可变长度的键，能够高效地存储和管理复杂数据。

MPT 的设计可实现高效地查找、插入和删除操作，能够存储账户状态、智能合约数据和交易收据等信息。在以太坊平台上，状态树的动态管理非常重要，每个节点包含一个键值映射，其中键为账户地址，值包括账户状态、余额、随机数、合约代码及其存储内容。由于状态树需要频繁更新，须采用高效的数据结构，以便在插入、更新或删除操作后，快速计算树的根哈希，而无须重新计算整棵树的哈希值。

在验证某个键值对是否存在时，MPT 能够提供复杂的路径，同时保持高效的验证能力，适应区块链应用的多样化需求，成为以太坊区块链的重要组成部分。

以太坊的区块数据结构包括状态树（State Trie）、交易树（Transactions Trie）、收据树（Receipts Trie）和存储树（Storage Trie）。状态树是唯一一棵记录整个以太坊系统中所有账户状态的树，树的节点通过哈希值相连，确保状态的完整性和一致性。每个区块维护一棵交易树，用于记录该区块内的所有交易信息，叶节点存储每笔交易的哈希值，以便快速验证和查找交易。收据树对应交易的执行结果，用于存储与交易相关的收据信息，其节点同样通过哈希值链接，保证数据的不可篡改性。交易树和收据树一经建立，便保持不变，任何对交易的修改都将反映在哈希值上。此外，每个合约账户还拥有一棵存储树，用于保存合约的状态数据，节点通过哈希值连接，确保合约状态的安全与一致。这四棵树共同构成了以太坊区块链的核心数据结构。

1）以太坊的状态树

状态树记录了全网所有账户的状态，包括外部账户和合约账户，如图 7-5 所示。每个节点通过键值对存储账户信息，键为账户地址，值包含该账户的详细状态信息。由于账户状态频繁变化，状态树需要不断更新，以准确反映最新的交易和状态变更。

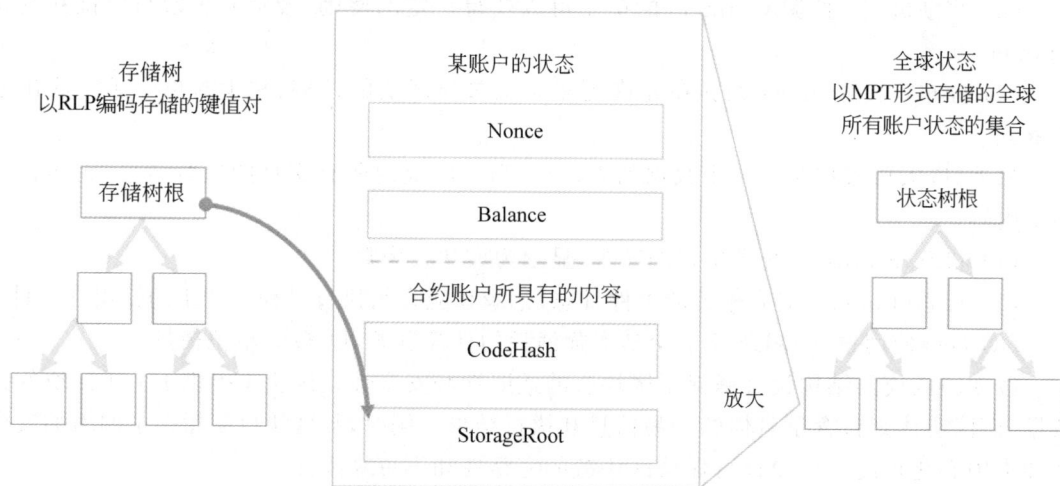

图 7-5　以太坊的状态树示意图

2）以太坊的交易树

交易树由每个区块独立维护，记录该区块内所有交易的信息，如图 7-6 所示。每笔交易首先被哈希处理，生成交易哈希值，作为叶节点存储在交易树中。每个叶节点存储交易详细内容的哈希值，交易信息包括发送者和接收者地址、Gas 费用及转账金额等。通过这些哈希值，叶节点与树的其他节点相连接，构建完整的交易树结构。该设计不仅保障了交易数据的完整性和安全性，还实现了区块内交易记录的快速验证与高效访问。

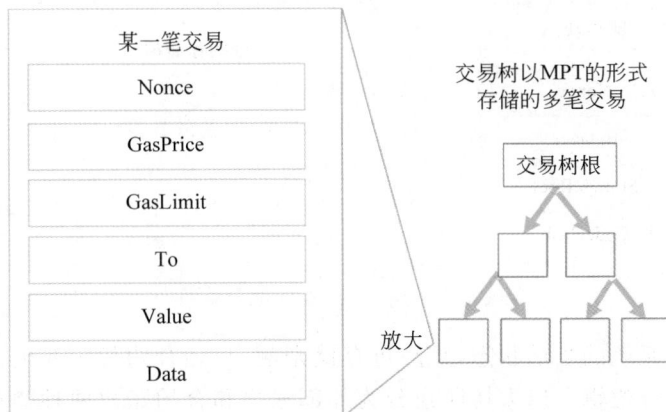

图 7-6　以太坊的交易树示意图

3）收据树

收据树由每个区块独立维护，记录该区块内所有交易的收据信息，如图 7-7 所示。每笔收据首先被哈希处理，生成收据哈希值，作为收据树的叶节点。每个收据包含交易的状态、日志信息及其他相关数据，这些信息通过哈希值连接到树的其他节点。

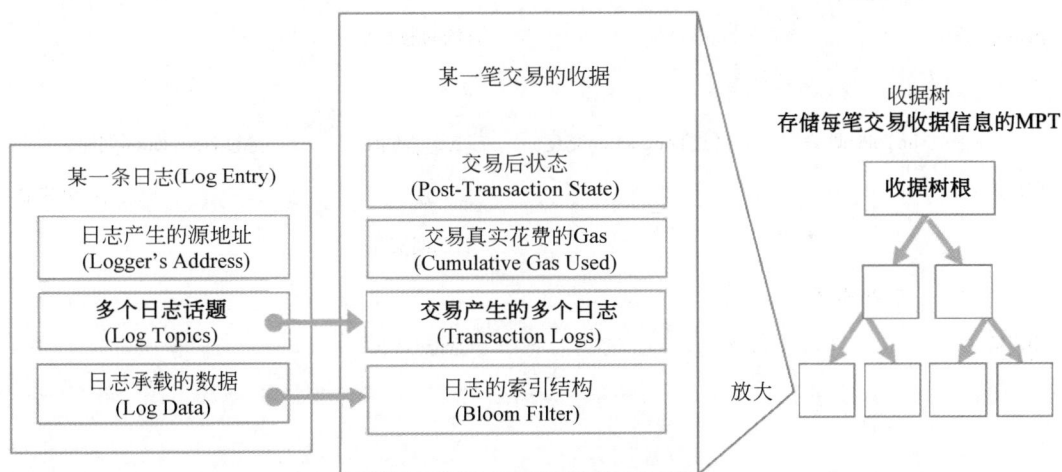

图 7-7　以太坊的收据树示意图

4）存储树

存储树是每个合约账户独有的结构，用于保存合约的状态数据，如图 7-8 所示。存储树的根节点哈希值存储在合约账户的状态信息中，并随着合约数据的增加、删除或修改而动态更新。确保合约的变量数据以 32 字节（256 位）的键值映射形式存储。同时，合约代码的哈希值（CodeHash）在合约创建后不可更改，保证了合约的稳定性和安全性。

7.2.4　账户与交易

1. 以太坊账户

比特币采用 UTXO 模型记录交易历史，通过交易历史推算用户余额信息。以太坊则

图 7-8　以太坊的存储树示意图

直接使用账户记录系统的当前状态,账户可存储余额、智能合约代码和内部数据等信息,可以实现更复杂的业务逻辑。以太坊账户分为外部账户和合约账户两种类型,每个账户地址都有一个状态(State)与其关联,如图 7-9 所示。

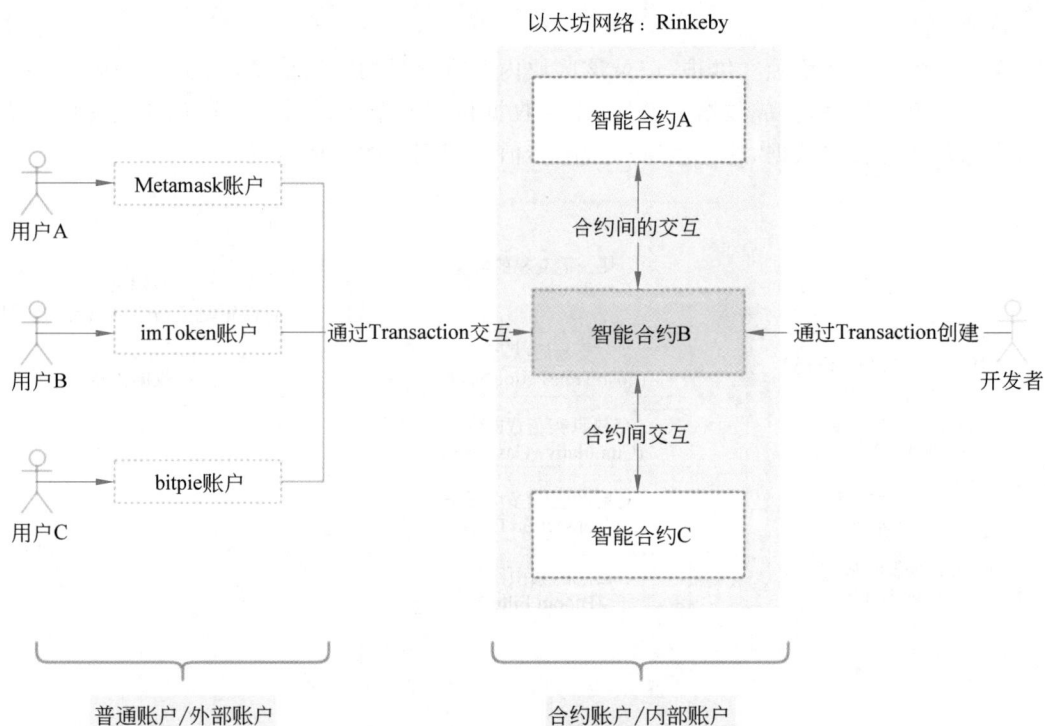

图 7-9　外部账户与合约账户

(1) 外部账户:外部账户类似比特币账户地址,由公钥生成,长度为 20 字节,通过用户私钥控制,可以存储、交易以太币。同时,可创建部署智能合约。

(2) 合约账户:合约账户地址由系统在部署智能合约时生成,可以存储智能合约代码(EVM 字节码格式),合约账户没有私钥,由合约代码控制,只能被外部账户和其他合约调用激活。

2. 账户状态和世界状态

账户状态表示一个账户在以太坊中的状态,状态随账户数据变化而变化,每个账户状态包括如下内容。

（1）Nonce：交易序号，在外部账户中代表发送的交易序号（交易计数）；在合约账户中代表账户创建的合约序号。

（2）Balance：表示账户拥有以太币的数量，单位为 Wei，1 Ether＝10^{18} Wei。

（3）StorageRoot：适用于合约账户，代表合约代码的存储树根，存储在合约账户的状态对象中。存储树是一个 MPT，存储了合约的所有状态数据，包括变量、映射和数组等复杂数据结构。每个合约有单独的存储树，使合约能够高效管理和检索其状态信息。存储树的根哈希值表示为 StorageRoot。每当合约的状态数据发生变化时，存储树便被更新，StorageRoot 也将随之改变，以保证所有节点数据的一致性和完整性。

（4）CodeHash：适用于合约账户，代表合约账户代码的哈希值。

以太坊的世界状态为所有账户状态的总和，通过 MPT 维护账户地址到账户状态的映射关系，只有交易行为才可改变账户状态和世界状态，状态根存储在区块头中，如图 7-10 所示。

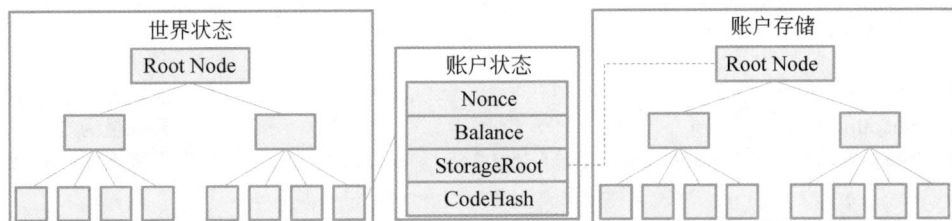

图 7-10　以太坊世界状态

3. 以太坊的交易

以太坊交易（Transaction）是指从一个账户发送到另一个账户的消息数据。这些消息数据可以包括以太币转账、合约部署以及合约调用。在一个区块中，所有交易通过 MPT 组织，交易树根存储在区块头中。与交易相关的行为信息详细记录在以太坊日志中，并形成交易收据树，收据树根同样存储在区块头中，便于快速查询和验证交易结果。交易的主要字段如下。

（1）Recipient（接收者地址）：交易的目标账户地址，接收以太币或合约调用的执行结果。

（2）Amount（金额）：表示交易中转移的以太币数量，单位为 Wei，是以太坊中最小的货币单位。

（3）Nonce：用于防止交易的重复提交，确保每笔交易的唯一性。每当账户发起一笔交易时，其 Nonce 值将自动递增。

（4）GasLimit：指定交易可消耗的最大 Gas 数量，用于限制交易的计算和存储资源消耗，防止恶意交易导致网络资源耗尽。

（5）GasPrice：为执行交易设置的每单位 Gas 的价格，通常以 Wei 为单位。矿工通常优先处理 GasPrice 较高的交易，以提高收益。

（6）Signature：交易发送者对交易哈希的签名数据，由 v、r 和 s 三个部分组成。签名通过发送者的私钥生成，用于验证交易确实由声明的发送者发起，且交易内容未被篡改。

（7）Data（数据）：交易携带的数据，根据不同类型的交易具有不同的含义。以太币转账交易的 Data 字段通常为空，因为转账细节已经由 From、To 和 Value 字段明确指定。合约部署交易的 Data 字段包含合约编译后的字节码，是合约的二进制表示，用于在区块链上创建新的合约实例。合约调用交易的 Data 字段包含调用的方法（函数）标识符及其参数编码，通过合约的 ABI 编码生成，确保合约能够正确解析和执行调用请求。举例如下。

① 转账交易。将一定数量的以太币转移到某个地址，Data 为空。

```
//Transaction
{
    "Recipient": "0x687422eEA2cB73B5d3e242bA5456b782919AFc85",    //目标地址
    "Amount":    0.0005,                                          //交易数量
    "Payload":   ""                                               //携带数据
}
```

② 部署智能合约。To 字段地址为空，Data 为可执行的智能合约字节码。合约部署后，将获得唯一的合约地址。

```
//Transaction (Deploy Contract)
{
    "Recipient": "",                                     //目标地址为空
    "Amount":    0.0,                                    //交易数量为空
    "Payload":   "0x6060604052341561000c57xlb6..."      //携带数据为可执行代码
}
```

③ 调用智能合约。将交易信息发送到需要调用智能合约的地址（合约部署时生成），Data 中包含被调用合约的方法和参数。

```
//Transaction (Call)
{
    "Recipient": "0x687422eEA2cB73B5d3e242bA5456...",    //目标地址为合约地址
    "Amount":    0.0,                                    //交易数量为空
    "Payload":   "0x6060604052341561000c57xlb6..."      //携带数据为可执行代码
}
```

用户可通过 etherscan.io 等网站查看以太坊网络中的所有交易信息。图 7-11 展示了一个转账交易的实际案例。

7.2.5　智能合约简述

智能合约是以太坊生态系统中最核心的概念之一，通过计算机程序的方式自动执行合约条款。这一概念最早可以追溯到 1994 年，由 Nick Szabo 等学者提出，但由于缺乏可靠的执行环境而未能实现。区块链技术的出现为智能合约提供了可靠的执行环境，使其真正落地应用成为可能。

以太坊支持使用图灵完备的高级编程语言（如 Solidity、Vyper 等）开发智能合约。Solidity 是目前最流行的智能合约开发语言，而 Vyper 则致力于提供更安全、更简洁的语法。智能合约作为运行在以 EVM 中的应用程序，可以响应外部的交易请求和事件，触发预先编写的合约逻辑。合约不仅可以生成新的交易和事件，还能调用其他智能合约，实现复杂

交易标识	0x2920aed155948e36e0af1765b189ff71d8c50559f5172ab8d1a701477441805c
交易状态	成功
区块高度	15008046
交易时间	2022-06-22 22:27:13
发送方	0xc098b2a3aa256d2140208c3de6543aaef5cd3a94
接收方	0x8565f93b6be502035971df8d2e2aac3ced0e7923
交易量	0.674 ETH ($755.29)
燃料上限	63000
燃料消耗	21000 (33.33%)
燃料价格	0.000000101369557632 ETH (101.369557632 Gwei)
累积燃料消耗	1968901
交易费用	0.002128760710272 ETH ($2.39)
操作数	2174055

图 7-11　以太坊交易信息

的业务逻辑。

　　智能合约由一系列指令组成,EVM 可逐条读取并执行这些指令。执行过程需要消耗一定量的 Gas,以防止无限循环等问题。合约执行的结果可能修改区块链的状态,这些修改需要经过以太坊网络节点的共识才能确认,一旦确认便无法被篡改,以确保合约执行的不可逆性和安全性。

　　以太坊智能合约的代码在部署时被编译成字节码,可以在以太坊客户端和网络节点上运行。合约代码包含可以被外部调用的函数,这些函数定义了合约的功能和行为。如下所示的合约是一个简单的投票计数应用,允许任何人查看和参与计数(使计数器加 1)。但示例合约未考虑身份验证、访问控制和安全性等功能。

```
contract Counter {
    uint counter;
    function Counter() public {
        counter = 0;
    }
    function count() public {
        counter = counter + 1;
    }
}
```

　　图 7-12 对计数器智能合约代码进行了详细说明:该代码创建了一个名为 counter 的状态变量,其类型为 uint256(256 位无符号整数)。此变量用于记录合约的当前状态,每当 count() 被调用时,计数器状态将增加 1。需要注意的是,由于 counter 是一个状态变量,它的值将被永久存储在区块链上。每次对 counter 的修改都会触发一次状态变更,因此需消

耗一定量的 gas。该简单示例展示了智能合约的基本结构和状态管理方式，为理解更复杂的智能合约打下了基础。

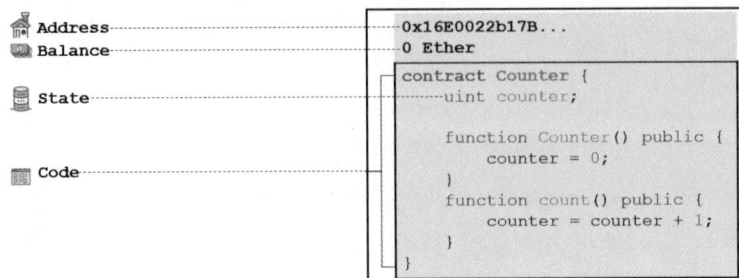

图 7-12　计数器智能合约说明

典型情况下，智能合约的生命周期包括如下步骤：

1. 编写智能合约代码

智能合约代码如下所示。

```
contract Counter {
    uint counter;
    function Counter() public {
        counter = 0;
    }
    function count() public {
        counter = counter + 1;
    }
}
```

2. 编译智能合约

使用 Solidity 编译器将高级语言代码转换为 EVM 可执行的字节码，如图 7-13 所示。同时，还将生成 ABI，用于定义与合约交互的接口规范。

图 7-13　编译智能合约

3. 部署智能合约到区块链

（1）发送部署交易。开发者通过发送包含合约字节码的特殊交易部署合约，如图 7-14

所示。该交易的接收地址为空(0x0),数据字段包含编译后的合约字节码以及构造函数参数(如果存在)。

EVM字节码:

```
60606040525b6000600060005081905
5505b605980601d6000396000f360606
040526000357c010000000000000000
0000000000000357c010000000000000000
000000000009004806306661abd146037
576035565b005b60426004805050604
4565b005b6001600060005054016000
600050819055505b56
```

发送交易信息:

```
// Transaction
{
    "to": "",                        // 目标地址为空
    "value": 0.0,                    // 转账数量为空
    "data": "60606040525..."         // 携带数据为EVM字节码
}
```

图 7-14 部署智能合约

(2)矿工打包交易。成功挖出新区块的矿工将合约部署交易打包进区块。该过程涉及验证交易、执行交易、更新状态等步骤,如图 7-15 所示。

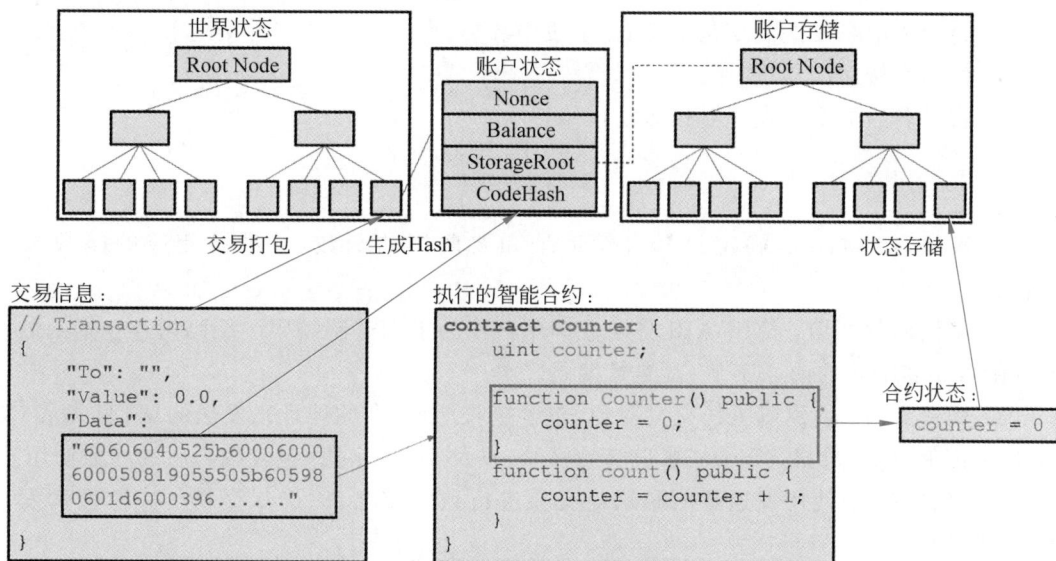

图 7-15 矿工打包智能合约

(3)网络同步和合约初始化。当新区块被广播到网络后,其他节点将验证并接受这个区块。每个节点在各自的 EVM 中执行合约部署交易:为合约分配一个唯一的地址,执行合约的构造函数(如有),初始化合约的存储状态,将合约代码存储到区块链上。

(4)状态更新。节点更新全局状态,包括扣除发送者账户的 Gas 费用,在状态树中创建新的合约账户,更新相关账户的 Nonce 值。

(5)确认部署。一旦交易被足够多的后续区块确认,合约部署就被认为最终完成。开发者可以通过交易收据获取合约地址和部署状态。

4. 投票人以发送交易的方式调用智能合约的方法进行投票

当智能合约部署到以太坊网络后,任何人都可以调用智能合约。调用方式主要包含以下 4 个步骤,如图 7-16 所示。

(1)将函数调用转换为十六进制编码。

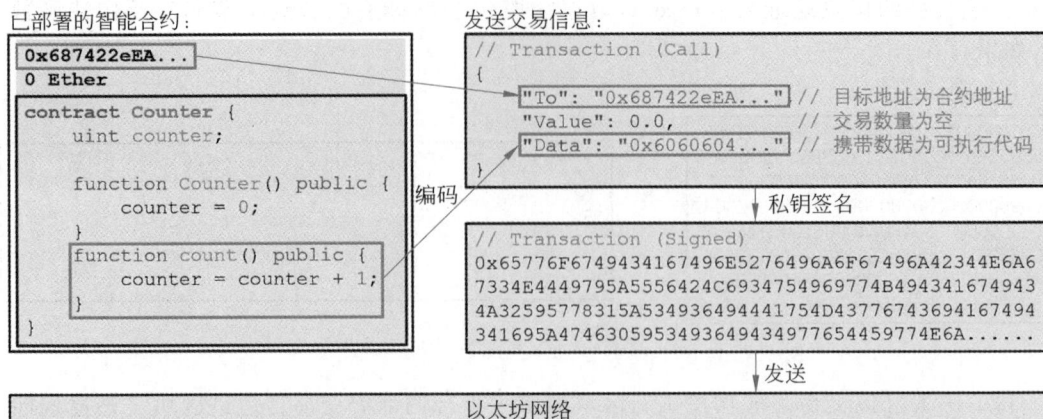

图 7-16　调用智能合约的 4 个步骤

（2）将交易信息发送到交易的 Data 字段中。

（3）使用私钥对交易进行签名。

（4）将签名后的交易发送到以太坊网络。

5. 交互过程主要步骤

（1）准备合约调用：确定目标合约地址和要调用的函数，并准备相应的函数参数（如需）。

（2）编码函数调用：使用 ABI 将函数调用转换为十六进制编码。编码内容包括函数选择器（函数签名哈希的前 4 字节）及参数编码。

（3）构造交易：创建以太坊交易对象，包含接收地址（合约地址）、发送的 ETH 数量（如需）、Gas 限制、Gas 价格、Nonce（账户交易序号）以及 Data 字段（包含编码后的函数调用）。

（4）签名交易：使用发送者的私钥对交易进行数字签名，以确保交易的完整性和发送者身份的验证。

（5）发送交易：将已签名的交易广播到以太坊网络，交易将首先进入节点的交易池。

（6）交易处理：矿工从交易池中选取交易进行验证，并将其打包进新区块。新区块随后被广播到网络并获得确认。

（7）状态更新：根据函数执行结果更新合约状态，这些更新将反映在整个网络的状态中。

具体应用时，开发者通过代码和工具与以太坊网络进行交互，普通用户则更多使用各种分布式应用，如 Metamask、imToken 等钱包应用，如图 7-17 所示。

7.2.6　以太币与燃料

1. 以太币

以太币是以太坊网络的原生加密货币，承担着多种关键功能，包括购买燃料、支付矿工费用、运行智能合约以及维护以太坊网络的正常运行。以太币的最小单位是 Wei，以致敬密码学先驱 Wei Dai，1 ETH＝10^{18} Wei。

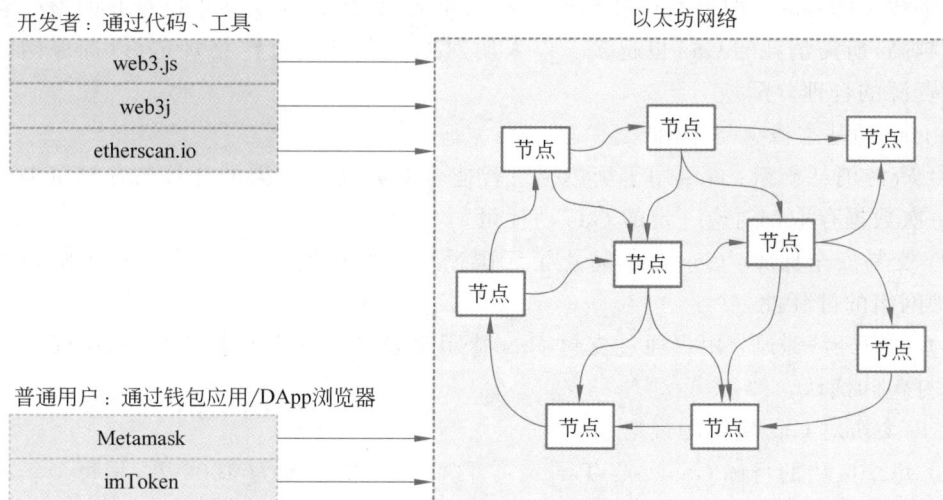

图 7-17　与以太坊的交互方式

1) 主要用途

（1）购买燃料：运行智能合约和执行交易需要消耗计算资源,燃料费用即为支付这些资源消耗的费用。

（2）支付矿工费用：矿工通过处理和打包交易维护网络安全,矿工费用是对其工作的报酬。

（3）运行智能合约：智能合约的部署和执行依赖以太币作为支付手段,确保合约操作的真实性和不可篡改性。

（4）维护网络运行：以太币的经济激励机制确保网络参与者积极维护和优化以太坊网络。

2) 发行与奖励机制

以太币主要通过挖矿生成,以太坊网络平均每 12～15s 生成一个新区块。区块奖励机制经历了多次调整,以适应网络发展的需求。

（1）初始阶段：每个新区块奖励 5 ETH。

（2）2017 年 10 月（拜占庭升级）：区块奖励调整为 3 ETH。

（3）2019 年 3 月（君士坦丁堡升级）至今：区块奖励进一步降至 2 ETH。

除了固定的区块奖励,矿工通过引用叔区块还可获得额外奖励。此外,矿工还可收取区块内交易的燃料费用,作为其服务的补偿。

3) 市场与通胀机制

以太币可以通过各大交易所直接购买和交易,其市场价格具有较大的波动性。为了调控以太坊的经济模型,2021 年 8 月 5 日,以太坊通过实施 EIP-1559（伦敦升级）,引入了基本费用销毁机制。这一机制将以太坊的年通胀率从 4.2% 降低至约 2.6%,增强了以太币的通缩属性,提升了其稀缺性和价值稳定性。

2. 燃料

Gas 是衡量以太坊网络中计算和存储资源消耗的单位。每执行一条智能合约指令都将消耗一定数量的 Gas。如果 Gas 耗尽而交易未完成，智能合约将终止执行并回滚。合约的复杂度越高，所需消耗的 Gas 也越多。以太坊对 Gas 的使用有严格规定，以确保网络的稳定性和资源的合理分配。

1) Gas 的基本概念与作用

(1) 资源消耗衡量：Gas 用于衡量执行智能合约和交易所需的计算与存储资源。每条指令、每次数据存取都对应一定的 Gas 消耗量。

(2) 交易安全保障：Gas 机制防止了无限循环和资源滥用，确保交易在有限资源内完成，维护网络的健壮性。

(3) 用户经济激励：用户通过支付 Gas 费用激励矿工处理和验证交易，确保交易能够被及时打包和确认。

2) 以太坊对 Gas 使用的规定

(1) 每个区块的目标 Gas(Gas Target)：目标 Gas 值设定为 1500 万，是每个新区块预期消耗的 Gas 总量。

(2) 区块 Gas 上限：区块 Gas 上限为目标 Gas 的两倍，即 3000 万。该上限防止单个区块内的 Gas 消耗过高，确保网络的稳定运行。

(3) 基本交易费：每笔基本交易消耗 21 000 Wei 的 Gas，是执行简单交易(如 ETH 转账)的最低 Gas 费用。

(4) 额外载荷费用：每个零值字节消耗 4 Wei；每个非零字节消耗 68 Wei。用于衡量交易数据的复杂度和存储需求。

3) Gas 的使用与交易处理

由于智能合约的复杂性不同，每个区块包含的交易数量也存在差异，通常为数百个交易。用户需使用 ETH 购买 Gas，以支付交易和合约执行的费用。尽管 ETH 的市场价格波动较大，但特定操作的 Gas 消耗量相对固定，用户可以根据需求灵活调整。

(1) 购买 Gas：用户通过持有 ETH 购买 Gas，支付相应的交易费用以执行操作。

(2) 调整 Gas 价格：用户可以通过调整 Gas 价格(以 Gwei/Gas 计)影响交易的优先级和确认速度。较高的 Gas 价格能够吸引矿工优先处理，缩短交易确认时间；反之，较低的 Gas 价格可能导致交易延迟或排队。

7.2.7 共识、扩展性和安全保护

1. 以太坊的共识机制

在 2022 年 9 月 15 日之前，以太坊使用 PoW 共识的变种算法——Ethash 协议。Ethash 与传统的 PoW 共识算法不同，在执行过程中需要大量的内存，旨在抵制 ASIC 矿机的算力攻击。由于 Ethash 对内存的高需求，不容易制造专门的 ASIC 芯片，而搭载大量内存的通用计算设备可能更为高效。

Ethash 算法的核心过程是通过区块头和猜测的 Nonce 值计算初始散列值 Mix(0)，然后根据该散列值从一个大型伪随机数据集中提取指定的 128 字节数据。接着，这段数据与当前散列值进行计算，生成新的散列值 Mix(1)。该过程重复 64 次，最终得到的 Mix(64) 被摘要为 32 字节，并与预设的阈值进行比较。如果结果在阈值范围内，则挖矿成功；否则，需

要重新尝试新的 Nonce 值。

2022 年 9 月 15 日,以太坊成功从 PoW 转向更高效的 PoS,这一重要事件被称为"合并"(Merge)。与 PoW 相比,PoS 无须进行大量的哈希计算,而是通过验证者质押以太币保障网络安全。如果验证者被发现作恶,他们的质押资金将被没收。这一转变显著降低了以太坊网络的能源消耗,为其可持续发展打下了坚实的基础。

2. 以太坊扩展性计划

以太坊转向 PoS 共识机制后,为提升网络的扩展性和可持续性,正在实施多项扩展性方案,旨在提高网络的吞吐量、降低交易成本,并增强安全性。

(1) 分片:分片技术通过将以太坊网络分割成多个并行运行的子链,每个分片负责处理自己的一部分交易和智能合约,多个分片可以同时处理交易,显著提高了网络的整体吞吐量。

(2) 卷叠(Rollups):卷叠属于 Layer 2 解决方案,其将大量交易放在链下进行处理,只将处理结果提交到以太坊主链。这种方法可大幅提高交易处理速度,并降低交易费用。

(3) 状态通道(State Channels):状态通道允许参与者在链下进行多次交易,仅在交易开始和结束时与主链进行交互。该方式适用于频繁交易的场景,可以减少链上交易次数,从而提高效率。

这些扩展性方案使节点无须验证和保存整个以太坊的数据,只需处理与其相关的部分,不仅提升了网络性能,还降低了节点参与的门槛,有助于增加网络的去中心化程度和安全性。此外,以太坊的 PoS 共识机制通过随机分配验证者的职责,使恶意攻击者难以针对特定部分进行攻击,进一步增强了网络的安全性。

3. 安全机制

以太坊网络为应对多样化的交易和潜在的攻击,实施了多层次的安全机制,结合经济激励和技术措施,以保障网络的安全性和稳定性。

(1) 交易费用:每笔交易都需要支付交易费用(Gas),不仅激励矿工或验证者处理交易,还可有效防止 DDoS 攻击。

(2) Gas 限制:以太坊使用 Gas 限制程序的运行指令数。当合约执行的 Gas 消耗超过设定的上限时,执行将被取消,防止恶意合约无限制地消耗网络资源。

(3) 经济成本:攻击者在尝试消耗网络计算资源时,需要付出经济代价,难以通过构造恶意循环或不稳定合约代码对网络进行破坏。

(4) PoS 共识机制下的经济惩罚(Slashing):在权益证明机制中,验证者需要质押大量以太币以参与共识过程。如果验证者被发现作恶,将面临严厉的经济惩罚,部分或全部质押的以太币可能被没收。

(5) 智能合约安全审计:许多项目在部署前进行第三方安全审计,以识别和修复潜在的漏洞,减少被攻击的风险。

通过这些措施,以太坊在保持其开放性和创新性的同时,保证网络的安全和稳定运行。

◆ 7.3 超级账本

7.3.1 超级账本简介

超级账本(Hyperledger)是由 Linux 基金会于 2015 年启动的开源项目,旨在推动跨行业的区块链和分布式记账系统的发展,适用于企业场景。与公有区块链不同,超级账本是一个有权限的联盟链平台,参与者需获得许可才可加入和访问。其主要特点如下。

(1)低交易成本:交易仅需部分受信的高算力节点验证,可实现每秒数千笔交易。

(2)确定型共识算法:缩短区块生成时间,避免链分叉。

(3)细粒度权限管控:更好地保护商业隐私。

(4)可审计和规划的节点行为:保证服务安全。

(5)一致性共识:参与者更容易在系统维护或升级上达成一致。

(6)无通证激励:不依赖通证激励用户参与,节省电力资源。

(7)多语言支持:支持 Go、Java、JavaScript 等语言开发智能合约,提高开发灵活性。

(8)模块化架构:允许企业根据需求选择合适的组件。

超级账本作为一个联合开发项目,包含多个子项目,如 Fabric、Sawtooth、Iroha 等,这些项目都遵循 Apache v2 许可。超级账本项目的基本原则如下。

(1)模块化设计:包括交易、合同、一致性、身份和存储等技术场景。

(2)代码可读性:保证新功能和模块易于添加和扩展。

(3)可持续演化:随着需求和应用场景的变化,不断演化和增加新项目。

(4)互操作性:提供跨链协议,实现不同区块链网络间的信息交换。

(5)安全性:采用先进密码学技术增强隐私保护。

在超级账本项目中,Fabric 是最著名的平台,以模块化架构为基础,支持不同组件的可插拔组合,提供高弹性、灵活性和可扩展性,方便企业构建区块链应用。

7.3.2 基本架构

以 Hyperledger Fabric 为例,超级账本的整体架构从逻辑上分为会员制服务、区块链服务和链码服务三部分,如图 7-18 所示。

1. 会员制服务

会员制服务负责身份管理,包括注册、识别、授权和审计。完成参与者通过注册获取网络身份,管理机构发放数字证书和密钥,客户端使用私钥对交易进行签名,完成交易并提交,审计人员可查看并检查参与者交易情况。

2. 区块链服务

区块链服务实现分布式账本。节点通过 gRPC 协议建立 P2P 通信通道,进行账本同步。节点分为背书节点、排序节点和记账节点:

(1)背书节点对交易请求进行背书共识。

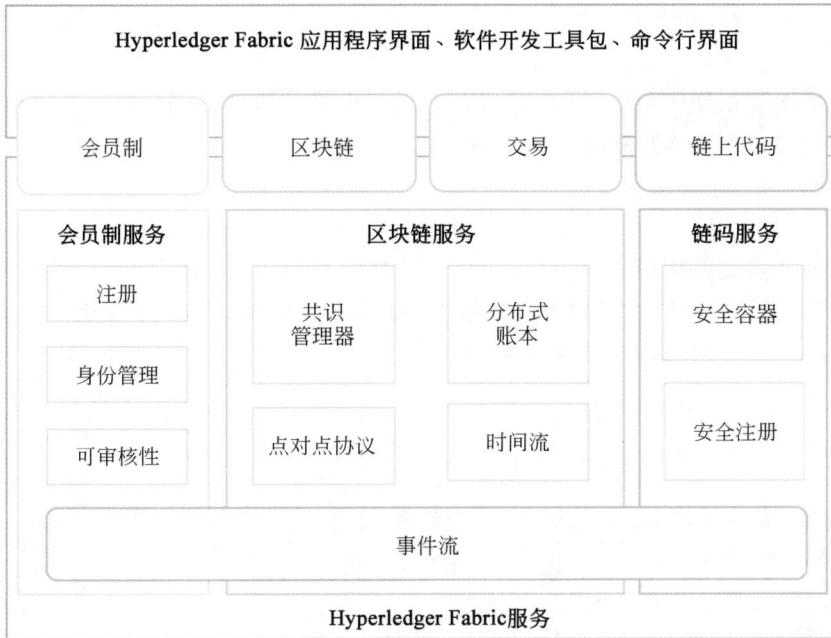

图 7-18　Hyperledger Fabric 服务

（2）排序节点对交易进行排序共识，并打包为区块，共识算法可插件化配置。

（3）记账节点验证区块中的交易。

3. 链码服务

链码服务提供虚拟机，为智能合约构建执行环境。执行环境是安全容器（目前支持 Docker），内含操作系统和 Go、Java、Node.js 等语言环境。智能合约在容器内执行，代码无法访问宿主机，以减少外部攻击风险。

超级账本使用链式数据结构记录交易，运用高性能数据库存储最新状态。支持将大型文件存储在外部系统，链上只存储文件摘要，以保证文件完整性。支持链码部署（用于部署、更新链码）和链码调用（调用合约方法）两种交易。每个链码维护独立的状态，调用时可改变链上状态。

7.3.3　账本数据结构

Hyperledger Fabric 的账本由两部分组成：世界状态和链式结构，如图 7-19 所示。

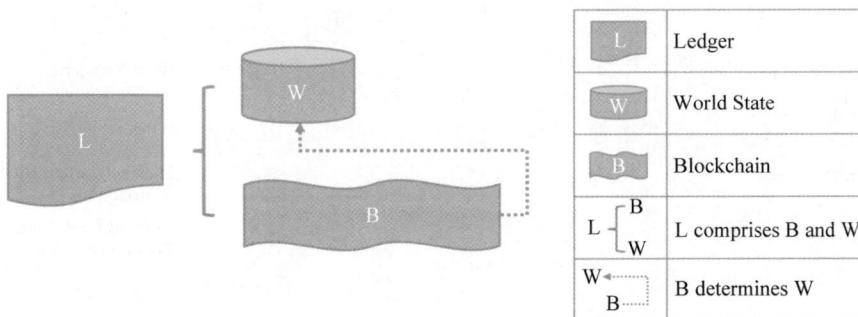

图 7-19　Hyperledger Fabric 的账本组成

1. 世界状态

存储在本地数据库中，代表区块链状态的当前快照。通过链码可以对其进行读写操作，世界状态的创建和更改通过执行交易实现。

2. 链式结构

由一系列区块文件构成，每个区块内包含完整的交易记录，形成了一个连续的链条。

图 7-20 展示了账本的世界状态，通过键值对 (K，V) 组成的数据库实现。节点通过访问数据库，可以对状态进行查找、读取和更新。

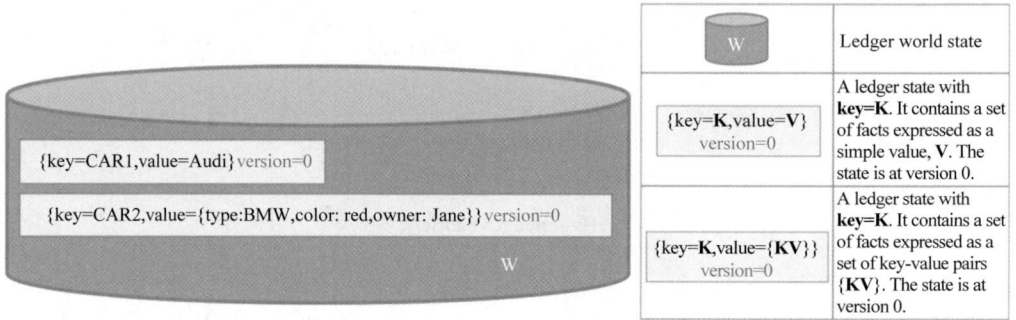

图 7-20　Hyperledger Fabric 的世界状态

图 7-21 展示了超级账本的链式结构，由区块依次链接而成，区块包括区块头和交易信息。

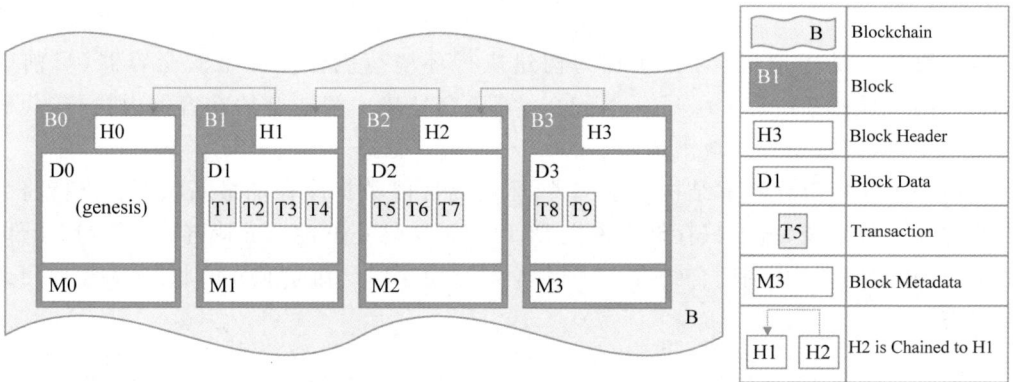

图 7-21　Hyperledger Fabric 的链式结构

图 7-22 展示了区块头结构，包含区块号、交易哈希、前指针等信息。

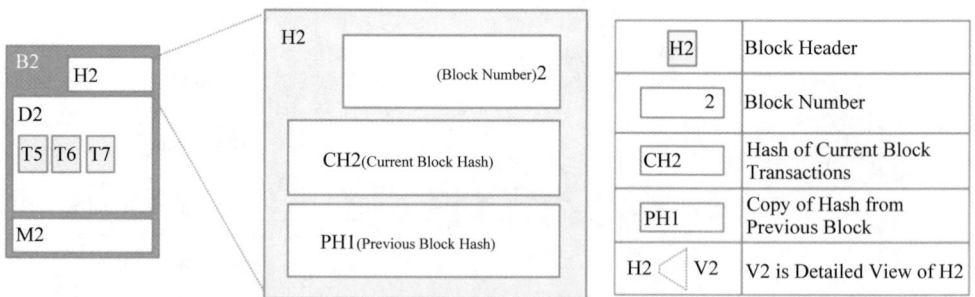

图 7-22　区块头结构

图 7-23 展示了区块内的交易，包含交易头、签名提案、响应和背书等信息。

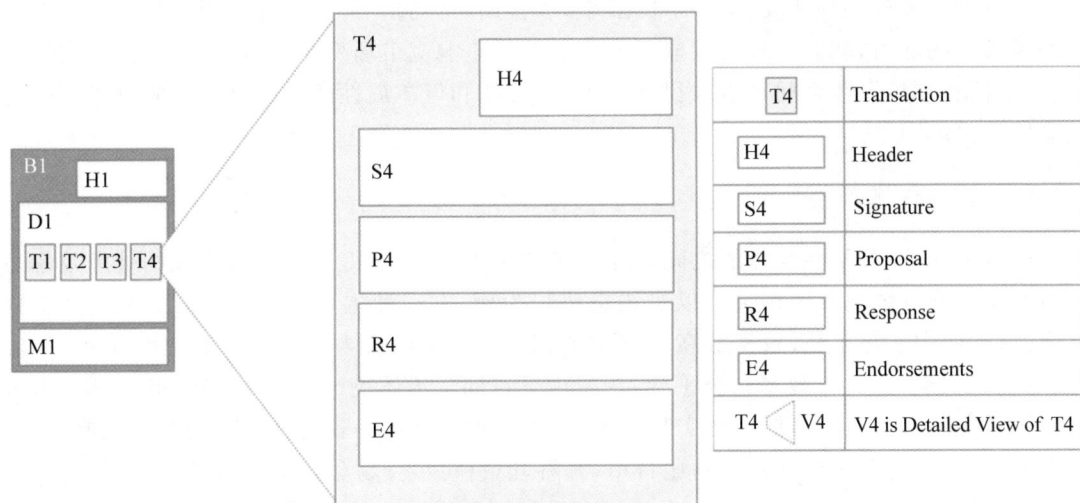

图 7-23　区块内交易

7.4　其他平台

除了比特币、以太坊和超级账本，区块链开源社区中还有许多有特色的项目，如星际文件系统(InterPlanetary File System，IPFS)、Quorum 和 Corda。

星际文件系统是一个创新的分布式存储系统，于 2014 年由 Protocol Labs 主导开源。该项目旨在解决基于中心化 HTTP 的文件分发效率低下的问题。随着项目的发展，IPFS 设计了多种协议和功能，支持持久存储、分布式存储和文件共享。IPFS 采用内容寻址的块存储模型，类似点对点的分布式文件系统。由于数据在 IPFS 中被分散冗余存储，系统不存在单点故障，即使网络中的部分节点失效，也不会影响文件的访问。同时，分布式存储和读取方式能够有效节约带宽，避免网络风暴问题。传统区块链系统通常不适合存储大量数据，而 IPFS 正好解决了这一挑战。用户可以将原始文件存放在 IPFS 中，并将其地址信息和哈希值存储在区块链上。

Quorum 是基于以太坊的改造项目，专为私有场景设计。其着重提升处理性能，适合企业级应用，特别在需要高吞吐量和低延迟的环境中表现出色。

Corda 是专注金融领域的分布式账本平台，强调隐私保护和监管合规，设计上保证交易仅在相关方之间共享数据，适合需要严格数据隐私和合规要求的金融应用。

7.5　区块链扩容

随着数字时代的到来，数据量激增和业务需求的多样化对区块链的处理能力提出了巨大挑战，特别是在性能和可扩展性方面。引入扩容技术可显著提高交易吞吐量，降低交易成本，并增强系统的整体可用性，对推动数字经济、数字社会和数字政府的创新与发展具有重要意义。同时，也可为用户提供更流畅和安全的体验，加速区块链技术的普及与应用。

区块链的性能主要体现在系统的吞吐量、资源利用率和交易确认时间等指标。提升性能指标可加快数据处理速度，提高访问效率，改善用户体验。可扩展性是指系统应对不断增长的新需求的能力，能够处理更大规模的业务并快速响应市场变化。目前，区块链在去中心化、安全性和可扩展性之间难以取得良好平衡，性能和可扩展性的问题已成为限制平台大规模应用的关键因素。

7.5.1 去中心化与性能问题

通常情况下，公平性与性能之间存在一定的矛盾，难以兼得。区块链系统的处理效率与参与共识的节点数量密切相关。以班级选班长为例，有三种主要方式：一是由班主任单独决定，这类似中心化系统，效率最高，但公平性不足；二是由班委会代表全班进行决策，类似DPoS共识机制，兼顾了效率与公平性；三是由全班同学集体决策，类似PoW和PoS共识机制，公平性最佳，但效率最低。在实际应用中，需要根据具体场景选择合适的共识机制。

目前，作为公有区块链代表的比特币，其吞吐量（每秒交易量，TPS）仍然较低，仅能处理约7笔交易；而以太坊在分片前的PoW共识下，每秒能处理约17笔交易。相比之下，中心化数据库的处理能力要高得多，例如，银联系统每秒可以处理超过6万笔交易。因此，区块链在性能上尚难以满足高吞吐量的业务需求。

7.5.2 安全与效率问题

效率是衡量性能的重要指标。工作量证明算法是目前最常用且安全可靠的公有链共识机制之一，具备良好的去中心化和抗攻击特性。篡改历史数据需要重新计算被篡改区块及其后续所有区块的哈希难题，并且伪造链的长度必须超过诚实节点维护的主链，使攻击成本非常高，从而有效保护区块链的安全。然而，虽然求解哈希难题可以保障区块链的安全性，但全球同步区块和解决难题所需的时间较长，并消耗大量资源和算力。

在公有链网络中，任何人无须得到许可均可加入，增加了恶意节点出现的可能性，因此需要额外的技术措施保障系统安全，如签名、验证、可追溯性和分布式账本等。这些措施虽然增强了系统的安全性，但也占用额外的时间和资源，进一步影响整体性能和效率。使区块链系统在实时性和高并发性方面难以与中心化系统相媲美。

此外，为有效防止双重支付及其他攻击，比特币网络通常需要连续确认6个区块，约需1小时，以保证交易不可逆。然而，如此长的确认时间难以满足对延迟敏感的交易场景。

7.5.3 区块与性能的平衡问题

在区块链系统中，交易吞吐量与区块大小和出块间隔密切相关。在固定出块间隔的情况下，区块越大，所容纳的交易越多，吞吐量就越高；而在固定区块大小的情况下，出块间隔越短，出块速度越快，单位时间内处理的交易数量也会增加。

然而，尽管增大区块大小可以提高吞吐量，但也将导致同步大区块所需的传输和验证时间增加，可能引发网络延迟和出错概率上升，从而影响账本的及时同步和区块链的安全性。同样，缩短出块间隔将增加需要验证的交易数量，容易引发广播风暴，导致网络拥堵。若降低出块难度以缩短出块间隔，则增加了多节点同时出块的概率，从而增加分叉的风险。

总体而言，仅通过增大区块或缩短出块间隔对性能和扩展性的提升是有限的。因此，在设计区块链系统时,需要在区块大小、出块间隔和网络性能之间找到合理的平衡,以保证系统的安全性和效率。

7.5.4 节点数量与扩展问题

在传统的分布式计算系统中,集中式管理和分布式协同使复杂任务能够被分解并分配到多个节点上并行操作,从而提升系统的扩展性。然而,区块链系统缺乏这样的调度管理机制,其算力主要用于在分布式节点间达成共识,节点间各自独立运作并相互竞争。

区块链采用点对点传输机制,消耗大量网络带宽,所有交易记录须同步到全网节点。节点间的交易、签名和出块等数据通过广播通信进行验证,只有在验证有效后,才能被打包成新的区块并添加到区块链的末端。随着节点数量的增加,虽然网络的安全性可能得到增强,但由于节点性能参差不齐,数据同步和验证的时间开销也随之增加,导致网络共识时间延长,从而影响整体性能。

因此,增加节点数量并不一定能提升区块链系统的扩展性,反而可能对性能产生负面影响。系统设计需要在安全性、性能和扩展性之间找到合适的平衡点。

7.5.5 解决思路和措施

为满足大规模应用的需求,区块链网络需要从体系结构方面进行技术拓展,在提高性能和可扩展性的同时,兼顾系统的去中心化和安全性。区块链的扩容可以简化为三个层次,如图 7-24 所示。

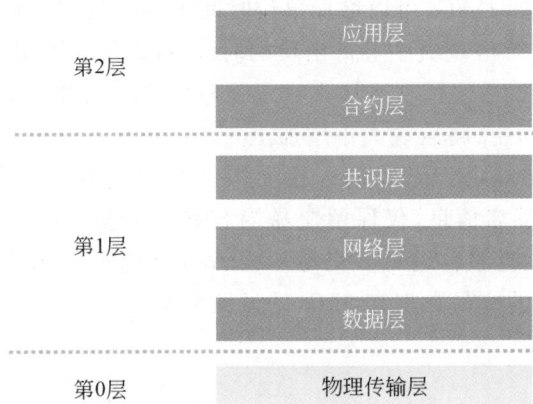

图 7-24 区块链扩展体系结构

1. 第 0 层基础设施扩容

第 0 层扩容通过优化区块链底层数据传输协议提升其可扩展性,而不改变区块链的上层架构。是在保持原有区块链协议和规则不变情况下的提升方案,具有较强的通用性,并且可与第 1 层和第 2 层的扩容方案相兼容。当前的技术方向包括区块链分发网络(Blockchain Distribution Network,BDN)和快速 UDP 互联网连接协议(Quick UDP Internet Connections,QUIC)等。

BDN 借鉴了 CDN 的技术,通过快速发送交易和区块,实现高容量、低延迟的区块链网络系统。例如，Marlin 通过构建分布式的中继网络，将网络划分为多个中继网络，以提高节点间的沟通效率，减少沟通时间，使矿工产生的区块能够在网络节点中快速广播，提升系统的整体交易处理效率。此外，Marlin 通过对网络中继节点 Relayer 的成功对接进行激励，进一步提升了网络的稳定性和传输速度。QUIC 整合了 TCP 的可靠性与 UDP 的高效性，其通过减少连接建立的延迟、内置加密以及支持多路复用等特性，实现了快速而安全的数据传输。QUIC 协议在 Harmony 区块链项目中得到了有效应用，构建了具备高吞吐量、低延迟和低费用等特性的分布式金融应用，不仅提升了用户体验，还增强了系统的可扩展性和整体性能。

2. 第 1 层链上扩容

第 1 层的链上扩容需要在保持系统简洁性和相对稳定性的前提下进行。第 1 层涉及区块链体系结构中的数据层、网络层和共识层，扩容的主要方式是优化和改进公有链的基本协议。

（1）优化共识机制可以根据不同的应用场景进行调整。例如，可以将 PoW 改为 PoS 共识，解决资源浪费和效率低下等问题；或者采用 DPoS 共识机制，由预先选定的部分性能较好的节点轮流出块，通过在一定程度上降低"去中心化"为代价，提高共识效率。

（2）分片技术通过将网络节点划分为若干子网络，使交易在不同的"分片"中并行处理，从而提升网络的吞吐量。例如，以太坊 2.0 的目标是通过分片技术解决交易处理速度的瓶颈。尽管分片技术可以显著提高系统的吞吐量，但也带来了安全性挑战，需要解决如片内 51% 攻击、片间双花和系统负载均衡等问题。

（3）采用图状结构，如 DAG，可以增加单位时间内的交易量。DAG 结构允许多个交易同时进行确认，减少了传统区块链中等待出块的时间，提高了交易处理速度。

（4）从区块角度考虑，适当增加区块大小或缩短出块间隔可以提高吞吐量。例如，BCH 于 2017 年由 BTC 分叉而生，将区块大小增加至 8MB；BSV 于 2018 年由 BCH 分叉而生，区块大小为 128MB，2019 年协议升级后，区块上限调整为 2GB。此外，比特币的隔离见证（SegWit）机制通过剥离签名信息，仅保留交易内容和指向签名的指针，减少了单笔交易所占用的空间，使每个区块能够容纳更多交易。SegWit 还将比特币的最大区块从 1MB 增加到 4MB，其中包括 1MB 的交易数据和 3MB 的见证数据。

3. 第 2 层链下扩容

第 2 层的扩容不改变公有链的基本协议，而是通过状态通道、侧链和 Rollup 等技术提升系统的扩展性和效率。

1）状态通道技术

状态通道通过链上质押，将小额频繁交易的中间过程以及大量数据计算和事务处理移至链下通道内进行处理，经过签名确认后，将最终状态提交到链上更新。例如，比特币的闪电网络和以太坊的雷电网络等系统利用该种方式提高交易速度和减少交易费用。

2）侧链和跨链技术

侧链是一种相对独立于主链的区块链，侧重于扩展主链的功能，通常通过特定机制与主链连接。跨链则关注不同区块链间的连接与协作。侧链通过锁定主链资产并铸造/销毁通证的方式，将资产转移到侧链上，以减轻主链负担，提高交易速度并降低费用。其安全性依赖自身的节点和共识机制。例如,Liquid Network 是由 Blockstream 开发的比特币侧链,用户可以将比特币锁定在特定的多签名地址上铸造 Liquid 比特币(L-BTC)。一旦比特币被锁定,Liquid Network 便根据锁定的数量铸造相应的 L-BTC,并发送到用户在该网络上的地址,使用户能够进行快速交易和转账。当用户希望将 L-BTC 转回比特币主链时,可以通过销毁相应数量的 L-BTC 解锁之前锁定的比特币。解锁的比特币将根据销毁的 L-BTC 数量发送到用户在主链上的地址,完成转回过程。跨链技术则将不同区块链的生态系统连接在一起,通过公证人机制、中继和哈希锁定等方法,实现多区块链间资产和状态的传递与交互。例如,Interledger 协议、Polkadot 和 Cosmos 系统都是跨链技术的应用,其中 Interledger 协议通过中心化的第三方连接器或验证器实现不同账本间的协同。

3) Rollup 技术

Rollup 技术主要用于解决以太坊的扩容问题,通过将一系列交易汇总并打包到子链上进行计算,子链的安全性与主链的安全性紧密相关,子链定期向主链提交交易记录和状态变更结果以进行验证,确保数据一致性。该方法减少了主链的计算压力。Rollup 技术分为 Optimistic Rollup 和 ZK-Rollup 两种。Optimistic Rollup 假设所有交易都是诚实的,将多笔交易压缩为一笔提交给以太坊,并设有 7 天的挑战期以供验证。ZK-Rollup 利用零知识证明工具,只需将一个零知识证明和最终状态变化的数据提交给以太坊即可,无须挑战期,数据更简洁。ZK-Rollup 的开发难度较大,但具有很大的发展潜力。

4) 其他链下计算系统

系统通常将需要在链上处理的各种计算和事务转移到链下进行,链上仅负责数据验证。典型应用包括 Enigma、Ekiden 和 Truebit 等系统,图 7-25 展示了链上链下结合的可信服务关系,一般遵循"瘦"链上、"胖"链下的设计思路,大量原始数据、业务流程、监管日志及复杂查询计算等操作由链下系统实现,链上仅存储关键的共识信息或信任事件,通过链上链下的可信交互技术,实现链下数据与链上存证信息的一致可信映射。

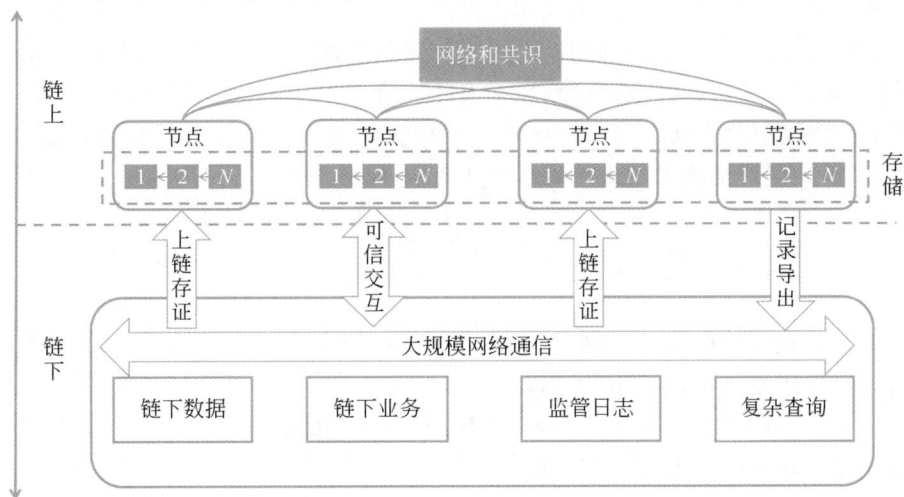

图 7-25 链上链下可信交互

Enigma 系统是注重隐私的分布式计算平台,利用安全多方计算技术,各方在不知晓完整数据内容的情况下,通过各自的计算结果协作,得出最终结果。Enigma 通过将数据访问和计算过程分离,实现个人数据的自主控制,为数据交易提供安全保障。

　　Ekiden 系统通过将共识层和计算层分离,采用可信执行环境(Trusted Execution Environment,TEE)运行智能合约。TEE 是一个硬件级别的安全区域,能够在完全隔离的环境中执行代码,确保数据的隐私性和安全性,特别适合处理计算密集型应用。同时,Ekiden 兼容以太坊智能合约,使开发者可以便捷迁移现有合约,促进生态系统的发展。为了验证合约的有效性,Ekiden 引入了发布证明协议(Proof-of-Publication),该协议确保在计算层中执行的合约结果能够被共识层验证。具体而言,当智能合约在 TEE 中执行时,系统将生成一个包含执行结果和相关状态变更的证明,并将其提交给共识层进行验证,被验证的合约结果才可被记录到区块链上。该机制提升了系统的信任度和交易的处理效率,适用于金融服务、供应链管理和医疗健康等场景。

　　TrueBit 通过激励机制推动链下计算。用户提交计算需求并支付佣金(通证 TRU);链下的求解者(Solvers)在接受佣金价格并提供保证金的情况下进行计算并公布结果;链下的验证者(Verifiers)也可以提供保证金进行重新计算,以检验求解者的结果。如果发现错误,验证者可以发起挑战,将挑战提交到链上进行仲裁。正确的一方获得佣金,而错误的一方需支付验证过程中产生的 Gas 费用。

◇ 7.6　本章小结

　　本章介绍了典型的区块链开源平台。比特币是区块链技术的先驱,于 2009 年由化名为中本聪的人创建。其主要目标是提供一种分布式的数字货币,使用户可在没有中介机构(如银行)的情况下进行安全的点对点交易。比特币通过工作量证明机制验证交易和维护网络安全,其总供应量被限制在 2100 万个,以提供稀缺性和抗通胀。以太坊于 2015 年由 Vitalik Buterin 等推出,旨在扩展区块链技术的应用范围。除了支持加密货币交易,以太坊最大的创新在于引入了智能合约,不仅用于记录交易,还可托管分布式应用程序,支持金融、游戏、供应链和存证等众多领域的创新。以太坊最初使用工作量证明机制,现已转为权益证明机制,以提高效率和可扩展性。超级账本专注企业和联盟场景,提供高性能、隐私保护和权限控制的区块链解决方案。最后对区块链扩容面临的主要问题进行归纳,给出了可能的解决方案,以期为区块链技术的未来发展提供有益参考。

◇ 习　　题

1. 简要说明比特币的发行机制。
2. 概述比特币挖矿形成共识的过程。
3. 简要说明不同场景需求如何影响联盟链与公有链的设计。
4. 简述以太坊的账户类型及其功能。
5. 以太坊智能合约的生命周期包括哪些阶段?
6. 列举以太坊的主要创新点。
7. 对比三大代表性区块链平台的特点和优势。
8. 简述区块链扩容面临的问题及其解决方案。

应用篇

第 8 章

区块链与法律

新技术的广泛社会化渗透与深度产业化应用,无疑会引发一系列新的法律议题和挑战。合规性已成为技术进步不可或缺的前提,而对区块链技术这一新兴领域而言,其持续稳健的发展更是与法律层面的保障和支撑紧密相连。当前,区块链正逐步从一种单纯的互联网技术革新,演变为引领产业变革的重要力量,全球各大经济体纷纷加速其在区块链技术领域的布局与推进。

我国对区块链技术的创新、健康与有序发展提供了诸多法律支撑与保障。然而,随着区块链技术及其衍生的智能合约在各行各业的广泛应用,监管难题、信任缺失以及信息安全隐患等问题也日益凸显,给现有法律体系和制度框架带来了冲击。

鉴于此,本章将从我国与区块链相关的法律政策体系切入,深入探讨区块链应用在实际操作中所需的法律保障。较为全面地梳理和分析当前我国在规范和促进区块链发展方面的法律政策,进而探究区块链及其智能合约对现有法律监管体系所提出的新挑战,以及这些挑战背后所隐藏的法律风险。最终,本章将尝试为区块链行业的规范发展提供一些有益的思考和建议,以期推动整个区块链行业朝着更加健康、安全和有序的方向发展。

◆ 8.1 我国与区块链有关的法律政策体系

法律作为调整社会关系和行为的重要规范,对技术的创新和应用同样具有指导意义。区块链技术,作为当今信息科技领域的重要代表,其产生、应用和发展无疑也受到法律的规范和引导。在我国,与区块链相关的法律政策体系正在逐步构建和完善。

尽管目前我国专门针对区块链的立法尚显不足,但并不意味着区块链领域无法可依。区块链技术的核心涉及数据库、密码学、网络安全等多个信息科技领域,因此,其法律体系的构建也必然与现有的计算机及信息技术法律体系紧密相连。我国的区块链法律体系,由基本法律、普通法律、行政法规、部委规章、司法解释以及标准规范等多个层级共同构成,如图 8-1 所示。

8.1.1 基本法律

在"基本法律"层面,区块链技术主要受《民法典》与《刑法》的规范。这两部法

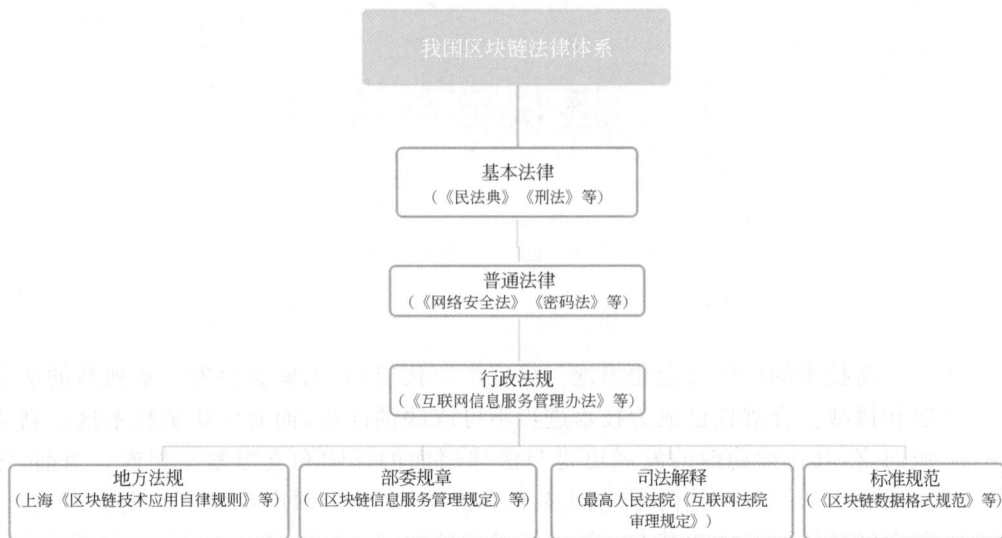

图 8-1　我国区块链法律体系结构图

律对区块链技术涉及的个人信息安全、网络财产保护及相关的民事责任和刑事责任进行了重要规定。

《民法典》明确保护自然人的个人信息，禁止任何组织或个人非法收集、使用、买卖或公开他人信息，为区块链技术在处理个人信息时提供了明确的法律指导。同时，该法也将网络虚拟财产纳入保护范围，为区块链中的数字资产提供了法律保障。

《刑法》主要打击利用区块链技术实施的犯罪行为，如侵犯公民个人信息罪和破坏计算机信息系统罪等，有效保护了公民的个人信息安全和信息网络的稳定。

总体而言，《民法典》和《刑法》共同构成了区块链技术法律保障的基础，为其健康发展提供了坚实的法律支撑。

8.1.2　普通法律

与区块链相关的法律主要包括作为上位法的计算机及信息技术领域立法，在普通法律方面，区块链技术受到诸如《网络安全法》《电子商务法》《电子签名法》《密码法》《个人信息保护法》《数据安全法》等法律的约束。这些法律为区块链技术的安全应用、数据保护等方面提供了明确的法律依据。此外，全国人大颁布的相关决定也为区块链技术的发展提供了政策支持和引导。

8.1.3　行政法规

行政法规层面，与区块链技术紧密相关的立法主要有《计算机信息系统安全保护条例》和《互联网信息服务管理办法》等。《计算机信息系统安全保护条例》详细规定了计算机信息系统的安全保护要求、监督管理措施以及违法行为的法律责任，为区块链技术在应用过程中的数据安全、系统稳定等方面提供了明确的法律指引。特别是在数据安全保护方面，该条例的严格规定有助于防范区块链技术被用于非法活动，保障数据的安全性和完整性。而《互联网信息服务管理办法》则是对互联网信息服务提供者和使用者的行为进行规范的一部重要法规,涉及信息的发布、传播和管理等方面。区块链技术的分布式、不可篡改等特性为信息在链上的传播带来了新的管理挑战。该办法的实施,有助于确保区块链技术在信息服务领域的合规应用,维护网络信息的秩序和安全。除了上述两部法规,还有一系列与区块链技术相关的行政法规在发挥作用,为技术的创新和发展提供了法律支持,推动区块链技术与各行业的深度融合与发展。

8.1.4　部委规章及规范性文件

在部委规章层面,央行发布的《金融消费者权益保护实施办法》和国家网信办发布的《区块链信息服务管理规定》等文件为区块链技术的金融应用和信息服务提供了具体的规范指导。特别是后者,为区块链信息服务的健康发展提供了有力支持。

值得一提的是,近年来随着区块链技术的快速发展和应用拓展,相关部门还出台了一系列与区块链相关的规范性文件。例如,中国人民银行于 2020 年 2 月 5 日发布的《金融分布式账本技术安全规范》行业标准,详细规定了金融分布式账本技术的安全体系要求,为区块链技术在金融领域的安全应用提供了明确指引。

8.1.5　司法解释及指导性案例

在区块链技术的法律实践中,司法解释及指导性案例扮演着不可或缺的角色。最高人民法院发布的《关于互联网法院审理案件若干问题的规定》等司法解释文件,针对互联网环境下的新型案件特点,明确了审理原则和裁判规则。这些规定在区块链技术的司法实践中同样具有重要的指导意义。例如,在涉及区块链技术的合同纠纷、侵权纠纷等案件中,法院可以依据这些规定,结合区块链技术的特性,对案件进行公正、高效的审理。

除了司法解释文件,最高人民法院还发布了一系列与区块链技术相关的指导性案例。这些案例从实际案件出发,对区块链技术的法律适用进行了深入剖析和阐释,为类似案件的审理提供了有力参考。提高了案件审理的质量和效率。随着区块链技术的不断发展和应用领域的不断拓展,相关的司法解释和指导性案例也在不断更新和完善。将为区块链技术的司法实践提供更加全面、系统的法律支持。

8.1.6　行业标准及自律规范

在区块链领域,除了法律法规,行业标准、自律规范以及各类通知公告也共同构成了规范发展的重要组成部分。

首先,区块链相关行业及领军企业积极通过制定技术标准、服务标准推动行业的标准化发展。例如,《区块链参考架构》和《区块链数据格式规范》等标准为区块链系统的设计和数据交换提供了指导,确保系统的兼容性和数据的流通性。

其次,行业自律规范在维护市场秩序、促进行业可持续发展方面发挥着重要作用。行业协会或领军企业发布的《区块链行业自律公约》等规范,明确了企业在技术研发、数据保护、信息安全等方面的责任和义务,引导行业内企业自觉遵守法律法规,共同营造良好的市场环境。

此外,主管部门针对区块链领域的特定问题发布了一系列通知公告。这些非规范性的文件,如《关于防范比特币风险的通知》等,虽然够不上法规的层级,但反映了主管部门的基本观点和立法趋势,对研究相关法规及企业合规经营同样具有重要参考价值。

　　综上所述,我国关于区块链的法律政策体系已经初步形成并在不断完善中。但目前仍存在一些针对性和全面性不足的问题,随着区块链技术的不断创新和应用拓展,应及时补充和完善相关法规和规范。同时,我们也应认识到,虽然法律、行政法规的层级较高,但部委规章在区块链领域的针对性和可操作性更强,内容也更为全面,因此在实际应用中具有不可忽视的重要作用。

◇ 8.2　全球区块链应用的监管政策

　　随着区块链技术的快速发展和广泛应用,各国政府逐渐认识到其潜在价值与风险,并相应制定了监管政策和法规,以引导和规范区块链产业的健康发展。这些政策不仅关注虚拟货币的交易、流通和发行,还关注区块链技术在金融、供应链、公共服务等多个领域的应用。

　　在后比特币时代,随着数字资产市场的兴起,尽管蕴含着巨大的机遇与风险,大多数国家和地区对区块链技术的非金融应用持开放态度。然而,区块链技术的变革性和去中介性对金融体系造成了显著冲击,因此需要特别的引导和规范,以防范潜在风险。从安全角度而言,加密数字资产的分布式、匿名性和跨国性特征给反洗钱和反恐融资带来了挑战;与此同时,数据滥用和泄露问题也日益严重,数据安全和隐私保护亟待解决。因此,如何在创新与政策间找到平衡,成为监管者面临的重要难题。各国政府正在积极探索与本国金融科技发展特点相适应的监管方式,以应对区块链金融的创新趋势。

8.2.1　新加坡的监管政策

　　新加坡作为全球金融科技(FinTech)中心之一,在区块链和加密货币监管政策方面采取了积极且前瞻性的态度。新加坡政府旨在通过建立明确且灵活的监管框架,促进技术创新与金融安全间的平衡。

　　首先,在监管机构方面,新加坡金融管理局(Monetary Authority of Singapore,MAS)作为中央银行和金融监管机构,负责制定和执行与加密资产相关的法规,包括反洗钱(AML)和KYC规定。MAS通过《支付服务法案》(*Payment Services Act*,PSA)对加密资产服务提供商(如交易所和钱包提供商)进行注册和监管。此外,新加坡税务局(Inland Revenue Authority of Singapore,IRAS)负责制定加密资产的税务政策,包括个人所得税、企业所得税和商品与服务税(Goods and Services Tax,GST)。新加坡警察部队的网络犯罪局则专注打击利用加密资产进行的非法活动,如洗钱、诈骗和恐怖融资。

　　在政策和法规层面,自2020年1月28日起生效的《支付服务法案》为新加坡的支付服务提供商(包括加密资产服务提供商)提供了统一的监管框架。该法案根据服务提供商的规模和风险,将其分为普通支付机构、标准支付机构和批准支付机构,确保不同类型的服务提供商遵循相应的合规要求。

　　在反洗钱与反恐融资方面,MAS依据《反洗钱和反恐融资法》对加密资产服务提供商进行监管,要求其报告可疑交易,维护客户身份信息,并实施持续监控。此外,MAS还要求服务提供商在跨境交易中传递发送者和接收者的身份信息,以符合国际反洗钱标准。

　　在税务政策方面,新加坡对加密资产的资本利得不征税,因此个人通过买卖加密资产获得的利润通常无须缴纳所得税,除非被认定为商业活动。GST 方面,加密资产交易本身免征 GST,但相关服务(如交易所手续费)可能需缴纳 GST。企业通过加密资产获得的收入需按正常企业所得税率缴税,具体依据其业务性质和盈利模式。

在稳定币与央行数字货币的监管方面,MAS 关注稳定币的资产储备透明度和安全性,确保其价值稳定且有足够的法定货币或其他高流动性资产作为支撑。同时,MAS 积极研究和试验央行数字货币,以提升支付系统效率和金融包容性。

总之,新加坡在区块链和加密货币领域的监管政策呈现出前瞻性和灵活性的特点,旨在通过明确的法规框架和严密的合规要求,促进金融科技的健康发展。

8.2.2　欧盟的监管政策

欧盟高度重视区块链技术的发展与应用,旨在促进欧洲区块链技术的进步,并帮助各国从中获益。自 2018 年起,欧盟启动了一系列机制,以加强区块链技术的整合与监管。

首先,在监管机构方面,欧盟委员会负责提出立法提案,制定整体的区块链和加密货币监管框架。欧洲证券和市场管理局(European Securities and Markets Authority,ESMA)负责监督证券市场并提出加密资产监管措施,以保护投资者利益。欧洲银行管理局(European Banking Authority,EBA)监管银行与加密资产市场的互动,确保金融系统的稳定。欧洲中央银行(European Central Bank,ECB)研究并推动央行数字货币的发展,评估其对金融系统的影响。此外,各成员国的国家监管机构负责具体实施欧盟的政策和法规,如德国的联邦金融监管局(Bundesanstalt für Finanzdienstleistungsaufsicht,BaFin)和法国的金融市场管理局(Authority for the Financial Markets,AMF)。

在政策和法规层面,欧盟于 2022 年达成了《加密资产市场框架》(*Markets in Crypto-Assets*,MiCA)协议。该协议要求所有在欧盟范围内从事经营活动的加密货币服务提供商(包括加密数字货币发行商和交易平台)需获得监管机构颁发的许可证。MiCA 的主要内容包括明确不同类型的加密资产(如支付通证、稳定币、功能通证)的定义,规定加密资产服务提供商需遵守的资本要求、治理和合规义务,以及对稳定币的严格监管,确保其透明度和可审计性。

在反洗钱和了解客户方面,欧盟的第五反洗钱指令(5th AML Directive)要求虚拟货物提供商确保符合 MiCA 及其他相关法规的要求,准备必要的许可证和合规措施。投资者需了解相关法规环境,评估加密资产产生的法律和税务影响,以确保投资行为的合法合规。

总之,欧盟在区块链和加密货币领域的监管政策正逐步完善,旨在为市场参与者提供一个稳定、有序且具有竞争力的环境。通过 MiCA 等立法举措,欧盟致力于建立统一的市场框架,增强消费者保护和市场透明度,同时推动金融科技的创新发展。

8.2.3　英国的监管政策

近年来,英国对区块链和加密货币的监管政策不断演变,旨在促进技术创新的同时保障金融稳定、投资者保护以及防范非法活动。英国已建立起相对完善的监管框架,包括多个主要监管机构及其政策动态。

首先,在监管机构方面,金融行为监管局(Financial Conduct Authority,FCA)负责监管加密资产服务提供商(CASPs),确保其遵守反洗钱和了解客户规定。所有在英国运营的加密货币公司必须在 FCA 注册，并遵守相关的合规要求。英国税务海关总署（Her Majesty's Revenue and Customs, HMRC）负责加密货币相关的税务政策，包括资本利得税和增值税（VAT）的适用。英格兰银行（Bank of England）关注加密货币对金融稳定的影响，并积极研究中央银行数字货币的可能性。而国家犯罪局（National Crime Agency, NCA）则负责打击利用加密货币进行的非法活动，如洗钱和恐怖融资。

在政策和法规层面，英国对加密资产进行了明确的分类和定义。FCA 将部分加密资产视为证券，需遵守相关的证券法规，而比特币和以太坊等主流加密货币通常被视为商品。2019 年，FCA 发布了《加密货币资产指南》，明确加密数字货币交易在英国是合法的，并将其视为"特定投资"。2020 年，FCA 要求所有加密数字货币公司进行注册，以遵守反洗钱条例，并禁止散户投资者买卖加密货币的期货和期权等金融衍生品。

早在 2018 年，FCA 便启动了"沙盒监管"计划，允许 11 家区块链和分布式账本公司在受监管的环境中进行创新，促进金融科技的高效竞争。HMRC 也在同年出台了涉及加密数字货币的征税指南，以打击避税行为。

在最新的监管动态中，英国政府的政策保持相对稳健，随着技术的发展和市场的演变，英国的政策和监管框架将持续优化，以应对新兴的挑战和抓住潜在的机遇。

总之，英国在区块链和加密货币领域的监管政策呈现出积极且逐步完善的特点，旨在平衡创新与风险管理。

8.2.4　美国的监管政策

近年来，美国对区块链和加密货币的监管政策不断演变，旨在平衡创新推动与金融稳定、投资者保护和防范非法活动之间的关系。目前，美国已建立起相对完善的监管框架，包括多个主要监管机构及其政策动态。

首先，在监管机构方面，证券交易委员会（Securities and Exchange Commission, SEC）负责监管被视为证券的加密资产，如某些通证。商品期货交易委员会（Commodity Futures Trading Commission, CFTC）将比特币和以太坊等主流加密货币视为商品，并监管相关衍生品市场。国税局（Internal Revenue Service, IRS）将加密货币视为财产进行税务管理，涉及资本利得税的征收。金融犯罪执法网络（FinCEN）专注反洗钱和了解客户规定的执行，以确保加密交易的合法性。此外，联邦储备系统（Federal Reserve）关注加密货币对金融稳定的影响，并探索中央银行数字货币的可能性，而消费者金融保护局（Consumer Financial Protection Bureau, CFPB）则致力于保护消费者在加密金融产品中的权益。

在政策和法规层面，美国对加密资产进行了明确的分类和定义。SEC 和 CFTC 在资产分类上各有侧重，前者倾向将通证视为证券，后者则将其视为商品。两者之间在加密货币监管权的问题上仍存在竞争关系。SEC 和 CFTC 于 2018 年 1 月联合发布了《关于对虚拟货币采取措施的联合声明》，监管虚拟货币、通证及其他名义开展的违法违规行为。同年，CFTC 还成立了虚拟货币委员会和区块链委员会，前者关注加密数字货币行业，后者则加强区块链技术在金融领域的应用。2019 年，IRS 发布了新的指南，用于计算持有加密货币的应缴税款。2023 年 3 月，美国财政部发布了一份关于加密资产风险的报告，强调了加密资产对金融稳定、国家安全和消费者保护的潜在风险，并呼吁加强监管和执法力度。同时，SEC 和 CFTC 加强了对加密资产市场的监管力度，这些举措表明美国正在积极构建更加完善的区块链和加密资产监管体系。

随着加密数字资产被广泛接受,SEC 对加密数字货币的态度发生了显著变化。2024 年 1 月 10 日,SEC 批准了首批包括贝莱德、方舟投资(Ark Investments)、21Shares、富达、景顺等 11 只现货比特币交易所基金(Exchange Traded Fund,ETF)上市;2024 年 7 月 22 日,SEC 与交易所公告显示,8 家申请机构正式通过以太坊现货 ETF 审批。同时,美国正在推动美元稳定币立法和比特币国家储备,有人将前者喻为"数字经济时代的布雷顿森林体系"。

总之,美国在区块链与加密货币领域采取多元化、精细化监管,力求前瞻布局并兼顾各方利益,致力于构建面向全球数字经济的"新货币秩序"。

8.2.5　我国的监管政策

1. 我国内地监管政策

近年来,我国内地在区块链和加密货币领域的监管政策持续强化,旨在控制加密资产相关风险,维护金融稳定,同时促进区块链技术的发展和应用。目前,我国已建立起相对完善的监管框架,包括多个主要监管机构及其政策动态。

首先,在监管机构方面,中国人民银行作为中央银行,在数字人民币的研发和发行中发挥核心作用,同时制定与加密资产相关的货币政策和监管措施。中国银保监会(China Banking and Insurance Regulatory Commission,CBIRC)监管银行和保险业,确保金融机构不参与未经授权的加密资产相关业务。公安部专注打击与加密资产相关的非法活动,如洗钱和诈骗。各地方政府和监管机构负责具体实施中央政策,确保地方合规性。

在政策和法规层面,我国实施了一系列严格的措施以禁止加密货币交易和发行。2021 年 9 月,中国人民银行等七部委联合发布通知,全面禁止境内外加密货币交易所的活动,关闭相关交易平台,要求金融机构和支付机构不得为加密货币相关业务提供服务。并禁止首次通证发行(Intial Coin Offering,ICO),旨在防范金融风险和欺诈行为。2022 年 4 月,多部门联合发布《关于防范 NFT 相关金融风险的倡议》,要求各会员单位坚决遏制 NFT 金融化证券化倾向,禁止通过 NFT 变相发行交易金融产品,抵制 NFT 投机炒作行为。此外,我国还采取了措施限制或禁止加密货币挖矿,自 2021 年以来,多个省份陆续出台政策,限制或禁止此类活动。同时,监管部门加强了反洗钱和了解客户措施,要求金融机构严格执行相关政策,防范加密资产相关的洗钱和恐怖融资活动。我国政策虽然未禁止个人进行虚拟货币交易,但目前政策将参与虚拟货币交易视为有损公序良俗的行为,由此造成的损失不受法律保护。但比特币等仍属于虚拟资产,受到法律保护。

与此同时,政府大力推动区块链技术的发展,支持区块链服务网络(Blockchain-based Service Network,BSN)的建设,鼓励企业在区块链技术研发和应用方面进行投资。在数字人民币的推进方面,自 2020 年以来,数字人民币在多个城市进行试点推进,包括零售支付和跨境支付等多应用场景。数字人民币由中央银行发行,旨在提升支付系统效率,促进金融普惠。

总之,我国在区块链和加密货币领域的监管政策体现出严格控制与技术推动并重的特点。尽管全面禁止加密货币交易和发行,但同时积极推动区块链技术的发展及数字人民币的应用。随着技术的不断进步和市场的演变,预计未来的监管政策将继续优化,以应对新的挑战,促进金融市场的稳定与创新。

2. 我国香港特别行政区的监管政策

近年来,我国香港特别行政区在区块链和加密货币领域的监管政策日益完善,在积极推动区块链技术发展和金融创新的同时,防范洗钱、恐怖融资和其他非法活动。香港特别行政区已建立起相对完善的监管框架,包括多个主要监管机构及其政策动态。

首先,在监管机构方面,香港证券及期货事务监察委员会(Securities and Futures Commission,SFC,简称香港证监会)负责监管证券、期货及相关衍生产品市场,制定和执行与加密资产相关的法规,确保市场透明和投资者保护。香港金融管理局(Hong Kong Monetary Authority,HKMA)负责金融稳定、货币政策和支付系统,同时参与加密资产的监管与政策制定。香港海关负责执行反洗钱和打击恐怖融资(Combating the Financing of Terrorism,CFT)法规,确保加密资产交易符合法律要求。税务局则负责制定与加密资产相关的税务政策,确保税收合规。

在政策和法规层面,香港特别行政区对加密资产交易所实施严格的许可制度。根据SFC 的《虚拟资产交易平台指引》,所有在香港特别行政区运营的加密资产交易所必须获得SFC 的牌照,并需满足资本要求、合规与治理标准,以及严格执行 AML 和 KYC 政策。此外,香港特别行政区还对稳定币的监管给予高度关注,确保其具备充足的储备资产和透明的运营机制,以维护市场稳定。所有加密资产服务提供商必须遵守反洗钱和客户尽职调查要求,鼓励使用区块链分析工具和人工智能技术提升合规效率。

在数字货币方面,香港特别行政区积极参与数字人民币的试点项目,推动数字人民币的技术基础设施建设,探索其在跨境支付和商业应用中的潜力。同时,税务局制定了加密资产交易的税务处理政策,确保税务透明和合规。

香港特别行政区的监管机构不断加强与国际的合作,推动跨境业务拓展,并积极参与国际区块链和加密资产监管标准的制定。2022 年 10 月,香港特别行政区发表《有关虚拟资产在港发展的政策宣言》,展示了推动香港特别行政区成为国际虚拟资产金融中心的愿景。2022 年 12 月,南方东英资产管理有限公司推出的虚拟货币期货 ETF 在港交所挂牌上市,标志着香港特别行政区成为全球首个提供以太币期货 ETF 的市场。2023 年 6 月,香港特别行政区实施全新修订的虚拟资产交易平台牌照制度。2023 年 8 月,香港特别行政区两大加密资产交易所 OSL 和 HashKey 获 SFC 批准,向散户开放服务,体现了香港特别行政区在加密资产领域的监管与创新并重的决心。2024 年 4 月,SFC 批准了比特币和以太坊现货 ETF,标志着香港特别行政区在建立国际虚拟资产金融中心的道路上迈出了坚实的一步。

总之,香港特别行政区在区块链和加密货币领域的监管政策呈现出日益成熟和多元化的特点,旨在为市场参与者提供安全、有序且具创新力的环境,构建更加健康、有序和具有竞争力的数字金融生态系统。

◆ 8.3 区块链面临的监管问题和解决思路

区块链技术的快速发展为各行业带来了创新机遇,同时也给传统监管模式带来了巨大挑战。在传统监管领域,通常存在中心化机构实施 KYC 机制,监管机构可以通过对接数据库的方式了解系统中发生的各类行为,在发现非法行为时及时追踪到对应的用户或实体。然而,公有区块链因具有分布式、多源异构和用户匿名等特性,导致其缺失社会属性,不易追踪,用户行为难以控制,为政策监管和技术监管带来了诸多困难。

8.3.1 责任主体分散监管问题

传统互联网将提供应用的中心化服务机构作为监管对象,而区块链是多方参与的分布式系统。尤其在没有准入限制的公有链系统中,不存在中心化的组织者,也没有特定机构对其负责。数据和相关应用部署在非固定的存储器和服务器上,发布主体和发布地点难以确认,责任认定困难,传统的监管方式和手段在区块链应用中难以完全适用,给监管带来了很大挑战。

此外,公有链通常具有跨国家、跨地区运行的特点。不同国家和地区的法律和监管政策存在差异性,跨境数据和运营中产生的数据存在权属和数据保护责任主体不明等问题,也给区块链的监管提出了挑战。

8.3.2 数据难以篡改问题

区块链是难以篡改的分布式账本,满足其传递的价值不被随意修改及删除。"篡改数据"需要骗过每个节点的验证和共识机制,"作恶"难度非常大,且区块链的节点越多、越分散,数据被篡改的难度就越大。这一特性虽然保证了数据的完整性和可信度,但也带来了新的挑战。

在公有链上,任何人都可以将交易信息和附加信息永久记录在区块链上,即使是侵犯个人隐私的内容也无法删除,这与相关法规存在冲突。例如,《网络安全法》规定个人发现网络运营商非法使用个人信息时,有权要求网络运营者删除其个人信息。《民法典》第一百一十一条也规定了自然人的个人信息受法律保护。欧盟通用数据保护条例(General Data Protection Regulation,GDPR)规定了个人数据被删除的权利,也称为"被遗忘的权利"。因此,区块链的不可篡改性与个人隐私保护间的矛盾成为需要解决的问题。

8.3.3 加密数字货币监管问题

加密数字货币是公有链经典应用之一,以比特币、以太币为代表的加密数字货币具有交易匿名性和点对点交易的特点。其匿名性虽然具有薄弱的一面,但一次性、非规律性使用则具备很强的隐蔽性;点对点交易使两个不受时空限制的账户地址间无须中介直接交易;而混币服务使交易更加难以被追踪。这些特点容易为洗钱、地下交易、暗网和非法融资等违法活动提供便利。

加密数字货币因为含有"货币"字样,且具有匿名跨境流动的特性,存在欺诈和外汇管制漏洞等风险。此外,不同的国家和地区针对加密数字货币政策和监管模式有所不同,跨境交易产生时的管辖权不明确,存在监管困难。

8.3.4 创新带来的监管问题

监管与创新一直是一对难以调和的矛盾体。每一次重大技术创新都是对既得利益和现有商业模式的冲击,新技术常常会突破现有监管的边界,走到监管的前面。为了防范金融风险，监管部门可能采取一刀切的"禁令型"监管，这种方式虽然可以暂时应对危机，但不利于创新业态的形成，存在阻碍新兴技术创新发展的风险。

然而，近年来一些国家开始探索更加灵活的监管方式。例如，监管沙盒（Regulatory Sandbox）的概念在金融科技领域得到广泛应用。这种方法允许金融科技公司在受控环境中测试创新产品、服务或商业模式，而不必立即满足所有监管要求。该方法既能促进创新，又能控制风险，为区块链等新兴技术的监管提供了新思路。

8.3.5　监管与隐私保护平衡问题

区块链上数据的隐私保护和监管存在一定的矛盾，过于强调隐私保护不利于监管，过于强调监管又不利于隐私保护。如何既能满足监管要求，又不侵害隐私，一直是各国都在努力研究解决的问题，以找到监管和隐私保护的平衡点。近年来，零知识证明（Zero-Knowledge Proof）等隐私保护技术在区块链领域的应用为解决这一矛盾提供了新的可能。这些技术允许在不泄露具体信息的情况下证明某个声明是真实的，有助于在保护隐私的同时满足监管需求。

8.3.6　主要解决思路

随着区块链应用的发展，监管范围也从最初的防范金融安全风险逐步拓展至其他应用领域，监管模式和隐私保护需要不断创新。以下是一些主要的解决思路。

1. 引入科技监管手段

将监管融入区块链技术中，对链上数据进行实时穿透式监管，用技术手段化解去中心化应用与中心化监管的冲突。实时监测机制可在监管接口中充分利用隐私保护技术，以保护公民的隐私和数据安全。大规模商业应用可采用可控匿名方式监管，如建立提前报备的数字身份，用于必要时进行监管。为增强监管者和被监管者间的信任，监管本身应辅以监管链，记录监管行为，防止侵犯个人隐私。

2. 链上链下混合存储

隐私级别较低的公开数据可以保存在链上，重要的隐私数据则可保存在链下，而只将其哈希值保存在链上，形成"链上＋链下""公开＋隐私"的隐私保护模式。另外，可以设立私有链存储隐私信息，通过公有链与私有链跨链机制保护隐私权。

3. 建立较为清晰且适度包容的监管体系

《金融科技（FinTech）发展规划（2019—2021 年）》强调："针对专项技术的本质特征和风险特性，提出专业性、针对性的监管要求，制定差异化的金融监管措施，提升监管精细度和匹配度。"监管体系可根据区块链技术的特点和发展过程中出现的问题，采取公开征求意见、合法性审核等流程，进行有的放矢，分类施策。同时制定比较科学清晰的法律法规，以便统一执法标准、杜绝滥用行政权力的情况发生。

4. 促进国际合作与协调

鉴于区块链的跨境特性，加强国际合作和监管协调变得越来越重要。各国监管机构应加强信息共享和政策协调,共同应对区块链带来的监管挑战。例如,二十国集团(G20)已经开始讨论加密资产的全球监管框架,这种多边合作机制可能成为未来区块链监管的重要趋势。

5. 鼓励行业自律

除了政府监管,还应鼓励区块链行业建立自律机制。通过行业协会制定行为准则,建立信用评级系统,可以在一定程度上实现行业自我约束和管理。这种自下而上的监管方式可以补充传统的自上而下的监管模式,形成更加全面和有效的监管体系。

总之,区块链技术的监管是一个复杂的系统工程,需要技术、法律、经济等多个领域的协同努力。我国在区块链技术应用方面一直处于领先地位,但在基础研发方面相比欧美发达国家还有较大差距。监管层面可考虑制定具有适度包容性的监管体系,构建区块链技术理念与经济社会实践相融合的行业监管机制,推动多元共治、完善协同监管机制、鼓励行业组织加强自律,提升区块链监管效率与水平,在协调多方利益、平衡各种关系中促进区块链健康和谐发展。

◆ 8.4　区块链技术的发展机遇

8.4.1　全球主要国家加快布局区块链技术发展

1. 新加坡

新加坡对区块链发展保持开放和进取的态度,给予区块链产业大力支持,着力将新加坡打造成全球金融科技创新中心。已有大批区块链公司在新加坡设立了区域总部,并将新加坡作为他们的商业中心。2018 年新加坡推出了"金融科技快速通道"(FTFT)政策,将金融科技相关应用的专利审批时间从至少 24 个月缩短到了 6 个月,这项政策惠及了许多区块链企业。2020 年 12 月新加坡政府拨款 1200 万美元,以促进区块链的创新和商业用途的采用。2021 年 11 月 1 日,新加坡区块链协会与蚂蚁链签署合作备忘录,双方将展开密切合作,推动区块链技术在新加坡和整个东南亚地区的进一步普及和发展。2023 年 6 月,新加坡金融管理局宣布启动 Project Guardian 第三阶段试点,探索资产通证化和分布式金融在机构级别的应用。这一举措进一步彰显了新加坡在区块链金融创新方面的领先理念。

2. 欧盟

欧盟高度重视并鼓励区块链技术发展和应用。2019 年 4 月,欧盟启动了国际可信区块链应用协会(International Association of Trusted Blockchain Applications),支持和促进该地区分布式账本技术的采用。2021 年 9 月,欧盟计划投入 1770 亿美元的资金支持区块链、5G 和量子计算等技术。2022 年 3 月,欧洲议会批准了一项为期 5 年的试点计划,将利用区块链技术测试股票、债券和基金的发行、交易及结算业务。2022 年 6 月,欧盟官方发布《关于基于分布式账本技术的市场基础设施试点制度的(EU) 2022/858 条例》,旨在消除以加密资产形式发行、交易和交易后金融工具的监管障碍,并确保欧盟监管机构在多边交易设施和分布式账本技术应用方面获得经验。2023 年 6 月,欧盟正式通过了《加密资产市场监管法案》,这是全球首个综合性的加密资产监管框架,标志着欧洲在区块链和加密资产监管方面迈出了重要一步。

德国将区块链技术视为有前景的关键技术,希望利用区块链技术带来新的机遇,挖掘其促进经济社会数字化转型的潜力。德国政府于 2019 年 9 月发布了《联邦政府的区块链战略》(*Blockchain Strategy of the Federal Government*)。

爱沙尼亚建设的分布式公共数据库系统 X-Road,采用了区块链无密钥签名基础设施 (Keyless Signature Infrastructure, KSI),打通了政府部门和重要公用事业公司的数据库,实现关键数据在整个国家公共基础设施内部的互联互通;创建了基于强制性身份证的数字识别系统,也是世界上第一个采用在线投票的国家。其 e-Estonia 项目利用区块链技术构建了全面的电子政务系统,大大提高了政府服务的效率和透明度。

3. 英国

英国持续支持区块链技术的创新,被议会认可为"一项非常重要和具有突破性"的技术,已将区块链技术上升为国家战略高度。鼓励国内创业公司积极拥抱新兴产业,区块链技术已应用于能源、电力、金融系统和医疗等多个领域,且为全球区块链初创企业提供非常优惠的政策。2023 年 4 月,英国财政部发布了加密资产监管框架咨询文件,旨在为加密资产行业制定全面的监管规则,以促进创新并保护消费者。这表明英国正在积极构建有利于区块链和加密资产发展的监管环境。英国在区块链技术专利的发明方面也领先欧洲其他国家,预计未来英国将继续保持欧洲领头羊地位,带动欧洲区块链的发展。

4. 美国

美国政府非常关注区块链技术的发展,致力于保持区块链技术在全球的领先地位。2018 年,美国国会、国家标准与技术研究院等部门先后发布了多份区块链报告,认可区块链技术潜力,鼓励区块链技术创新。对区块链的应用也呈现出越来越积极的态度,联邦政府商务部成立区块链工作组,推动区块链技术定义及标准的统一,以及区块链在非金融领域更大范围的应用。在政府应用层面上,美国食品和药物管理局(Food and Drug Administration, FDA)、美国商品期货交易委员会、美国卫生与公众服务部、美国国家航空航天局等均开始探索、应用区块链技术。国防部 2019 年 7 月公布《数字现代化战略》(*Digital Modernization Strategy*),把区块链技术列为将来必需的技术之一。

2021 年,美国第 117 届国会提出了 35 项关于加密货币及区块链政策的法案,主要涉及加密货币监管、区块链技术应用以及央行数字货币三大方向。伴随很多机构投资者入场,美国批准了第一个 BTC ETF 和加密数字货币交易平台 Coinbase 的上市。

美国产业界认识到区块链技术可带来的巨大价值和颠覆性影响,诸多互联网巨头、金融机构以及新兴区块链企业等开展了区块链技术与应用的研究和创新,IBM、亚马逊、谷歌、微软等企业推出了区块链底层平台和技术解决方案,处于国际领先地位。

8.4.2 我国高度重视区块链产业发展

2016 年国务院发布《"十三五"国家信息化规划》,首次将区块链列入新技术范畴并进行前沿布局,标志着我国开始推动区块链技术和应用发展。2019 年 10 月 24 日,中共中央政治局第十八次集体学习时强调,把区块链作为核心技术自主创新重要突破口,加快推动区块链技术和产业创新发展。区块链技术已上升到了国家战略高度。2019 年 10 月,十三届全国人大常委会第十四次会议表决正式通过《密码法》(2020 年 1 月 1 日施行),《密码法》的施行对于国家推动区块链技术创新发展与应用将发挥重要的法律保障作用。

2021 年 3 月区块链被写入《国民经济和社会发展第十四个五年规划和 2035 年远景目标纲要》,规划提出打造数字经济新优势,加快推动数字产业化。推动区块链技术创新,以联盟链为重点发展区块链服务平台和金融科技、供应链管理、政务服务等领域应用方案,完善监管机制。2021 年 11 月,工信部发布了《"十四五"信息通信行业发展规划》,规划提出,通过加强区块链基础设施建设增强区块链的服务和赋能能力,更好地发挥区块链作为基础设施的作用和功能,为技术和产业变革提供创新动力。2022 年 10 月国家发展和改革委员会提出推动区块链、人工智能、大数据、物联网等新一代信息技术在长三角政务服务领域的应用。2022 年 12 月,中国人民银行发布《金融科技发展规划(2022—2025 年)》,明确提出要推动区块链、人工智能等新兴技术在金融领域的创新应用。同时,全国各地也纷纷出台了大量发展区块链产业的政策。这些政策表明,我国正在持续推进区块链技术在各领域的应用和发展。

在立法领域,国家陆续出台了多项有关促进区块链技术健康发展的法律、法规、政策和标准,为进一步发展与规范区块链技术提供法律保障。特别是 2022 年 5 月,《最高人民法院关于加强区块链司法应用的意见》的发布,明确了人民法院要加强区块链应用顶层设计、持续推进跨链协同应用能力建设、提升司法区块链技术能力、建设互联网司法区块链验证平台、建立健全标准规范体系,提出区块链技术在提升司法公信力、提高司法效率、增强司法协同能力、服务经济社会治理等 4 方面典型场景应用方向。建成人民法院与社会各行各业互通共享的区块链联盟,大幅提升数据核验、可信操作、智能合约、跨链协同等基础支持能力,主动服务营商环境优化、经济社会治理、风险防范化解和产业创新发展,服务平安中国、法治中国、数字中国和诚信中国建设,形成中国特色、世界领先的区块链司法领域应用模式。同时,将司法区块链跨链联盟融入经济社会运行体系,实现与政法、工商、金融、环保和征信等多个领域跨链信息共享和协同。

8.4.3　智能合约有助于实现契约社会

智能合约是一套以数字形式定义的承诺(Promises),并使用协议和用户接口执行的合同条款。类比于自动售货机销售商品,当其运行正常且货源充足时,只要满足机器预先设定的条件——投入符合要求的硬币,将会自动销售出购买者选择的商品,而且这一售出行为是不可逆的。不可逆性主要体现在两方面:其一,难以篡改,难以反悔;其二,自动执行,强制履行。

智能合约便是基于此特性,不仅有利于确保各类合约交易的安全,显著降低合同违约的概率,而且也有利于保障合同履约的高效、快捷,为实现契约社会提供技术支撑。契约社会是人们根据契约而非身份设定权利义务的范围,是相互信任、相互尊重的社会,是人们之间形成的有效信任机制。一般意义上的合同可能因为人性的弱点而使其约束力大打折扣,而智能合约作为一种难以篡改、自动执行、开放透明的分布式网络协议,可确保合约内容被可信执行,在贸易金融、商业来往和社会活动等广泛领域生成新型信任关系,并使信任像信息一样自由传递，促进全球数字经济进入高效、透明、对等协作的新型契约时代。

随着区块链技术的不断进步，智能合约的应用领域正在不断扩大。例如，在分布式金融领域，智能合约被广泛用于自动化借贷、资产管理等金融服务。在供应链管理中，智能合约可以自动执行支付、跟踪货物流转等操作，提高效率并降低成本。此外，在数字身份、版权保护、投票系统等领域，智能合约也展现出巨大的应用潜力。

8.4.4 新一代信息技术促进法律代码化

通过区块链、大数据、人工智能等技术对法律问题进行计算和建模，在数字空间实现法律逻辑。智能合约作为运行在区块链上可以自动执行合约条款的计算机程序，是构建数字社会和元宇宙中带有法律关系的重要基础，正成为未来数字社会的基础设施。法律合约自动化、可视化、智能化地执行，是构建互联网法治的基础。计算法律学的关键内容包括区块链电子证物、数字公证、数字资产和智能合约等，其有望改变司法领域在未来信息社会中的运作方式。

人工智能在法律文本分析、案例检索、判决预测等方面的应用正在快速发展。例如，美国的 ROSS Intelligence 和中国的"法小飞"等法律 AI 助手正在为律师和法官提供智能辅助。

未来社会，智能合约可通过不同的计算模型，利用可信数据源触发多方协作的自动化决策，实现在社会治理、公共服务、财政税收、法律自助和政府监管等方面的可信化、智能化执行。政府、企业和个人间的纸质合同也将逐步被高效可靠的智能合约所取代，现有监管体系将结合区块链技术和证据数据，促生新的监管模式，社会有望逐步进入可编程的法律契约时代。

随着区块链技术的不断成熟和应用范围的不断扩大，它将在推动数字经济发展、提高社会治理效能、促进产业升级等方面发挥越来越重要的作用。然而，我们也需要注意到区块链技术在能源消耗、隐私保护、法律监管等方面面临的挑战，需要政府、企业和学术界共同努力，推动区块链技术的健康可持续发展。

◆ 8.5 基于区块链的智能合约面临的法律风险

8.5.1 智能合约的解释与转化问题

1. 智能合约的法律转化与解释难题

智能合约面临的现实法律问题主要体现在自然语言、法言法语、专业术语与计算机代码间的转化和解释。同时，在传统合同中所适用的法律规定与智能合约中所建立的技术规则间存在一定障碍。传统合同为了应对各种无法预见的情况，经常使用抽象、概括和灵活的语言，以实现内容的高度通用性，而智能合约则为了降低安全风险，使用严谨、正式的语言进行限定。因此，传统合同与智能合约在用语方面存在较大差异，转化过程中必然面临问题与风险。

2. 法律语言转化为代码的挑战

法律语言（法言法语）转化为代码时，面临理论和现实的双重难度。一方面，既懂法律又懂编程的人才稀缺;另一方面,不同的人对同一合同条款的理解和解读也存在差异。此外,目前尚无法律与代码的转换词典或公认标准化数据库,转化方式缺乏标准化,导致不同主体间的智能合约转化时容易出现不一致的情况。纠纷发生时,代码逆向转化为合同条款同样面临上述问题,可能导致歧义或模糊用语,使法院或仲裁机构难以做出准确裁判。

3. 法律语言的标准化与自然语言的复杂性

法律语言的标准化并不意味着能够直接简化或转化为代码。尽管法律文本具有形式要件,但仍属于自然语言范畴,自然语言本身存在不够精确、词义依赖上下文等问题。同时,法律语言常有冗长句子、从属句、不同表达方式及对抽象概念的引用,相较于普通自然语言,更难以翻译成代码。

4. 计算机技术与法律条款精确度的匹配问题

虽然计算机技术在自然语言处理领域取得了持续进步,但其翻译的精准程度往往无法满足法律对文件的要求。将合同语言转换为可执行代码的技术仍无法充分保障输出代码的质量。法律条款对语句表述的精确度要求很高,细微的差异可能导致截然不同的法律效力。若在转化过程中未能注意这些细节,可能产生意想不到的法律后果。

例如,有的合同条款使用"定金",而其他条款则用"订金""留置金""担保金""保证金""押金"等术语。合同中通常不对这些用语进行解释。如果程序员统一将其翻译为"定金",在产生纠纷时可能引发争议,因为"定金"是指当事人为确保债务履行而支付给对方的一定金额,且其数额不得超过主合同标的额的一定比例。支付定金的一方在履行债务后可将定金抵作价款或收回,若不履行约定,则无权要求返还定金;而收受定金的一方若不履行约定,则需双倍返还定金,这就是"定金罚则"。其他类似用语如"订金""留置金"等则不适用该罚则。因此,当事人对合同条款的用语含义可能混淆,要求程序员在转化时尽到"完全注意"义务确实存在一定难度。

5. 合同条款的合法性审查与程序员的挑战

当前的智能合约主要包括两部分:一是双方当事人协商后拟定的条款,二是为提升效率而预先制作的格式条款。针对后者,需要对其进行合法性审查,确保内容不违反相关法律规定。由于程序员的专业限制,可能将无效的合同条款转化为代码,合约相对方若缺乏必要了解,可能在不知情的情况下陷入不利境地。

6. 法官解读智能合约的困难

一旦因智能合约出现纠纷而起诉,法官需要"读懂"合约内容,分析计算机代码并得出合理解释。这需要较高的计算机语言知识,对法官而言通常难以实现,因此往往需要借助专家进行专业解释,增加诉讼的时间和经济成本。

综上所述,智能合约语言的转化和解释仍面临现实的客观难题,亟须各方共同推动解决。

8.5.2   智能合约的效力认定问题

1. 缔约主体民事行为能力导致的效力问题

智能合约广泛应用于电子商务、金融、保险、司法等领域，随着信息社会的发展，电子合同的使用越来越普遍。在判断行为主体的民事行为能力和权利能力时，通常只能在事前进行审查，以确定其是否为完全行为能力人或限制行为能力人。然而，在将合同转化为代码时，无法再识别缔约主体的民事行为能力。智能合约的效力取决于基础合同的效力，因此也可能存在无效、效力待定和有效等情况。

在智能合约中，无法对缔约当事人的民事行为能力进行再次测试。尽管大部分智能合约是在网络平台上订立的，但网络平台对合同当事人资格的审核往往只是形式上的，不会进行实质性审查。

2. 智能合约难以判定意思表示的真实性

传统合同的订立通常需要满足三个要件：一是当事人具备订立合同的能力，二是意思表示真实，三是不违反法律和社会公共利益。其中，意思表示真实是指当事人的外部表示与内心真实意图一致。而智能合约默认双方当事人的意思表示真实，这直接影响智能合约的效力，而对此的认定存在一定难度。

首先，智能合约所依赖的计算机代码在合约订立时无法直接识别或反映当事人的真实意图，因此难以判断是否存在欺诈、胁迫等违法行为。其次，智能合约无法保证转换后的代码完全符合当事人的本意或基础合同的真实意思，可能影响智能合约条款的法律效力。

3. 智能合约与传统合同的撤销及变更问题

在传统合同中，若出现欺诈或重大误解，一方可根据《民法典》第一百四十八条和第一百五十一条的规定请求撤销合同。此外，传统合同在履行过程中可以根据外部环境和条件的重大变化进行变更，以适应新的情况。然而，智能合约的特点之一是其执行的稳定性，一旦双方约定的条件满足，便会自动执行，难以变更或撤销。

智能合约一旦编译成计算机代码即固定，按照预设条件自动执行且不可更改。区块链技术的这一特性使智能合约难以应对重大误解、显失公平、情势变更及不可抗力等特殊情况。例如，2020 年新冠疫情期间，国家通知延长假期、工厂企业延期开工，相关部门纷纷发出通知，延期办理事务，各地管理部门也出台了不同的政策。这些特殊情况使智能合约的不可篡改性、自动履行性及稳定性受到挑战。在智能合约无法实现变更、解除或提前终止的情况下，如何处理相关事宜成为现实中的法律挑战。

8.5.3   The DAO 事件的启示

DAO 是 Decentralized Autonomous Organization 的缩写，The DAO 是基于以太坊区块链平台的风险投资智能合约项目，参与者通过智能合约投票共同决定投资项目。2016 年6 月 17 日，黑客利用 The DAO 智能合约的漏洞进行攻击，导致价值约 6000 万美元的 360多万个以太币被盗。为挽回损失，以太坊基金会通过投票决定进行硬分叉，回滚交易以恢复被盗前的区块链状态。

　　The DAO 事件导致以太坊社区分裂：坚持去中心化和数据不可篡改的一方拒绝承认回滚，继续在原始链上挖矿（ETC）；而主张挽回损失的一方则接受回滚，并在分叉后新链上挖矿（ETH）。

　　此事件对"代码即律法"理念造成了冲击，动摇了区块链难以篡改的信念。许多开发者因此建议避免使用图灵完备的设计以提高智能合约的安全性。同时，The DAO 事件也暴露了技术的不成熟、分布式自治组织的局限性以及法律的缺失。

8.5.4　智能合约的跨境法律问题

　　随着区块链技术的全球化应用，智能合约涉及跨境法律问题。不同国家和地区对智能合约的法律定位和监管态度存在差异，可能导致法律适用和管辖权的争议。例如，在跨境交易中，如何确定智能合约的履行地、争议解决机制等问题变得更加复杂。同时，不同国家对加密货币和通证的监管政策也会影响智能合约的执行和效力。一些国际组织和机构正在努力制定统一的标准和规则。例如，联合国国际贸易法委员会（United Nations Commission on International Trade Law，UNCITRAL）正在研究制定关于智能合约的国际规则，以便更好地了解和应对潜在的法律风险。

◆ 8.6　区块链技术驱动下的司法创新

　　法律是社会秩序平稳运行的基本保障，数字社会同样需要有对应的司法保障。习近平总书记对网络强国建设提出了"六个加快"的要求：加快推进网络信息技术自主创新，加快数字经济对经济发展的推动，加快提高网络管理水平，加快增强网络空间安全防御能力，加快用网络信息技术推进社会治理，加快提升我国对网络空间的国际话语权和规则制定权，朝着建设网络强国目标不懈努力。

　　为落实这一国家战略，最高人民法院要求各级司法机关充分利用信息技术，主动迎接互联网发展的挑战。截至 2020 年年底，全国 98％的法院运行诉讼服务网，线下一站式服务项目已经逐步拓展到线上，全国法院已接收网上立案 1080 万件，占一审立案量的 54％。全国 93％以上的法院建成了电子卷宗随案同步生成系统。2021 年，全国法院在线立案 1143.9 万件，在线开庭 127.5 万场。

　　2017 年 8 月 18 日，杭州互联网法院成立。这是世界首家互联网法院，是国家司法机关探索与互联网时代相适应的审判模式、推动诉讼环节全程网络化的里程碑式创新。以"全业务网上办理、全流程依法公开、全方位智能服务"为目标的互联网法院，实现案件全程在线审理、证据在线提取的服务模式。

　　2018 年 9 月 7 日，我国最高人民法院印发《关于互联网法院审理案件若干问题的规定》，承认区块链存证在互联网案件举证中的法律效力。此举意味着，在法律护航、互联网法院渐增的形势下，区块链存证及其他拓展应用将在司法领域内广泛开展。

　　目前，以各类信息化技术支撑的互联网法院，显著提升了司法机关的工作效率，极大提升了诉讼当事人的满意度。

8.6.1　杭州互联网法院

杭州互联网法院是全球首家互联网法院,专注于审理与网络相关的案件,并率先在司法实践中引入区块链技术。作为蚂蚁区块链联盟链的一个节点,该法院得到了蚂蚁区块链的技术支持。自 2018 年 9 月司法区块链正式上线以来,系统不断进行升级,至 2019 年 10 月 22 日,存证总量已突破 19.8 亿条。

2019 年 10 月 24 日,杭州互联网法院召开了首个区块链智能合约司法应用新闻发布会,宣布智能合约具备"三智模式",即智能立案、智能审判和智能执行。智能立案系统对电子合同、代码内容及合约执行进度进行核验,符合条件后方可进入司法程序。智能审判系统则自动提取案件的风险点,辅助生成包含判决主文的裁判文书。智能执行系统与相关机构协作,在线查控被执行人的银行、房屋、车辆及证券等财产,失信被执行人将被自动纳入司法链信用惩戒黑名单。

根据杭州互联网法院发布的《互联网金融审判大数据分析报告》,金融主体、监管单位与法院间的数据孤岛问题依然突出,三方数据共享与开放的道路任重道远。尽管杭州互联网法院已上线电子证据存证平台和司法区块链平台,但由于金融部门尚未开发相应的数据传输平台,尚无法实现以电子方式提交金融数据。

截至 2019 年 8 月底,杭州互联网法院共受理互联网案件 12 103 件,审结 10 646 件,线上庭审平均用时 28min,平均审理期限为 41 天,分别比传统审理模式节约了 3/5 和 1/2 的时间,一审服判诉讼率高达 98.59%。

8.6.2　北京互联网法院

2019 年,北京互联网法院主导,与国内领先区块链企业共同建设了名为"天平链"的电子证据平台。天平链共建设 18 个节点,并实现了与 24 个互联网平台或第三方数据平台的应用数据对接。

在司法实践中,天平链不仅对当事人上传至电子诉讼平台的诉讼文件和证据进行存证,防止篡改,保障诉讼数据的安全;还可以验证存证的诉讼证据,解决当事人取证难和认证难的问题。

"天平链"集成了存证、取证和校验三大功能,实现了电子证据全流程线上传送,确保在司法场景下具备"全流程记录、全链路可信、全节点见证"的能力。截至 2021 年 8 月,天平链已接入 21 个节点,完成版权、著作权和互联网金融等 9 类 25 个应用节点对接,上链电子数据超过 7000 万条,跨链存证数据量已达数亿条。

从实际应用看,天平链的运行呈现出几个显著特点:一是验证程序更高效。与传统取证程序相比,天平链的存证过程更加简化,可实现对存证安全性和可信度的前置审查,法官可以省略对取证程序可靠性的检验。二是专业化水平提升。通过证据一致性验证前置,技术与法律相分离,法官可以专注于证据所反映的事实。三是权利保护更易实现。与传统方式相比,区块链存证和取证的费用更低,且可由当事人自行操作。四是促进了司法信任体系的构建。在涉及区块链取证的案件中,当事人对证据真实性的认可度显著提高,鉴定启动率大幅下降,整体诉讼过程中的诚信表现改善,有助于调解工作的开展,提升庭审效率,推动审判质效的提高。

8.6.3　广州互联网法院

2019 年 4 月,广州互联网法院发布了"网通法链"智慧信用生态系统。该系统基于区块链底层技术,构建了"一链两平台"的智慧信用生态体系,包括司法区块链、可信电子证据平台和司法信用共治平台。华为公司作为技术提供方,参与了"网通法链"的底层区块链基础平台建设。

为确保数据存储的开放中立和安全可信,广州互联网法院与广州市中级人民法院、广州市人民检察院、广州市司法局、广州知识产权法院等 8 家单位共同发起组建司法区块链。同时,与中国电信、移动、联通及阿里巴巴、腾讯、华为、京东等 29 家单位签署协议,共同建设可信电子证据平台,鼓励企业开发自有区块链系统,并以跨链方式接入司法区块链。

统计数据显示,截至 2021 年 4 月 30 日,广州互联网法院共受理各类案件 124 789 件,审结 114 608 件,一审服判息诉率达 98.45%,二审改判发回重审率仅为 0.04%,自动履行率为 91.23%,信访投诉率为 0,办案质效持续向好。截至 2022 年 6 月,系统存证数量已超过 2 亿 6 千万条。

随着元宇宙概念的兴起,虚拟世界中的法律问题也开始受到关注。一些法律学者和技术专家正在探讨如何在元宇宙中实现法律的执行和权利的保护。

◇ 8.7　区块链技术发展的法律思考

8.7.1　探索创新,推进智能法律合约应用进程

随着数字社会的迅速发展和区块链技术的广泛应用,智能合约的规范化需求愈发迫切。然而,现有智能合约在专业性、可读性和生产效率等方面存在诸多问题,现实法律合同转化为可执行程序代码的效率尚未达到理想水平。不仅影响了行业的实际应用,也制约了计算机与法律领域的跨界合作,进而阻碍了智能合约的法律化进程。因此,探索实现智能法律合约的可能性显得尤为重要。智能法律合约应遵循现行法律的合约结构及语法规则,具备以下属性。

1. 自然语言描述

智能法律合约必须采用简单易懂、条理清晰的语言,作为智能合约与现实合约间的桥梁。它应兼具法律特征和易理解性,同时保持智能合约的规范性和逻辑性,以促进不同专业领域的有效协作。

2. 平台独立性

智能法律合约应采用解释型语言,通过解释器将源程序逐一转换为可执行的机器指令,屏蔽平台间的差异,实现"一次编写,随处运行"的平台独立性。

3. 可移植性

作为现实合约与智能合约间的中间层,智能法律合约的编写和解释器应对硬件或操作

系统无依赖性,可在不同系统或平台上运行,几乎无须修改。

在区块链可确权的基础上,智能法律合约将物理世界中的有价值资产(如房产、汽车、健康数据和版权)数字化为数字资产,并与可编程数字法定货币结合,使其在区块链网络上自由流通。将推动区块链智能合约的快速健康发展。同时,智能法律合约以程序代码表达合同条款,有效衔接现实法律合同与网络空间的程序代码,降低了法律合同生成智能合约的开发成本。此外,智能法律合约的执行透明性和不可篡改性将增强合同执行的信任基础,促进商业交易的顺利进行。

8.7.2　促进相关立法,进一步弥补法律空白

1. 对原有法律法规进行修订与完善

国家现行立法体系中的相关规定与区块链特性间仍存在法律冲突。例如,NFT 的法律性质、交易方式、监督主体等尚未明确,区块链的匿名性与法律要求的网络实名制存在矛盾,智能合约的不可逆性与传统合同的撤销权之间也存在冲突。因此,建议结合区块链发展的特点,针对发展过程中出现的突出问题,对现有法律进行必要的修订与补充。应注重区块链技术发展与法律规制的权衡,明确立法重点,强调基本立法原则,为区块链的规范发展提供科学有效的法律支撑。同时,结合市场调研和技术规范,合理修订现有法律条文,增加细节性条款,以消除上位性和原则性法律的矛盾。

2. 加快推进与区块链相关的专门立法

逐步实施针对区块链领域的专门立法,明确规范与发展的法律主次界限是区块链立法应首先解决的重要问题。立法者应立足对现实情况的分析与对区块链技术发展的长远判定,系统地出台法律法规,防范潜在风险。例如,明确虚拟货币的法律界定,打击利用虚拟币进行融资炒作等违法行为;明确监管主体与监管范围,精准把握监管与创新的平衡;加强链上数据信息保护,防范数据泄露与破坏。同时,立法过程中应听取多方主体意见,健全法定程序,确保公众参与、专家论证、风险评估及合法性审查等环节的完整性,维护相关主体的合法权益。此外,国家应推动相关政策的制定,以便在现行法律无法有效适用的情况下,全方位规范区块链的发展。

8.7.3　完善行业标准制定,加快促进区块链标准化发展

在区块链相关法律相对缺乏的情况下,建议优先完善区块链相关行业标准的制定。具体制定时,应着重围绕我国优势产业发展的重点环节,吸引领先企业积极参与,同时关注区块链当前存在的普遍问题与重点难题,如智能合约的存储与运行安全问题、智能合约安全验证技术等,逐步建立和完善区块链技术应用和标准体系。此外,建议积极参与国际标准的制定工作,加强国家标准与国际标准间的交流,提升我国区块链标准体系的国际话语权。

8.7.4　鼓励技术专家与法律专家合作

由于区块链的技术特性,仅由技术专家或法律专家一方编写合约,难以平衡合约的技术性与合法性。因此,建议建立区块链技术专家与法律专家共同参与合约编写的机制,以确保

合约既符合现行法律规范,又为智能合约的合法性扩展空间。这对精准认定技术事实、提升合约编写质量和效率具有重要意义。

8.7.5　探索全球治理模式

区块链技术和应用具有明显的跨国界特点,单一监管机构难以维护全球区块链生态的发展。各国、各地区及相关国际机构应开展区块链国际共性问题的研究,强化法律法规、加密数字货币监管、反洗钱和国际规则等方面的国际合作,探索传统监管模式与区块链自治相结合的治理模式,共同构建基于自动化监管技术的全球区块链监管平台,以应对区块链在法律、金融和社会治理等领域的全球性挑战。通过全球合作机制,各国可以共同应对技术快速发展带来的法律挑战,确保区块链技术的安全和可持续发展。

8.8　本 章 小 结

区块链作为一项变革性技术,其影响力可与电力和蒸汽机车相媲美,包括中国在内的世界各国政府,都在密切关注这一技术的研究与应用进展,力求将其提升为数字经济发展的基础设施。然而,法律领域往往滞后于技术的发展。法律法规的出台通常是基于技术应用过程中暴露出的问题,通过治理实现纠偏。根据我国政府对互联网一贯的治理原则,如"技术中立""最小化干预""审慎监管"等,这些理念将在区块链发展的治理中得到延续和强化。在政府科学治理的框架下,区块链产业必将迎来健康、有序的发展。

习　　题

1. 分析我国区块链政策与法律体系的构成框架。
2. 概述我国现行区块链监管政策的核心内容与特征。
3. 比较各国或地区对区块链技术的监管态度的差异。
4. 探讨区块链技术对传统合同法的影响。
5. 概述区块链监管面临的挑战及相应应对策略。
6. 分析智能合约的主要法律风险。
7. 简述区块链技术如何推动司法创新。
8. 分析稳定币立法对金融行业的监管和创新带来的影响。

区块链金融

区块链技术是比特币的底层技术和基础架构,赋予了比特币分布式发行与点对点支付的能力。随着比特币等加密数字货币在全球的兴起,区块链技术已赢得金融界的广泛关注,有望引领整个金融体系的深刻变革。

区块链技术的多功能性,如账户与交易验证、分布式记账、安全自信任机制、分布式共识达成、数据标准化以及隐私保护,可共同减弱人为因素的干扰,遏制单点作恶的可能,对于降低金融信息不对称和道德风险至关重要。

信用的建立与维护是金融的基石。区块链技术在信用的生成、传递、评估及监督等各个环节均展现出巨大潜力,显著提升了金融交易的安全性。特别是区块链技术的去中介化特性,有助于构建更为高效、自动化的金融体系。本章将深入探讨区块链技术在金融领域的应用优势,详细阐述其主要应用场景,并探索其前沿应用趋势。

◆ 9.1 区块链技术的金融应用优势

区块链技术诞生的目的是建立全球范围内点对点的现金交易系统,天生具备金融属性,目前其最成功的应用也主要体现在金融领域。区块链具有可编程、共享账本、分布式、去信任、透明、自治、难以篡改、安全可靠和隐私保护等特征,基于这些内在特征,其在金融应用中不仅可以通过分布式记账和分布式验证降低金融服务对中心化机构的依赖性,而且具备减少欺诈和摩擦、降低成本、提高效率、便于追溯和审计以及保障隐私安全等优势。

目前,区块链已在企业服务、知识产权、医疗健康、教育、物联网、社会管理、慈善公益以及文化娱乐等领域开展了应用和探索,大量应用有效促进了区块链技术产业的创新和发展。如图 9-1 所示,从全球区块链专利情况可以看出,区块链的专利创新仍以金融领域的应用探索和研究为主导,包括数字货币、信用贷款、交易、支付、身份认证、智能合约、产品追溯和加密安全等细分领域。区块链技术具有广泛的技术融合和场景渗透潜力,有望从技术入局引领金融领域的巨大变革。

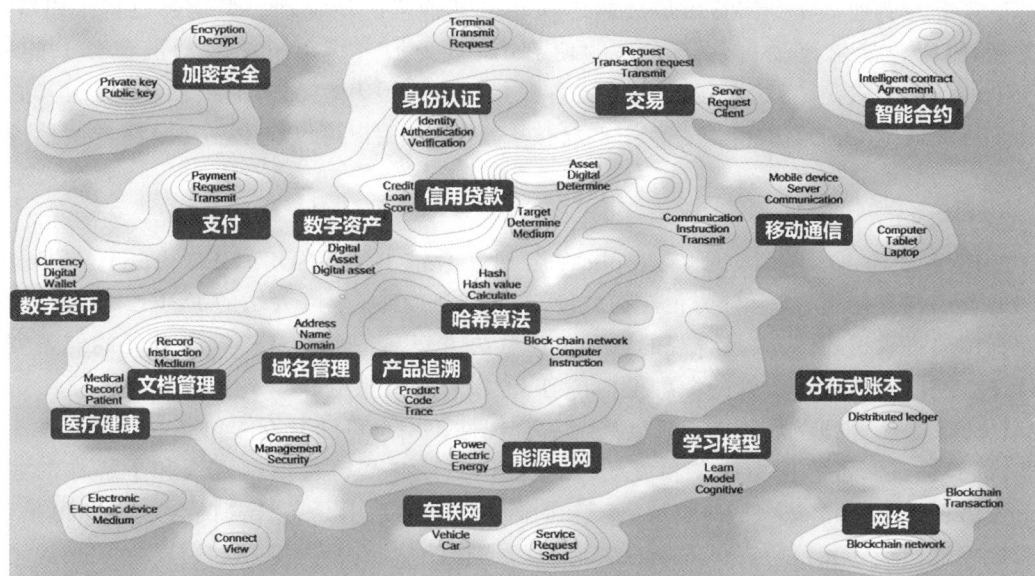

图 9-1 全球区块链专利聚类分析

9.2 区块链技术在金融领域的应用

本节将对区块链在稳定币与央行数字货币、支付结算、场外衍生品交易、资产证券化、供应链金融、征信、保险和金融监管等领域的应用进行分类探讨。

9.2.1 稳定币与央行数字货币

1. 稳定币

加密数字货币经过十多年的发展,种类已达万余种,截至 2022 年 3 月底,市场价值超过 2 万亿美元,但比特币、以太币等主流数字货币一直存在受消息面影响大、价格波动剧烈等问题,以其作为支付手段存在较高的风险。另外,很多国家和地区将数字货币定义为数字资产或虚拟资产,使其市场地位有所下降。同时,传统法定货币在数字市场的支付效率较低,难以适应数字社会的发展要求。由此,具有稳定交换价值且具有数字货币属性的稳定币应运而生。稳定币通常锚定、对标或挂钩相对稳定的标的物(如法定货币),是一种币值稳定的加密数字货币,并以公允价值的资产作为偿还担保,具备可赎回和良好的流动性等特征。由于有公允价值资产作为担保,稳定币的信用基础比普通加密数字货币更稳定可靠。然而,稳定币在支付过程中采用的分布式记账方式与普通加密数字货币并无本质区别。

1) USDT

2015 年 2 月,泰达(Tether)公司发行了 1∶1 锚定美元的稳定数字货币 USDT。声称每个 USDT 都有 Tether 公司储备的等值美元作为背书,持有者可随时将 USDT 兑换为等额的美元现金。由于锚定美元,USDT 更像是一种信用派生的货币,目前已成为数字货币交易所的主流货币之一,其盈利主要来自用户等值美元储备金产生的利息和用户提现手续费。

USDT 与普通加密数字货币最大的不同在于其价格的稳定性。泰达公司将 USDT 锚定美元,使用户能够享受区块链交易的便利,而不受加密货币价格波动的影响。此外,USDT 的透明度较高,泰达公司的法定储备账户定期接受相关部门的审核,以确认其储备能够支持流通中 USDT 的价值。USDT 已被广泛使用,用户可以在主流交易所方便地进行交易。

2) USDC

2018 年 9 月 26 日,Circle 与 Coinbase 公司联合推出了 USDC(USD Coin),在 Centre 财团的管理与支持下,成为与美元挂钩的稳定币。USDC 基于以太坊的 ERC-20 标准发行,旨在为用户提供透明、高效且合规的数字货币解决方案。每个 USDC 与 1 美元的储备资产保持 1∶1 挂钩,并由受监管的金融机构持有,确保其价值稳定。

USDC 的显著特点是其具有高度透明和合规性。用户可随时查阅独立审计机构发布的报告,以验证其储备的真实存在和流动性。此外,USDC 严格遵循反洗钱和了解你的客户(Know Your Customer,KYC)政策,使其在全球金融体系中具备较高的合法性和可信度,成为数字资产交易和跨境支付等场景中的热门选择。然而,个人隐私和财产保护是加密数字货币设计的初衷之一,USDC 的强监管措施可能限制用户在交易过程中的匿名性和隐私保护。

3) Dai

Dai 是 MakerDAO 分布式平台创建的稳定币,由用户利用 Maker 协议通过超额抵押资产而铸造。用户可以将其他加密货币存入 MakerDAO 平台,作为抵押品借出(铸造)Dai 通证,抵押品的价值必须始终超过借出 Dai 的价值。如果用户赎回质押的资产,则需要归还所借出的 Dai 并被销毁,同时还需支付一笔稳定费。自 2017 年开始,用户通过抵押一定数量的以太币(如抵押率为 150%)从系统中借出 Dai,当抵押的以太币的价值低于某一个阈值时(假设为所借出的 Dai 通证价值的 125%),智能合约则将抵押的以太币自动拍卖给竞价最高者(触发清算拍卖),收回并销毁所借出的 Dai,被清算者还将被罚款。

Dai 在设计上与美元 1∶1 挂钩,但受市场行为影响可能产生一定的偏差,MakerDAO 通过 Dai 存款利率(Dai Savings Rate,DSR)维持币价在 1 美元左右。其原理如下:用户可以将自己的 Dai 锁入 Maker 协议的 DSR 合约,从而获得利息收益,利息由 MakerDAO 收取的稳定费的收益支付。用户在任何时候都可以从 DSR 合约中提取部分或全部的 Dai。当 Dai 的市场价格超过 1 美元时,系统便逐渐降低存款利率,以减少对 Dai 的需求,从而使其价格回落;反之,当 Dai 的市场价格低于 1 美元时,系统则逐渐提高存款利率,以刺激需求,使价格回升。通过这种动态调整机制,MakerDAO 能够有效地维持 Dai 的价格稳定,确保其作为稳定币的功能。

与法定货币(美元)抵押不同的是,Dai 以加密数字货币作为抵押,其从发行到流通再到赎回的整个生命周期中实现了完全去中心化,在没有法定货币参与的情况下,仍然可以自给自足,被视为加密货币中流通的血液。

2. 央行数字货币

CBDC 是由中央银行发行的数字货币,其本质上是一种法定货币,依靠国家信用进行背书。CBDC 以加密数字串的形式存在,代表特定的货币金额,具有流通、支付、储存等基本功能。与传统的纸币和硬币相比,CBDC 在数字化形式上提供了新的支付方式,可提高支付系统的效率、降低交易成本、增强金融系统的稳定性,并在一定程度上满足数字经济的发展需求。多国央行正在积极研究和试点 CBDC,以探索其在现代金融体系中的应用潜力。中国版的 CBDC 被称为数字人民币,又称数字货币电子支付(Digital Currency Electronic Payment,DCEP)。表 9-1 显示了央行数字货币所具有的特征。与一般的稳定币不同,央行数字货币不使用拥有公允价值的资产作为信用担保,其信用基础来自国家信用。

表 9-1　央行数字货币特征

特　　点	描　　述
计价	以发行当局的主权货币为计价标准,由我国央行发行的数字货币以人民币进行计价
法律地位	央行数字货币与现金一致,具有相同的法定货币地位
可兑换性	中国人民银行、在其开户的金融机构及公众等主体,均可用面值兑换央行数字货币
准入性	央行数字货币不具有排他性,可供任何合法主体使用
可用性	央行数字货币可在任何合法的时间与地点进行使用
供需	理论上讲央行数字货币具有完全弹性,可以由公众的持有意愿决定
计息	央行数字货币属于央行的负债端,与现金相似,不计息
不可撤销	央行数字货币以不可撤销的方式进行结算

央行数字货币是主权数字货币,具备现代货币的本质属性,即国家信用的背书,从而具有广泛而持久的公信力和可接受基础。相较于纸币的印制、运输、回收、防伪和管理成本,央行数字货币能够有效降低货币的铸币和流通成本。与基于中心化媒介的电子货币(如支付宝、微信支付)相比,央行数字货币省去了中间方的对账、清算和结算等流程和成本,大幅度降低了原本由多个中介参与的交易成本和时间。与私人数字货币相比,主权数字货币更便于科学监管,有助于更好地防范洗钱、逃汇等风险,并抑制腐败和黑市等问题。在经济调控过程中,央行数字货币能够全面、准确、高效地统计国民经济运行现状,防范金融和市场风险,提高货币政策传导的有效性,为科学决策和精准管理提供依据。此外,在涉及跨境交易的 B2B 支付结算场景中,主权数字货币可以减少对传统金融机构的依赖。

然而,以著名经济学家哈耶克为代表的一些学者对主权货币提出了质疑。哈耶克曾提出货币非国家化的概念,主张建立一种自由的货币体系,让各种货币相互竞争,从而产生一种被广泛接受的稳定货币。可以预见,在跨境支付领域,作为主权货币的央行数字货币面临的政治风险高于私有部门发行的加密数字货币。同时,社会各界需要进一步权衡主权数字货币在个人隐私保护与信息公开间的利弊。

3. 加密数字货币交易所

加密数字货币交易所是为加密数字货币交易提供撮合服务的平台,是加密数字货币价格形成和交易流动的重要场所。与传统金融中的交易所(如证券交易所和商品交易所)类似,这些平台允许用户进行数字货币与法定货币间的兑换。用户可以通过交易所将法定货币兑换成数字货币,或将数字货币兑换成法定货币,交易所则负责将需要兑换法定货币和数字货币的用户匹配为交易对手,促成交易的完成。

交易所的主要盈利方式包括场内和场外交易手续费、合约/杠杆交易手续费、转账手续费、发行平台币、做市①赚取差价以及收取上币费(新币上市所需费用)。在国内,比特币中国、火币网以及 Okcoin 曾经是最大的三家比特币交易平台。

然而,加密数字货币交易所面临一系列问题。首先,由于缺乏国家政府的背书,其风险控制和信用偿还能力有限。其次,大多数加密数字货币交易所是中心化机构,交易双方需将法定货币和数字货币转入交易所的专用账户,该模式缺乏点对点的直接交易,增加了交易所负责人和技术人员单点作恶的风险。此外,交易所还可能面临挤兑风险,用户因谣言而恐慌性取现时,如果交易所无法及时满足所有取款请求,可能引发一系列崩溃效应。更严重的是,某些交易所可能以庞氏骗局的形式运营,承诺高收益以吸引存款,最终导致崩溃和用户财产损失。黑客入侵的风险同样不容忽视,部分交易所员工可能因巨大利益诱惑而实施内部盗窃。

2022 年 11 月 11 日,全球第二大加密货币交易所 FTX 申请破产。FTX 成立于 2019 年,允许用户买卖比特币和以太坊等加密货币,并发行其平台虚拟货币 FTT。然而,FTX 存在巨大的财务黑洞和监管漏洞。据报道,FTX 的姊妹公司 Alameda Research 从 FTX 借走百亿美元,主要用于购买 FTT 以支撑其市值。在虚拟币熊市中,FTX 遭遇提现挤兑,导致流动性危机,而 FTT 价格暴跌又使 Alameda 遭受巨大亏损,最终导致 FTX 的崩溃。

相比而言,传统金融机构如银行的风险要小得多,主要得益于政府监管的积极作用。例如,政府要求商业银行保持一定比例的准备金,以应对突发的提款需求,同时对资金的投向也有严格的控制,确保储户的资金主要投向低风险资产。

加密数字货币交易所伴随着比特币等加密货币的发展而兴起,最初仅为加密货币持有者提供交易撮合服务。随着全球加密货币市场的快速扩张,专门的交易所逐渐形成,其服务范围也从单一加密货币扩展至数字资产,提供合约、期货、借贷、场外交易等衍生交易。这些缺乏监管的市场过度生长,给金融体系带来了安全隐患。

2021 年 9 月,中国人民银行发布通知,全面禁止与虚拟货币结算及提供交易者信息相关的服务,境外虚拟货币交易所通过互联网向中国境内居民提供服务同样被列为禁行行为,相关部门将加强对与之相关的所有活动的监控。通知指出:"虚拟货币交易炒作活动抬头,扰乱经济金融秩序,滋生赌博、非法集资、诈骗、传销、洗钱等违法犯罪活动"。同时,明确禁止比特币、以太坊、泰达币等虚拟货币在市场上流通。

9.2.2 支付结算

支付结算是指使用现金、票据、银行卡、汇兑、托收承付、委托收款等结算方式完成资金转移的行为。以连续、逐笔的方式进行跨行资金结算的"实时全额支付系统"(RTGS),是目前各国最常用的结算系统。传统支付结算具有中心化的特征,而且需要引入第三方机构作为中介解决钱货不能两清的问题。由于各方机构拥有的信息不一致,需要耗费一定时间经过特定流程进行支付清算,而且资金处置、清算与交易往往不能同步。因而存在人工处理成

---

① 做市指的是交易商提供的中介服务,为市场提供流动性,一般会分别设置买入价(较低)和卖出价(较高),通过买低卖高进行盈利。

本高、效率低下、划款不及时、重要数据和机构真假难辨（如"一票多卖"、钓鱼网站）、双方持有各自的账本可能存在错漏和不利监管等弊端。

特别是对于跨境支付，每个国家都有自己的支付方式，由于币种不同，交易双方需要借助某些支付系统和结算工具完成客商间的资金汇兑转换，目前，全球跨境结算高度依赖SWIFT 系统。

SWIFT 是国际银行间非营利性的国际合作组织，为全球各国金融机构提供安全信息服务和系统接口，将全球原本互不往来的金融机构进行互联，其主要功能是在成员行间传送有关汇兑信息，相关成员行接收到信息后，将其转送到相应的资金调拨系统或清算系统内，进行资金转账处理。SWIFT 系统实行会员制，非会员银行开展跨境支付业务只能通过中间代理银行开展，非常不方便。而且系统也频受攻击，存在安全风险。特别是电子汇兑需要经过汇出行、中央银行和收款行等多个机构，每个机构都有自己的账务和清算系统，导致中间环节冗长复杂、效率低下且人力成本高。传统跨境汇兑通常需要 3～7 天，并且手续费用较高。此外，还面临支付安全、信息闭塞和不对称导致的汇率损失、跨境汇款困难以及本地支付方式不兼容等问题。同时，SWIFT 系统可能存在的政治风险也不容忽视。2022 年 2 月，美国和欧盟、英国及加拿大的联合声明宣布禁止俄罗斯几家主要银行使用 SWIFT 结算系统，作为针对俄罗斯的制裁手段。措施生效后，大量俄罗斯的金融机构无法正常使用 SWIFT 系统，从而失去在全球有效进行跨境收付款的信息渠道，对俄罗斯的国际贸易造成了重大影响。

跨境支付结算作为典型的多中心场景，与区块链特性高度契合。区块链技术解决了陌生人间的信用生成问题，无须类似 SWIFT 的中心管理者，其通过金融交易标准协议实现全球银行、企业或个人的点对点交易。区块链技术在支付结算中的优点包括：一是共享账本，支付即结算，无须额外对账；二是去中介，通过智能合约减少人为干预，加快交易处理速度，提高合同执行效率；三是公开、透明、可追溯，具备权限的参与者可审查交易信息的具体时点，动态掌握交易全貌；四是分布式账本有效降低"单点失败"风险；五是利用密码技术防篡改，验证身份和交易真实性，提升系统稳健性；六是可自由创建加密账户，降低会员门槛，使交易更平等便利；七是消除跨境交易中的政治风险。

在基于区块链的跨境支付中，常使用比特币、Ripple 币和 Circle 等加密数字货币作为中介，实现 24h 不间断自动运行，交易接近实时，具有更低的支付处理成本、财务运营成本和对账成本[①]。

9.2.3　场外衍生品交易

场内场外的"场"是指交易所，衍生品是指从传统金融工具，如货币、股票等交易过程中，衍生发展出来的新金融产品，如期货、期权等。场外衍生品交易是指在交易所以外进行的金融衍生品交易。金融危机之后，场外交易场内化已经成为发展趋势，国际上许多交易所开始通过建立衍生品场外清算的中央对手方（Central Counter Party，CCP），提供场外清算或场

---

① 麦肯锡报告称区块链技术在 B2B 跨境支付与结算业务中的应用将使每笔交易成本从约 26 美元下降到 15 美元，其中约 75% 为中转银行的支付网络维护费用，25% 为合规、差错调查以及外汇汇兑成本。Ripple 称基于区块链的跨境支付应用能将支付处理成本降低 81%，通过更少的流动性成本和更低的交易对方风险将财务运营成本降低 23%，通过即时确认和实时进行流动性监控将对账成本降低 60%。

外报价的电子化平台，同时建立场外衍生品的交易报告库，集中收集、存管及发布交易记录，从而更深层介入场外交易。但是，场外衍生品交易仍缺乏公开性、透明性及有效的风险管理，主要因缺乏对信用的有效跟踪和评价，导致信用风险管理的不足。因此交易中通常需要向证券公司提供较高的中介费用和保证金。

区块链技术可以保证场外交易的真实性、完整性，交易不会被篡改，便于确认和追踪，能较好地实现类似中央证券登记机构承担的数据中心职能、信用担保职能、强制执行职能，并缩减执行上述职能需要的成本，有效控制风险。由于区块链的交易"保真"，可建立起高透明的场外市场。同时，区块链技术通过智能合约设定证券发行方式，设立监管节点对不同主体进行差异化监管，可以接近实时地自动建立信任，完成交易、清算和结算，从而简化场外发行和交易流程，提升交易效率。通过监管节点，可辅助监管层从交易主体、交易级别、融资和交易规模等不同因素入手，及时把握市场的交易动态和整体状况。因为区块链技术很好地解决了场外交易的信用生成和信用监督问题，业界普遍将场外交易看作区块链技术首选的证券交易应用场景。

基于区块链服务的场外衍生品交易，交易参与方可基于合约模板发布意向合约，或进行市场询价。信息向全市场发布，对手方可通过点击成交或回复询价后进行匹配。匹配后，双方进行私钥签名，并调用相应的智能合约生成交易记录，通过指定的共识算法将数据写入区块链。交易参与方可查询己方合约信息和相关进度，监管机构可对所有参与方的信用与合约情况进行查询与分析。同时，基于链上智能合约进行对应的权益与信用结算。基于全链数据构建交易报告库，可为监管机构和各交易参与方分配不同的权限。区块链记录了所有已成交合约的信息与状态和所有参与方的信用情况，因此可提供统计数据与风险监控指标计算，进行实时风控预警。场外衍生品交易中，交易参与方最关注交易数据的隐私保护，同时，监管机构需要掌握全市场的数据。因此，可使用区块链的多通道技术，按照交易标的类型和交易参与方信息创建通道，进行通道内消息加密，保证仅有通道使用权的参与方才能接收与发送相关交易信息。为满足监管穿透要求，所有交易参与方必须加入监管通道。监管通道可按交易市场或交易类型区分，供不同监管机构选择；监管机构在相应的通道内可以根据接收到的交易与结算申报信息，进行事前风控与监管。此外，对于信用数据和交易概况数据，可以通过查询类的智能合约进行隐私控制，包括可供调用的查询权限，以及具体业务数据字段的查询权限，保证敏感信息不泄露。

9.2.4 资产证券化

资产证券化（Asset-backed Securities，ABS）是将流动性较差的资产或债权性资产进行组合打包并进行证券化交易，以提高其流动性的过程。资产证券化的流程包括：发起人将证券化资产出售给特殊目的机构（Special Purpose Vehicle，SPV），该机构基于这些资产建立资产池，然后根据资产池产生的现金流在金融市场上发行有价证券（如股票、债券、基金份额等）进行融资。最终，投资者通过持有有价证券获得收益，资产池所产生的现金流按期偿还有价证券。资产证券化能够将缺乏流动性的资产提前变现，从而缓解流动性风险。

我国资产证券化，特别是消费金融资产证券化，正呈现快速发展趋势。然而，由于企业管理层对风险防控重视不足、风险管理体系不健全以及管理能力有限，资产证券化面临信用体系不完善和资产评估标准不统一的问题。此外，资产的交易流动性较低，可能导致无法真实反映资产状况。资产证券化过程中涉及发起人、特殊目的机构、银行、信用评级机构、承销商和投资人等多方参与,如图 9-2 所示,容易造成信息流动不对称。

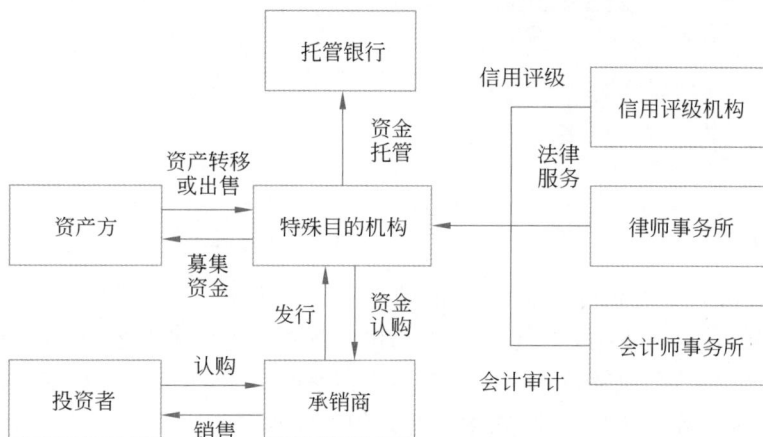

图 9-2　资产证券化业务框架

　　资产证券化作为多中心场景,可以通过区块链技术提升业务框架。首先,分布式账本能够实时处理业务数据,为各方提供统一的资产质量和交易信息记录,并通过智能合约简化清算环节,降低人工成本,便于追溯。其次,智能合约还可以实现担保与金融债权资产的转让,建立点对点的增信保障平台,有效降低增信转移成本。同时,密码学技术确保信息安全和个人隐私,实现底层资产质量的透明度,规范金融机构行为,提高可追责性。区块链技术在资产证券化过程中实现了信用生成、传递和监督的功能。

9.2.5　供应链金融

　　供应链管理是对围绕核心企业构建的产供销功能网络(包括原料商、供应商、厂家、物流商、分销商、商家、用户等成员)进行一体化整合和资源优化配置的过程。供应链金融是银行向核心企业提供结算和理财服务,同时向上游供应商提供融资,向下游分销商提供预付款代付及存货融资服务的一种融资模式。这种模式围绕核心企业,为上下游企业提供灵活的金融产品和服务。产品类别主要包括应收、预付、存货和信用 4 类,广泛应用于汽车、农业、大宗商品及批发零售等领域。

　　如图 9-3 所示,供货实体产业中的中小企业普遍面临信息资源整合与利用能力不足、信息共享与协作滞后等问题,在发展过程中还遭遇融资困难和高成本等限制因素。同时,供应链的核心企业通常通过票据等方式向供货商赊账,但票据本身由于无法拆分和流通性差,给链上中小企业带来了较大的资金压力。另外,假票和克隆票的泛滥使票据的真实性受到质疑,增加了验证的难度。这些问题不仅影响了中小企业的资金流动性,也制约了整个供应链的效率和稳定性。

　　对于核心企业而言,在供应链上下游跨度较大的情况下,由于涉及的层次和企业较多,数据获取和处理的难度显著增加。使核心企业对供应链整体管控能力不足,容易出现信息追溯能力弱和信息断裂等问题。此外,在信息验证过程中,核心企业可能耗费大量精力,造成管理成本的增加。

　　对于金融机构而言,交易信息的真实性主要依赖核心企业的企业资源计划(Enterprise

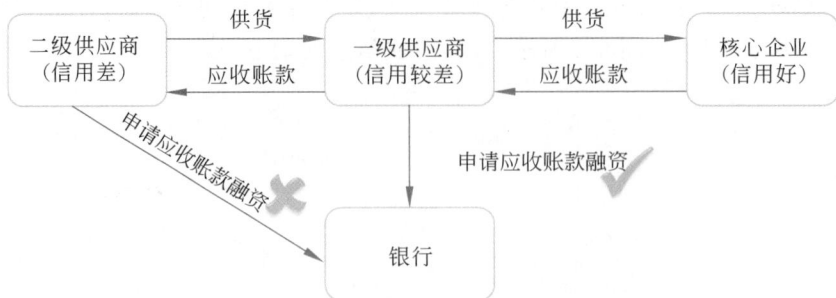

图 9-3　传统供应链金融的框架与痛点

Resource Planning，ERP）系统记录。然而，除了核心企业和一二级供应商，其他企业的信息化程度普遍较低，使金融机构难以获取足够的供应链数据支持对中小企业的授信。

在供应链金融中，区块链技术主要发挥信用传递的功能，可有效解决传统框架下存在的信息不对称、支付结算无法自动化、缺乏强有力的回款保障以及票据无法拆分支付等问题。区块链技术作为一种分布式账本，通过密码技术保障数据安全，利用共识算法解决信任问题，并通过智能合约防范履约风险，使信任能够沿供应链条有效传递，降低合作成本，提高履约效率。

通过将应收账款等债权和资产数字化，并在区块链上进行发行和运行，可以在公开透明且多方见证的情况下实现任意拆分和转移。同时，利用流程智能化实时动态更新链上数据，可以有效避免数据造假和失真，保障数据的真实性及交易追溯审核的能力。使整个商业体系中的信用可传导、可追溯，改善企业的征信现状，为大量原本无法融资的中小企业提供融资机会。此外，票据拆分的便利实施能够简化流程，减少人工操作，提升电子票据的推广率，提高票据的流转效率和灵活性，同时降低中小企业的资金成本。

如图 9-4 所示，区块链融合的模型框架使信用得以在供应链中传递而不衰减。通过数字化债权的拆分、流转和融资，分布式账本技术确保了信息的透明和对称性；而智能合约的自动执行则使风险可控，进一步提升了供应链金融的安全性。此外，密码技术的应用消除了对信息泄露的担忧，增强了系统的整体可信度。

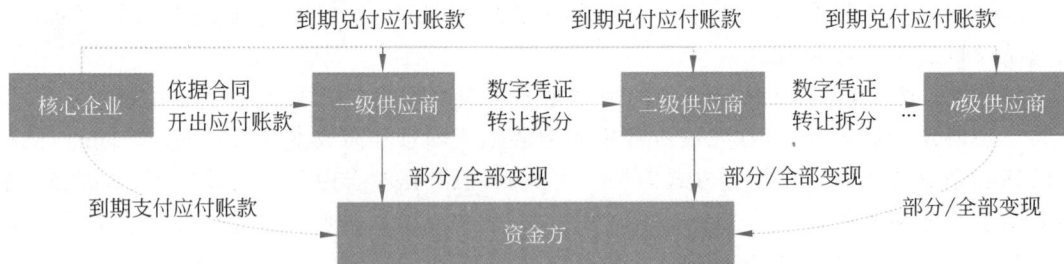

图 9-4　区块链＋供应链金融的简易模型

在国内，已经有多个基于区块链技术构建的债转平台，帮助入链供应商盘活应收账款，降低融资成本，有效解决传统供应链金融所面临的核心痛点。通过区块链，金融机构能够实现核心企业到末端供应商的信用穿透，追溯到供应链上的每一家企业，全面了解中小微企业在供应链中的地位和权益。透明的信用传递机制使金融机构能够对中小企业的债权进行有效的风险评估，从而在充分了解其信用状况后直接放款，提升了资金的流动性和使用效率。

9.2.6　征信

征信活动与各类金融活动密切相关,主要是通过依法采集个人或企业的信用信息,客观记录并对外提供信用信息服务。征信报告被视为反映企业和个人信用行为的"经济身份证"。根据不同的主导模式,征信可分为政府主导型、市场主导型和会员制三种模式。在我国,征信体系主要属于政府主导型,以中国人民银行为中心的公共征信为主,辅以中诚信、芝麻信用、腾讯征信等市场导向型征信机构。

征信产业链主要包括数据收集、数据处理、信用产品生成和产品应用等环节。在产业链中,数据是征信机构竞争力的核心要素,而保护用户数据权益则是征信行业规范发展的基础。然而,目前我国征信产业面临一些问题。虽然征信机构间可以共享用户信息,但数据采集的渠道非常有限,机构间的共享程度较低,信息孤岛现象严重。且缺乏与征信相关度最强的金融类数据源,数据资源的争夺也导致了大量的资源消耗。同时,我国征信行业在运营中也存在不规范问题,个人数据安全保护的状况令人担忧,征信结果的质疑和查证难度较大,监管同样面临挑战。

区块链技术在征信过程中能够实现分布式的信用评估,具有分布式存储、去信任化、时间戳、共识机制和密码学算法等特征。可以为用户确立数据主权,在确保用户隐私安全的前提下,连接各部门,进行用户数据的授权和共享。不仅可促进征信机构在数据资源不被泄露的情况下进行多元交叉验证与共享,还可有效打破信息孤岛。此外,信用数据作为区块链中真实、可量化的加密数字资产,可以有效防范造假问题,保障交易和信用数据的真实性。通过智能合约等方式,区块链技术能够实现系统规模的高效运维,降低运营成本,推动征信行业的健康发展。区块链的应用为构建更加透明、公正和高效的征信体系提供了新的可能性。

9.2.7　保险

保险是指投保人依据合同约定,向保险人支付保险费,保险人对合同约定的可能发生的事故所造成的财产损失承担赔偿责任,或在被保险人死亡、伤残、疾病或达到合同约定的年龄、期限等条件时,承担给付保险金责任的商业保险行为。与征信相似,保险行业掌握大量投保人的相关信息,容易成为黑客攻击的目标,导致信息丢失。隐私保护和信息安全是保险业的一大难点和痛点。同时,传统保险行业还面临诚信问题,主要源于保险内容的失误和保险合同的复杂性。此外,投保和理赔过程中需要大量人工处理,导致消费误导、合约履行效率低、主观性强、容易出错以及用户体验差等问题。对于保险公司而言,大多数工作由人工主导,审核费用占总成本的 $30\%\sim40\%$。且存在公众对保险公司的信任度不高、透明度低、产品同质化严重等问题,骗保和骗赔也成为制约保险业发展的瓶颈。

区块链技术在保险业务中可以发挥多种功能,包括信用生成和信用监督。通过区块链,可以搭建个人数据存储和管理平台,允许个人授权第三方访问其信息,从而避免第三方存储和管理信息,保障个人隐私和信息安全。利用区块链系统中资金流向透明和数据信息不可篡改等特性,可以建立反欺诈共享平台,减少欺诈行为,加强风险评估,防止身份冒用。智能合约可以基于事件和数据触发合同的生效,实现自动赔付,减少人工干预,提高理赔效率,提升用户体验;保险企业可将传统的金字塔管理模式转变为对客户的扁平化管理,提高数据管理效率,降低行政费用。

区块链还可以推动新型保险模式的发展。例如，相互保作为一种新型的分布式点对点保险模式，与区块链有很高的契合度。通过将区块链与人工智能、大数据和互联网结合，可以打造公平透明、安全高效的分布式自治组织和互助机制，促进保险形态的革新。上海保交所发布的《保交链底层框架技术白皮书》以及区块链底层技术平台（简称"保交链"），为全行业保险交易提供区块链基础设施，构建稳定、高效、安全的保险交易环境。

9.2.8 金融监管

金融监管是政府通过特定机构（如中央银行、证券交易委员会等）对金融市场和金融交易行为主体进行的限制或规定，目的是维护金融秩序，保护储户、投保者和投资者的利益。随着区块链技术的快速发展，其在推动金融创新的同时，也给金融监管带来了新的挑战。

然而，区块链技术在金融监管中同样能够发挥重要的信用监督职能。该技术可以加强隐私保护力度，通过多方验证实现信息共享的同时，减少不必要的审核和信息泄露。利用可控匿名性使监管方可以作为特殊节点，拥有相应的权限，进行透明的交易监控，提升金融机构对异常交易的识别与检测能力。区块链对每位客户和每笔交易都有清晰的记录，数据不可篡改且可追溯，大大减少了欺诈、洗钱和逃漏税等违法犯罪行为的发生。

例如，瑞银集团与巴克莱、瑞信等大型银行合作推出了名为 Madrec（Massive Autonomous Distributed Reconciliation）的智能合约驱动的监管合规平台。Madrec 是基于以太坊平台建设的试点项目，利用智能合约技术实时协调数据，通过匿名和加密手段共享信息，帮助用户快速识别异常并进行调节，使各参与银行都能够保留数据隐私，并可利用共同维护的基础数据通过群体共识检查自身数据[①]。展示了区块链技术在金融监管中的应用潜力，不仅可提高数据处理的效率，减少人为错误，提高合规性和透明度，还增强了各方对数据的信任，从而更好地维护金融市场的稳定与安全。

9.2.9 区块链在金融应用中的总结与展望

本节介绍了区块链在金融领域中的应用，并就稳定币和央行数字货币、支付结算、场外衍生品交易、资产证券化、供应链金融、征信、保险、金融监管等具体应用场景进行讨论。除这些金融应用外，区块链还被用于代理投票、金融审计、房地产金融、票据金融、名人金融和证券服务等方向，如图 9-5 所示。

总体而言，区块链在金融领域的应用具有以下趋势。

1. 传统金融机构参与度增加

成熟应用（如数字货币、通证众筹）主要由个人或创业公司主导；跨境支付、证券发行等高价值业务难以被个体推动，传统金融机构的积极性正在被激发，从"被动防御"走向"主动拥抱"，未来将出现更多跨国、跨行业项目。

2. 重视底层技术研发

目前，共识机制的可扩展性仍较低，能耗较大，难以满足高频交易的商用要求。智能合

---

① 资料来源：https://www.sohu.com/a/210196859_747927。

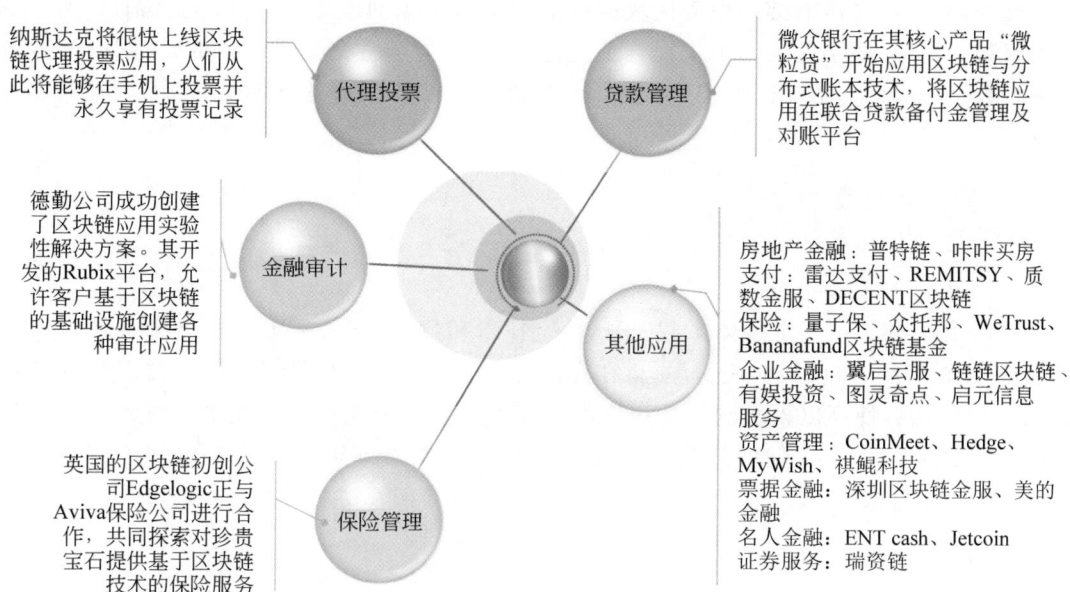

纳斯达克将很快上线区块链代理投票应用，人们从此将能够在手机上投票并永久享有投票记录

微众银行在其核心产品"微粒贷"开始应用区块链与分布式账本技术，将区块链应用在联合贷款备付金管理及对账平台

德勤公司成功创建了区块链应用实验性解决方案。其开发的Rubix平台，允许客户基于区块链的基础设施创建各种审计应用

英国的区块链初创公司Edgelogic正与Aviva保险公司进行合作，共同探索对珍贵宝石提供基于区块链技术的保险服务

代理投票

贷款管理

金融审计

其他应用

保险管理

房地产金融：普特链、咔咔买房
支付：雷达支付、REMITSY、质数金服、DECENT区块链
保险：量子保、众托邦、WeTrust、Bananafund区块链基金
企业金融：翼启云服、链链区块链、有娱投资、图灵奇点、启元信息服务
资产管理：CoinMeet、Hedge、MyWish、祺鲲科技
票据金融：深圳区块链金服、美的金融
名人金融：ENT cash、Jetcoin
证券服务：瑞资链

图 9-5　区块链在金融领域的应用汇总

约等技术存在适应性和安全性隐患，可能对金融业务构成风险。对共识机制效率提升及智能合约形式化设计与验证的研究正受到越来越多关注。

3. 政府牵头参与行业标准制定

我国已着手建立区块链国家标准，从顶层设计推动区块链标准体系建设。区块链国家标准涵盖基础标准、业务和应用标准、过程和方法标准、可信和互操作标准、信息安全标准等方面，并将进一步扩大标准的适用性。

4. 监管思路逐渐清晰

强调金融服务实体经济的原则，对原有金融秩序带来改变的技术采取谨慎态度。未来监管将依赖技术的发展程度，科技监管将成为金融监管的重要方向。

当前，随着区块链应用的不断成熟以及市场参与者认知的提升，对虚拟币的监管日益严格，但其他应用不断推陈出新。我国内地限制虚拟币的流通交易，淘汰虚拟币挖矿等落后产能，严禁金融机构与虚拟币产生业务关联，从而规避虚拟币波动引发的风险。同时，我国积极推进区块链技术在产业领域的应用，特别是在隐私保护、权证防伪等领域，引导区块链技术向传统经济领域延伸，解决现实中的难点和痛点问题。

◈ 9.3　区块链金融前沿应用

前文介绍了区块链技术在传统金融领域的应用。随着技术的进步，DeFi 和 NFT 两个概念迅速崛起。DeFi 旨在通过分布式的方式提供金融服务，而 NFT 则因其独特性和不可替代性而备受关注。特别是，DeFi 的分布式特性为 NFT 注入了更多活力，促进了二者的结合和发展。

此外，数字人民币的推出也为区块链技术在金融领域的应用增添了新的维度。作为国家主权数字货币，数字人民币不仅提升了支付效率，还为金融交易提供了更高的安全性和透明度。数字人民币与 DeFi 和 NFT 的结合，可能进一步推动金融创新，拓宽数字资产的应用场景。

9.3.1 分布式金融

1. 定义

DeFi 是一种分布式金融体系，基于区块链技术和数字货币，利用智能合约平台（如以太坊）构建金融产品、协议和应用程序，旨在完善现有金融体系。根据以太坊官方文档的定义，DeFi 是任何能够使用以太坊网络的用户可获取的一系列金融产品和服务的统称。DeFi 产品本质上是透明的，向任何可连接互联网的人开放，参与者间可以直接互动，无须依赖银行和政府等中介机构。

2. 构成

DeFi 是在比特币和以太坊基础上发展而来的，具有结算层、资产层、协议层、应用程序层和聚合层多层架构，各层级间相互依托，创造出开放的、高度可组合、可信任的基础设施，如图 9-6 所示。

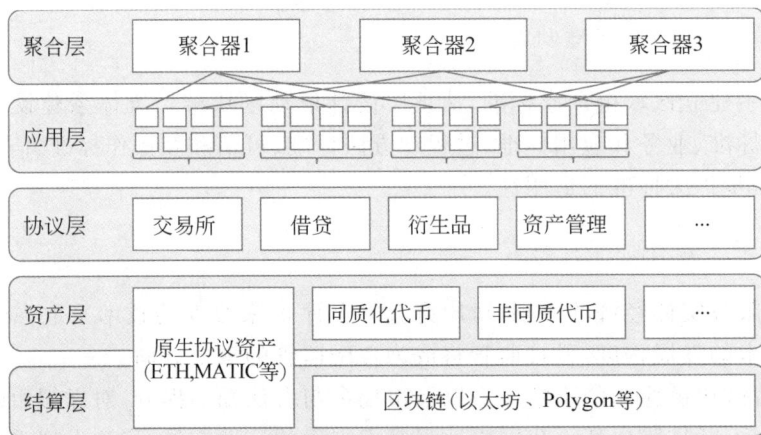

图 9-6　DeFi 架构图

结算层由区块链及其原生协议资产组成，如比特币区块链上的比特币和以太坊区块链上的以太币。在区块链上，资产所有者的所有权信息可以安全存储，确保任何状态更改都遵循其规则库。区块链被视为无信任执行的基础设施，充当结算层和争端仲裁的角色。

资产层由结算层上发行的所有资产构成，包括原生协议资产以及在该区块链上发行的其他资产。协议层为不同的使用场景提供多种标准，主要应用包括借贷、分布式交易所、结构性产品和衍生品等。这些标准通常以一组智能合约的形式进行部署，任何用户或 DApp 均可访问，从而实现协议的高度互操作性。

应用层是指在不同场景下，面向用户提供的各种应用程序，并通过浏览器页面展示，以提升易用性。聚合层是应用层的扩展，聚合器创建以用户为中心的平台，允许用户同时连接多个协议以执行复杂任务,并以清晰简洁的方式配置相关信息,同时提供比较工具和评级服务。

除了上述 5 层,DeFi 还依赖"预言机"为区块链上的智能合约提供可靠且不可篡改的链外资产价格数据。预言机通过连接到一定数量的节点运营商,每次价格聚合时需依赖多个预言机提供数据进行计算。如果聚合价格与链上价格的偏离值超过设定的阈值(如 ETH/USD 为 0.5%),则将新的可信任价格上链;若偏离值持续小于阈值,则在 10 800s(3h)后自动更新链上的可信任价格。

3. 特点

区块链固有的分布式特征与智能合约的开放性,赋予了 DeFi 如下价值特点。

(1) 可编程性与可组合性:DeFi 协议类似乐高积木,结算层允许相关协议和应用程序相互连接,新开发的应用能够利用已有功能进行组合,产生更复杂的功能,创建新的金融工具和数字资产。

(2) 不可篡改:去中心化架构的防篡改功能,提高了安全性和可靠性。

(3) 交互性:在现有协议的基础上,利用可编辑性构建、定制接口以及集成第三方应用程序,实现彼此集成和互补。

(4) 透明性:以太坊及其上的 DeFi 协议都为开源,任何人都可以查看、审计和构建。每个交易都由网络上的其他用户验证,任何用户都可以进行数据分析。

(5) 无许可:对于公有链(如以太坊),只要拥有以太坊账户,任何人都可以不受限制地访问以太坊上的 DeFi 应用程序。

(6) 自我保管:通过使用 MetaMask 等 Web3 钱包,用户可在保持对其资产和个人数据控制的前提下,与无许可的金融应用程序和协议交互。

(7) 高效率:DeFi 中的交易双方用智能合约取代金融中介,交易满足原子性,即交易的双向转移都执行,或都不执行。大大降低了信用风险,并提高了金融交易效率,同时更低的信任要求可能减少监管压力或对第三方审计的需求。

(8) 全球性无国界:DeFi 市场开放,无须任何中央机构授权,技术上无人可阻止客户交易或获取产品服务。DeFi 协议由区块链上的智能合约强制执行,代码和交易数据可供任何人调阅和审查,避免了传统金融服务因人为失误导致的低效或风险。

4. 发展现状

传统金融一直存在垄断、不透明、不平等,以及中小微企业融资难、融资贵、融资慢等被人们诟病的问题。2008 年全球金融危机之后,公众对中心化金融体系的信任度大为降低,掀开了分布式变革的序幕。

对中心化金融机构的第一次变革是 2009 年比特币的诞生,基于区块链实现数字资产点对点转移。第二次变革是 2014 年以太坊的诞生,基于 Solidity 语言编写智能合约,可创建丰富多彩的应用程序。第三次变革是 2017 年的首次代币发行(Initial Coin Offering,ICO)热潮,为一系列区块链项目提供了资金,但由于 ICO 流程中的监管缺失带来巨大的道德风险,绝大多数项目无法兑现其创建分布式金融生态系统的承诺。目前已开启了第四次变革——DeFi,其创新模式为分布式金融生态系统的创建带来了新希望。2021 年 3 月月底,全球加密数字币的总市值超过 2 万亿美元，是一年前的近 10 倍。第二代区块链以太坊的"分布式金融"服务日新月异，网上交易量不断增长，每天交易数达百万笔。

通过 DeFi，世界上任何人在任何地方都可以使用数字资产进行借贷或交易，而无须第三方中介。DeFi 还为用户提供杠杆交易、结构性产品、合成资产、保险承保、做市等丰富的金融服务，同时始终保持对自己资产的有效控制。

DeFi 的核心优势不仅在于金融服务成本低、效率高，而且还提供模块化的框架服务，用户可以利用高互操作性的应用程序创造全新的金融市场、产品和服务。目前，DeFi 行业所实现的主要金融应用包括开放借贷协议、分布式交易、衍生品、聚合收益理财、预言机和稳定币等服务。

图 9-7 为 DeFi Pulse（追踪 DeFi 的数据分析网站）统计的 2017 年 8 月—2022 年 3 月 DeFi 锁仓总值曲线图。

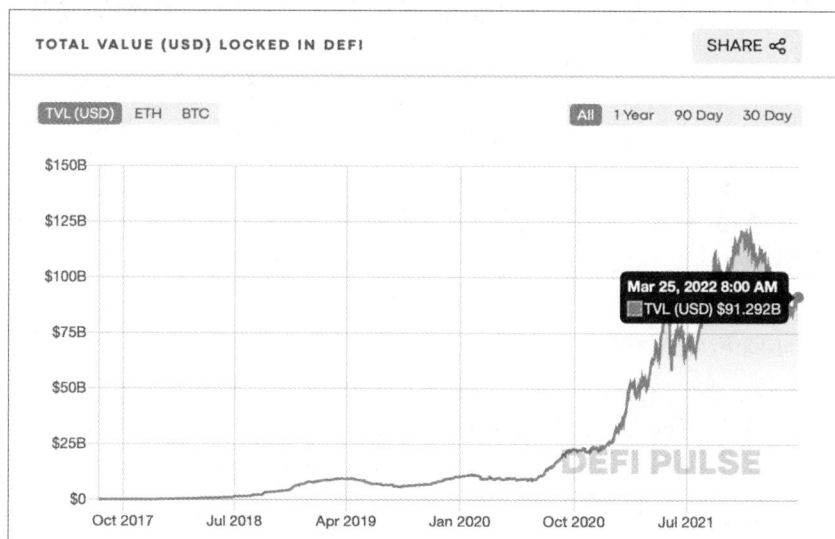

图 9-7　2017 年 8 月—2022 年 3 月 DeFi 锁仓总值曲线图

从图上可以看出，2017 年 8 月—2019 年 4 月，DeFi 锁仓总值一直呈现增长趋势，最终达到 10 亿美元。然而，2019 年 5 月—2020 年 6 月，锁仓总值出现轻微震荡，增长不明显。2020 年"DeFi 之夏"掀起了流动性挖矿热潮，开启了 DeFi 的新机遇。2020 年 7 月—2021 年 5 月，锁仓总值不断增长，尽管受到新冠疫情的影响，曾出现短暂降低，但随后继续回升。

2021 年 6 月—2021 年 12 月，锁仓总值震荡增长，最高峰达到 1203.4 亿美元，其中大部分资金被分配给了借贷协议和分布式交易所。然而，自 2022 年以来，锁仓总值有所下降，2022 年 3 月为 912.9 亿美元。

目前，以太币是第二大加密货币（2022 年 3 月市值约为 3450 亿美元），以太坊公有链为 DeFi 提供了核心动力。2021 年的交易量达到 11.6 万亿美元，超过了 Visa 的交易量（第二大支付处理公司）。新兴金融基础设施正在不断挑战传统金融的地位。

图 9-8 是 Dune Analytics 于 2018 年 1 月—2022 年 3 月对 DeFi 用户群体的统计图，从图上可以看出，2018 年 1 月—2019 年 5 月，DeFi 用户群体数量增长缓慢；2019 年 6 月—2020 年 12 月，用户数据逐渐增加至 100 万。2021 年 1 月—2022 年 3 月，用户数量的增长速度明显加快。

截止到 2022 年 3 月 24 日,用户数量达到 453.58 万。

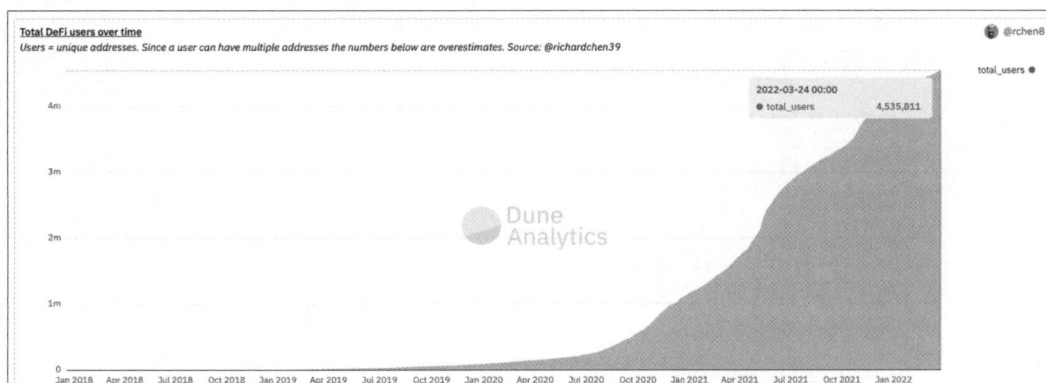

图 9-8　2018 年 2 月—2022 年 3 月,DeFi 用户群体的统计图

尽管 DeFi 的锁仓总值已经达到一定高度,用户群体也在不断扩大,但目前 DeFi 仍处于初级发展阶段。一方面,参与者总数仍然不够多,且参与的积极性也有待提高。另一方面,DeFi 的各种应用存在较高的风险,市场中项目良莠不齐,许多应用的盈利模式较复杂,透明性不足,并存在赌博和 ICO 等风险,且各国尚未出台相对稳定和明确的监管政策,使 DeFi 未来的发展面临不确定性。此外,DeFi 的快速发展推高了对以太坊区块链的需求,导致用户支付的 Gas 手续费上升。如果该问题得不到很好解决,DeFi 可能失去交易成本低的优势,影响其长期吸引力和可持续发展。

5. DeFi 分类

自 DeFi 概念诞生以来,已经逐渐发展出借贷、分布式交易所、分布式稳定币、结构性产品以及分布式衍生品等金融创新形式,结合区块链技术通证激励的特点,也形成了更加多元化的业务模式。

目前运行的 DeFi 项目有近百个,锁定资产较大(100 万美元以上)的项目包括 MakerDAO、SyntheTlx、Compound、Uniswap、Bancor、WBTC、Kyber 和 bZx 等。其中,Uniswap 每天有超过 10 亿美元交易额,Aave、Compound 和 BondAppetit 等分布式借贷服务的市场规模高达数百亿美元。截至 2022 年 3 月,占比第一的为 Uniswap(DEX),其次为 PancakeSwap(借贷)、Aave(借贷)、The Graph(借贷)和 ThorChain(DEX)。下面按协议类型介绍 DeFi 的机制和相关案例。

1) 借贷

借贷类 DeFi 产品和服务类似银行的借贷服务,DeFi 用户存入资产并从其他借入资产的 DeFi 用户处赚取利息。与传统银行借贷服务不同的是,在借贷类 DeFi 中,交易资产是一种数字资产,以数字形式结算,并通过智能合约执行借贷条款,分配借贷利息。更重要的是,借贷类 DeFi 依赖区块链技术,不需要通过金融机构作为中介,也不以借贷双方的信任为基础。任何人都可以在借贷项目平台抵押其数字资产,抵押品是唯一的审核标准,偿还贷款的利率由智能合约、预言机根据市场供需动态计算。因此,借贷类 DeFi 基于区块链技术和智能合约,实现了分布式和去信任贷款,借款人可以更快获得贷款,出借人也可以获得相对更高的回报。目前 DeFi 借贷平台中 BTC 和 ETH 的质押率为 $60\%\sim80\%$。表 9-2 对传统金融借贷体系和分布式借贷体系进行了比对，相比传统金融借贷体系，分布式借贷有诸多优势。

表 9-2　传统金融借贷体系和分布式借贷体系对比

	传统金融借贷体系	分布式借贷体系
放款速度	流程复杂、经济成本和时间成本高	短时间内即可完成到账
风控难度	由银行对借贷双方进行风控，存在一定风控难度	数字货币 24h 交易，标准化、自动化执行，流程公开透明，几乎不可能造假
违约执行成本	如果用户违约，会有很高的执行成本，例如使用不动产抵押贷款，走法律执行程序非常耗时且变数很多	数字货币质押借贷通过智能合约公开透明执行，不仅便利而且安全性较高，即使用户违约，平台也可通过出售其抵押的数字货币获得利益保障

Maker DAO(Maker Distributed Autonomous Organization)是典型的分布式做市商，是建立在以太坊区块链网络上的分布式金融智能合约平台，主要提供借贷功能，系统的收益来自贷款的利息。其采用管理型通证 MKR 和稳定币 Dai"双币模式"维护体系的正常运转。MKR 是借贷系统自身发行的通证，MKR 持有人主要享有两个权益：一是可以投票参与系统治理，制定系统运行参数；二是可以享受系统贷款收益的分红。

Maker DAO 的核心机制是用户通过抵押 ETH、USDT 等资产用于贷款（铸造）Dai，Dai 是与美元 1∶1 绑定的稳定币，每贷出一个 Dai 背后都有对应的数字资产做抵押，抵押物的价值通常要求高于贷款总额的 150%。Maker DAO 系统连接了一些预言机，不断向链上推送各交易所数字资产的美元价格，一旦抵押的数字资产价格下跌到警戒线（如抵押物价值低于贷款总额的 125%）时，系统便拍卖抵押物，换回足额的 Dai，使系统整体处于平衡状态。

缓冲池（Maker Buffer）是 Maker 协议中的一部分，相当于系统的金库，用户使用协议时产生的稳定费和拍卖的收益等都流入缓冲池；Maker 协议所产生的债务（如拍卖时无法及时换回足额的 Dai）也由缓冲池承担，给予补充。当缓冲池中的 Dai 不足以偿还债务时，Maker 协议将通过增发 MKR 并拍卖获取 Dai，进行债务偿还，导致 MKR 价格的下跌。当缓冲池的 Dai 超过一定量时，系统便拍卖 Dai 回购 MKR 并销毁，从而提升 MKR 的价格。MKR 的持有人既享受系统收益时的红利，也承担系统"资不抵债"时的风险。

与其他稳定币不同，系统没有中心机构提供 Dai 和美元的承兑，而是通过分布式的智能合约对 Dai 的价值予以保证。

目前，Maker DAO 不仅支持加密货币的抵押，也支持部分现实资产的抵押。Maker DAO 官网显示支持多种加密资产的抵押。不同资产的抵押率不同。

2）分布式交易所

分布式交易所主要指分布式数字货币交易金融服务，DEX 作为一种加密货币的"交易"场所，利用智能合约执行交易规则，可以安全地处理参与交易的加密货币。与传统中心化交易所相比，分布式交易所具有去中介且无须做市商、无须进行客户尽职调查以及上币门槛低等特点。

目前 DEX 中锁仓值最高的头部项目包括 Uniswap、Curve、Balancer、SushiSwap 等。Uniswap 诞生于 2018 年 11 月，2021 年 5 月 3.0 版本上线，新版本对集中流动性、多重收费层次、高级价格预言机和流动性预言机等技术进行了升级，目的是提升资本效率。Uniswap

可以提供 ETH 和 ERC-20 通证间的交易,利用统一的曲线和流动性池实现 7×24h 不间断自动化交易,大大提高了交易的次数和效率。

Uniswap 通过恒定乘积做市商模型(Constant Product Market Maker,CPMM)处理流动性,确定交易对间的兑换价格和交易滑点。恒定乘积做市商模型可以理解为一个反比例函数:$xy=k$(k 为常数,表示流动性池中的总数字货币余额)。假设交易对是 A 和 B,其中 x 是流动性池中 A 的总流通量,y 是 B 的总流通量,在不增加或减少流动性的情况下,无论交易多少次,x 和 y 的乘积 k 都保持不变。

2021 年 DEX 的使用大幅增长,成为拥有最多的 DeFi 用户群体。在与 DeFi 进行过交互的 210 万用户中,有 153 万曾使用过 Uniswap(约 73%)。

3)分布式稳定币

分布式稳定币在促进链上无须许可的支付方面发挥了重要作用。Maker DAO 的 Dai 是目前排名前列的几种分布式稳定币之一,2021 年其在稳定币总供应量中的份额从 4.1% 上升到 5.4%。流通量也从 12 亿飙升至 97 亿。为了应对 Dai 在 2020 年一段时间内以溢价交易的问题,Maker DAO 引入了挂钩稳定性模块(Peg Stability Module,PSM)。PSM 的设计旨在保持 Dai 的价格接近美元的挂钩水平。通过 PSM,用户可以以固定利率将抵押品(如 USDC 或 USDP)直接兑换为 Dai,从而增强了 Dai 的价格稳定性。截至 2023 年,Dai 流通中的 14.9% 是由通过 PSM 引入的 USDC 或 USDP 所支持。该机制不仅提高了 Dai 的流动性,还增强了它作为稳定币的可靠性,使用户在使用时更加安心。

分布式稳定币的种类正变得越来越多样化。其中,Abracadabra 的 MIM(Magic Internet Money)是一种主要由产生收益的头寸支持的稳定币,2022 年市值约为 35 亿美元,是第二大抵押型分布式稳定币。MIM 的借款人通过抵押资产赚取收益,从而提高资本效率。

另一种重要的分布式稳定币项目为 WBTC(Wrapped Bitcoin),是一种超额抵押类稳定币,作为以太坊上的 ERC-20 通证,按照 1 WBTC=1 BTC 的比例发行。WBTC 于 2019 年 1 月在以太坊主网上启动,旨在通过使用比特币为以太坊网络提供更多的流动性,并加快交易速度。目前,该项目由一个称为 WBTC DAO 的分布式自治组织进行管理。需要注意的是,尽管 WBTC 是一个分布式项目,但其管理系统由特定人员和团队操控,因此其交易透明度有限。WBTC DAO 的管理成员有权决定对该协议进行任何重大升级和改变,可能影响用户的信任和项目的长期稳定性。

4)结构性产品(机枪池)

在 DeFi 时代,流动性挖矿是最受欢迎的项目。为了使流动性挖矿收益最大化,类似传统挖矿的机枪池模式应运而生。

机枪池又称为"收益聚合",是对具有相同算法的不同币种根据实时挖矿收益的高低,通过智能合约以自动化的方式将算力切换至更高收益的币种进行挖矿的过程,为用户创造出比单一币种挖矿更高的收益。

通俗而言,机枪池的操作是将所有算力集中到一个矿池中,事先不指定挖币种类,而是寻找具有相同挖矿算法中的几个项目,把算力切换到收益高的项目上,以获取最佳收益。与传统挖矿机枪池不同的是,DeFi 机枪池无须准备矿机,只需进行存币抵押即可,具有收益最大化、操作门槛低、Gas 手续费低和安全性较高等优势。

机枪池的典型项目包括 BSC 上的 Auto、Beefy、Bunny 和 Eth 上的 YFI。Auto 收取的费用包括存入资产的千分之一和利润的 1.7%。其中,部分费用将用于复投的 Gas 手续费。在 1.7% 的利润中,有 1.5%(即 1.7% 的 1.5%)用于回购 Auto 通证并进行销毁,从而产生通缩效应。不同机枪池具有不同的复投方案,Auto 为每天固定 4 次。Beefy 使用算法动态判断复投次数。Yearn.finance(YFI)是建立在以太坊公有链上的机枪池,YFI 上的每个策略都由社区选择,机枪池将盈利的 5% 用于补贴机枪池的 Gas 费成本,将盈利的 10% 奖励给策略创建者。Convex 于 2021 年 5 月推出,2022 年 3 月,总锁定价值(Total Value Locked,TVL)为 80 余亿美元,是最大的收益聚合器,专门为分布式交易所 Curve 上的流动性提供者提供奖励。

5)分布式衍生品(合成资产)

用户可在 DeFi 平台构建的分布式衍生品市场中进行金融衍生品交易,主要包括股票、商品、货币、指数、债券或利率等标的资产合约。分布式的衍生品市场允许投资者在区块链平台上通过提交一定数量的保证金,对任意原生资产进行锚定,从而实现预期价值投资。

在众多衍生品类 DeFi 项目中,表现出色的有 dYdX、Nexus Mutual、Synthetix、Ribbon Finance 和 Opyn。dYdX 是一个分布式的永续合约交易所,运行于区块链系统 L2,并提供 L1 的现货、杠杆和借贷服务。dYdX 采用混合基础架构模型,结合非托管的链上结算和带有订单簿的链下低延迟匹配引擎。2021 年 9 月,dYdX 发行了通证,通过该通证用户可以参与社区治理、享受交易费用折扣,并参与质押挖矿以生成利息,为了减少市场抛售压力,利息以 dYdX 通证的形式发放。dYdX 采用订单簿模式,交易者可以实时查看当前的买卖需求和供给情况,设定具体的买入和卖出价格,并在市场达到设定价格后自动成交。如果在规定时间内交易未成功,系统将自动取消该交易,且不产生任何费用。该模式支持现货交易、保证金交易和合约交易,支持的交易对包括 ETH-DAI、ETH-USDC 和 DAI-USDC。

Synthetix 是基于以太坊公有链的分布式衍生品应用,也是迄今为止最早和最大的合成资产发行协议。Synthetix 将 BTC、原油、股票证券和大宗商品指数等资产 1：1 映射到以太坊上,利用点对合约(Peer to Contract)机制,通过用户质押的方式为这些合成资产提供流动性。

目前,许多 DeFi 应用的盈利模式较复杂,透明性不足,并存在赌博和 ICO 等风险。此外,NFT 项目常与网络游戏、赌博、庞氏骗局和传销等因素交织在一起,导致其合规性难以界定。

9.3.2 非同质化通证

1. 定义

NFT 是一种基于区块链技术的数字资产,具有不可分割、不可替代、不可篡改、可验证、可流通和可交易等特性。NFT 与 FT 相对,FT 的任意两个间没有差别,可以相互替换,并且通常可以拆分为更小的单位。而 NFT 则是独一无二的,不能被替换,通常也不能分割为更小的单位。NFT 作为一种工具,能够有效标记和证明原生数字资产的所有权。

2. NFT 发展历程

自 2020 年开始,NFT 进入快速发展期,应用领域逐渐扩大,从游戏、艺术品、收藏品拓展至音乐、体育等领域。

1）概念期（1993—2017）

1993 年，Hal Finney 在对加密交易卡（Crypto Trading Cards）的阐述中首次提出了与 NFT 相关的概念。然而，由于当时技术发展的限制，NFT 仅存在于理论层面。Colored Coin（彩色币）被视为第一个类似 NFT 的通证。

2）萌芽期（2017）

2017 年 6 月，世界上第一个 NFT 项目 CryptoPunks 在以太坊平台上发布。同年 10 月，Dapper Labs 团队推出了加密猫游戏 CryptoKitties，使 NFT 的关注度迅速攀升，推动了其发展。

3）建设期（2018—2020）

在 2018—2019 年，NFT 生态系统大规模增长，发展出超过 100 个项目。在 OpenSea 和 SuperRare 的引领下，NFT 交易变得更加便利和完善，应用领域也逐渐扩展。NFT 与 DeFi 的结合催生了 GameFi，进一步推动了 NFT 的发展。

4）崛起期（2021—）

2021 年，区块链游戏项目 Axie Infinity 的销售暴涨，引发了 GameFi 潮流，并推动整个 NFT 市场的快速发展。同年，美国职业篮球联赛（NBA）推出了球星视频产品 NBA TOPSHOT，截至 2021 年 8 月，已有超过 20 万球迷购买，营业额超过 6 亿美元。

3. NFT 核心要素

NFT 的核心要素包含区块链和交易市场。区块链作为一种新型的信息技术，可以对数字作品进行标记生成唯一数字凭证。基于区块链不可篡改、公开透明和可追溯等特性，可实现数字作品权属的存证确权，便于查询所有权信息，同时保证数字作品在发行、购买、收藏和使用等全生命周期中的真实可信，有效保护发行者版权和消费者权益。

交易市场是实现数字作品流转与买卖的平台，主要为线上交易。由于数字作品具备确权的属性，可大大缩短交易时间和流程，降低交易成本，拓宽数字藏品的流通渠道，提升流动性，同时增强了创作者的创作意愿和创作动力。

1）区块链平台

国外区块链主要以公有链及其侧链为主。其中，以太坊的 NFT 生态发展较早，形成了 ERC-721、ERC-1155 和 ERC-998 等非同质化通证协议标准。表 9-3 对三个标准的特点和功能进行了对比。

表 9-3　ERC-721、ERC-1155、ERC-998 三个标准的对比

标　　准	特　　点	功　　能
ERC-721	非同质化通证	代表资产所有权，其转移过程可以被完全追踪和验证
ERC-1155	半同质化通证	既可以发行同质化通证也可发行非同质化通证；可批量转移通证资产，同时实现多个 NFT 和 FT 的转移
ERC-998	可组合的非同质化通证	可嵌套的 NFT，即多个 NFT 的绑定关系；可实现多个 NFT 和 FT 的打包交易

ERC-721 是 NFT 的第一个标准，由以太坊于 2017 年提出，也是目前常用的底层标准，其第一个应用是 CryptoKitties 项目。ERC-721 标准针对具有独一无二属性资产的需求，代

表了资产的所有权。在该标准下，每个 Token 都是独一无二且不可分割，可以具有不同的价值。其流通和交易的完整过程被记录在区块链上，任何人都可以查看，使该标准下每个 NFT 的所有权转移过程都可以被追踪和验证。

ERC-1155 是半同质化通证。由于在 ERC-721 标准下，每个 NFT 的交易都需要调用一次智能合约，当同时交易多个 NFT 时，则需要多次调用智能合约，导致交易效率低下、交易周期长和交易费用高等问题。ERC-1155 标准的提出有效解决了该问题。在该标准下，一个智能合约可以同时实现多个 NFT 和 FT 的转移，从而提升交易效率并降低交易费用。

ERC-998 是一种可组合的 CNFT 标准，允许将多个 NFT 和 FT 打包成一个单一的 CNFT 进行交易，进一步扩展了 NFT 的功能并简化了交易流程。其主要特点包括灵活的资产组合，使用户能够整合不同类型的资产为复合资产；简化交易流程，用户仅需处理一个通证，降低交易复杂性和成本；促进不同通证间的互操作性，为开发者和用户提供丰富的选择。例如，在区块链游戏中，玩家可以将角色、装备、道具和游戏内货币打包为一个 CNFT，方便交易和转让。

国内为 NFT 提供技术支持的主要为联盟链。虽然联盟链是非完全分布式的区块链，开放性和透明性相对低于公有链，但在监管、存储和能源消耗方面具备一定优势。一是联盟链的中心方可控制链上 NFT 的铸造和交易规则，限制二手交易和场外交易，规避数字藏品的过度炒作，降低监管风险。二是联盟链无须经过大量节点验证，可以将较大的图片上传至链上。三是联盟链只需经过数个联盟方节点验证，无须耗费大量算力进行挖矿，符合国家"双碳政策"方向。

NFT 有效解决了数字作品在版权确权难、版权追溯难、维权取证难等方面的痛点，为版权保护提供高效、可执行的解决方案，将进一步激发数字作品的市场活力。目前，以太坊是最大的 NFT 区块链，在以太坊上，可以创造、拥有、获取、出售、交易及展示 NFT。

2）发行平台和交易市场

NFT 市场主要由发行方、交易平台及基于它们铸造的 NFT 衍生应用组成。交易平台在 NFT 流通中扮演重要角色，其盈利模式明确。在以太坊平台上，排名靠前的 NFT 交易市场包括 OpenSea、Rarible 和 Axie Marketplace，其中 OpenSea 提供了包括发行、交易和拍卖在内的多种二级市场交易服务。

目前，国内主流 NFT 平台如鲸探、幻核、元视觉和洞壹元典等，仅支持机构或签约艺术家发行数字藏品，个人无法自行铸造 NFT。表 9-4 为国内主流 NFT 平台概览。

表 9-4　国内主流 NFT 平台概览

	平 台 名 称	区 块 链	搭建平台的切入点	平台相关标的
拥有区块链技术的公司	鲸探	阿里蚂蚁链	基础设施、平台流量、内容生态	阿里巴巴
	幻核	腾讯至信链	基础设施、平台流量、内容生态	腾讯控股
	灵稀	京东至臻链	基础设施、平台流量	京东
	灵境藏品	星火·链网	基础设施、平台流量、内容生态	纸贵科技
	网易星球·数字藏品（游匿客平台）	网易区块链	基础设施、内容生态	网易
	Ulab 优版权	天河链	基础设施	天舟文化

续表

平台名称	区块链	搭建平台的切入点	平台相关标的
元视觉	长安链	内容生态	视觉中国
TME 数字藏品平台	腾讯至信链	内容生态	腾讯音乐
阅文集团数字藏品	腾讯至信链	内容生态	阅文集团
版权家	安妮版权区块链	内容生态	安妮股份
元气星空	—	内容生态	美盛文化
洞壹元典	百度超级链	内容生态	数码视讯
TopHolder「头号藏家」	—	内容生态	天下秀
莱茨狗	百度超级链	基础设施、平台流量、内容生态	百度
虹宇宙（内测）	—	内容生态	天下秀
仙剑元宇宙（在研）	阿里蚂蚁链	内容生态	中手游
大唐开元	中国旅游链	内容生态	曲江文旅

注：左侧表头第一组为"互联网数字内容平台或内容公司"（元视觉至 TopHolder），第二组为"计划开发元宇宙社交应用或游戏的公司"（莱茨狗至大唐开元）。

基于发行方和发行平台铸造的 NFT 衍生应用包括二级市场、社交平台和融资平台等。海外的 NFT 衍生应用体系相对成熟，OpenSea、SuperRare 和 Rarible 等二级市场平台致力于提升 NFT 的流动性和升值潜力。由于 NFT 与 FT 和虚拟货币具有相同的技术基础，国内对 NFT 的监管较为严格。2022 年 4 月 13 日，中国互联网金融协会、中国银行业协会和中国证券业协会联合发布了《关于防范 NFT 相关金融风险的倡议》，倡导不提供集中交易、持续挂牌交易和标准化合约交易等服务。因此，国内平台在开放二手交易方面较为谨慎。此外，我国的 NFT 市场仍处于起步阶段，社交平台和融资平台等其他衍生应用尚未完善。

4. NFT 铸造、发行及平台盈利模式

NFT 铸造及发行的模式主要分为专业生成内容（Professionally-Generated Content，PGC）及用户生成内容（User-Generated Content，UGC），两种模式的最大区别在于创作者的专业性。

PGC 模式的创作主体通常是具备专业知识的团队或个人，平台通过与艺术家、博物馆等合作，以联名形式发行 NFT。国内代表性平台包括蚂蚁鲸探、腾讯幻核和京东灵稀等。在 PGC 模式中，人工智能技术也开始发挥越来越重要的作用，例如，利用 AI 生成艺术作品、音乐或视频，并将作品铸造成 NFT，不仅降低了创作门槛，还为艺术家提供了新的创作工具和灵感来源。

UGC 模式的创作主体主要由普通用户构成，平台通过赋予用户话语权和开放平台功能，允许普通用户自主创造内容。目前，UGC 模式支持音频、视频、数码照片等多种内容。全球 UGC 模式的代表平台有 OpenSea、Rarible、InfiNFT 和 Mintbase 等。在 UGC 模式中，人工智能可用于内容推荐和个性化创作工具的开发，帮助用户更轻松地创建和销售 NFT 作品。

在盈利模式方面，PGC 主要分为销售分成和赚取差价两类。销售分成模式是平台与知名 IP 合作,按约定比例分成销售额;而赚取差价模式则是平台以固定价格签下 IP,并以高于签约价格售卖,从中赚取差价。随着 AI 技术的发展,PGC 平台还可以利用机器学习分析市场趋势,优化定价策略,提升盈利能力。

UGC 的盈利模式主要依赖手续费,用户在出售 NFT 时需向平台支付成交价的 5%～15%作为手续费。此外,用户在上链时需要支付 Gas 费,平台作为中介可以从中赚取 Gas 费的差价。AI 技术可以帮助 UGC 平台更高效地管理交易流程,提升用户体验,进而吸引更多用户参与创作和交易。

图 9-9 给出了 NFT 的基本盈利模式。

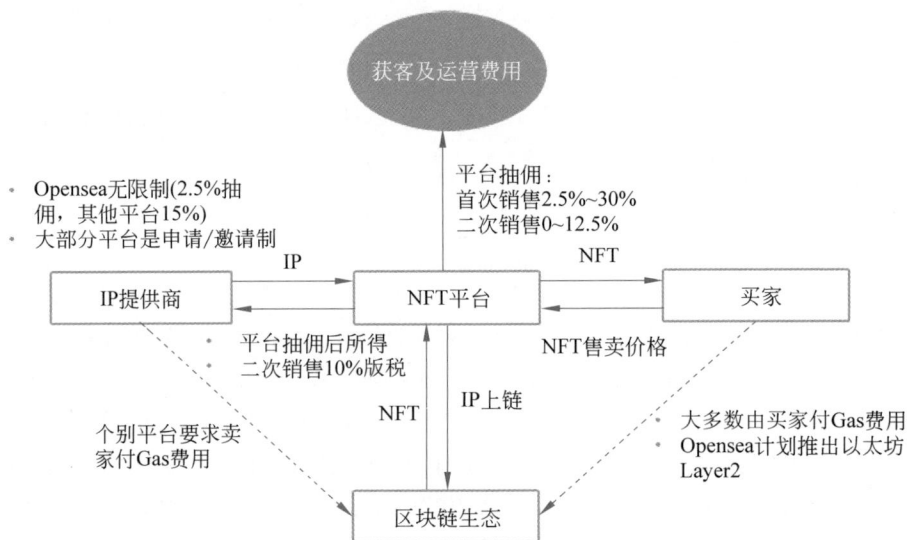

图 9-9　NFT 盈利模式

5. 行业案例

1) 收藏品项目 CryptoPunks 稀缺性层级体系奠定收藏价值

CryptoPunks 是世界上第一个 NFT 项目,于 2017 年 6 月在以太坊上发布,包含 10 000 个独一无二的 24 像素×24 像素的 8 位(可定义 256 种颜色)图像,分为男性、女性、僵尸、猿和外星人 5 类,每个角色都由一组随机生成的独特外观和特征(如发型、面部特征、配饰等)组合而成,如飞行员头盔、牛仔帽、蓝色眼影等。

CryptoPunks 的稀缺性层级体系是其收藏价值的基础。首先,CryptoPunks 分为 5 类,其中男性有 6039 个,女性有 3840 个,僵尸有 88 个,猿有 24 个,外星人只有 9 个。僵尸、猿和外星人的数量较少,因此市场需求和价格也显著高于男性和女性类型。例如,截至 2022 年 1 月 8 日,编号为 3100 的外星人以 758 万美元的价格创下了 CryptoPunks 项目的最高售价记录。其次,不同的 CryptoPunk 图像拥有不同数量的特征。特征数量较多的头像往往更稀有,市场价值也更高。例如,拥有 7 个特征的头像仅有 1 个比特币,6 个特征的有 11 个比特币,0 特征的有 8 个比特币;其中 7 特征头像的在售底价通常是其他头像的 10 倍以上,极度稀缺性进一步提升了其收藏价值。

根据 CryptoPunks 官网的数据,2021 年该项目的销售总额高达 20.69 亿美元,平均售价为 17.58 万美元。不仅反映了 CryptoPunks 作为 NFT 市场的先驱所具有的影响力,也展示了稀缺性在数字收藏品领域中的重要性。

2) 游戏领域 Axie Infinity 边玩边赚模式

Axie Infinity 是一款分布式的开放式回合制策略类数字宠物游戏,包括战斗、繁殖、地块和交易市场 4 个系统。游戏的资产体系包括 NFT Axie、地块、治理通证 AXS 和繁殖通证 SLP(Smooth Love Potion)。NFT 可以在官网及其他二级交易市场进行交易,而治理通证则可在主流加密货币交易所进行交易。

边玩边赚模式是 Axie Infinity 成功的主要原因。Axie Infinity 的经济系统由 SLP/AXS 通证、战斗和繁殖三大核心模式构成:新玩家可向老玩家购买 Axie,凑足三支 Axie 组成队伍,通过战斗赢取 SLP 通证;Axie 可以通过消耗 SLP 通证和支付 Gas 费用进行繁殖,生成新的 Axie;通过战斗和繁殖获得的 SLP 和 Axie 可在市场上出售获取收入。

新推出的 Land 系统为 Axie Infinity 的玩家带来了全新的游戏体验和互动方式。玩家可以探索不同的土地,发现并获取治理通证 AXS 和各种资源。资源可以用于繁殖 Axie、提升土地的价值以及参与游戏内的建设活动。此外,玩家在探索过程中获得的土地和资源也可以在市场中进行交易,实现投资和盈利。

在交易过程中,玩家将获得 95% 的收益,剩余的 5% 用于支持游戏的运营和活动奖励,为游戏的持续发展提供了必要的资金来源。为维护经济系统的内部平衡,系统设定了每只 Axie 的繁殖次数上限为 7 次,且后续繁殖所需消耗的 SLP 将逐渐增加,避免过度繁殖对市场造成冲击。此外,部分交易手续费将用于回收低于市场价的 Axie,有助于稳定市场价格和保持游戏生态的健康发展。

在 2020 年年底—2021 年年初,Axie Infinity 的边玩边赚特性使在新冠疫情下有着"周光"文化的菲律宾居民看到了赚钱的希望,因此 Axie Infinity 在菲律宾迅速流行。随着 Axie 交易量和交易价格的不断提升,玩家的进入门槛也逐渐提高。地区区块链公会 Yield Guild Games 通过租号的方式,将账号暂时借给玩家并进行培训,所得收益按三七分成(玩家占七成)。

该模式逐渐扩展到印度、印度尼西亚和巴西等国家。据 Sky Mavis 称,Axie Infinity 在 2021 年第三季度的活跃用户已超过 150 万。根据 Dappradar 的数据,Axie Infinity 在 2021 年第三季度产生了超过 7.76 亿美元的交易额,截至 2022 年 1 月 10 日,Axie Infinity 历史交易总额达到 38.1 亿美元,成为 NFT 收藏项目中的第一名。

为了应对以太坊网络的拥堵和高 Gas 手续费,Axie Infinity 搭建了自己的以太坊侧链 Ronin,将游戏中的主要链上操作从以太坊转移到侧链上,大大缩短了交易时间、降低了交易成本,并显著提高了用户体验。

6. NFT 存在的问题

虽然 NFT 在艺术、游戏和数字收藏品等领域展现出巨大的潜力和优势,但其发展过程中仍面临诸多问题。

(1) 市场价格波动性大:NFT 的价值常常受到投机行为的影响,市场流动性不足,投资者因此面临更多不确定性和较高风险。

(2) 版权和所有权纠纷:许多艺术作品在未获得授权的情况下被铸造成 NFT,造成法律争议。

（3）合规性问题：NFT 项目质量参差不齐，可能与网络游戏、赌博、庞氏骗局和传销等因素交织在一起，导致合法性和合规性难以界定，增加了潜在的法律风险。

（4）技术门槛高：许多普通用户难以理解和使用相关技术，限制了 NFT 市场的扩大。

因此，尽管 NFT 具有潜在的优势，但要实现其可持续发展，需要行业内加强规范和监管，以保护用户权益并促进健康生态系统的建立。

9.3.3 数字人民币

1. 数字人民币的概述与发展历程

数字人民币是由中国人民银行发行的法定数字货币，标志货币数字化的重要趋势。数字人民币的研发始于 2014 年，中国人民银行成立了专门团队进行深入研究。2016 年，数字货币研究所成立，并成功搭建了第一代原型系统。2017 年年底，经过国务院批准，开始组织商业机构共同开展研发试验。截至 2021 年 6 月，数字人民币的试点场景已超过 132 万个，个人钱包累计开立超过 2087 万个，对公钱包超过 351 万个，累计交易金额约 560 亿元。

2. 双层运营体系及其影响

数字人民币采用双层运营体系，即中国人民银行不直接向公众发行和兑换央行数字货币，而是将数字人民币兑换给指定的运营机构，如商业银行和其他金融机构，再由这些机构向公众提供兑换服务。该双层运营模式与纸钞发行相似，因此不会对现有金融体系产生显著影响，也不会对实体经济或金融稳定造成重大冲击。相比传统支付方式，数字人民币可通过智能合约实现资金的定向交付，从而简化认证流程、减少中介方、降低手续费，并提高跨境支付的效率。

3. 无网络环境下的交易便利性

数字人民币允许用户在无网络环境下进行交易，类似纸钞的使用方式。在零售支付方面，数字人民币旨在满足数字经济条件下公众对现金的需求，提供安全、便捷的支付服务，例如，可以满足在飞机、邮轮、地下停车场等网络信号不佳场所的电子支付需求。没有银行账户的用户也可以通过数字人民币钱包享受基本金融服务，而短期来华的境外居民则可以在不开户的情况下开立数字人民币钱包，满足在华的日常支付需求。此外，数字人民币的"支付即结算"特性有助于企业提高资金周转效率。

4. 跨境支付的优势与国际合作

在跨境支付方面，数字人民币的项目相比传统流程，能够简化认证流程、减少中介方、降低手续费，并提高效率。借助区块链技术，跨境支付的审核流程可以由"串联"转变为"并联"，即在传统跨境支付环节中，审核需要逐步传递至下一中介方，而在数字人民币的跨境支付中，多个环节的审核可以在链上同时进行。中国人民银行深化国际金融合作，与香港金融管理局签署战略合作备忘录，并参与国际清算银行主导的多币种法定数字货币桥（mCBDC Bridge）项目，共同探索法定数字货币相关实践。

5. 试点成果与应用场景

目前,数字人民币已在多个领域进行试点,包括餐饮、交通、零售和公共服务等,并纳入流通中货币(M0)的统计。截至 2022 年 12 月,流通中的数字人民币余额为 136.1 亿元;截至 2024 年 6 月,数字人民币累计交易金额达 7 万亿元。数字人民币的试点工作也持续取得新成果,试点范围已扩展至 17 个省市的 26 个地区,包括深圳、苏州、上海、长沙、大连、济南、南宁、防城港、昆明和西双版纳等地。各试点地区的进展显著。例如,山东高速集团首次以数字人民币形式发行科技创新可续期公司债券;济南市明水古城推出了数字人民币硬件钱包,提供全新的消费体验;苏州黄桥未来工场产业园实施了全国首个"一卡通用"数字人民币硬件钱包应用,满足园区内多种需求;民生银行在基金销售赎回交易中应用数字人民币,并新增了购买积存金服务,进一步丰富了应用场景;人民银行深圳分行在 2023 年实现了深圳数字人民币应用的多重转变,从"尝鲜"到"常用",从"支付"到"智付",从"产品"到"产业"。数字人民币的应用场景不断丰富,包括多个 B 端和 C 端领域,如资金募集、信用卡还款、线上购物、公共服务支付等,提升了支付的便利性。

6. 数字人民币的未来展望

数字人民币的推出顺应了全球数字化发展潮流,作为新兴的数字经济形态,不仅提升了交易便利性,还通过可追溯的技术手段增强了对资本流动的监管能力,为我国货币政策和财政政策的精准施策创造新的机遇,并进一步推动人民币国际化进程。未来,数字人民币的应用将得到进一步加强,促进金融服务的数字化转型,提升普惠金融水平,为中小企业和个人用户提供更便捷、高效的金融服务,并在保障用户隐私与维护金融安全之间寻求有效平衡。同时,数字人民币有望成为连接传统金融与数字金融的桥梁,推动金融科技创新,促进数字经济的繁荣。其将与 DeFi 和 NFT 等区块链技术相结合,共同塑造更加开放、包容和高效的全球金融体系。

9.3.4　总结与展望

本节探讨了基于区块链技术的三项金融创新:DeFi、NFT 和数字人民币。DeFi 凭借其分布式的特性,为传统金融服务提供了全新的参与方式,其透明性、可编程性和无许可访问为用户带来前所未有的金融自由。NFT 作为数字资产所有权的证明,正在艺术、游戏和收藏品等领域引发革命性变化,其独一无二性和不可替代性为数字创作和收藏开辟了新的可能性。可以预见,未来 DeFi 和 NFT 的发展将相互促进,形成良性循环。同时,数字人民币代表了国家货币数字化的趋势,预示着金融科技的未来发展方向。

随着 DeFi、NFT 和数字人民币的不断发展,全球金融体系将迎来深刻变革。新技术不仅推动了金融服务的数字化转型,还为用户提供了更加便捷、高效和安全的金融体验。然而,技术进步也面临监管、安全性和隐私保护等多重挑战。因此,建立合理的监管框架、确保技术安全和保护用户隐私尤为重要,以增强用户信任、降低潜在风险,并推动技术健康发展。

展望未来,随着技术的不断完善和应用场景的拓展,DeFi、NFT 和数字人民币将推动全球金融体系的进一步演变,为全球金融市场的稳定与创新注入新的动力。

◆ 9.4   本 章 小 结

本章深入探讨了区块链技术在金融领域的广泛应用及其显著优势。首先，区块链凭借其天然的金融属性，可降低中心化依赖、减少欺诈、降低成本、提高效率并保障隐私安全，展现出独特的价值。随后，分析了稳定币和央行数字货币在为用户提供更稳定的数字货币选择以及促进数字经济流动性中的作用，并详细介绍了区块链在支付结算、场外衍生品交易、资产证券化、供应链金融、征信、保险和金融监管等领域的应用。最后，探讨了区块链金融前沿应用，重点关注分布式金融、非同质化通证和数字人民币等创新模式，推动了金融产品的多样化，为全球金融市场的创新注入新动力，标志着金融行业数字化转型进入新阶段。

◆ 习   题

1. 稳定币相比主流加密数字货币具有更低波动性，但其也存在诸如流动性风险、监管不确定性及信用风险等缺陷。请探讨这些缺点将对稳定币的未来发展构成哪些挑战。

2. 央行数字货币与支付宝、微信支付有何不同？在支付效率、隐私保护及金融稳定性方面，央行数字货币将发挥怎样的作用？

3. 概述区块链技术在金融领域的应用场景，并通过具体案例剖析其在支付、清算、融资及资产管理等细分领域的潜在应用价值。

4. DeFi 具备哪些特点和积极作用？其能为金融行业带来哪些新的应用机会？

5. NFT 与其他加密数字货币相比有何独特之处？阐述其应用价值。

6. 在我国，DeFi 和 NFT 的发展将面临哪些具体挑战？简要分析。

趋 势 展 望

随着大数据、人工智能、区块链等新一代信息技术的蓬勃发展,人类社会正全面进入数字时代。数字时代将产生一个与物理世界平行的数字世界,即所有数字对象对应的空间,从而形成复杂而多元的数字生态系统。数字时代的生态系统由数字经济、数字社会和数字政府三部分构成,三者相辅相成,共同构成了数字化转型的核心。

其中,数字经济强调数字产业化发展和产业数字化转型,是数字时代发展的基础和动力,不仅促进传统行业的升级,还催生新的商业模式和市场机会,推动经济的变革与创新。

数字社会强调以数字化促进智能化的社会管理和社会服务,代表数字社会运行和生活方式的创新。通过数据分析和智能算法,数字社会可实现更高效的资源配置和更精准的服务,提升公民的生活质量和社会参与感。

数字政府则强调提供高质量的公共管理品质和公共服务产品,以更好地服务数字社会和数字经济的发展。数字政府通过数字化手段提升行政效率和透明度,促进政府与公民间的互动与信任。

数字时代将从生产、消费、金融、民生、政务、工作、学习方式和社会治理等多方面深刻改变人类的生活方式、交往方式以及服务方式。这种变革不仅体现在技术应用的普及上,更体现在促进现实社会和数字虚拟社会的融合创新发展。数字化的进程将使人与人、人与物、物与物间的连接更加紧密,推动社会的全面智能化和可持续发展。

本章将从数字时代的主要特征入手,分析数字时代面临的主要技术挑战,介绍区块链技术如何赋能数字时代,讨论互联网发展进入 Web3 价值互联网新阶段的背景与意义,以及虚实交融的元宇宙如何改变人们的交互方式。

◆ 10.1 数字时代的主要特征

在数字时代,人、机、物三者在网络虚拟空间中实现了前所未有的融合,展现出一系列与物理世界显著不同的特点。

10.1.1 数据成为新的生产要素

数据在数字经济中已不仅是基础资源,更是具有巨大经济价值的生产要素,被喻为 21 世纪的"新金矿"。数据的要素化进一步提升了其在生产活动中的重要地位,优化了数据资源的分配与流通机制,进而推动经济结构的升级与变革。相比传统的劳动、资本等生产要素,数据具有独特的优势：其复制与传播的成本极低,边际成本趋近零,使数据能够被多人多次重复高效利用。数据不仅提高了组织决策的科学性和效率,还有助于构建信息更加对称、公平的市场环境。2022 年 12 月,中共中央、国务院发布的《关于构建数据基础制度更好发挥数据要素作用的意见》(简称"数据二十条"),更是从数据产权、流通交易、收益分配、安全治理等方面构建了完善的基础制度框架,旨在充分释放数据要素的潜能,为经济发展注入新的活力。

10.1.2　数字产品催生消费模式革新

随着数据的爆炸式增长和网络技术的持续进步,数字空间中的产品已成为新型交易对象,引领消费领域的全新变革。货币数字化技术的崛起为人们提供了安全、便捷的数字支付手段,有效解决了数字空间中信任与价值交换的难题。同时,区块链等前沿技术为数字产品赋予了自证稀缺性的能力,并简化了交易流程中的记账、对账与清账等环节,从而大幅提升了交易效率。特别是同质化通证和非同质化通证在区块链上的流通,可作为数字资产的所有权凭证,保证数字资产在复制后依然保持所有权的唯一性。这一创新为人们在数字空间的交易活动赋予了真实的权益价值,进一步推动了数字消费模式的蓬勃发展。此外,随着人工智能、物联网、虚拟现实(Virtual Reality,VR)、增强现实(Augmented Reality,AR)等技术的不断成熟,数字产品正逐渐融入人们的日常生活,为消费者带来更加沉浸式的体验,预示着未来数字消费市场的巨大潜力。

10.1.3　社会协作组织方式将发生改变

清华大学公共管理学院原院长江小娟教授与《数据资本时代》的作者——牛津大学的Viktor Mayer-Schnberger 教授等经济学家指出,随着数据的不断丰富与深入应用,传统构成社会协作的主要组织形式——公司制企业形态将面临严峻挑战。在企业运营过程中,存在两项难以削减的组织成本：一是数据在传达至研发层与决策层的过程中可能引发的失真所消耗的成本;二是做出最大贡献的个体需要与组织整体分享创新收益带来的个体激励减弱所消耗的成本。

在大数据、物联网等新技术的推动下,市场化的生产组织方式的成本将低于传统企业的组织方式。市场化的生产组织方式是指根据市场需求灵活选择各来源的设备、员工与原材料进行生产。这种方式要求所有参与者了解相关信息并将其转化为有效的个体决策,使组织能够高效运转,减少上述两项成本的消耗。

借助机器学习、大数据等技术实现的智能数字辅助系统,普通人可做出更精准的局部决策,不同生产环节的厂商可以通过智能搜索进行高质量的合作需求匹配。这种智能化的协作方式不仅提高了生产效率,还增强了资源的灵活配置能力。同时,区块链技术的引入将帮助组织降低合作生产所需的信任成本,保证各方在合作中的透明性与安全性。

10.1.4　隐私保护日益受到重视

隐私是自然人的私人生活安宁和不愿为他人知晓的私密空间、私密活动及私密信息。

根据《民法典》的规定,"自然人享有隐私权",该权利是指自然人享有的私人生活安宁与私人信息秘密应依法受到保护,防止他人非法侵扰、知悉、收集、利用和公开。这一人格权赋予权利主体对自己是否向他人公开隐私以及公开的范围和程度等方面的决定权。在社会系统中,人们所呈现的并非将所有心理状态完全暴露于他人的人格体,隐私保护尤为重要。

在数字时代,隐私权的特点日益明显,主要表现为范围广、虚拟性和经济性等特征。随着现代信息网络的普及,数字化大幅提升了信息的公开程度,信息传播和侵犯隐私权的成本显著降低。人们在虚拟空间中留下的各种行为痕迹,通过网络传播到公共领域,利用算法对数据进行聚合、重组和分析,形成与现实自然人具有某些共同特征的"数字虚拟人"。这种数字画像成为数字时代的基本特征,某些看似不具私密性的个人信息也可能暴露个人隐私。此外,网络中强大的"人肉搜索"功能常常使个人无处遁形,给隐私权带来诸多困扰。

与此同时,数字时代的网页浏览量、线上购买行为、内容定向推送、位置信息等都可产生经济价值,使隐私权在这一背景下具备传统隐私权所没有的资产属性和经济价值。隐私不再仅仅是个人的保护权益,同时也成为一种可以被利用和交易的资源。

2018 年 3 月,脸书(Facebook)承认,英国剑桥分析公司在 2016 年美国总统大选前,违规获取了超过 8000 万名脸书用户的隐私信息,帮助特朗普成功赢得选举。实际上,剑桥分析公司自 2014 年起便开始非法使用用户隐私数据,影响多国选举,显示出隐私权的作用远超人们的想象。现实中,信息越公开越需要重视隐私权的保护,只有用户的隐私得到保障,数据的有序流通才能得以实现。

为应对这一挑战,2022 年年初,国务院印发的《要素市场化配置综合改革试点总体方案》中提到,探索"原始数据不出域、数据可用不可见"的交易范式。在保护个人隐私和确保数据安全的前提下,分级分类、分步有序地推动部分领域的数据流通应用。这一策略不仅有助于保护个人隐私,也为数据的合理利用提供了制度保障,体现了隐私保护与数据利用间的平衡。

10.1.5　虚拟空间的价值流动促进数字经济发展

在数字时代,资产的类型已经由传统的物理形态扩展到了数字形态,即数字资产(Digital Assets)。这些数字资产存在于网络空间中,由个人或组织所拥有和控制,以数字化的形式展现,并预期带来经济上的利益。当前,数字资产的规模正在持续扩大,显示了其在现代经济中的重要地位。

波士顿咨询公司与新加坡数字证券平台于 2022 年 9 月联合发布的报告指出,在全球范围内,包括房地产、股票、债券、投资基金以及专利等各类资产,预计将出现显著的通证化资产增长。预计在 2022—2030 年,资产通证化将可能实现 50 倍增长,市场规模有望达到 16 万亿美元。表明现实世界资产(Real World Assets,RWA)的通证化在未来具有巨大的增长潜力和广阔的市场前景。

随着人们物质生活的日益丰富,消费需求逐渐从物质层面向精神文化层面转变。为满足人类不断增长的精神需求,全新的虚拟数字空间正在逐步形成。越来越多的物理资产和价值被以数字资产的形式存储在互联网上,实现了物理要素的数字化转变。这一转变不仅提升了数据的价值,更促进了价值的流通、交换、组合以及叠加效应,为数字经济的发展注入了强大的动力。

此外，AI 和数字引擎等便捷高效的数字创造工具正日新月异地发展，推动数字原生内容和数字原生资产的突破性进展。物理空间和数字空间正在相互交织、融合中共同前行，进一步加速了数字经济的迅猛发展。

◇ 10.2 数字时代面临的主要技术挑战

10.2.1 隐私数据保护不足

公民个人信息是指以电子或其他方式记录的，能够单独或与其他信息结合，识别特定自然人身份或反映特定自然人活动情况的各种信息，包括身份信息、财产状况、信用信息和行踪轨迹等内容。随着数字时代的到来，个人的喜好、购物习惯、社交内容和朋友圈等信息也成为个人信息的组成部分。

当前涉及公民数据隐私的问题日益凸显，互联网巨头已成为数据的收集和挖掘者，常在未经用户同意的情况下收集个人信息。特别是在移动互联网时代，包括用户的偏好、习惯和社会属性等多维度数据更是被应用程序普遍收集。信息垄断服务平台利用所掌握的包括用户隐私在内的大量数据，利用算法对用户行为进行学习、追溯和分析，形成用户画像，对用户状态和行为进行预测，而用户对数字画像却没有知情权和控制权。垄断企业进一步通过广告推广进行精细化运营获益，不仅对用户隐私造成侵害，甚至直接损害到用户的数字资产。企业也可依据学习结果对用户进行特定行为诱导，被算法所"套路"的顾客往往身在其中而不自知。"算法霸权"和"店大欺客"等行为很常见，公民隐私和数字资产面临严重挑战。

在全球范围内，关于用户隐私保护的法律法规建设已起步，欧盟于 2018 年实施的《通用数据保护法案》(General Data Protection Regulation，GDPR)以及我国于 2021 年下半年出台的《个人信息保护法》，无疑为隐私保护问题提供了一定的法律支撑。然而，这些法规尚未能形成广泛而深远的社会影响力，数据应用与隐私保护间的矛盾将长期存在。

10.2.2 数据要素流通困难

数据要素与传统生产要素的区别使其在流通过程中面临诸多新的挑战。首先，原始数据要素治理水平低下，一般难以被第三方直接使用，现有各地数据分类标准不一，数据要素治理能力参差不齐，难以快速产出高质量的数据要素。其次，多元权属难以实现利益划分。由于数据要素产生过程往往涉及多方合作，在数据要素确权和利益划分上难以达成一致，面临数据要素权属不明难以应用的问题。再次，数据要素流通市场规则有待完善。数据要素交易双方信任关系构建程序复杂，违规追溯取证难度大，使潜在客户望而却步。同时数据要素易于复制、可重复使用的特点使其在流通中存在较高的泄露风险。最后，现有数据要素市场中缺乏有效激励惩罚机制，数据要素的生产者因安全顾虑而缺乏分享动力，而数据服务的提供者则可能出于利益最大化考虑而垄断数据，这些因素进一步加剧了数据要素共享流通的难度，从而未能形成成熟的消费模式。

10.2.3 多方协作难以高效

数字社会中，新技术逐渐消解了传统组织协作架构的边界，越来越多的参与者可以参与到大规模协作中,维基百科、"黄金公司挑战赛"①等实例印证了基于数字技术的新型组织协作模式能够取得良好的效果。但新的组织协作形式在展现出不俗价值的同时也暴露出许多潜在的隐患。

首先是面临众多参与者协作所带来的不确定性挑战。以在线交易平台为例,交易的不确定性包括用户不了解在与谁进行价值交换、交易流程如何发生,以及出现问题时应该如何求助等问题。用户只能依靠交易平台上提供的销售量、评价等历史记录粗略了解商家,选择相对可信的商家进行合作。对于存在复杂购买和使用流程的商品,如医疗器械的数字类产品,用户通常无法了解其交易流程,难以保证货物的真实性和价格的合理性,只能被动选择相对信任的商家,以期如实履行交易双方达成的约定。当违约情况真的发生时,用户通常只能诉求第三方仲裁平台监督商家进行补偿,消耗大量的体验成本。其次是面临有效激励各参与者积极协作的挑战。良好的激励模式能够使参与者的回报与付出成正比。但当协作流程过于复杂、参与者过多时,做出突出创新的个体可能被埋没,带来的利益可能被不怀好意者所窃取。当个体利益无法满足或多方利益存在冲突时,协作组织将面临内部瓦解的风险。

10.2.4　信息互联网难以实现价值确权和传递

1995 年 10 月,"联合网络委员会"通过了一项决议,将"互联网"定义为全球性的信息系统。该定义的主要内容包括:首先,互联网通过全球唯一的地址逻辑地链接在一起,该地址基于 IP 建立。其次,互联网能够通过 TCP/IP 进行有效通信。最后,互联网为公共用户和私人用户提供高水平的服务。IP 主要包括 IP 地址方案、分组封装格式和分组转发规则,被视为计算机网络结构中的"细腰"。尽管互联网在信息通信方面发挥了重要作用,但在信息的可信性、价值状态传播和价值掌控等方面考虑不足。

从企业角度而言,互联网极大地简化了信息传递的过程。互联网巨头通过提供免费服务聚集流量,并通过广告获取巨额利润。这种广告经济依赖丰富的用户信息,非常有利于成熟的大型企业,导致网络权力的垄断和固化。形成了"用户数据＋算法＋网络效应"的霸权模式,使中小企业和个人在数字时代面临更大的发展和创新难度,制约了数字经济的增长潜力。

从个体角度而言,信息互联网存在以下主要问题:首先,信息互联网缺乏自我身份定义,用户的数据和数据资产无法与个体形成有效绑定,使用户行为产生的大量数据被存储在平台上,难以实现"谁创造谁拥有"的自我管控。其次,信息互联网上的信息具有高度的可复制性,缺乏确权、追溯和认证机制,使信息的真实性无法得到保障,造假成本低廉,数据开放共享的困难也随之增加。再次,信息互联网中信用的建立依赖中心化的第三方中介机构,不仅容易导致信息泄露,还可能增加交易摩擦和成本。最后,价值流转的能力是数字经济发展和现代金融的核心。然而,在信息互联网中,个体创造的价值往往被少数互联网巨头所占有,造成权益无法共享和价值分配不公等问题。因此,信息互联网难以满足数字时代发展的新要求。

---

①　黄金公司挑战赛是 2000 年 3 月由加拿大黄金公司(Goldcorp)总裁 Rob McEwensh 举办的竞赛。竞赛中提供了黄金公司的内部机密地质数据,要求参赛者提出更好的找矿方法和黄金储量估计。该挑战赛提供了 57.5 万美元奖金,最终吸引了来自 50 多个国家的 1400 余名参赛者,共提出了 40 余个具有丰富黄金储量的新勘探目标,使黄金公司摆脱了金矿枯竭的困境,其所在的红湖地区也一跃成为世界上最富有的金矿区之一。

◈ 10.3　区块链赋能数字时代

10.3.1　区块链的底层逻辑

我国自 2019 年起将区块链上升为国家战略，并将其纳入"十四五"规划和 2035 年远景目标纲要，成为"新基建"的重要组成部分。目前，区块链技术已广泛应用于金融服务、智能制造、供应链管理、国际贸易、数字资产交易、商品溯源、知识产权保护、司法公证、公益事业、城市管理、能源和教育等多个领域。随着区块链技术的持续发展，其底层逻辑和特性主要体现在以下 10 方面，助力在更广泛领域赋能数字时代，为数字经济构建信任基础设施。

1. 弱中心化

在公有链系统中，每个计算节点地位平等，不依赖中心化的管理机构，打破了传统组织的边界，扁平化了组织模式。通过算法实现数据和目标的一致性，分布式共享账本为大规模协作提供了坚实的支撑。

2. 价值转移

区块链在信息互联网基础上增加了价值流转属性，使价值能够在互联网上以点对点的方式转移。通证不仅用于生成原生资产，还可应用于实体经济，将企业的资产、商品和服务等权益通过通证化体现并流通，实现价值传递。此外，区块链衍生出分布式金融协议，推动了可编程货币、可编程金融和可编程信用体系的发展。

3. 去信任

共识算法生成信任，分布式账本记录信任，实现了信任的可验证和可追溯传递。系统运行规则可以被全网节点审查和监管，防止作假。"计算信任"替代"机构信任"，具有强背书的特性，是数字时代经济社会运行的重要基础。

4. 协同自治

智能合约将治理规则代码化，预先确定交易逻辑、执行逻辑和共识算法等规则，使机器能够在经济社会的诸多方面参与契约的判断并自动执行，减少人为干扰和组织间的摩擦，降低不确定性。从而使数字经济能够实现高效的治理方式，促进"竞争优先"向"共生生态"转变。

5. 激励效应

基于通证的激励机制，区块链自治成为一种新型商业模式。每个个体都可参与组织的治理，充分发挥其创造性，激发个人潜能，进而实现群体智能。

6. 数字资产

数字资产是数字经济的核心要素，区块链能够将虚拟和现实资产转变为可自主管理的数字资产,实现资产的确权、授权、流转和溯源,重塑数字空间的价值创造和获取方式。产品创造、顾客获取、服务模式和市场空间也将因此重新定义。

7. 自主身份

钱包地址和 NFT 可作为区块链原生的自主身份和凭证,实现身份、数据和资产的自主控制。人、设备与物品通过自主身份广泛链接,是数据安全和隐私保护的基础。

8. 开放开源

公有链上的几乎所有代码和规则都是开源的,任何个人、组织或机构都可以不受限制地利用区块链的开源技术构建应用。不仅增强了信任,还加速了技术和应用的快速迭代与普及。

9. 隐私保护

通过账户地址进行交易和提供服务,隐藏真实身份信息,链上的数据可视为用户的脱敏数据,在一定程度上保护用户隐私。新密码技术的持续研发进一步提升了用户隐私和商业机密的保护水平。

10. 难以篡改

梅克尔树结构和哈希算法赋予区块链数据高度的敏感性、单向性及不可篡改性,区块只能追加而不能删除,有效防止数据被篡改,保障了数据的安全性和存证的可靠性。

基于区块链的技术特性和底层逻辑,其将在自主身份、隐私保护、信任确立、权益证明、组织协调、价值流转和新消费模式等多方面赋能数字时代,推动各行业的数字化转型和创新发展。

10.3.2　构建自我主权身份和算法信任的分布式平台

在数字世界中,人、事、物均由一系列数据构成,用户在互联网上的活动轨迹组合起来便形成了数字画像。个人数据的失控可能导致身份的丧失或被替代。因此,迫切需要建立去垄断、基于算法信任的新平台,支持自我主权身份,使个人数据能够由用户自主控制和保存,并可自主授权给他人使用。

区块链技术有望成为建立带有隐私权的数字身份管理系统的重要技术基础。可以在不依赖第三方权威机构的情况下,构建开放的大规模信息平台,存储任何来源的个人身份信息,创建可由用户控制的身份证明。爱沙尼亚政府自 2002 年开始实施数字身份计划,目前已经与网络安全公司 Guardtime 达成合作,结合区块链的无密钥签名基础设施(Keyless Signature's Infrastructure,KSI),为政府提供基于区块链的医疗、法律与公共治理等领域的数据审查跟踪服务,对电子数据进行全生命周期管理,同时提高数据的透明和可审查性。此外,近年来分布式身份(Decentralized Identifier,DID)和可验证凭证(Verifiable Credentials,VCs)技术也在快速发展,进一步增强了用户对个人数据的控制权和信任度。

10.3.3　引入权益证明促进价值流转

数字产品因具有易复制与易传播的特性,过去一直难以实现有效的市场流通。随着社会数字化进程的加速，解决数字资产的自证稀缺性成为数字社会有效运转的重要前提。区块链技术中的以太坊 ERC-721 通证标准能够构建 NFT，可作为具备社会属性的数字权益证明，用于表示数字资产的所有权、某个组织的决策权等。NFT 为数字资源的价值转化与增值提供了技术路径，为数字资源的流通、溯源和维权等环节提供了可能。任何组织或个人均可基于自己的资源和服务能力发行权益证明，方便地将服务承诺书面化、通证化和市场化，再借助区块链以一种依靠市场原则运作的有效方式协调资源，大大降低了信任与监管成本。

目前，NFT 在游戏、艺术品、域名、虚拟资产以及现实资产等多个领域得到了广泛应用。区块链技术将数字艺术品与非同质化通证结合，使创作者能够管理和出售自己作品的所有权，并从中获得收益。著名数字艺术家 Beeple 在佳士得拍卖行以 NFT 形式拍卖的数字艺术作品 *Everydays：The First 5000 Days* 以 6934 万美元成交，被视为"数字艺术史上的一个里程碑"。此外，NFT 技术也在不断创新和扩展，其在音乐版权、虚拟房地产、体育纪念品等新兴领域的应用迅速增长，进一步推动数字经济的发展和价值流转的多样化。

10.3.4　创建高效的组织协作模型

过去，人们建立了诸如银行、政府、公司、互联网交易平台等正式机构，以降低交易的不确定性和复杂性。这些机构扮演了中间人角色，通过提供信任促进经济活动有序开展。然而，随着数字时代的到来，传统的组织协作模式面临新的挑战，区块链技术可提供创新的解决方案，如图 10-1 所示。

图 10-1　区块链技术从三方面改善协作关系

1. 基于算法的信任基础

作为数字社会的关键技术之一，区块链通过共识机制和智能合约等技术特点，为多方机构的合作提供了基于算法的信任基础。区块链可以支撑分布式自治组织，搭建具有市场性质的治理体系结构与利益分配模式。依靠智能合约，区块链可以实现灵活可信的价值交换平台，推动建立以算法为中心的治理体系，从而形成"算法秩序"，确保价值的可信交换，形成更加高效可信的交易与经济发展体系。

2. 提供新的协作模式

区块链通过对信息流的存证、对账、定序与鉴权,降低了合作中的不确定性与交易成本,提供有效协调各类数字化生产要素的方法,达到价值流、信息流与管理流的高度统一,提升市场化程度,促使协作效率持续提升。区块链网络通过在陌生的个体间创建共享事实,使任何节点不必与其他节点建立信任关系,而是依靠自己的能力监控和确认链上信息;基于区块链的智能合约可以自动执行,无须额外机构监督交易过程,实现更快的组织协作和更开放的价值交换。

3. 权益流通将引发商业结构的变化

区块链技术带来的权益证明和权益流通使组织管理逻辑发生了很大改变,可引发商业协作形式与结构的变化。原有的公司制企业中,股东投资公司持有股票,依靠企业自身的经营实现业绩增长,从而提高公司市值,为股东带来回报。而在区块链组织中,可打破现有的公司制组织结构,依赖自愿加入组织的个体,组成松散的社群模式,任何持有该组织通证的个人都将构成该社群的"币东"。社群可通过不断扩大组织群体与被社会认可的影响力提高自身价值,从而使通证的价值随之增长。

4. 构建分布式自治组织

传统的公司制通常包括投资者、管理者、生产者与销售者等身份,而 DAO 只需最初的组织者定义组织的管理和运行规则,由智能合约负责执行规则。之后,由网络建设者、内容创造者、投资者和用户等利益相关者构建的分布式自治社群组织,均可在共享规则下分权自治、共享利益,减少组织摩擦,实现没有数量限制、没有地域限制的大规模协作模式,构建实时互联、数据共享、联动协同的智能化机制,提升数字时代的智能化水平。

此外,近年来 DAO 的应用场景进一步扩展,包括分布式金融、分布式自治社区(DAC)等,推动了更广泛的创新和协作模式。这些新兴应用不仅改变了传统的商业模式,还促进了全球范围内的资源共享和协同创新,进一步提升了组织协作的效率和灵活性。

10.3.5　有望成为价值互联网结构中的"细腰"

信用是金融、经济和社会发展的基础。随着计算机、智能设备等互联网节点利用"数据＋算法"模式对事物的理解逐步赶超人类,互联网空间变得愈加自由、智能和开放。区块链技术通过将这些节点连接起来,赋予其透明且足够的权力,实现人、机、物间的安全、高效、分布式和自动化的大规模协作。新型的协作模式有望逐步替代传统的竞争模式,使人类的合作走向全球化。通过共识机制,节点能够验证并创造信用体系,打通价值创造端与价值流动端之间的壁垒,产生新的商业模式和新业态,推动经济社会的增量发展。

数字时代的数字原生资产和数字化后的物理资产都存在于互联网上,形成可控、可确权的数字资产,无须通过中介机构便可像信息一样在互联网上自由流通。数据所有权将回归到数据主体,产生的价值由主体分配。价值可通过智能合约实现确定性流动,保证价值可信交换,推进可编程经济和可编程社会的实施。

特别是,区块链被称为信任的机器,其由一系列不断创新的协议栈构成,并演化出可信的自主身份、分布式金融、引入权益证明 NFT（ERC-721、ERC-998 等）和激励机制 FT（ERC-20）以及创建高效的自组织协作模型等协议，同时从信息流、价值流和管理流进行融合创新，进而促进互联网体系结构的创新。区块链有望成为新一代互联网体系中的"细腰"，将信息互联网进阶为新的体系结构——价值互联网（Web3）。在新的体系结构和多种信息技术的共同作用支撑下，区块链将赋能数字时代的新生态——元宇宙。

10.3.6　技术演化环境仍需重视

区块链作为比特币的核心技术支撑，起源于密码朋克运动，并在全球开源社区的加密货币爱好者中不断得到深化与拓展。与传统的科研院所或大型企业驱动的技术发展路径不同，区块链技术的演进更多受到开源社区参与者的共同影响与推动。

目前，区块链的开源项目主要可以分为两大类：一类是以比特币、以太坊等为代表起源于技术社区的项目。这类项目大多为公有链，其生态社区由全球各地的开发者、矿工、通证持有者及交易平台等自愿组成。另一类是由传统企业主导的开源项目，如 Linux 基金会旗下的超级账本项目。这类项目以联盟链为主，专注为企业级应用提供区块链解决方案。

区块链作为一种基础平台和复杂系统，其成长和发展需要一定的时间和适宜的环境。以 TCP/IP 为例，该协议从提出到成为工业标准，经历了 20 余年的时间，在诸多技术优胜劣汰的生态环境中成长演化而来。因此，对于区块链技术的成熟，需要给予足够的耐心。同时，还要创造促进其技术生长成熟的土壤。当前，全球大多数的开源社区仍由西方主导，我国在区块链核心技术及其生态环境方面存在明显的短板。随着国内区块链应用数量的持续增长和企业技术实力的提升，所面临的问题也日益凸显：国内的区块链平台开发大多依赖以太坊、Hyperledger Fabric 等国外开源平台，而国内的开源项目也大量托管在国外平台上，在国际环境日趋复杂的背景下，无疑增加了技术封锁的风险。

因此，区块链技术的自主创新已成为当务之急。需要尽快实现区块链底层技术的完全自主可控，加大对智能合约、共识机制、跨链技术和链上隐私保护等关键技术的研发投入，以推动整个技术生态的繁荣与发展。同时，尊重技术发展"成长性构造、适应性演化"的客观规律，为区块链技术的健康成长提供有力的支持与保障。

10.4　分布式身份标识

身份作为社会活动不可或缺的要素，构成了社会关系的基石，同时也支撑着整个经济社会的稳健运行。然而，在现今的信息互联网时代，用户并未拥有统一的标识符以及与之对应的数字身份，而是由应用平台负责注册并对用户身份数据进行管理，成为用户权益保障的一大隐患。

随着区块链技术的迅猛进步，各类创作者经济蓬勃发展，数字空间的隐私保护和信用评估变得尤为重要，客观上需要构建与价值互联网相适应的自主身份体系。

身份的确立，为数字世界中的参与者构建了积累信用的通道，同时也为维护正常秩序提供了有力支撑。只有在自主主权身份的保障下，人们才能真正掌控自己的数据、资产以及各项权益，激发用户生产和提供有效数据的意愿，从而依托丰富的数据资源构建链上数据分析和应用。丰富的数据也将成为 Web3 和元宇宙应用的价值基础。

10.4.1　身份的概念和分布式身份的特征

1. 身份的概念与演进

身份,按照国际标准化组织的定义,是指"与某一实体相关联的属性集合"。在现实社会中,身份服务主要由政府提供,包括出生证明、社会关系、学历认证、金融信用记录和工作履历等属性或凭证。这些元素共同构建了一个可识别且具备特定信用的个体身份。无论是在生活、工作、社交互动还是经济运转中,都离不开稳定且可信赖的身份体系。

在数字世界,身份的概念得到了延伸。数字身份由实体的唯一标识符及其对应的属性数据(即凭证)组成,实体可以是个人、机器、设备或组织等,通过各自的数字身份进行区分与识别。国家标准《信息安全技术术语》(GB/T 25069—2022)对"凭证"进行了明确定义,即"为确认实体所声称身份而提供的数据"。

随着技术的发展,身份管理模式也在不断演变。目前,已经出现了中心化、联盟式以及以用户为中心等多种身份模式。其中,DID,或称自我主权身份(Self-Sovereign Identity, SSI),标志着人类历史上首次实现了"实体能够自我证明"的技术突破。

DID/SSI 技术的出现,使个人、组织及物体等实体能够拥有并管理自己的主权身份,可有效解决数字身份在安全性、交互性和隐私保护等方面的问题,使数据真正回归到个体的掌控中,为数字世界的身份管理带来新的可能性与机遇。

2. 分布式身份主要特征

(1) 自主可控性:用户完全掌控 DID 的注册、使用、更新、删除及注销等各个环节,保证身份数据的自主管理权。

(2) 便捷可用性:链上数字身份的创建与使用简单易行,用户可自主生成账户地址,即刻拥有数字身份,无须烦琐的注册流程和费用支付。此外,借助类似 IP 地址域名解析的 ENS 和 UD 等协议,地址的可读性和用户友好性得到显著提升。

(3) 跨平台便携性:分布式身份不受特定平台或应用的限制,用户可以根据个人需求自由迁移身份,并在多个平台上享受多样化的服务,从而实现了身份的真正便携。

(4) 高度安全性:用户的权益可得到充分保障,有效防止身份被盗用或滥用。在身份验证过程中,仅需提供最低限度的必要数据,并且所有数据的使用都必须获得用户的明确授权,从而保证数据的安全与隐私。

(5) 灵活授权性:用户拥有对数据使用的完全决定权,可以自主决定何人、何时以及在何种范围内使用自己的数据,使数据的使用更加符合用户的实际需求和期望。

10.4.2　区块链"地址＋私钥"身份标识

区块链有望成为构建隐私保护的数据管理和数字身份的技术基础。首先,区块链能够在不依赖第三方权威机构的情况下,实现技术中立的数字身份机制,避免系统管理者泄露信息或中心化数据库遭受黑客攻击的风险。其次,其完整性和不可篡改性确保数据不被删除、伪造或抵赖。此外,基于哈希等算法的数据脱敏技术可以保护数据的私密性,为个人数据的安全提供有效解决方案。最后,用户只需持有自己的私钥即可完成点对点的信息传递,无须花费大量精力维护不同的用户名与密码。区块链独有的特点可形成原生的身份标识,钱包地址、域名解析和灵魂绑定通证等工具,是自主身份发展的重要方向。

1. 钱包地址-区块链的原生分布式身份

在区块链系统中,用户可以自行生成私钥,私钥生成公钥,公钥进一步生成账户地址,地址用于标识用户身份。钱包则是私钥、公钥和地址的集合。用户通过私钥掌控身份标识符,从而控制数字身份、数据和资产。私钥签名可用于证明身份并进行访问授权,其他人可以通过公钥验证用户身份。

区块链特有的分布式公钥基础设施(Decentralized Public Key Infrastructure,DPKI)是公钥基础设施(Public Key Infrastructure,PKI)的进化版。与传统的中心化 PKI 不同,DPKI 无须依赖中心化机构颁发 CA 证书,使身份定义和验证变得更加便捷、经济和自主。钱包将用户的地址汇聚起来,作为 Web3 应用的身份入口,对于应用和用户都无成本。基于私钥签名的"以太坊登录"已被越来越多的应用所采用,用户仅需做一次签名认证,不需要Gas 费,登录方式与传统账户密码登录方式类似,不影响用户的体验感。且在体验新的应用服务时,无须重复注册账户,有助于 Web3 生态的发展。

2. 基于区块链地址的域名解析

区块链地址为"0x"(十六进制数)开头的一长串字符,难以记忆和理解,地址成为账户和身份后,如何提供类似 DNS 可读性的域名服务便成为刚需。ENS(Ethereum Name Service)是以太坊基金会支持下的具有分布式、开放性和可扩展的域名解析服务系统,通过智能合约将钱包地址和哈希值等复杂标识符转换为便于人类阅读、理解和记忆的名称,增强了地址的可读性。例如,在 Web2 中,可通过 DNS 将 baidu.com 解析为 IP 地址 202.108.22.5。同样,在 Web3 中,通过 ENS 可将 vitalik.eth 解析为以太坊地址 0xd8dA...6045,ENS 已经开始被越来越多的用户和应用接受,且涌现出 Unstoppable Domain(UD)、Handshake(HNS)等链上域名系统。

区块链上的域名系统基于 NFT,在网络上具有唯一且易记的名字。其将身份和账户连为一体,用户所有的交易信息均记录在链上。既可以管理链上的通证、数据等资产以及社交、游戏、购物等应用,也可以在数据互通的同时,通过选择性披露信息,保护用户隐私。

近年来,分布式身份技术在金融服务、电子政务、医疗健康等方面的应用逐渐增多,进一步推动了区块链技术在数字身份管理中的应用,为全球范围内的身份认证和管理提供了新的解决方案。

10.4.3 灵魂绑定通证——分布式的原生凭证

1. 灵魂绑定通证的概念

2022 年 5 月,以太坊创始人 Vitalik Buterin 在合著的论文《去中心化社会,寻找 Web3的灵魂》中首次提出了灵魂绑定通证(Soul Bound Token,SBT)的概念,阐述了 SBT 在Web3 中推动社会性创新的潜力。所谓灵魂绑定通证是指一种公开可见且不可转让的NFT,绑定于特定账户地址,这些账户地址被比喻为具有某些特质的"灵魂",而与之绑定的通证即为灵魂绑定通证。当用户将 SBT 绑定到某个账户地址时,该地址便被赋予了独特的"灵魂"特质,即拥有了某种凭证。SBT 具备可编程、可验证和可撤销的特性,但不可转让,一个"灵魂"(账户)可以持有多个 SBT。

2. 灵魂绑定通证构建原生数字凭证

灵魂账户代表身份标识,灵魂绑定通证作为链上原生的不可转移的 NFT,不具有金融化属性,也不必与现实身份产生关联,可用于代表实体的某种经历、能力、权利等属性,具有链上唯一性和不可篡改性,是天然的链上凭证体。任何个人、组织都可以发行或获取 SBT,使主动权和控制权回到用户手中,且发行成本低,通过公钥和智能合约,任何参与者都可以验证凭证的真伪。用户可以针对不同的属性生成不同的 SBT,如培训证明、公益证明、出席证明、项目证明以及社区贡献等。当账户地址持有大量凭证时,便可在虚拟数字世界中形成有效连接,为 Web3 增加丰富的社会性维度。通过对大量 SBT 分析,可量化包括信任、能力、偏好和社会关系在内的数字身份,从而为信用贷款、DAO 的设立、项目的精确空投、赏金任务、产权多元化、社区治理等活动提供基础保障。

从安全和隐私角度而言,因使用账户地址作为身份标识容易受到"女巫攻击",而 SBT 有助于辨识没有 SBT 凭证的女巫机器,防范"女巫攻击"。此外,由于人人都可以获取链上的信息,为保护隐私,可将 SBT 对应的凭证数据存储在链下,链上只保留凭证的哈希值,需要时,可由用户决定提供凭证的时机和范围。

灵魂绑定通证以区块链为基础,基于账户地址和智能合约设计用户身份,以 NFT 标记凭证。随着 SBT 的逐步应用,将促进相关标准和协议的形成,链上身份的应用价值将得到持续提升。

3. 与现实世界的连通

实际应用中,常需要将数字身份与现实世界连接,以扩大分布式应用的空间。由此,可将现实世界的学历证书、驾驶执照、工作履历和房产证等证书作为凭证进行绑定,具体实现则通过可信任的中心化组织将现实社会的凭证数字化为可验证的 NFT,形成数字证书,证明用户的属性、权利或能力,从而丰富数字身份的内容、价值和应用范围。

10.4.4 主要应用场景

目前,分布式身份的应用主要集中在身份认证与管理以及身份应用两个方向,具体表现为链下身份认证、链上身份聚合、链上信用评分和链上行为认证等。例如,在身份认证与管理方面,BrightID 作为一个分布式的匿名社交身份网络,通过生物识别技术确认用户身份的唯一性,用户需在线与管理人员进行视频会议以认证身份。而 Unipass 则是多链统一的身份聚合工具,允许用户聚合多个社交账号,展示 NFT 并可对其进行评分。

在身份应用方面,Lens Protocol 是可组合的分布式社交图谱,具有资料编辑、评论、转发帖等社交媒体功能。Project Galaxy 是 Web3 信用凭证系统,用户连接钱包后即可生成一张"银河身份证",记录用户数字身份的活动、声誉和成就。

此外,物联网使用 DID 技术可为每个相连的设备分配全局唯一标识符,将出厂信息、物权信息等内容作为设备凭证,赋予设备可验证的自主身份。利用区块链技术验证设备身份和仪表数据，确保设备和数据的真实性，有效防范外来入侵，同时支持数据交互、确权、计价和交易。

DID 作为价值互联网入口的前端设施，是构建分布式用户体验的基础，用户将通过 DID 广泛参与到 DAO、SocialFi、GameFi、DeFi 等分布式应用中。

◆ 10.5　自带激励的分布式组织

DAO 是伴随着区块链技术，特别是智能合约的发展而诞生。2013 年，丹尼尔·拉里默（Daniel Larimer）首次提出了类似 DAO 的概念——分布式自组织企业（DAC）。2015 年，DAO 的概念在以太坊平台上被正式提出，并得到了广泛关注。2016 年，首个 DAO 组织——The DAO 正式面世，标志着这一新兴组织形式的起步。随着区块链技术的不断发展，DAO 逐渐成为一种创新的治理模式，为分布式决策和资源管理提供了新的途径。

10.5.1　基本概念

DAO 是指通过一系列公开公正的规则，可以在无人干预和管理的情况下自主运行的组织机构。利用区块链的共识协议，DAO 中的成员在共享规则的基础上，通过分权自治的方式，完成民主决策并自动执行任务。

DAO 可以看作是以公开透明的计算机代码所体现的组织，其管理和运作规则以智能合约的形式编码在区块链上，利用通证作为激励。在无须第三方干预的情况下，DAO 能够按照预先设定的规则实现自运行、自协作、自治理和自演进，完成组织的目标，并最大化组织的价值。比特币和以太坊是早期的 DAO 实例，任何人无须经过许可即可参与。系统在没有股东、经理层和固定员工的情况下，依靠社区的力量进行自治运转。利用通证和智能合约的规则，全球具有相同理念或共识的人可以方便地创建 DAO 组织，推动分布式协作与创新。

10.5.2　DAO 的发展历程

DAO 的发展历程经历了多个阶段：从最初的概念萌芽，到 The DAO 事件陨落带来的混沌与反思期，再到 Aragon、Maker DAO 等框架的出现所推动的重构期，如今已进入各类应用不断涌现的探索阶段。如图 10-2 所示，这一演变过程揭示了 DAO 在不断成熟与进步。

最早期实施的分布式自治组织名为 The DAO，也成为 DAO 这个通用名称的由来，是区块链历史上的一次重要尝试。The DAO 起源于区块链公司 Slock.it 的众筹项目，该项目首次提出了分布式分享经济的理念，并迅速引发了外界的广泛关注和支持。在短短 28 天的众筹期内，该项目便筹集了超过 1.5 亿美元的资金，参与人数更是突破 11 000 人，成为当时以太坊上规模最大、最成功的众筹案例。然而，The DAO 在上线后不久便遭遇了黑客攻击。由于存在"重入"漏洞，黑客成功盗取了项目约 1/3 的资金。虽然最终通过以太坊的一次硬分叉挽回了损失，但这一事件无疑为 DAO 的发展蒙上了一层阴影，The DAO 的陨落使区块链技术的成熟度受到了质疑，也使 DAO 的概念一度沉寂。但分布式自治组织的理念仍然展现出其独特的先进性和潜力。

Aragon 和 Maker DAO 等项目的出现，为 DAO 平台的开发提供了全新的框架和思路。这些项目不仅在小范围内尝试了 DAO 的应用，还为协议治理、投融资等场景提供了创新的

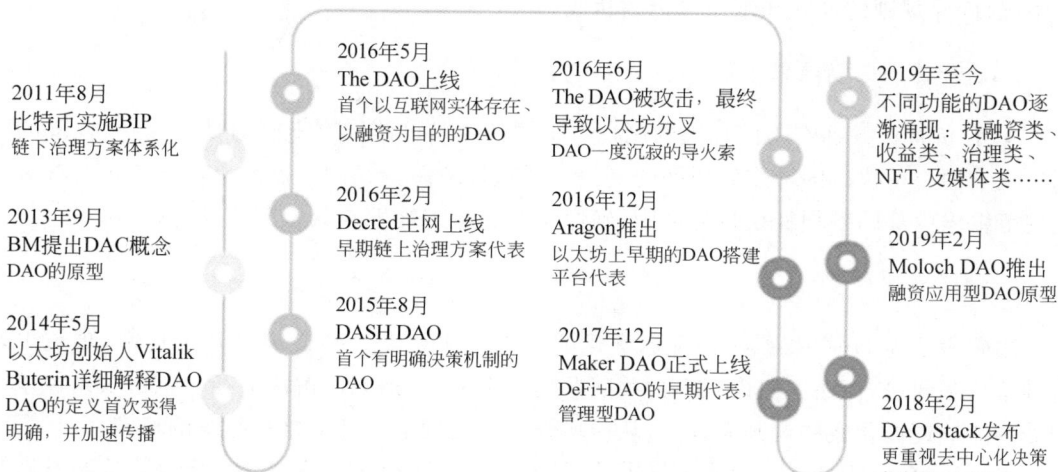

图 10-2　DAO 的发展历史

协作模式，DAO 概念再次回到大众视野中。以 Aragon 为例，该项目是基于以太坊构建的
DAO 典型平台之一。允许用户在基础功能的基础上，通过编写智能合约自定义更复杂的协
作功能，如图 10-3 所示。

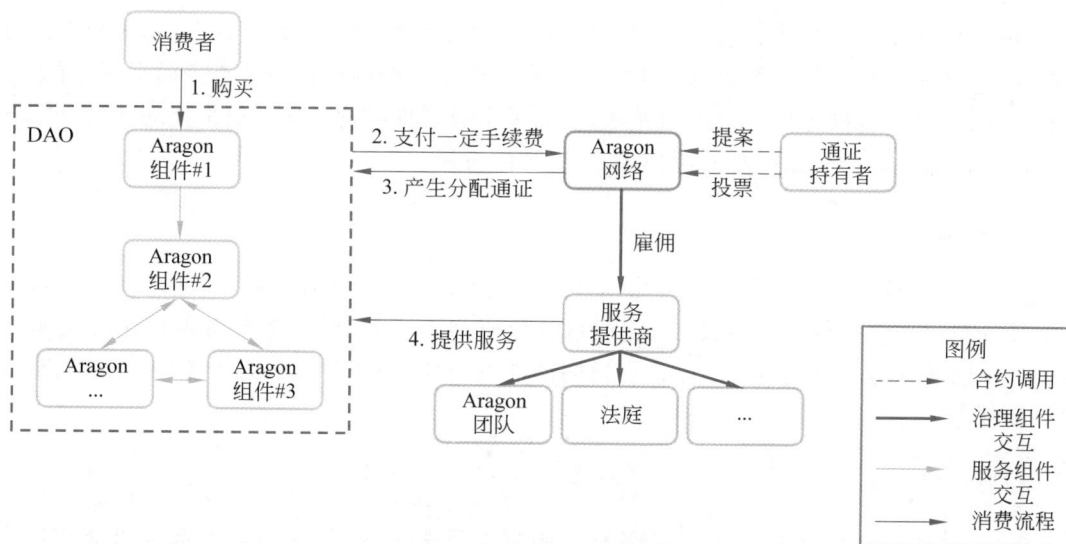

图 10-3　Aragon DAO 流程图

Aragon 平台为 DAO 的创建和运营提供了全面的基础框架，主要包括三个核心组件：
治理提案（Aragon Governance Proposal，AGP）、用户访问控制清单（Access Control List，
ACL）以及法庭协议（Court Protocol）。这些组件全部通过智能合约实现，保证了系统的透
明性、安全性和不可篡改性。

1. 治理提案

AGP 详细描述了组织内共享资源的管理与分配规则，为组织成员提供自动化和结构化
的决策流程，使资源的分配和使用更加高效和公正。且所有成员都可以共同监督提案的执

行情况，确保规则的遵守和组织目标的达成。

2. 用户访问控制清单

ACL 负责记录拥有不同权限的用户。不同的成员可能拥有不同的权限级别，权限的不同决定了用户可执行的操作和访问的资源。通过设置多个访问控制清单，Aragon 能够灵活地规范组织内部的各种复杂行为准则，确保每个成员都能够在其权限范围内行事。

3. 法庭协议

法庭协议为 DAO 提供了一种标准化的争端解决机制。在组织运营过程中，难免出现各种争议和纠纷，而法庭协议则为这些问题提供了公正、透明的解决途径。该协议确保争端的处理能够遵循预定的规则和程序，从而增强成员之间的信任并维护组织的稳定。

Aragon 平台所具有的功能不仅提升了 DAO 的治理效率和安全性，还为其长期发展打下了坚实的基础。

10.5.3 主要特征

1. 弱中心化

DAO 倡导成员间共建、共创、共治和共享的全新合作模式。在该模式下，职级和权力意识被淡化，区块链技术保证了组织运作的分布式特性。组织内的各个节点遵循平等、自愿与互利的交往原则，打破了传统组织的界限，消除了层级管理结构。这种扁平化的利益分配方式使每个人都有机会成为创业者，共同推动组织的发展。

2. 规则透明

DAO 的运行规则具有高度透明性，规则由智能合约进行事前约束，并通过区块链技术保障其分布式自主运行。大多数 DAO 项目的代码都为开源，任何参与者均可全面了解组织的运作细节。出现争端时，DAO 依靠透明的法庭协议组建陪审团，为争端提供公正、有效的仲裁服务。

3. 开放性

DAO 对参与者持开放态度，不设置任何限制性门槛。尽管 DAO 的发起人可能在项目或系统中具有一定的影响力，但他们并不拥有项目本身。这种设置使任何人都可以根据对项目目标的认同程度自由选择加入或退出。当目标不一致的成员离开 DAO 时，将有助于在社区中保留更容易达成共识的成员，从而维护组织的稳定性和凝聚力。

4. 自治性

在 DAO 中，组织的运行不再依赖传统的实体公司结构，而是由高度自治的开源社区通过提案和投票进行决策。该机制允许任何享有权益的成员提出治理提案，充分体现了民主原则。更重要的是，提案、投票和交易等行为都在链上自动执行，保证了决策的透明性和公正性。无论是新规则的设立还是现有规则的修改，都需要经过集体共识决定，进一步增强了

DAO 的自治性和稳健性。

5. 自激励

NFT 和 FT 在 DAO 的治理过程中扮演着重要的激励角色,通过将人、组织、知识和数据等关键元素进行数字化、通证化和资产化转化,以促进元素间的深度融合。产生的价值在所有参与者间以公平、透明的方式进行分配,有效地激发了组织的整体效能。在 DAO 的早期阶段,主要依靠 FT 进行激励;随着组织的发展,NFT 被用于记录参与者的行为并衡量其贡献度,系统根据贡献度大小发放相应的 FT 作为经济激励,进一步提升了成员的积极性。

6. 目标一致

DAO 的成员构成了目标一致的利益共同体。他们通过组织共识实现利益分配的规则化,保证每个人的权益得到保障。在 DAO 中,系统的建设者和运营的参与者都持有 DAO 的 FT,除了使用权,还可通过 DAO 的良好运行使 FT 升值,在二级市场上交易获得经济价值。受利益共赢目标驱动,成员为社区贡献的主动性和积极性均大幅提升,体现了一种新型的生产关系模式。

10.5.4　DAO 的设立和治理模式

1. 设立的主要阶段

通常,首先由发起者和核心团队发布 DAO 的名称、愿景、路线图和募资机制;其次建立必要的基础设施、社区和账户,以吸引更多参与者加入;再次构建提案和投票工具,并建立贡献激励制度;最后根据既定规则开始自动、自治地运行。

2. 主要运作方式

目前,DAO 仍需依赖现有的法律框架开展业务活动,大多数采用"非盈利性基金会＋受委托公司＋呈现形式"的方式运作。通常由基金会发行 FT 进行资金的募集、分配及管理监督;委托相关公司进行技术开发、市场推广、基金投资和法律服务。DAO 以开源社区的模式在现实社会中呈现,开源社区是构建区块链生态系统的重要组成部分,其利用通证激励社区贡献者,以汇聚全球智慧,实现群智创新。

3. 链上链下分工协作

DAO 主要采用"基础团队＋社区自治"的链上、链下协同治理模式。链下治理是 DAO 为了设定组织目标、制定共识规则以及在运行过程中优化和更新规则所采取的一系列协同治理方式。链上治理则是将形成的组织运行规则嵌入智能合约中自动运行,部分或全部替代人类开展业务活动,并在运行过程中根据决策机制持续更新 DAO 的运行规则,使其在竞争博弈中更好地协调合作,保证利益相关者的权益。

4. 有望改变现有互联网协作模式

现有平台经济遵循梅特卡夫定律,平台需要在足够的流量支持下才可实现盈利,为了吸引客户流量,催生出许多互联网企业的不法行为。在由区块链驱动的分布式协作组织模式下,有望改变中介平台吸取大部分流量及获利的模式,通过统一价值流、信息流与管理流,实现"谁创造价值,谁获取利益"的协作模式,改善现有平台模式下个体商家、创作者和消费者的弱势环境。同时,DAO组织的扁平化、协作性和虚拟性等特征也越来越受到关注,由网络建设者、应用建设者、内容创造者、用户和投资者等利益相关者构成的分布式自治组织将成为 Web3 的重要组成部分。DAO 组织依靠 NFT 凭证和 FT 进行激励,使参与者各显其能、各得其所、自愿贡献,是促进 Web3 数字经济发展的重要因素,也将进一步推动个人依托互联网创业。

5. 与现有公司制的区别

DAO 组织的协作模型能够实现信息公开透明、无障碍对等协作,并降低不确定性,改变对收入和利润等传统观念的理解。传统公司制需要消耗大量人力成本维持日常运营,且在合作环节中因摩擦和消耗等因素降低生产效率。而 DAO 无须个人或组织掌控项目,只需软件开发人员根据治理规则开发软件,维护和优化项目的正常运行,简化所有可简化的流程,让算法管理业务,从而减少摩擦和消耗。值得注意的是,DAO 通常遵循区块链社区的传统规则,将软件和规则开源,供任何人免费研究和使用,无法像传统公司利用软件的知识产权实现盈利。因此,在典型的 DAO 组织结构中,项目通过发行 FT 维系其良性发展,消费者通过购入 FT 获得权益,通过支付 FT 获得服务,并通过增加需求和燃烧 FT 提升其价值。如此,项目参与者都有动力推动项目的开发与推广,促进项目的不断升级完善。

在全球化浪潮和竞争日益激烈的经济环境中,未来的协作趋势将呈现出开放、共享和全球运作特点的大规模对等协作模式,基于区块链构建的新一代协作组织模式——DAO 已经应运而生。然而,DAO 仍处于起步和探索阶段,与具有 400 年历史的公司制相比,DAO 面临技术复杂、线上线下协调、治理不完善、安全性频发和监督缺失等问题。同时,区块链技术体系倾向构建"谁创造市场,谁享受利益"的分配方式,可能导致以经济利益为唯一目标,而忽视社会利益和国家利益。尽管 DAO 具有良好的初衷,但距离大规模应用仍有很长的路要走,DAO 需要在技术成熟度、治理结构、法律框架和社会责任等方面不断完善,以实现其潜在价值。

◇ 10.6　互联网发展进入 Web3 价值互联网新阶段

随着互联网的不断发展,各种应用已经深刻影响了人类工作和生活的方方面面,创造了大量数字世界的原生资产。同时,现实世界中的资产也越来越多地被存储在区块链上,实现了链上与链下价值的深度融合。在此背景下,互联网正进入 Web3 价值互联网的新阶段。

自主身份、隐私保护、数字资产、信任和价值交换是人类社会互动中最宝贵的资源。然而,在信息互联网时代,用户缺乏可控的身份,隐私得不到充分保护,数字资产难以确权,价值交换主要依赖第三方信用机构。区块链技术可以有效解决这些问题,通过在数字空间中形成共识、生成信用,确保数字物权归用户所有和控制,并以确定的规则和自治的方式进行价值决策与管理。互联网由此开始从 Web2 的信息互联网向 Web3 的价值互联网演进,促进更加公平和透明的价值分配,推动物理世界与虚拟世界的融合创新发展,从技术、组织、经济和思维方式等多个维度为数字社会赋能。

10.6.1　Web3 简述

1. Web3 的起源

在区块链技术出现之前,万维网之父蒂姆·伯纳斯-李提出了 Web 3.0 的概念,并称其为"语义网",但这一概念与当前所指的 Web3 有所不同。随着比特币的问世和区块链技术的迅速发展,特别是以太坊引入智能合约后,分布式身份、分布式金融、分布式游戏(GameFi)、分布式社交(SocialFi)、分布式自治组织以及非同质化通证等新兴概念和新业态逐渐涌现,为价值互联网(即新一代 Web3)的到来奠定了基础。

2. Web3 的概念

Web3 的内涵和外延仍在不断丰富中,可以简单归纳为:Web3 是基于区块链技术,结合新一代信息技术,构建分布式、无须信任的在线共享生态系统。用户在这一生态中拥有数字身份、数字资产和数据资源的所有权和控制权,在保障安全性和隐私的前提下,实现用户与平台建设者的对等协作与治理,推动价值的跨平台交易与交换,促进互联网向平等、共享和开放的价值互联网转变。

3. Web3 的主要特点

Web3 具有"可读＋可写＋信任＋拥有"的特点,具体表现如下。

(1)可拥有:用户"拥有"的核心在于"分布式去中心化",从以平台为中心转向以用户为中心。用户可以通过自主身份掌控互联网权益,跨平台地拥有并"可编程"地转移数据资源和数字资产的所有权,实现全球范围内的自动价值交换。

(2)去信任:通过机器生成、存储、传递和评估信任,减少对第三方中介的依赖。

(3)免许可:平台代码开源,网络进出自由,身份自主可控,协议开放透明。

(4)互操作性:不同平台间可以广泛自由连接,实现信息的实时共享和交流,并提供个性化的交互方式。

(5)隐私性:用户对平台产生的数据拥有控制权和决策权,可以通过私钥授权数据资源的用途和范围,保护用户隐私。密码学技术进一步保障了数据的完整性和可靠性。

(6)智能化:与人工智能、大数据和云计算等技术结合,通过规则和代码逻辑执行合约,实现对用户信息的自动分析和处理以及更便捷和直观的表达。

4. Web3 的作用和意义

Web3 有望打破传统互联网生态的界限,解决 Web2 时代的数据垄断、隐私泄露和算法滥用等问题。通过区块链技术,从个人层面解决身份、隐私和权益问题;从组织层面解决共识决策、自治和归属感问题;从资产层面解决所有权、控制权和收益权等问题;从金融层面解决货币、资产和交易效率等问题;从经济层面解决生产、分配和激励问题;从社会层面解决信任、透明和协作问题。通过共识和通证将网络建设者、使用者、内容创造者等参与者团结起来,共同享有网络的使用权、治理权和收益权,推动互联网向价值互联网的进阶演变。从而引发商业模式、业务模式、组织模式、经济模式和治理模式自下而上地创新,助力全新的数字时代。

10.6.2 Web3 的分布式创新应用

除了前文提及的分布式身份和分布式组织，Web3 的创新应用还体现在以下领域。

1. 去中介的自经济市场

区块链把经济系统嵌入互联网中，实现了经济系统与互联网的深度融合。基于区块链的 Web3 应用可自带经济属性，数字资产是 Web3 的核心要素。区块链技术赋予数字资产新的含义，数字资产是资产的数字化表达，包括可挖掘的大数据、智能合约中的权益、加密数字货币、稳定币、非同质化通证以及标记为链上表示的现实世界资产（RWA）。这些数字资产通过底层技术的创新，重塑了价值分配机制，有效解决了数字经济发展中面临的安全、信任和确权等问题，从而重构数字经济的生产、流通、消费和分配模式。

在 Web3 的生态中，建设者、经营者和使用者依据各自的贡献度获得通证奖励，不仅激励了参与者的积极性，还赋予他们在社区治理和产品开发中的话语权，使用户不仅是平台的消费者，更是平台和服务的一部分，真正实现了共享经济的理念。标志着商业模式从 Web2 的注意力经济向 Web3 的创造者经济的转变。在创造者经济中，内容创作者和用户的价值被重新定义，创作者可直接从创作中获益，而用户的参与和贡献也将得到相应的认可和奖励。这种模式促进了更加公平和透明的经济关系，使每个参与者都能在数字生态系统中找到自己的位置，并为整个社区的发展做出贡献。

诚然，去中介化的自经济市场的健康持续发展同样需要监管。在 Web3 时代，监管的主要形式将来自写入规则中的自监督机制和科技监管。自监督机制通过区块链的透明性和不可篡改性，确保参与者在系统内遵循既定规则，减少不当行为的发生。科技监管则是未来发展的重要趋势，利用先进的技术手段实现合规性监测和风险管理。智能平台可以提供合规的调查和数据评测工具，实时分析链上数据，监测交易模式，识别可疑活动，为监管机构提供重要支持。通过结合自监督和科技监管，Web3 不仅能够维护市场的健康和安全，还能在保护用户隐私的同时，确保数字经济的可持续发展。

2. 分布式金融

分布式金融是指建立在区块链之上提供金融服务的开放协议。通过自动执行的智能合约代码，替代传统金融机构的部分功能，为全球用户提供分布式的交易、借贷、保险和衍生品等金融服务。DeFi 的核心特点包括自由进入、全球服务覆盖、交易透明性、低成本、开源可审查性以及资金的可审计和不可篡改性。这些特性使得 DeFi 可全天候高效运行，为 Web3 世界注入了强大的流动性。此外，DeFi 的开放、开源和模块化设计允许开发人员灵活组合各种组件，大大降低了金融领域的进入门槛，并加速金融创新的速度和效率。

目前，DeFi 仍处于起步阶段，面临着诸多风险和挑战。例如，2022 年 5 月 UST 和 Luna 的崩盘引发了加密市场的剧烈震荡。DeFi 同样需要建立精细的监管制度，提供良好的用户体验，并减少因代码开源而导致的黑客攻击等问题。

3. 分布式存储赋能数据主权

当今时代，数据已成为关键资源，为实现用户对数据的真正掌控，首先需要将数据与应用进行解耦,使数据可以独立于特定应用进行存储和管理,实现用户对数据的真正控制。解耦后的数据存储在分布式的存储节点上,这些节点不受任何单一平台的控制。任何拥有良好存储、计算和网络资源的参与者都可以加入网络,成为存储节点,提供数据存储服务,并通过通证获得收益。用户的数据文件被分解为多个数据块,被分散存储在整个网络中,并以冗余的方式保存在多个节点上,保证数据的安全性和可用性。数据可经过加密处理,存储节点无法识别其上存储的具体内容,有效保障了用户对数据的所有权和管理权。该模式不仅鼓励了更多的参与者加入,还增强了网络的分布式特性。

为了便于数据在不同的分布式应用中使用,各应用程序需提供开放标准的访问接口,以实现数据的互操作性,促进不同应用间的协作与创新。

目前,分布式存储项目发展迅速,其中包括 IPFS、Arweave、Golem 和 W3BCloud 等。这些项目致力于构建更加安全、可靠和高效的存储解决方案。此外,我国的蚂蚁集团于 2020 年 6 月推出的 Oceanbase 分布式数据库,也为分布式存储的发展提供了新的思路和实践。

4. 分布式社交

在 Web3 的背景下,分布式社交应用通过法律框架实现社交价值的共赢。基于区块链和 P2P 网络构建的社交系统,削弱了中心化平台的控制力,最大限度地保障了用户的言论自由。与传统社交平台不同,分布式的架构使用户能够在没有中介干预的情况下自由交流和分享信息。基于算法的通证奖励机制使用户能够通过发帖、评论、互动和建议等多种方式获得公平的回报,并积极参与平台的治理和收益分享。该机制不仅激励用户创造和分享高质量的内容,还可增强用户对平台的归属感和参与感。同时,分布式社交平台通过将虚假和有害信息永久记录在区块链上,可建立透明且不可篡改的信用体系,对不诚信行为施加惩罚,影响个人的信用积累,从而有效净化网络环境,提升用户间的信任度,促进社区健康发展。此外,分布式科学(DeSci)和分布式社会(DeSoc)也在积极探索中,为解决多学科合作和复杂社会问题提供新的路径。

5. 分布式游戏

分布式游戏是基于区块链技术的创新型游戏模式,将趣味娱乐性、稀有性、激励机制和可交易性等元素融入游戏体验中。通过将游戏中的道具和衍生品 NFT 化,GameFi 赋予玩家双重身份,使其不仅是游戏的参与者,也是资产的拥有者。该模式使玩家可以真正拥有游戏内的资产,并通过交易实现收益。例如,2018 年推出的 Axie Infinity 是基于区块链的格斗游戏,玩家可以在游戏中收集、饲养和繁殖名为 Axie 的虚拟宠物,并通过宠物间的格斗和交易获取收益,开创了全新的 P2E 模式。此外,类似的游戏如 StepN 则将运动健康与经济利益相结合,巧妙融合了 GameFi 和 SocialFi 的元素。在 StepN 中,用户可以通过购买项目的跑鞋和道具等 NFT,利用走路或跑步的方式赚取收益,进一步增强了游戏的吸引力,为玩家创造了新的价值和机会。

6. 基于产权保护的 NFT

基于产权保护的 NFT 在近年来的数字经济中发挥着越来越重要的作用,其功能不断增强,承载的内容范围也日益广泛,不仅包括数据、资产,还可以涵盖某种特定的权限,且能够有效将现实世界的资产数字化,同时也可以作为用户行为、能力和贡献度等身份的凭证,极大丰富了数字商品的多样性。

从产权保护的角度而言,NFT 具有独一无二的特性,技术上保证了数字商品的真实性、稀缺性、权属性和可交易性。使 NFT 成为艺术、音乐、照片、文本、创意等数字产品的权益证明。创作者可以通过平台拍卖这些 NFT,获得收益,而链上记录的作品来源、所有权、版税和流转过程则为创作者经济提供了有力保障。

与海外的 NFT 市场相比,我国在发展 NFT 时采取了更为审慎的态度,以防范金融风险,规避 NFT 的金融代币属性。我国更加强调 NFT 在资产数字化方面的作用,通常将其称为"数字藏品"。数字藏品主要依托联盟链进行发行,聚焦文化传承、艺术创作。用户可以通过法定货币购买,但此数字资产禁止二次交易,以确保其价值的稳定性和合法性。

7. 隐私保护释放数据价值

隐私保护技术能够在有效释放数据价值的同时,保护用户的隐私。常用的隐私保护技术包括安全多方计算、联邦学习、可信执行环境、同态加密和零知识证明等,这些技术在确保数据流通、融合和交易的安全性方面展现出巨大的潜力。隐私计算技术允许在不"共享"原始数据的前提下,利用数据的使用价值进行共享,从而有效保护用户隐私,并使数据的所有权和收益权能够归还给数据属主。通过区块链技术进行确权的数据资产,可实现"数据不走路,应用跟着数据走"。智能合约能够自动实现数据分享并收取数据使用费用,进一步促进数据的流动性。隐私保护技术的应用将打破不同主体间的数据壁垒,推动数据在政府、企业和个人间的流动,从而实现数据价值的广泛挖掘和释放。

尽管 Web3 技术的发展潜力巨大,但在实践中仍存在一些争议和挑战。首先,Web3 的基础设施建设亟须完善,包括提升区块链的性能和扩展性,以及降低用户的使用门槛。其次,Web3 的分布式特性可能对传统中心化治理体系造成挑战,如何在分布式与有效治理间找到平衡点,是需要解决的重要问题。此外,随着 Web3 应用的普及,监管问题也愈发突出,制定合理的监管政策、明确监管边界,以保护创新并防范风险,是行业健康发展的关键。最后,过度分布式可能不适合大规模商业应用。在实际操作中,结合中心化与分布式优势的混合模式,或许更适合我国的国情。相信随着社会共识的形成,Web3 在技术、应用、监管和生态等方面的问题将不断得到解决,逐步走向成熟。

◈ 10.7　虚实交融的元宇宙

在区块链、Web3、人工智能、数字孪生等技术的共同推动下,"碳"基社会正迅速向"硅"基社会转变。随着智能化和数字化进程的飞速发展,虚拟世界与现实世界的融合日益加深。同时,人们对精神和文化方面的需求持续增长,使元宇宙正以前所未有的速度向我们走来。

10.7.1　元宇宙概述

1. 元宇宙概念起源

元宇宙最早由美国作家尼尔·史蒂芬森在其 1992 年的科幻小说《雪崩》中提出。书中描绘了一个由软件创造的 3D 虚拟世界,人们通过可穿戴设备以虚拟化身"阿凡达"(Avatar)的形式,在虚拟世界中自由活动,体验前所未有的未来生活。之后,《头号玩家》电影中的"绿洲"场景,进一步激发了人们对元宇宙的无限遐想。2003 年,游戏《第二人生》的发布为人们提供了在虚拟世界中解决现实困境、体验多元生活方式的平台。2020 年,新冠疫情更是加速了人类社会向数字化的迁徙,购物、娱乐、学术会议等活动纷纷转入虚拟世界。

2021 年被誉为元宇宙的元年,标志着这一概念从科幻走向现实。罗布乐思(Roblox)作为元宇宙第一股在纽交所上市,英伟达推出构建元宇宙的模拟和协作平台,而脸书更是更名为"元"(Meta),宣布将专注打造元宇宙社交空间。这些事件不仅彰显了元宇宙的商业价值,也预示着一个全新的虚拟世界的到来。

随着网络与科技的飞速发展,特别是虚拟现实、增强现实、替代现实(Substitutional Reality,SR)和混合现实(Mixed Reality,MR)等技术的广泛应用,元宇宙的应用场景和发展前景日益广阔。

2. 元宇宙概念解析

尽管元宇宙的技术、内容、应用和规则尚未完全成熟,但业界已从多个角度对其进行了定义。清华大学新媒体研究中心提出,元宇宙是整合多种新技术而产生的新型虚实相融的互联网应用和社会形态。其基于扩展现实技术提供沉浸式体验,利用数字孪生技术生成现实世界的镜像,并通过区块链技术构建经济体系。在这个世界里,虚拟与现实在经济、社交、身份等方面实现深度融合,用户可以自由进行内容生产和世界编辑。此外,《元宇宙产业创新发展三年行动计划(2023—2025 年)》也将元宇宙定义为数字与物理世界融通作用的沉浸式互联空间,是新一代信息技术集成创新和应用的未来产业,有望引领下一代互联网发展,并推动制造业的高端化、智能化、绿色化升级。

3. 区块链、Web3 与元宇宙的关系探讨

元宇宙是在以区块链为核心的 Web3 技术体系支撑下构建的虚拟人类数字社会。其利用新一代信息技术实现分布式、沉浸式、跨平台的交互体验,并与现实社会紧密相连。在元宇宙中,数字身份和通证成为驱动人们自由参与、价值连接、有偿内容创造、社交互动、便捷交易和公平消费等活动的关键要素。区块链作为 Web3 的基础,为元宇宙提供了底层逻辑的表达;Web3 为元宇宙提供共性能力支撑;元宇宙是 Web3 上虚拟融合应用的载体。三者紧密相连,共同推动着智能化和数字化的发展,预示着人类社会的进阶。

10.7.2　元宇宙的主要特征

从技术角度而言,元宇宙的主要特征如下。

1. 分布式

元宇宙继承了区块链和 Web3 的特征,分布式是其最显著的特征之一,防止中心化组织可能导致的不透明、不公平甚至恶意行为。自我身份主权是数字空间中自我行为体现和权益保护的前提,同质化通证和非同质化通证保障了数据、资产、创作和投票等自主权益。分布式金融构成了元宇宙的金融体系,而分布式自治组织则提供了一种协议化、自动化、状态可观察的民主化组织结构。

2. 开放与开源

开放和开源使元宇宙的功能和逻辑透明化，增强了系统的公平性和可信性。代码可以免费获取、审查、修改和完善，具有较高的安全性。开发者可以利用已有的公开代码进行组合和迭代，创造出丰富多样的工具和应用。例如，Uniswap 是基于以太坊的分布式交易平台，该系统仅由几百行代码组成，用户无须中介机构即可进行全天候交易。类似地，创建一个私人货币也仅需几十行代码。

3. 沉浸体验感

随着计算能力和网络带宽的提升，元宇宙用户可以通过扩展现实技术在 3D 虚拟世界中获得沉浸式体验。脑机接口技术的双向互动将进一步增强用户体验。随着交互、传感、云边计算、网络和算法技术的发展，元宇宙将逐步融入视觉、听觉、触觉和嗅觉等功能，为用户提供更接近现实的体验。

4. 丰富的虚拟世界

元宇宙是一个超越现实世界的虚拟空间，包含虚拟环境、物品、生产体系、社会体系、经济体系、文明体系和治理体系等要素。用户将在元宇宙中拥有一个或多个身份。数字孪生技术使数字世界与现实世界保持实时同步和交互，体现出更为广泛和准确的现实世界形态。

5. 技术融合性

元宇宙集成了最前沿的电子信息技术，包括区块链、Web3、人工智能、隐私计算、网络带宽、云边计算、扩展现实、数字孪生、游戏引擎、3D 建模渲染和物联网等。随着技术的不断成熟和迭代，元宇宙的规模化应用将得到有力推动，并在与不同行业和领域的融合中产生持续性的创新效应。

6. 虚实交互映射

虚实交互映射是元宇宙的显著特征，实现虚拟与现实的深度融合。在此基础上，元宇宙将构建与现实世界紧密关联的经济体系，通过数字资产、数字货币等新型经济要素，推动虚拟经济与现实经济交互，从而为元宇宙带来可持续发展动力，也为全球经济发展注入新活力。

10.7.3　元宇宙的经济系统

区块链技术为元宇宙的经济体系提供了坚实的支撑，保证链上数据的公开透明，使每个节点都享有监督、记账与使用的权利，从而刺激建立更多新的应用生态。数字产权作为元宇宙经济的核心，在区块链的助力下，可以创造全新的数字化产品消费模式，对被数字权益证明的资源进行"元"消费，即同时完成对某项资源的使用、交易、对账、认账和存证，实现价值流、信息流与管理流的统一，大幅降低数字消费的协作成本，提高协助效率，如图 10-4 所示。

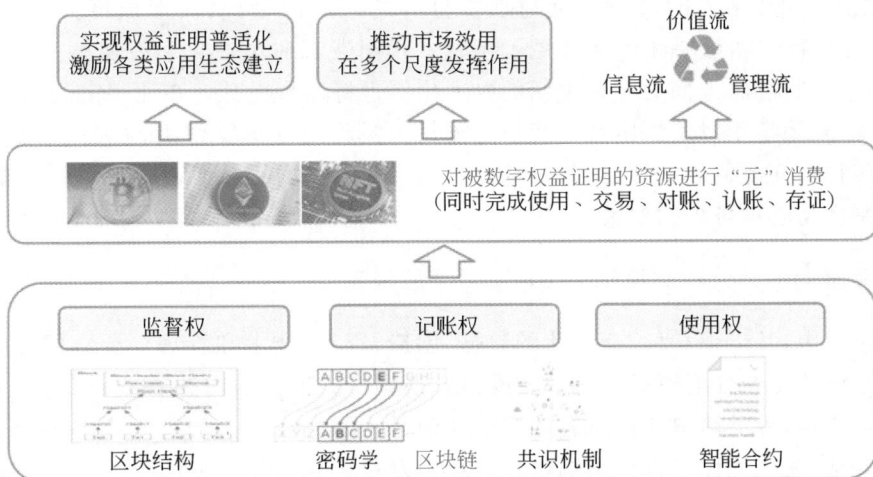

图 10-4 区块链实现数字资源的新消费模式

此外,区块链技术独有的自带商业模式,以一种有效整合市场原则的方式协调资源,实现更精细化的资源调节和更高效的价值流转,大大降低了信任与监管所需要消耗的成本。在我国,以虚促实、虚实结合的发展策略正成为推动元宇宙及数字经济转型的关键路径。

1. 创造是元宇宙经济发展的基础

元宇宙中的创造活动形式多样,包括用户生成内容和专业生成内容。随着生成式人工智能(Generative Artificial Intelligence,GAI)技术的快速发展,人工智能生成内容(AIGC)正成为一种新趋势,能够生成高质量的文本、图像和音乐等数字内容。这三种内容形式经过区块链技术确权后,转化为具有交易价值的数字资产,丰富了元宇宙的商品和服务市场。生成式人工智能不仅可以自主创作,还可作为创作工具,帮助用户激发灵感、优化内容和提升创作效率。

借助各种工具和引擎,参与者可以轻松进行创造。然而,在元宇宙中,商品的价值往往与其稀缺性密切相关,因此人为设定"稀缺性"成为调节市场供需的重要手段。生成式人工智能的加入,使创造过程更加智能化和个性化,进一步推动了元宇宙经济的发展。

2. 数字资产是元宇宙的核心要素

数字资产是以数据形态呈现的所有权凭证,既包括对现实世界资产的数字化和通证化映射,也包括在元宇宙中通过创造活动新生成的数字资产和数字货币。在元宇宙世界中,虚拟地块、数字图像、游戏元素、数字藏品和数字商品等各式各样的数字资产通常以 NFT 的形式存在,而 NFT 本质上也可以被视作一种特殊的加密数字货币。随着应用场景的不断拓展,数字资产在元宇宙中将获得更广阔的发展空间,加密数字货币或将在不同虚拟世界的"跨界"融合贯通中发挥重要作用。同时,可编程的加密数字货币与智能合约的结合将大幅提升元宇宙的智能化水平,推动其经济生态的繁荣发展。

3. 市场与交换机制促进元宇宙经济的繁荣

元宇宙的经济规模由购买者数量、购买力水平以及购买欲望三大要素共同决定。在元宇宙中，虚拟人和数字人的总量将远超现实世界的人口数量，从而形成庞大的消费市场。NFT 产品的独特性和稀缺性正好满足了年轻一代消费者对个性化和专属感的追求。随着物质生活水平的提高，人们对精神生活的投入比例也将逐步提升。在元宇宙的交换环节中，加密数字货币、稳定币以及法定数字货币等支付工具将发挥重要作用，而 DeFi 技术的应用则将进一步提高交易的效率和便捷性。同时，为了保障市场的公平和透明，第三方监管或自我监管机制也是必不可少的要素。

4. 公平透明的分配原则是元宇宙经济发展的保障

在元宇宙中，基于 FT 和 NFT 化的数据、创造、资本、技术和管理等要素的分配模式或将成为元宇宙的重要分配模式。这种分配模式强调个人的主权身份和贡献价值，使每个人都能在创造、贡献等活动中获得应有的回报和荣誉。用户在链上的行为将逐渐积累成其声誉和信用凭证，这些凭证将直接影响用户的影响力和获益能力。同时，用户的数据资产将得到有效的保护并可按需授权给相关机构使用，每次使用都可通过智能合约进行记录并实现收益的公平分配。

5. 消费是元宇宙经济的目的和动力源泉

在元宇宙中，消费可分为创造消费和个人消费两大类。创造消费主要涉及创造过程中对各种要素的使用和消耗；而个人消费则是指满足个人需求的精神产品和服务消费行为。在元宇宙的消费环境中，生产者与消费者间的直接沟通变得更加便捷和高效，商品可更好地满足用户的需求和期望。同时，数字化的虚拟商城将为消费者提供与商品互动、与其他消费者交流以及欣赏多彩人造街景的机会，从而增强消费的体验感和满足感。

10.7.4　虚实交互映射

在元宇宙中，既有虚拟世界的创造原生品和原生服务，也有现实世界的孪生品和数字化资产。元宇宙既是一个相对独立的虚拟空间，又与真实世界紧密交互关联。

1. 虚拟原生

通证和虚拟人属于虚拟原生品。同质化通证和非同质化通证用于标识价值和代表权益，在元宇宙经济中发挥激励和治理作用。虚拟世界中的数据资产、身份、装备、服装、皮肤、藏品等虚拟商品可通过通证化实现流转和交换，满足人们在情感、爱好、价值、荣誉和利益等方面的需求。虚拟人可分为两类：一类是代表用户真实身份的分身，用户可根据个人喜好定制外观，但其思想和行为源于用户自身，称为真人驱动型虚拟人；另一类是完全由生成式人工智能驱动的虚拟人，在现实世界中并不存在对应的真实个体，广泛应用于品牌代言、客服、影视、文旅、传媒、游戏和金融等领域。虚拟人能够提供 24h 不间断服务，随着技术的发展，其效率、专业性和用户体验将不断提升。

2. 由虚向实

数字仿真和增材制造是由虚向实的典型应用。数字仿真技术通过构建数字化模型模拟物理世界。仿真模型包括具有确定性规律和完整机理的模型，而非仅依赖深度学习和回归等技术构建的非机理数据分析模型。通过调优材料的工艺特性、物体运动、机械传动、流程协调和控制参数,仿真技术能够有效控制真实系统的质量与进度,降低实验成本,适用于复杂、高风险、长周期和高成本的研发项目。仿真技术也是数字孪生的基础。增材制造又称3D 打印,利用软件绘制 3D 数字模型,然后以所绘制的数字模型为基础,通过挤压、烧结、熔融、光固化、喷射等方式逐层堆积材料,制造出零件或实物,将虚拟世界的物品反向"孪生"到现实世界,实现"自由制造"。3D 数字模型通常通过计算机辅助设计(CAD)生成或通过 3D扫描逆向生成,在虚拟世界中充分测试、调整和优化组件后,使用 3D 打印技术在现实世界中创建。

3. 由实向虚

进入信息时代,人类社会由实向虚的趋势不可逆转。首先,物理世界虚拟化的进程不断加快,人、机、物等实体的特征被抽取,形成对应虚拟空间的"数字孪生"活动体,以实时反映实体的状态和行为,为优化决策提供数据支持。其次,个体在元宇宙中的行为会留下信息痕迹,通过大数据分析可以绘制出个体的精准画像,在元宇宙中不断积累声望和信用,以提升个体在虚拟环境中的影响力和商业机会,增强其在元宇宙中的参与感和归属感。另外,按照真人还原制作的数字人,也称为数字孪生人,是按照现实世界中人物的物理特征设定的,与虚拟人身份相比,数字人强调真实用户在数字世界的存在感。虚拟数字空间的数据作为一种新的生产要素,具有边际效用递增的特征。

4. 虚实融合

数字孪生是虚实融合元宇宙的重要技术手段,通过仿真模型、传感器数据采集以及历史与实时运行信息,将真实世界的实体映射到数字虚拟空间,全面反映其全生命周期过程。具体而言,数字孪生采用"几何+机理+数据驱动"模型,对物理实体进行数字化表达、状态实时感知、问题诊断与预测,以及优化决策反馈。几何模型描述对象的物理形状,机理模型揭示对象的规律与经验,而数据驱动模型则用于拟合未知规律,形成自动化决策支持。

数字孪生的运行机制包括:首先,通过模型和传感器将物理实体的状态映射到数字虚拟空间;其次,利用虚拟空间的算法与计算能力处理数据,通过智能诊断、多维分析和预测维护等手段,生成决策优化建议;最后,将生成的建议反馈给实体对象,指导其行为,以更好地服务和影响现实世界。

通过数字孪生技术,可以构建数字人、数字工厂、数字商城、数字展厅、数字城市、数字社会、数字地球,甚至数字宇宙,并随着孪生对象的生命周期不断进化与更新。此外,NFT 技术可以将现实资产映射到虚拟空间,实现现实世界资产的通证化(RWA),进一步连接现实与虚拟经济体系,提高资产流动性,为闲置资产创造收益,重塑共享经济。

10.7.5　虚实融合举例

1. 工业元宇宙

工业元宇宙是一种全新的工业互联网交互模式,涵盖研发设计、智能生产、运维服务、健康管理和共享协作等工业生产的全过程。借助数字仿真、人工智能和生成式人工智能等先进技术，企业可以在实际生产产品之前，进行虚拟测试、验证和优化，以保证产品质量和性能。数字孪生技术构建的虚实交互映射系统，使对生产过程的观察、分析和优化控制更加精准，可形成具备自学习、自优化和自组织能力的新型智能化生产方式。实现生产故障"先知先觉"，推动预测性维护和远程维修成为可能。利用远程监测和控制手段，可使生产过程透明化，产品质量得以追溯。

用户的深度参与不仅提供了个性化定制和体验式消费的机会，还可将用户体验的反馈及时传递至决策层面，促进产品和服务快速完善。虚拟工厂和虚拟生产协作平台进一步加强了产业链上下游的协同研发和生产，推动工业元宇宙的融合、创新与协同应用，实现协同制造和共享制造的目标。生产过程的虚拟化、组织的扁平化以及合作的可信性，将有助于重塑全球工业和市场体系。

目前，工业元宇宙已在华晨宝马里达工厂得到应用，包括从厂区规划、工艺设计、人流物流协作、生产线布局到设备检测与调试的各个环节，全部利用3D虚幻引擎平台进行创建。在工业互联网和人工智能的推动下，许多生产决策已由"经验驱动"转变为"数据驱动"，实现了高质量和高效率的数字化生产。员工可以在汽车生产前，在虚拟空间中进行全方位的学习、体验、分析、评估和验证，并对发现的问题提出调整与优化建议，显著提高了学习和工作的效率与质量。在生产过程中，计算机视觉系统对每辆车的生产过程进行实时观察与分析，避免出现瑕疵。汽车在使用过程中，通过传感器采集温度、震动、噪声和压力等数据，实现可预测维护。维修时，借助扩展现实系统，可现场进行3D指导性维修和交互，显著提高问题解决的效率。

2. 孪生数字人

随着科技的进步，孪生数字人正在成为健康管理领域的前沿应用。人们通过可穿戴设备、植入式芯片等先进的传感技术，实时采集身体的各项生理指标，包括血细胞计数、肝肾功能、电解质、血糖血脂、血压血氧、激素水平、肿瘤标志物等，覆盖人体健康的各个方面。这些数据被安全地存储在用户的数字身份名下，并授权给人工智能私人助理。人工智能助理可对每个监测指标进行深入分析，识别正常或异常情况，并提出个性化的健康建议，如药物使用、运动计划和就医建议等。

孪生数字人不仅限于健康监测，还可以通过虚拟现实技术进行模拟治疗和康复训练，为患者提供个性化的康复方案，通过虚拟环境中的练习提高康复效果。此外，孪生数字人还可以与医疗专业人员进行实时互动，提供更精准的诊断和治疗方案。

在保护个人隐私的前提下，用户可以通过智能合约将不同类型的数据有偿授权给研究机构、制药公司、机器学习团队和公共卫生机构。数据共享机制不仅为用户带来了经济收益，还为医疗研究和公共卫生政策提供了宝贵的数据支持。通过大规模数据分析，研究人员可以更好地理解疾病的发生机制，开发出更有效的治疗方案和药物。

随着技术的不断发展，孪生数字人有望在未来成为个人健康管理的标准工具，为人们提供更加全面、精准和个性化的健康服务。同时，推动医疗行业的数字化转型，促进健康数据的开放共享，助力公共卫生事业的发展。

3. 打造虚实结合的元宇宙校园

元宇宙校园的构建将改变传统教育模式，为学生和教师提供全新的互动学习环境。通过创建虚拟教师,学校可以将课件数字化,制作成短视频和动画,使优质授课标准化、可复制和可传播,并提高学生的学习兴趣和理解能力。虚拟教师可提供 $7\times24h$ 的教学支持,学生可根据自己的时间安排进行学习,提高了学习的灵活性。

在元宇宙校园中,可为每位学生配备一对一的虚拟教师,创造个性化的互动学习环境。虚拟教师可根据学生的学习进度和兴趣爱好,定制个性化的学习计划,并提供实时的学习指导和支持。个性化的学习体验不仅提高了学生的学习效率,还将激发学习兴趣和主动性。同时,虚拟评估教师通过分析学生的学习数据,对学生的学习水平、学习能力和教师的授课内容进行客观评价。通过精准画像,虚拟评估教师可以针对性地提出改进建议,帮助学生查漏补缺,帮助教师提供教学反馈,调整教学策略,提高教学效果。

另外,虚拟仿真实验室的建设将极大丰富学生的实验体验。通过将物理世界的实体映射到元宇宙中,并结合生成式人工智能技术,将物理、化学、生物等实验 3D 数字化,学生可以在虚拟环境中进行高逼真、沉浸式、可交互的实验操作。扩展现实技术的应用使学生能够身临其境地进行模拟拆装、模拟手术和模拟实验,增加理解、实验和实践能力,既可减少因实体操作引起的风险和成本,也可不断提升教学和学习效率。

元宇宙校园的建设不仅为学生提供了丰富的学习资源和创新的学习方式,还为教师创造了更多的教学可能性。通过虚拟和现实的结合,教育将变得更加多元化和个性化,为未来教育模式提供新的方向,推动教育的数字化转型和创新发展。

总之,元宇宙突破了资源的限制,将实现数字人和真实人的"硅碳"统一,数字资产和实物资产的双向流通,数字经济和实体经济的深度融合,虚拟社会和现实社会的和谐共存,数字世界和物理世界的交互映射,从而产生新的思维、协作和生活方式,重构生产、分配和组织模式,其创新要素甚至可带来生产关系的变化。人们可以远程逛街、游戏、娱乐和社交,可以在立体空间中研究设计、生产工作、购物消费、参展旅游、学习培训和享受医疗,文化和创意产业将在元宇宙中展现创新潜力。元宇宙将加速推进数字技术与实体经济深度融合,推动数字经济走向新形态,助力人类社会走向数字文明时代。

目前,元宇宙仍处于探索阶段,存在基础技术支撑薄弱、法治建设和市场监管滞后和隐私泄露等风险,分布式的技术与中心化制度之间还需要在不断磨合中前行。

◇ 10.8　本章小结

本章首先探讨了数字时代的主要特征及其所面临的技术挑战。数字时代的特点包括数据成为新的生产要素、数字产品推动消费模式的创新、社会协作组织方式的变革、隐私保护的重要性,以及虚拟空间中价值流动对数字经济发展的促进。然而,数字时代也面临着诸多技术挑战,如隐私数据保护不足、数据要素流通困难、多方协作效率低下,以及信息互联网在价值确权和传递方面的局限性。面对这些问题,分析了区块链的核心逻辑,阐述了其如何有效应对这些挑战,助力数字时代的发展。随后,介绍了 DAO、DID、Web3 以及元宇宙等前沿技术,标志着互联网发展进入 Web3 的新阶段,探讨了这些技术如何重塑传统行业、提升用户体验,并推动社会创新。

◈习　　题

1. 简述数字时代的主要特征。

2. 简述数字时代网络面临的主要技术挑战。

3. 论述区块链的底层逻辑如何赋能数字时代。

4. 简述区块链如何定义分布式身份和凭证。

5. 简述 DAO 的基本概念和主要特征。

6. 简述 Web3 的主要特点和典型应用。

7. 简述元宇宙如何进行虚实交互映射。

8. 论述现实世界资产通证化（RWA）的内在关系及其实现机制，并分析说明哪些类型的资产更容易实现通证化。

参考资料